# Entscheidungen
# des Reichsgerichts
# in Zivilsachen

## Sammlung der noch wichtigen Entscheidungen nach Fachgebieten geordnet

Herausgegeben

von

Professor Dr. **L. Auerbach**, Berlin;
Präsident des Reichspatentamtes a. D. **Johannes Eylau**, München;
Rechtsanwältin **Charlotte Graf**, Berlin; Ministerialdirektor z. Wv. Senatspräsident Dr. **Ernst Knoll**, Berlin; Rechtsanwalt **Erich Kummerow**, Berlin;
Rechtsanwalt **Hermann Reuß**, Berlin; Rechtsanwalt Dr. **Walter Schmidt**, Düsseldorf; Landgerichtsdirektor **Alexander Swarzenski**, Berlin;
Rechtsanwalt Dr. **Werner Vahldiek**, Berlin.

Gruppe III Handelsrecht

## Schiffahrtsrecht

Teil 1

Berlin 1953

Walter de Gruyter & Co.

vormals G. J. Göschen'sche Verlagshandlung / J. Guttentag, Verlagsbuchhandlung / Georg Reimer / Karl J. Trübner / Veit & Comp.

# Schiffahrtsrecht

Bearbeitet

von

**Dr. Werner Vahldiek**

Rechtsanwalt in Berlin

Teil 1

Berlin 1953

Walter de Gruyter & Co.

vormals G. J. Göschen'sche Verlagshandlung / J. Guttentag, Verlagsbuchhandlung / Georg Reimer / Karl J. Trübner / Veit & Comp.

Archiv Nr. 28 17 53
Satz und Druck: Berliner Buchdruckerei Union GmbH., Berlin SW 29

# Inhaltsverzeichnis

# Verzeichnis
## der aufgenommenen Entscheidungen

⁺ Entscheidung ist gekürzt
* Entscheidung enthält nur Leitsatz

Die Entscheidungen sind grundsätzlich ungekürzt gebracht worden. Ausnahmsweise gekürzte Entscheidungen sind mit einem + gekennzeichnet.

Soweit eine Entscheidung mehrere Fachgebiete betrifft, ist sie nur in einem Fachgebiet aufgenommen worden. Die anderen Gebiete enthalten nur den Leitsatz der betreffenden Entscheidung mit einem Hinweis, wo der vollständige Abdruck erfolgt ist.

Um das Auffinden der Entscheidungen zu erleichtern, wird am Schluß der Gruppe ein Gesamt-Fundstellenregister erscheinen, in dem alle aufgenommenen Entscheidungen verzeichnet und nach der Fundstelle der alten und der neuen Sammlung zitiert sind.

# Seerecht

RGZ. 1, 1.

**1. Umfang der Haftung des ersten Frachtführers für den späteren.**
HGB. Art. 401.
**2. Voraussetzung der Anwendbarkeit des Art. 408 HGB.**

I. Zivilsenat. Urt. v. 22. Oktober 1879.
I. Kreisgericht Gera. — II. Appellationsgericht Eisenach.

Die Kläger übergaben der Thür. Eisenbahn eine an St. in Helsingfors in Finnland bestimmte Kiste mit Wollenwaren zur Beförderung mit einem Frachtbriefe, welcher an den Spediteur Sch. in Wirballen lautete und nach der Behauptung der Kläger folgenden Vermerk enthielt: „Transito Finnland mittels der Zollagenten H. & Co. St. Petersburg."

Die Kiste kam in Wirballen an, allein mit einem an Stelle des angeblich verloren gegangenen ursprünglichen Frachtbriefes von der preuß. Ostbahn ausgefertigten neuen Frachtbriefes, welcher statt der angeführten Bemerkung folgende enthielt:

„Zur Verzollung durch die Zollagentur in Wirballen."

Das Gut wurde in Wirballen verzollt. Die Rückerstattung dieses Zolles fordern die Kläger von der Thür. Eisenbahn. Sie behaupten, Sch. in Wirballen habe den Betrag des Zolles von St. in Helsingfors erhoben und St. ihnen, den Klägern, denselben zur Last geschrieben, übrigens ihnen auch seine betreffenden Ansprüche zediert. In erster Instanz wurde die Klage angebrachtermaßen abgewiesen, in zweiter auf Beweis der Klage erkannt. Letzteres Erkenntnis wurde vom Reichsgericht bestätigt aus folgenden

Gründen:

„Die Beklagte räumt die Möglichkeit ein, nach Finnland bestimmte Güter durch Rußland als nicht zollpflichtiges Transitgut gehen zu lassen. Die Kläger behaupten, daß der von ihnen auf den ursprünglichen Frachtbrief gesetzte Vermerk diese Wirkung gehabt haben würde, während der Vermerk auf dem substituierten Frachtbrief gerade die Verzollung in Wirballen angeordnet habe. Ist die Behauptung der Kläger richtig, so besteht zwischen der Notwendigkeit der Aufwendung zum Zwecke der Verzollung und der eigenmächtigen Substitution des Frachtbriefes durch die Ostbahn ein ursachlicher Zusammenhang. Die Substitution ist aber auch der Bahn zum Verschulden anzurechnen; die Beklagte bringt in dieser Richtung keine Entschuldigungsmomente vor.

Die Substitution geschah bei Ausführung des Transportes, beziehungsweise zum Zwecke dieser Ausführung; die Beklagte als erster Frachtführer haftet mithin nach Art 401 HGB. (s. a. Art. 429 HGB. und Betriebsreglement § 62) für den dadurch entstandenen Schaden, und zwar demjenigen gegenüber, welchem sie zur Ausführung des Transportes verpflichtet ist, dem Absender. Der Frachtvertrag ging nach der Darstellung in der Klage auf den Transport und die Ablieferung zollfreien Gutes: der Frachtführer hat zollpflichtiges abgeliefert, beziehungsweise der vom Absender bezeichnete Empfänger konnte das Gut nur gegen Zahlung des Zolles erhalten, der Absender ist daher zum Schadenersatz berechtigt gerade so, wie er es im Falle des Verlustes oder der Beschädigung des Gutes sein würde. Es ist dabei gleichgültig, ob der Absender den Frachtvertrag für eigene Rechnung, oder, wie dies beim Verkäufer, welcher die Ware dem Käufer übersendet, oder beim Spediteur der Fall ist, für fremde Rechnung abgeschlossen hat. Er ist Kontrahent und der Käufer, der Kommittent kann (abgesehen von dem Fall, daß er als Empfänger in den Frachtvertrag eintritt) die Klage aus dem Frachtvertrage nur als zedierte geltend machen. Der Absender hat daher sein Interesse an der Ausführung des Frachtvertrages nicht näher zu begründen, braucht also namentlich nicht geltend zu machen, daß er dem Käufer oder dem Kommittenten den diesem entstandenen Schaden bereits ersetzt habe. Dem Frachtführer bleibt es vorbehalten, darzutun, daß dem Absender infolge besonderer Umstände kein Schaden entstanden sei, z. B. daß derjenige, für dessen Rechnung der Frachtvertrag abgeschlossen war, auf jeden Ersatz verzichtet habe. Nicht genügen aber würde es, wenn der Frachtführer geltend machte, der Absender sei seiner Verpflichtung gegen denjenigen, für dessen Rechnung er den Frachtvertrag abgeschlossen habe, noch nicht nachgekommen, habe diesem den Schaden noch nicht ersetzt. Die Behauptung der Beklagten, die Kläger hätten an St. in Helsingfors (den Käufer des Gutes, welcher dasselbe in Empfang genomen hatte) den Betrag des Zolles nicht bezahlt, ist daher unbeachtlich. Unbeachtlich ist aber auch die Klagebehauptung, St. habe seine Ansprüche den Klägern zediert; denn St. hatte gegen die Beklagte keine Ansprüche, sondern nur solche gegen den Kläger.

Fraglich könnte sein, ob nicht der Anspruch der Kläger nach Art. 408 Abs. 1 HGB. erloschen sei. Wenngleich die Beklagte sich auf diesen Artikel nicht ausdrücklich beruft, so ist doch in dem, was in der Einredeschrift vorgebracht wird, eine Bezugnahme auf diese gesetzliche Bestimmung enthalten, denn es wird behauptet, die durch den Agenten Sch. in Wirballen erfolgte Annahme des Gutes habe dem Kläger präjudiziert. Allein die Bestimmung schlägt aus folgenden Gründen nicht ein.

Der Frachtbrief enthält die lex des Frachtvertrages. Indem der Frachtführer dem Empfänger das Gut mit dem Frachtbrief abliefert. erklärt er demselben, einen Frachtvertrag mit dem im Frachtbrief angegebenen Inhalt zu erfüllen, und der Empfänger nimmt nur die Erfüllung dieses Frachtvertrages an, beziehungsweise erklärt nur, daß der Frachtführer seine Verpflichtung aus diesem Frachtvertrage erfüllt habe. Daher kann, wenn der Frachtführer das Gut mit einem Frachtbrief abliefert, welcher einen anderen Inhalt, als der ursprüngliche über den zwischen Absender und Frachtführer abgeschlossenen Frachtvertrag ausgestellte Frachtbrief hat, die auf Grund dieses neuen Frachtbriefes erfolgte Annahme des Gutes und Zahlung der Fracht eine Erklärung über die Erfüllung der Verpflichtung des Frachtführers jedenfalls soweit nich enthalten, als der ursprüngliche Frachtbrief von dem späteren abweichende Bestimmungen enthält.

Hiernach hat der zweite Richter den Klägern den zur Begründung ihres Schadens erforderlichen Beweis mit Recht auferlegt, daß wenn das Gut mit dem ursprünglichen so, wie hier vorgebracht, lautenden Frachtbrief in Wirballen angekommen wäre, die Verzollung nicht erforderlich gewesen sein würde. Dieser Beweis kann nach der Richtung geführt werden, daß der fragliche Vermerk unter allen Umständen dazu genügt haben würde, oder daß der Empfänger Sch. in Wirballen bisher in gleichen Fällen die zur Vermeidung der Verzollung erforderlichen Vorkehrungen getroffen habe."

## RGZ. 1, 36.

**1. Begriff der böslichen Handlungsweise. Ist die Geltendmachung derselben von seiten desjenigen, welcher eine Schiffsladung auf Grund eines an Order lautenden Konnossements empfangen hat, schlechthin schon dadurch ausgeschlossen, daß der Schiffer zu dem ihm vorgeworfenen Verhalten dem Befrachter gegenüber berechtigt war? Beweislast in betreff des böslichen Charakters dieses Verhaltens.**

HGB. Art. 609 u. 610.

**2. Bezieht die in Art. 614 HGB. ausgesprochene Beschränkung der Entschädigungspflicht sich auch auf den Fall böslicher Handlungsweise?**

I. Zivilsenat. Urt. v. 10. Januar 1880.

I. Handelsgericht Bremen. — II. Obergericht daselbst.

Aus den Gründen:

„Eine Besichtigung der vom Kläger als Führer des Schiffes „Bertha" mit diesem von Darien (Georgia) in Brake angebrachten Ladung Pitsch-Pine-Holz, welche die Beklagten auf Grund des darüber vom Kläger gezeichneten, an Order lautenden Konnossements empfangen haben, hat unstreitig weder bei der Übernahme, noch später stattgefunden. Nach Art. 610 HGB. sind daher die von dem Beklagten der liquiden Frachtforderung des Klägers gegenüber geltend gemachten Ansprüche wegen Beschädigung eines Teiles dieser Ladung erloschen, soweit diese Beschädigung nicht durch eine bösliche Handlungsweise einer Person der Schiffsbesatzung entstanden ist. Zur Begründung der Gegenforderung der Beklagten gehört hiernach die Behauptung und im Bestreitungsfalle der Beweis einer solchen böslichen Handlungsweise.

Vgl. Entsch. des ROHG.'s Bd. 14 Nr. 96 S. 297.

Die Beschädigung, um welche es sich im vorliegenden Falle handelt, ist unstreitig dadurch verursacht, daß der Kläger diejenigen 53 behauenen Balken und 166 Dielen, welche ihm in Gemäßheit der Charterpartie von seinen Befrachtern und zugleich Abladern J. & L. in Darien „cross cut" (d. h. bereits quer durchschnitten) „for beam fillings and broken stowage" (d. h. zum Zwecke der Ausfüllung der Rundungen des Schiffes und des Stauens) an Bord gesandt waren, zum großen Teile durch nochmaliges Zerschneiden weiter hat zerkleinern lassen, so daß er infolgedessen statt der obigen, im Konnossement angegebenen Stückzahl 98 Balken und 224 Dielen den Empfängern abgeliefert hat.

Das Handelsgericht hat ohne weiteres als liquid angenommen, daß in diesem Verfahren des Klägers, da derselbe den Befrachtern gegenüber dazu berechtigt gewesen sei, eine bösliche Handlungsweise nicht gefunden werden könne, weil der moralische Charakter einer an sich berechtigten Handlung dadurch nicht geändert werde, daß Kläger durch die Zeichnung des Konnossements eine größere Verpflichtung auf sich geladen habe, als es seinen Kontrahenten gegenüber erforderlich gewesen wäre, mit welchem letzteren Satz offenbar hat ausgesprochen werden sollen, daß der Kläger den Befrachtern und Abladern gegenüber berechtigt gewesen sein würde, entweder das Konnossement unter dem Vorbehalt seiner Befugnis zum weiteren Durchschneiden der Hölzer zu zeichnen, oder aber in dasselbe diejenige Stückzahl aufzunehmen, welche sich infolge des Durchschneidens ergeben hatte.

Mit Recht ist aber das Obergericht dieser Ansicht entgegengetreten. Denn durch die Ausstellung des Konnossements übernahm Kläger, wie ihm nicht unbekannt sein konnte, dem Empfänger der Ladung gegenüber eine selbständige Verpflichtung zur Ablieferung der darin als empfangen verzeichneten Hölzer, und zwar — wie auch durch den hergebrachten Ausdruck „to be delivered in the like order and condition" im Konnossement von ihm anerkannt ist — in gleicher Beschaffenheit, wozu selbstverständlich auch gehört, daß er die Hölzer in derselben Stückzahl und in denselben Maßen abzuliefern hatte. Auch ist, obwohl Kläger das in dieser Instanz beanstandet, mit dem Obergericht ohne weiteres anzunehmen, daß der Wert der hier fraglichen Hölzer, sollten auch zu beamfillings und broken stowage — wie Kläger behauptet — nur Hölzer von geringerer Qualität verwendet werden, wenigstens zum Teil auf ihrer Länge beruht und daß daher, wie auch dem Kläger nicht unbekannt gewesen sein kann, das Durchsägen derselben eine Wertminderung und mithin eine Beschädigung involviert. War Kläger zu dieser nachteiligen Behandlung der Hölzer dem Empfänger gegenüber nicht berechtigt, so trägt sein Verfahren diesem gegenüber alerdings den Charakter der Böswilligkeit an sich und kann er sich dieserhalb auf sein Rechtsverhältnis zu den Befrachtern und darauf, daß er diesen gegenüber in gutem Glauben gehandelt habe, nicht berufen, mag er nun — was nicht erhellt — das Konnossement vor oder nach dem Durchschneiden der Hölzer gezeichnet haben. Denn er wußte, daß das von ihm gezeichnete, an Order laufende Konnossement die Grundlage seiner Verpflichtung gegen den Empfänger bildete, welchen er auch im letzteren Fall wissentlich dadurch beschädigte, daß er ihn in seinem Vertrauen auf die Richtigkeit des Inhalts des Konnossements, von welcher er bei dessen Erwerbung ausgehen durfte, täuschte.

Auch darin ist dem Obergericht beizutreten, daß zwar ohne weiteres angenommen werden darf, Kläger habe das Durchschneiden der Hölzer nicht zum Zwecke der Beschädigung des Empfängers vornehmen lassen, sondern er habe damit zunächst nur eine bessere Verladung beabsichtigt, daß aber eine bösliche Handlungsweise im Sinne der Art. 369, 427, 610 HGB. auch unter dieser Voraussetzung vorliegt, da die

Beschädigung der Hölzer die notwendige und dem Kläger erkennbare Folge der von ihm gewollten Handlung war. Die weitere Behauptung des Klägers, er habe die hier fraglichen Hölzer zu dem Zwecke, zu welchem sie ihm übergeben waren, ohne deren Zerkleinerung überhaupt nicht verwenden können, verdient ebenfalls keine Berücksichtigung, da hierdurch der bösliche Charakter der klägerischen Handlungsweise dem Konnossementsinhaber gegenüber nicht ausgeschlossen, Kläger vielmehr nur berechtigt gewesen sein würde, seinen Anspruch auf Lieferung geeigneter Hölzer zum Stauen usw. den Befrachtern gegenüber geltend zu machen.

In dem Konnossemente ist nun freilich nicht bloß wegen der Fracht, sondern auch in betreff der übrigen Bestimmungen der Chartepartie auf diese letztere Bezug genommen, so daß diese Bestimmungen auch den Beklagten als Empfängern gegenüber nach Art. 653 HGB. rechtliche Wirkung haben. Dies gilt jedoch selbstverständlich an sich nicht von der klägerischerseits behaupteten Genehmigung der Befrachter zum Durchschneiden der Hölzer, sondern nur von einer solchen Einwilligung der Befrachter in dieses Verfahren, welche der Kläger auf Grund der Chartepartie von ihnen zu verlangen berechtigt war. Diese Voraussetzung würde allerdings vorliegen, wenn die vom Kläger behauptete Usance existiert, da die Beklagten nicht behauptet haben, daß Kläger die Hölzer über das nach dieser Usance zulässige Maß von 12 Fuß hinaus verkleinert habe. Unrichtig ist es aber, wenn Kläger vermeint, der Beweis dieser — von den Beklagten bestrittenen — Usance sei nicht, wie geschehen, ihm aufzuerlegen gewesen, sondern es hätte vielmehr der Beweis der Nichtexistenz der Usance den Beklagten auferlegt werden müssen. Denn obwohl die Beklagten an sich nicht nur die beschädigende Handlung, sondern auch den böswilligen Charakter derselben darzutun haben würden, so bedarf es doch auf Grund des Zugeständnisses des Klägers, daß er selbst das Durchschneiden der Hölzer angeordnet habe, auch in letzterer Beziehung keines Beweises mehr, da an sich dieses Verfahren weder nach den Bestimmungen der Chartepartie oder des Konnossements, noch auch nach allgemeinen Rechtsgrundsätzen als gerechtfertigt, sondern vielmehr äußerlich als ein rechtswidriger wissentlicher Eingriff in die Eigentumsrechte Dritter erscheint, so daß es dem Kläger obliegt, diesen Charakter seines Verfahrens durch den Nachweis einer ihm zur Seite stehenden vertragsmäßigen Berechtigung, welche prozessualisch eine Replik bildet, zu beseitigen.

Gelingt dem Kläger dieser Beweis nicht, haftet er mithin den Beklagten wegen seiner böslichen Handlungsweise, so trifft auch seine Berufung auf den Art. 614 HGB. der beklagtischen Schadensliquidation gegenüber nicht zu. Denn die Bestimmungen desselben über die Berechnung der Wertverminderung beschädigter Güter beziehen sich, wie aus dem Eingange: „muß für Beschädigung der Güter auf Grund des Artikels 607 Ersatz geleistet werden", klar hervorgeht, nur auf die dem Verfrachter schon aus dem Rezeptum obliegende Haftung, nicht aber auch auf die Haftung des Verfrachters aus seinem oder seiner Leute Verschulden, bei welcher vielmehr die allgemeinen Grundsätze gelten und daher auch Ersatz entgangenen Gewinnes beansprucht werden kann." . . .

RGZ. 3, 17.

**Anfechtung einer Dispache.**

HGB. Art. 731.

I. Zivilsenat. Urt. v. 30. Oktober 1880.

I. Landgericht Lübeck. — II. Oberlandesgericht Hamburg.

Aus den Gründen:

„Was zunächst die Zulässigkeit der Anfechtung einer Havarie-Grosse-Dispache überhaupt betrifft, so bedarf es keiner näheren Ausführung, daß dieselbe, ungeachtet der im Art. 731 HGB. vorgeschriebenen obrigkeitlichen oder gerichtlichen Bestellung des Dispacheurs, nicht dem mindesten Zweifel unterliegen kann, wie es auch nach den vor Emanation des Handelsgesetzbuches geltenden seerechtlichen Grundsätzen unstreitig war, daß derjenige Beteiligte, welcher wegen der vom Dispacheur befolgten Rechtsgrundsätze oder wegen faktischer Unrichtigkeiten Erinnerungen gegen die Dispache machen zu können glaubte, dieserhalb die richterliche Entscheidung anrufen dürfe[1]). . . . Da die im vorliegenden Fall gegen die Dispache erhobenen Monituren schon durch die falschen tatsächlichen, bzw. rechtlichen Prämissen, auf denen liquidermaßen die entsprechenden Posten der Dispache beruhen, als justifiziert erscheinen, so haben die vorigen Richter auch mit Recht angenommen, daß es zur Widerlegung der Dispache nicht erst eines von

[1]) Vgl. Bruhn, Entscheidungen des Oberappellationsgerichts Lübeck, in Lübecker Rechtssachen Bd. 2 S. 98, 99; Beratungsprotokolle zum Handelsgesetzbuch S. 2758 bis 2763 und Art. 839, 841 HGB. — Von der den Landesgesetzen im Art. 731 Abs. 3 HGB. vorbehaltenen Befugnis hat Lübeck keinen Gebrauch gemacht.

den Beklagten zu erbringenden Gegenbeweises gegen die Dispache bedurft habe."

**RGZ. 5, 79.**

**Rechtliche Wirkung der Übergabe des Ladescheines. Bedeutung der im Ladeschein enthaltenen Angaben über die Beschaffenheit des Gutes.**

I. Zivilsenat. Urt. v. 1. Oktober 1881.

I. Stadtgericht Berlin. — II. Kammergericht daselbst.

Aus den Gründen:

„1. Das Handelsgesetzbuch enthält über die Frage nach dem Einfluß der Übergabe des Ladescheines auf die Besitzverhältnisse keine Bestimmung. Bei den verschiedenen Beratungen wurden darüber abweichende Beschlüsse gefaßt.

In erster Lestung wurde der Satz angenommen:

Art. 351. „Die Übergabe des Ladescheines steht der Übergabe der Ware gleich."

Man war dabei der Ansicht, für das Konnossement würde der gleiche Beschluß gefaßt werden. Im Entwurf zweiter Lesung (Art. 388) war die Bestimmung beibehalten. Als nun in erster Lesung des Seerechtes beschlossen worden war, für das Konnossement keine entsprechende Bestimmung aufzunehmen, strich man konsequent auch den Art. 351 (Prot. S. 2218, 2219—2229). Nachdem man aber in zweiter Lesung des Seerechtes eine entsprechende Bestimmung für das Konnossement angenommen hatte, den jetzigen Art. 649, beschloß man, die Aufnahme einer gleichen Bestimmung für den Ladeschein in dritter Lesung zu beantragen (Prot. S. 4027, 4130 flg.). Der Antrag wurde aber in dritter Lesung abgelehnt (Prot. S. 4774). Durch die Nichtaufnahme dieser Bestimmung ist jedoch nicht gesetzlich ausgesprochen, daß die Übergabe des Ladescheines keine der Übergabe des Konnossements entsprechende Wirkung betreffs der Besitzverhältnisse haben sollte, ebensowenig wie die Beschränkung der Bestimmung des Art. 649 auf Orderkonnossemente die Möglichkeit der Anwendung desselben auf Rektakonnossemente ausschließt.

Vgl. Entsch. des ROHG.'s Bd. 11 Nr. 125 S. 415 flg.

Es fragt sich nun, ob der in Art. 649 HGB. ausgesprochene Satz als eine lediglich positivrechtliche Bestimmung aufgefaßt werden müsse, oder ob sie nicht aus allgemeinen Grundsäzen sich herleiten lasse und damit auch die Beschränkung derselben auf Konnossemente hinwegfalle.

Das Reichsgericht tritt der letzteren, insbesondere von Goldschmidt (Handbuch des Handelsrechtes Bd. 1 § 73 S. 721 flg. und § 75 S. 764 flg.) vertretenen und begründeten Ansicht bei. Der Schiffer, welcher ohne Konnossementsausstellung für den Ablader detiniert, erklärt durch Zeichnung des Orderkonnossements naturgemäß, für den legitimierten Inhaber des Konnossements zu detinieren, denn nur diesem verpflichtet er sich das Gut herauszugeben, und der Absender kann das Gut nur verlangen gegen Zurückgabe der Konnossemente. Der Konnossementsinhaber detiniert also durch den Schiffer, er erhält die Detention durch Übergabe des Konnossements.

Welche rechtlichen Wirkungen durch diesen Erwerb der Detention vermittelt werden, in welches Verhältnis der Konnossementserwerber zum Gute tritt, ob er Eigentümer desselben wird usw., hängt davon ab, in welchem Sinne ihm das Konnossement übertragen worden war. Diese Auffassung entspricht nicht nur den Grundsätzen des gemeinen, sondern auch denen des preußischen Rechts. Das letztere bietet für dieselbe noch einen besonderen Anhalt in der Bestimmung der §§ 66, 67 ALR. I. 7, denn in der Vereinbarung darüber, daß das dem Schiffer übergebene Gut nicht mehr zur Verfügung des Absenders stehen, sondern dem legitimierten Inhaber des Konnossements ausgeliefert werden solle, ist notwendig die Anweisung, für diesen Inhaber zu detinieren, enthalten (vgl. die Ausführungen des Reichsoberhandelsgerichts in dessen Entsch. Bd. 7 Nr. 4 S. 34 über die Wirkungen der Übergabe eines Extraditionsscheines). Aus dieser Auffassung ergibt sich aber, daß der Übergabe des Ladescheines, welchen der Flußschiffer in völlig gleicher Tendenz, wie der Seeschiffer das Konnossement, ausstellt, die gleiche Wirkung betreffs der Besitzverhältnisse beigemessen werden muß, welche nach Art. 649 der Übertragung des Konnossements zukommt. . . .

2. Der Erwerber auf dem Transport befindlicher Ware hat nicht nur ein Interesse daran, durch den Ladeschein in den Stand gesetzt zu werden, sich nach Ankunft des Frachtführers am Bestimmungsort in sicherer Weise in den tatsächlichen Besitz des Gutes zu setzen, sondern auch daran, vom Frachtführer eine Erklärung über die Beschaffenheit des Gutes zu erhalten. Der Frachtführer weiß dies, ist sich also bewußt, durch seine Angabe über die Beschaffenheit des Gutes eine für den Inhaber des Ladescheines bedeutsame Handlung vorzunehmen. Er dokumentiert ferner durch die Form, in welcher er diese Angabe vornimmt, daß er damit dem Inhaber des Ladescheines

gegenüber eine Rechtshandlung vornehme. Er „bekennt", das Gut in der und der Beschaffenheit empfangen zu haben. Er „verspricht" oder „verpflichtet" sich, das Gut in der gleichen Beschaffenheit abzuliefern. Er hat also damit eine Erklärung gegenüber dem Inhaber des Ladescheines abgegeben und in der Absicht abgegeben, daß dieser dieselbe beim Erwerb des Ladescheines berücksichtige. Es ist daher evident, daß er mit dieser Erklärung eine Haftung übernommen hat. Allein welchen Inhalt, welchen Umfang, welche Voraussetzung hat diese Haftung? Verliert der Ladeschein durch die Beifügung derselben seine Bedeutung als einer Urkunde über die Verpflichtung, das übernommene Gut auszuliefern? Wird er zum Verpflichtungsschein über Lieferung der bezeichneten Ware? Aus der Erklärung über den Empfang des Gutes ist dies nicht zu entnehmen, ebensowenig aber auch aus der Erklärung über die Ablieferung, denn diese geht immer darauf, das „empfangene" Gut abzuliefern, und es ist außerdem immer vorausgesetzt (wenn nicht gar, wie dies in den Konnossementen üblich, ausdrücklich ausgesprochen), daß der Aussteller Verluste und Beschädigungen, für welche er nach den gesetzlichen Bestimmungen nicht aufzukommen braucht, nicht zu vertreten hat. Der Inhalt der durch die im angegebenen Sinne abgegebene Erklärung übernommenen Verpflichtung kann daher nur der sein, für denjenigen Schaden zu haften, welchen der Inhaber des Ladescheines infolge eines bei der Abgabe der Erklärung über die Beschaffenheit des Gutes vorgekommenen Verschuldens erlitten hat. Etwas weiteres folgt aus allgemeinen Grundsätzen nicht, insbesondere nicht dies, daß der Frachtführer dem Inhaber des Ladescheines für die Richtigkeit der fraglichen Bezeichnungen der Beschaffenheit des Gutes unbedingt, also auch wenn kein Verschulden auf seiner Seite vorliegt, haftet. Ein solcher Satz ist in Art. 654 Satz 1 HGB. für den Seefrachtvertrag über die Haftung aus der im Konnossement enthaltenen Bezeichnung der abgeladenen Güter aufgestellt. Derselbe ist aber, ebenso wie die in Satz 2 des Artikels beigefügte Beschränkung des Umfanges der Haftung, positiver Natur, ergibt sich keineswegs aus allgemeinen Sätzen und kann darum auf den Ladeschein nicht ausgedehnt werden.

Hieraus folgt, daß, wenn der Frachtführer sich selbst darauf beruft, daß seine Angabe über die Beschaffenheit des Gutes im Ladeschein nicht mit der Wirklichkeit übereinstimmt, der Inhaber des Ladescheines ihn mit diesem Vorbringen nicht alsbald unter Bezugnahme darauf, daß er für seine eigene Erklärung einzustehen habe, zurückzuweisen befugt ist. Dieses negative Resultat genügt aber für die Beurteilung des vorliegenden Falles, und es bedarf der weiteren Untersuchung der Wirkungen der irrigen Bezeichnung des Gutes im Ladeschein nicht." ...

RGZ. 5, 89.

**1. Einstweilige Ausschließung des Rechtsweges nach §§ 36 flg. der Strandungsordnung von 1874.**

**2. Begriff der „Besitzlosigkeit" im Sinne der §§ 20, 21 der Strandungsordnung von 1874.**

**3. Unanwendbarkeit der Bestimmungen des fünften Buches des Handelsgesetzbuches auf die Flußschiffahrt.**

**4. „Reife zur Endentscheidung" im Sinne des § 528 Abs. 3 Nr. 1 ZPO. mit Rücksicht auf die Fälle des § 500 ZPO.**

I. Zivilsenat. Urt. v. 25. Juni 1881.

I. Landgericht Hamburg, Kammer für Handelssachen. — II. Oberlandesgericht daselbst.

Es war geklagt auf Vergütung für die angebliche „Bergung" von zwanzig den Beklagten gehörenden Fässern Sprit, welche während eines Sturmes in einer Schute auf der Elbe bei Hamburg auf einem Transport begriffen gewesen und mit der Schute dem Strand zugetrieben waren. Die Beklagten hatten zunächst nur die prozeßhindernde Einrede der Unzulässigkeit des Rechtsweges vorgeschützt, weil der Anspruch nach §§ 36 flg. der Strandungsordnung von 1874 vorgängig beim Strandamt anzubringen und im Verwaltungswege darüber zu entscheiden sei. Das Gericht erster Instanz und das Berufungsgericht hatten diese Einrede als begründet anerkannt; ind er Revisionsinstanz wurde aber das Berufungsurteil für einen Teil der Klagesumme — auf welchen nämlich der Klageanspruch nunmehr eingeschränkt worden war — aufgehoben, und insoweit die Sache zu weiterer Verhandlung an das Landgericht zurückverwiesen, aus folgenden

Gründen:

„Mit Unrecht bestreiten die Kläger, daß die §§ 36 flg. der Strandungsordnung überhaupt die gerichtliche Verfolgung von Ansprüchen auf Berge- oder Hilfslohn oder auf Erstattung sonstiger Bergungs- oder Hilfskosten ausschließen, so lange nicht die vorläufige Entscheidung des Strandamtes, bzw. der Aufsichtsbehörde auf dem dort vorgeschriebenen Wege herbeigeführt ist. Die kategorische Vorschrift, daß, wer einen solchen Anspruch erhebe, denselben beim Strandamt anzumelden habe, kann, in Verbindung mit den sodann folgenden Bestimmungen über das weitere Verfahren, nicht anders verstanden werden. Dagegen war den Klägern darin beizustimmen, daß nach der rechtlichen Natur des von ihnen erhobenen Anspruchs diese Bestimmungen hier keine Anwendung leiden, weil es sich gar nicht um Bergungs- oder Hilfskosten im Sinne der Strandungsordnung handelt. Daraus, daß die Kläger selbst bei der Begründung ihres Anspruchs sich der Ausdrücke „Bergung" und „Bergelohn" bedient haben, würde an sich nicht einmal mit Notwendigkeit folgen, daß sie selbst der Meinung waren, es liege ein nach der Strandungsordnung zu beurteilender Fall vor, da das Wort „bergen" im gewöhnlichen Sprachgebrauch unzweifelhaft eine weiterreichende Bedeutung hat. Anders würde in dieser Beziehung die Sache freilich liegen, wenn sie die Verurteilung der Beklagten „auf Grund der hier anzuwendenden Bestimmungen über Berge-, eventuell Hilfskosten" verlangt haben sollten, weil es überhaupt nur über Bergungs- und Hilfskosten im Sinne der Strandungsordnung besondere gesetzliche Bestimmungen gibt. Ob nun die Klage zu lesen sei, wie eben angeführt, oder vielmehr: „auf Grund der hier analog anzuwendenden Bestimmungen" usw., ist nach dem Tatbestande des angefochtenen Urteils zwischen den Parteien streitig. Indessen bedarf dieser Punkt keiner Entscheidung, da es auf die rechtliche Begründung, welche die Kläger ihrem Anspruch gegeben haben, überhaupt nicht ankommt, wenn sich derselbe objektiv als auf einem von den unter die Strandungsordnung fallenden verschiedenen Rechtsgrund beruhend darstellt. Dies ist hier der Fall, da man es mit einer gewöhnlichen negotiorum gestio, bzw. mit gewöhnlichen über gewisse Dienstleistungen und Aufbewahrung von Sachen abgeschlossenen Verträgen zu tun hat. Zu den Bergungs- und Hilfskosten im Sinne des § 36 der Strandungsordnung gehören nur einmal die Bergungs- und Hilfskosten im Sinne des Handelsgesetzbuches Buch 5 Tit. 59, und sodann der in den Fällen der §§ 20—22 der Strandungsordnung zu entrichtende „Bergelohn", wozu nach dem Sinne des Gesetzes ohne Zweifel auch in diesen Fällen auch noch sonstige „Bergungskosten" kommen können. Was nun zuvörderst das Handelsgesetzbuch betrifft, so regelt dieses nach Art. 742 das. nur die Fälle, wo ein „Schiff", worunter hier, wie überall im fünften Buche „vom Seehandel", nur ein Seeschiff verstanden ist (vgl. die Art. 432, 438), oder dessen Ladung in einer Seenot geborgen oder aus einer Seenot gerettet wird. Wenn auch der Begriff der „Seenot“, mit Lewis (Seerecht Bd. 2 S. 113), auszudehnen sein mag auf Gefahren, welche ein Seeschiff auf dem von Seeschiffen befahrenen unteren Teil eines Flusses betreffen — wie ein Urteil des Oberappelationsgerichts zu Lübeck vom Jahre 1866, abgedruckt bei Kierulff (Samml. Bd. 2 S. 513), diesen Unterschied vom Standpunkt des vor dem Handelsgesetzbuch im Hamburg geltenden Bergungsrechtes aus für unerheblich erklärt hat — so kann doch eine für den Hamburger Hafenverkehr bestimmte Schute in keinem Sinne für ein „Seeschiff“ und ebensowenig eine dieselbe bei einer Fahrt auf der Elbe treffende Gefahr für eine „Seenot“ gelten. Es ist aber daran festzuhalten, daß die Bestimmungen des fünften Buches des Handelsgesetzbuches an und für sich auf die Flußschiffahrt keine analoge Anwendung leiden.

Vgl. Entsch. des ROHG.'s Bd. 6 S. 396 flg.

Wie der Umstand, daß der Senat der Freien und Hansestadt Hamburg, in Gemäßheit des § 2 der Strandungsordnung die Amtsbezirke der hamburgischen Strandämter durch die Verordnung vom 23. Dezember 1874 abgrenzend, als obere Grenze des Bezirks des Strandamtes zu Hamburg die über die Norderelbe führende Eisenbahnbrücke bestimmt hat, bewirken sollte, daß nun Vorkommnisse, die sich auf oder an der Elbe unterhalb der Eisenbahnbrücke zutragen, ohne an sich zu den Bergungen im Sinne der Strandungsordnung zu gehören, doch als solche zu behandeln wären, ist durchaus nicht abzusehen.

Die Subsumtion des vorliegenden Falles unter die Bergungsfälle im Sinne der Strandungsordnung läßt sich aber auch nicht etwa auf Grund der §§ 20—22 dieses Gesetzes aufrechthalten. Allerdings ist es, was die Bestimmungen der §§ 20, 21 anlangt, in § 22 den Landesregierungen freigelassen, andere Gewässer der See gleichzustellen, und durch die erwähnte Verordnung des hamburgischen Senats vom 23. Dezember 1874 ist dies mit der Elbe bis zu der über die Norderelbe führenden Eisenbahnbrücke aufwärts geschehen. Kann nun auch hier von einer Anwendung des von versunkenen oder seetriftigen Gegenständen handelnden § 21 ersichtlich nicht die Rede sein, so könnte doch die Frage entstehen, ob nicht etwa der eine Bergung von Seeauswurf oder strandtriftigen Gegenständen voraussetzende § 20 hier zutreffe. Die Behauptung der Kläger geht jedenfalls dahin, daß die Schute mit den den Beklagten gehörenden 20 Fässern Sprit gegen den Elbstrand getrieben und von dort aus geborgen worden sei: es würde sich also nur noch fragen, ob die Darstellung der Kläger auch dahin aufzufassen ist, daß jene Gegenstände bereits aus dem Gewahrsam des Schutenführers gekommen, mithin besitzlos gewesen seien. Es ist in der Klage gesagt, die Schute sei dem Sinken nahe und der Verfügung ihres Führers entzogen gewesen, womit offenbar auch von den, hier allein in Frage kommenden Fässern Sprit mittelbar das Entsprechende behauptet ist. Der Ausdruck „der Verfügung der Schiffsbesatzung entzogen" ist derjenige, dessen sich das Handelsgesetzbuch in Art. 742 Abs. 1 bedient, um die Fälle der Bergung gegen denjenigen der bloßen Hilfsleistung abzugrenzen, und ohne Zweifel haben auch die Kläger gerade im Hinblick hierauf diese Wendung gebraucht. Indessen wenn auch nach einer Auffassung damit für den Begriff der Bergung im Sinne des Handelsgesetzbuches gerade das Merkmal der Besitzlosigkeit der zu bergenden Gegenstände aufgestellt sein soll, so ist dies doch nichts weniger als sicher, wie schon die große Verschiedenheit der bei den Beratungen der Hamburger Seerechtskommission hervorgetretenen Ansichten beweist (Prot. S. 2803 flg. 4142 flg. 4148 flg.); und der Umstand, daß doch der Ausdruck „dem Gewahrsam der Schiffsbesatzung entzogen" oder ein ganz gleichbedeutender gerade vermieden, und statt dessen der unbestimmtere „der Verfügung entzogen" gebraucht ist, spricht eher gegen jene Auffassung. An sich wird man aber wenigstens als Regel anzusehen haben, daß der Besitz an einem Fahrzeug, auf welchem sich noch die Mannschaft befindet, und an der Ladung desselben erst dann aufgehoben ist, wenn dasselbe gesunken oder gescheitert ist (vgl. l. 13 pr. Dig. de adq. poss. 41, 2). So hat man auch im vorliegenden Fall keine Veranlassung, aus der tatsächlichen Darstellung der Klage ein Mehreres zu entnehmen, als daß der Schutenführer keine Aussicht mehr hatte, sich ohne fremde Hilfe die Schute und ihren Inhalt in seinem Gewahrsam zu erhalten, und deshalb den Beistand der Kläger und ihrer Leute annahm. Hiermit ist auch in Einklang die vor dem Oberlandesgericht vorgekommene Äußerung der Kläger, daß ihr Anspruch am wenigsten unter den dritten Abschnitt, also unter die §§ 20—22 der Strandungsordnung, sondern höchstens unter den zweiten Abschnitt falle: eine Äußerung, die zwar, als in das Gebiet der Rechtsdeduktion gehörend, nicht maßgebend sein konnte, aber doch, bei sonstiger Zweifelhaftigkeit der Bedeutung des Vorbringens der Kläger in tatsächlicher Beziehung, für die Ermittlung derselben mitverwertet werden durfte. Auch der Umstand, daß die Kläger in der Folge die Fässer Sprit in ihrem Gewahrsam hatten, steht der soeben entwickelten Auffassung des Herganges nicht entgegen, da angenommen werden muß, daß sie ihnen von dem Schutenführer nach geschehener Rettung zur einstweiligen Lagerung auf ihrem Speicher übergeben worden sind. Liegt mithin kein Grund vor, die Besitzlosigkeit der angeblich von den Klägern geborgenen Fässer Sprit als von ihnen behauptet anzusehen, so fällt damit auch die Möglichkeit einer Subsumtion dieser Sache unter die §§ 20—22 der Strandungsordnung fort.

Das Berufungsurteil unterlag daher der Aufhebung. . . . Im Sinne des § 528 Abs. 3 Nr. 1 ZPO. erschien sodann die Sache zur Endentscheidung reif, nämlich zur Endentscheidung über die prozeßhindernde Einrede, welche bis jetzt allein den Gegenstand der Verhandlung gebildet hat, indem diese zu verwerfen, und daher die Sache nach § 500 ZPO. zu weiterer Verhandlung an das Gericht erster Instanz zurückzuverweisen war."

RGZ. 10, 18.

**In welchem Umfange haften der Schiffer und Reeder dritten Personen für den diesen aus der Untüchtigkeit der zum Laden oder Löschen verwendeten Gerätschaften erwachsenen Schaden, wenn diese Arbeiten durch besondere Stauer mit deren Gerätschaften bewirkt werden?**

HGB. Artt. 445, 451, 478—481.

I. Zivilsenat. Urt. v. 24. Januar 1883.

I. Landgericht Hamburg. — II. Oberlandesgericht daselbst.

Aus den Gründen:

„Es ist zwischen den Parteien unstreitig, daß der Ehemann der Klägerin am 7. Februar 1882, als er im Auftrage der Firma James Gibson & Co. Waren in seiner Jolle an Seite des im Hamburger Hafen liegenden englischen Dampfschiffes „John Ormston" gebracht hatte, dadurch, daß das Tau einer s. g. Brook, in welcher fünf zusammen circa 600 Pfund schwere Fässer Butter aus einer Schute an Bord des „John Ormston" gewunden wurden, an der Stelle, an welcher es an dem Windehaken befestigt war, riß, durch drei infolgedessen herabstürzende Butterfässer im Rücken getroffen und schwer verletzt, auch infolge dieser Verletzungen am 17. Februar 1882 gestorben ist.

Der Beklagte, welcher für die von der Klägerin auf Schadensersatz in Anspruch genommene Reederei des „John Ormston" als Kavent eingetreten ist, wurde in dieser Eigenschaft in erster Instanz verurteilt, der Klägerin für die Zeit von 20 Jahren, beginnend mit dem 7. Februar 1882, eine jährliche Rente von 1000 M, welche jedoch im Falle ihrer Wiederverheiratung wegfällt, zu zahlen und seine dagegen erhobene Berufung ist vom Oberlandesgerichte als unbegründet verworfen.

Die hiergegen vom Beklagten eingelegte Revision erweist sich als unbegründet.

Der Berufungsrichter geht mit Recht davon aus, daß nach Art. 451 HGB. der Reeder für den Schaden verantwortlich ist, welchen eine Person der Schiffsbesatzung einem Dritten durch ihr Verschulden in Ausführung ihrer Dienstverrichtungen zufügt. Wenn der Berufungsrichter hierbei den Art. 451 a. a. O. dahin versteht, daß derselbe keine selbständige Verpflichtung des Reeders statuiere, sondern diesen nur für haftbar erkläre, sofern auch die betreffende Person der Schiffsbesatzung selbst aus ihrem Versehen hafte, so bedarf die Richtigkeit dieser Auffassung hier keiner Prüfung, da sie dem Beklagten günstig ist und die Entscheidung des Berufungsrichters hierauf nicht beruht.

Mit Recht nimmt der Berufungsrichter dann ferner an, daß die Art. 478—481 HGB. zunächst von den Verpflichtungen des Schiffers gegen den Reeder handeln, und daß insbesondere nach Art. 479 a. a. Or zwar auch den dort genannten Personen, aber auch nur diesen, ein direktes Klagerecht aus den Versehen des Schiffers gegen diesen auf Grund ihrer an sich gegen den Reeder begründeten Kontraktansprüche zusteht, wobei anerkannt wird, daß der Ehemann der Klägerin in einem der hier bezeichneten Kontraktsverhältnisse zu der beklagten Reederei nicht gestanden habe. Damit ist aber die Haftung des Schiffers aus einer aquilischen Verschuldung auch anderen als den in Art. 479 a. a. O. genannten Personen gegenüber, wie der Berufungsrichter weiter mit Recht annimmt, keineswegs ausgeschlossen, woraus sich dann auch die nach Art. 451 a. a. O. angenommene Haftung der beklagtischen Reederei für ein solches Verschulden ergibt.

Auch die Gründe, aus denen der Berufungsrichter annimmt, daß im vorliegenden Falle die Verletzung und der Tod des Ehemannes der Klägerin auf ein Verschulden des Schiffers des „John Ormston" zurückzuführen sei, lassen eine Rechtsverletzung nicht erkennen.

Allerdings war unbestrittenermaßen die Übernahme und Verstauung der Ladung von dem Schiffer einem Stauer — Oldenburg — übertragen, welchem auch die zerrissene Brook gehörte. Dieser Umstand ist aber vom Berufungsrichter nicht unberücksichtigt gelassen, indem derselbe bemerk, daß der Schiffer sich nicht ohne weiteres auf die Stauer habe verlassen dürfen. Diese Erwägung ist richtig, und ebenso ist es zutreffend, wenn der Berufungsrichter annimmt, es sei eine aus der dienstlichen Stellung des Schiffers sich ergebende Pflicht desselben, sich zuvor von der Haltbarkeit der zum Übernehmen der Ladung aus den Schuten zu benutzenden Gerätschaften zu überzeugen, welche Pflicht selbst dann nicht cessiere, wenn Zwangsstauer zum Einnehmen und Stauen der Ladung angenommen werden müssen. Denn nach Art. 481 HGB. hat der Schiffer, und zwar auch dann, wenn die Stauung durch besondere Stauer bewirkt wird, für die Tüchtigkeit der Gerätschaften zum Laden und Löschen zu sorgen. Dies gehört mithin zu seinen Dienstverrichtungen, bei welchen er nach Art. 478 HGB. die Sorgfalt eines ordentlichen Schiffers anzuwenden hat, deren Vernachlässigung ein nach Art. 451 HGB. die Verantwortlichkeit des Reeders für den dadurch dritten Personen zugefügten Schaden begründet. Der Beklagte meint nun freilich, daß der Schiffer, welcher zum Übernehmen und Verstauen der Ladung einen besonderen, nicht zur Schiffsmannschaft gehörigen Stauer annimmt und diesem auch die Stellung der dazu erforderlichen Gerätschaften überläßt, nur wegen einer culpa in eligendo hafte, und rügt deshalb Verletzung der Art. 481, 445 HGB. Dieser Ansicht kann aber nicht beigetreten werden. Denn obwohl — wie bereits vom Reichsoberhandelsgerichte in dessen Entsch. Bd. 19 S. 263 flg. in zutreffender Weise näher ausgeführt ist — der Schiffer nach Art. 481 HGB. nicht ohne weiteres und in allen Fällen für die Tüchtigkeit der Gerätschaften und für die Ordnungsmäßigkeit der Stauung einzustehen hat und der Umfang desjenigen, worauf er seine Sorgfalt zu richten hat, ein verschiedener sein kann, je nachdem er die Stauung selbst und durch seine Leute bewirkt oder vertragsmäßig, infolge bestehender obrigkeitlicher Anordnung oder freiwillig durch Dritte bewirken läßt, so bleibt doch, wie aus Art. 481 a. a. O. hervorgeht, der Schiffer immer prinzipiell die vermöge seiner dienstlichen Stellung auf dem Schiffe zunächst verantwortliche Person, und dieser ihm gesetzlich obliegenden Verantwortlichkeit vermag er sich nicht dadurch zu entschlagen, daß er — wie es hier geschehen ist — freiwillig eine dritte Person für sich handeln läßt. Daraus folgt, daß der Schiffer nicht nur bei der Auswahl des Stauers mit Sorgfalt zu verfahren hat, sondern daß ihm auch die Überwachungspflicht obliegt. Wenn der Berufungsrichter die hierbei aufzuwendende Sorgfalt dahin definiert, daß der Schiffer für omnis culpa in dem Sinne hafte, daß er die von einem ordentlichen Manne unter den gegebenen Umständen zu erwartende Vorsicht und Bedachtsamkeit zu prästieren habe, so erscheint auch diese Annahme rechtlich als durchaus zutreffend. Die Gründe des ersten Richters aber, welche der Berufungsrichter für die weitere Annahme in Bezug nimmt, daß unter den Umständen des vorliegenden Falles der Schiffer bei

Anwendung jener Sorgfalt in der Lage gewesen wäre, die Schadhaftigkeit der von dem Stauer Oldenburg verwendeten Brook zu konstatieren, beruhen auf tatsächlicher Würdigung, und es ist weder ersichtlich, daß dieselbe durch einen rechtlichen Irrtum beeinflußt ist, noch daß ein erheblicher Umstand dabei übersehen wurde. Auch ist es nicht rechtsirrtümlich, sondern vielmehr rechtlich wohl begründet, wenn der Berufungsrichter auf den Einwand des Beklagten hinzufügt, es sei, falls der Schiffer selbst die genügende Sachkenntnis zur Prüfung der Haltbarkeit der Brook nicht besessen haben sollte, seine Pflicht gewesen, einen Sachverständigen zu Rate zu ziehen. Wenn der Beklagte hiergegen in der Revisionsinstanz noch geltend gemacht hat, der Schiffer habe hierbei dem Stauer die bessere Sachkenntnis zutrauen dürfen, so trifft dies schon deshalb nicht zu, weil der Schiffer auch die Möglichkeit einer Nachlässigkeit oder eines Leichtsinnes auf seiten des Stauers zu berücksichtigen hatte. Außerdem geht der Gesetzgeber, indem er in Art. 481 HGB. dem Schiffer die Sorge für die Tüchtigkeit der Gerätschaften zum Laden und Löschen auferlegt, offenbar davon aus, daß ein ordentlicher Schiffer sich im Besitze der hierzu erforderlichen Kenntnisse befinden müsse." . . .

**RGZ. 13, 68.**

**1. Begriff der Seefahrt im Gegensatz zu der Schiffahrt auf Flüssen und Binnengewässern.**

HGB. Art. 390, 432, 438, 450. — Bundesgesetz, betr. die Nationalität der Kauffahrteischiffe, vom 25. Oktober 1867 § 1. — Vorschriften über die Registrierung und Bezeichnung der Kauffahrteischiffe vom 13. November 1873 § 1. — Verordnungen zur Vermeidung des Zusammenstoßes der Schiffe auf See vom 23. Dezember 1871 und 8. Januar 1880 im Eingange. — Strandungsordnung vom 17. Mai 1874 § 22. — Preuß. Verordnung vom 27. Februar 1862.

**2. Unter welchen Voraussetzungen ist ein von einem Frachtführer oder Reeder aufgestellter Prospekt als lex contractus für die von ihm abgeschlossenen einzelnen Geschäfte zu betrachten? Besteht eine Pflicht der mit ihm Kontrahierenden, sich mit einem solchen Prospekt bekannt zu machen.**

HGB. Art. 279, 405.

**3. Unter welchen Voraussetzungen ist eine vom Frachtführer ausgestellte Urkunde als Ladeschein aufzufassen?**

HGB. Art. 413, 414, 415.

I. Zivilsenat. Urt. v. 8. Dezember 1883.

I. Landgericht Greifswald, Kammer für Handelssachen Stralsund. — II. Oberlandesgericht Stettin.

Aus den Gründen:

„Am 7. März 1880 ist das dem Beklagten gehörige Dampfschiff Stralsund I, welches nebst dem ebenfalls dem Beklagten gehörigen Dampfschiff Stralsund II seit dem Frühjahr 1879 vom Beklagten zur *Unterhaltung einer regelmäßigen Verbindung behufs des Transportes* von Gütern zwischen Stettin und Stralsund, Wolgast anlaufend, benutzt wird, auf der Reise von Stettin nach Stralsund in der Zicker Rinne, wohin der Kapitän sich mit dem Schiff begeben hatte, um die im Zicker See liegende dänische Brigg Christian nach Stralsund zu schleppen, leck geworden und voll Wasser gelaufen, wodurch die Ladung und insbesondere auch die für den Kläger bestimmten, von Stettin an ihn abgesandten Güter größtenteils entweder gänzlich verdorben oder mehr oder weniger beschädigt sind. Der Kläger fordert dieserhalb vom Beklagten Schadensersatz, und der Beklagte ist diesem Antrag gemäß durch das angefochtene Erkenntnis vom Berufungsrichter verurteilt worden.

Von den beklagterseits erhobenen Revisonsangriffen kann

1. derjenige, welcher dem Berufungsrichter wegen Verwerfung des Einwandes, daß der Beklagte für den Schaden nicht persönlich, sondern nur mit Schiff und Fracht haften würde, die Verletzung der Art. 390 flg. durch unrichtige Anwendung, sowie der Art. 452, 632 flg. HGB. durch Nichtanwendung verwirft, für zutreffend nicht erachtet werden.

Das deutsche Handelsgesetzbuch hat nach dem Vorgang anderer Seegesetzgebungen von einer Definition der Begriffe „Seeschiff" und „Seefahrt" abgesehen. Der preußische Entwurf enthielt allerdings an der Spitze des Buches „Vom Seehandel" in Art. 385 die Bestimmung:

> Als Seeschiffe im Sinne dieses Gesetzbuches sind nur solche Schiffe anzusehen, welche zur Beförderung von Personen oder Gütern über See dienen.

Schon in erster Lesung (vgl. Protokolle S. 1483—1485) wurde aber diese Definition bekämpft als einerseits ungenügend und andererseits zu eng und weil es überhaupt unmöglich sei, ausreichende Unterscheidungsmerkmale des Seeschiffes aufzustellen, weshalb das Wort „nur" gestrichen wurde, worauf in zweiter Lesung der Artikel auch in dieser Fassung nochmals von verschiedenen Seiten beanstandet und die gänzliche Streichung beschlossen ward (vgl. Protok. S. 3694—3696).

Infolgedessen sind dann zum Zwecke der Bezeichnung derjenigen Schiffe, welche in das Schiffsregister eingetragen werden sollen, die Art. 432 Abs. 1 438 in das Gesetzbuch aufgenommen, nach welchen das Schiffsregister für die zum Erwerb durch die Seefahrt bestimmten Schiffe zu führen ist, die Landesgesetze aber bestimmen können, daß die betreffenden Vorschriften auf kleine Fahrzeuge (Küstenfahrer usw.) keine Anwendung finden. In Übereinstimmung mit Art. 432 bezeichnet der Art. 450 HGB. als „Reeder" den Eigentümer eines ihm „zum Erwerb durch die Seefahrt dienenden Schiffes", während das Gesetz nach Art. 390 unter Frachtführer auch denjenigen versteht, welcher gewerbsmäßig den Transport von Gütern auf Binnengewässern ausführt, wobei auch dieser Begriff nicht näher definiert ist.

In Ermangelung einer gesetzlichen Definition des Begriffes „Seefahrt" sind für diesen der Sprachgebrauch und die Anschauungen des Verkehrs, speziell der seemännischen Kreise maßgebend, zu deren Ermittlung aber auch anderweite Akte der Gesetzgebung, sowie Anordnungen von Behörden herangezogen werden können.

Von diesem Grundsatz geht auch der Berufungsrichter aus, indem er auf Grund des Zusammentreffens einer Reihe von tatsächlichen Momenten annimmt, daß der Dampfer Stralsund I kein zum Erwerb durch die Seefahrt bestimmtes und kein dem Beklagten zur Seefahrt dienendes Schiff, der Beklagte mithin nicht Reeder im Sinne des Art. 450 HGB. mit der sich aus Art. 452 ergebenden beschränkten Haftung sei, sondern vielmehr als Frachtführer im Sinne des Art. 390 a. a. O. persönlich hafte.

Allerdings ist, wie der Beklagte mit Recht hervorhebt, der Umstand, daß die Schiffe Stralsund I und II ursprünglich für die Fahrt zwischen Stettin und Uckermünde erbaut und eingestellt waren, also für die Fahrt auf der Oder und dem Haff v o r dem Eintritt der Oder durch die Peene, Swine und Dievenow in die Ostsee, und daß sie daher ursprünglich nicht zum Erwerb durch die Seefahrt bestimmt waren, für sich allein unerheblich, und es ist auch an sich nicht entscheidend, ob die Schiffe nach Bauart und Ausrüstung zur Seefahrt geeignet sind. Allein diese Umstände hat auch der Berufungsrichter nur adminikulierend in Betracht gezogen. . . .

Das entscheidende Gewicht für seine Auffassung, daß auch die Fahrt zwischen Stettin und Stralsund über Wolgast, in welche die Schiffe später eingestellt sind, nicht unter die Art. 432, 450 HGB. falle, obwohl dieselbe für einen ansehnlichen Teil der ganzen Srecke aus der

Peene-Mündung heraus und von der Peenemünder Tonne an durch den Greifswalder Bodden auf Palmerort und weiter nach Stralsund, also durch „ein allerdings der Ostsee angehöriges Gebiet" gehe, legt der Berufungsrichter vielmehr auf die Nähe der zerrissenen Küsten des Festlandes und der Insel Rügen, sowie durch kleine Inseln bedingte eigentümliche Gestaltung des Gewässers, infolgederen auch die zu einer Seefahrt möglichst ungeeigneten Oder- oder Haff-Kähne auf demselben Wege nach Stralsund zu verkehren pflegten, in Verbindung mit dem Umstand, daß die Schiffe Stralsund I und II trotz ihrer Einstellung in ihre jetzige Fahrt in den von den Experten der Stettiner Seeversicherungsgesellschaften zusammengestellten Handbuch der Handelsmarine der Provinzen Pommern und Preußen nicht unter A (Seedampfschiffe), sondern unter B (Bugsier- und Flußdampfschiffe) klassifiziert sind, für welche Auffassung „in den meistinteressierten Kreisen der Geschäftswelt" auch der Umstand zeuge, daß die Stettiner Assekuranzgesellschaften Versicherungen auf dem Wasserwege von Stettin nach Stralsund als solche für Flußschiffahrt behandeln, welche sie in den Bedingungen und Prämiensätzen von Versicherungen für Seeschiffahrt unterscheiden. Auch darauf, daß der erste Richter, die mit zwei Kaufleuten besetzte Kammer für Handelssachen in Stralsund, diese Auffassung teilt, legt der Berufungsrichter nicht ohne Grund Gewicht, und nicht minder durfte er der Übereinstimmung derselben mit den auf Grund des Art. 7 Nr. 2 der Reichsverfassung behufs Ausführung des Bundesgesetzes vom 25. Oktober 1867 erlassenen Vorschriften des Bundesrates über die Registrierung und Bezeichnung der Kauffahrteischiffe vom 13. November 1873 Bedeutung beilegen. Denn mag man auch in diesen Vorschriften, nach deren § 1 als „Seefahrten" im Sinne des dem Art. 432 HGB. hinsichtlich der Bedeutung dieses Wortes offenbar konformen § 1 des Gesetzes vom 25. Oktober 1867 nur angesehen werden sollen die Fahrten:

> „bei . . . Peenemünde . . . außerhalb der nördlichen Spitze der Insel Usedom und der Insel Ruden, sowie bei Rügen außerhalb der Insel Ruden und des Thiessower Höft",

während der hier fragliche Weg sich innerhalb der bezeichneten Punkte hält, nicht mit

Lewis in Endemanns's Handbuch des Handelsrechtes Bd. 4 S. 1

eine authentische Interpretation des Begriffes Seefahrt auch im Sinne des Handelsgesetzbuches erblicken, so darf doch angenommen werden, daß sie den in seemännischen Kreisen herrschenden Anschauungen entsprechen. Dasselbe gilt von der seitens des Berufungsrichters in bezug genommenen preuß. Verordnung vom 27. Februar 1862, nach welcher der Art. 432 HGB. nicht anzuwenden ist auf die im Regierungsbezirk Stralsund und Stettin zu Hause gehörigen Küstenfahrzeuge, welche ihre Reisen über das Küstengebiet des Regierungsbezirks Stralsund und des Usedom-Wolliner Kreises nicht ausdehnen. Denn der Berufungsrichter nimmt mit Recht an, dieser Bestimmung liege der Gedanke zugrunde, daß die Fahrten innerhalb des erwähnten Gebiets (unter welche auch die hier fragliche Fahrt fällt) wegen der eigentümlichen Gestaltung dieses Gebiets als eigentliche Seefahrten nicht anzusehen seien. . . .

Die Gefahren einer eigentlichen Seereise und die Schwierigkeiten, welche aus einer solchen hinsichtlich der Aufsicht über das Schiff und der Einwirkung auf dasselbe für den Eigentümer erwachsen, auf welchen Momenten die dem Seerecht eigentümlichen Institute und Rechtssätze zum Teil beruhen (vgl. Motive zu Art. 385 des preußischen Entwurfs), treffen offenbar bei einer auf den Greifswalder Bodden beschränkt bleibenden Schiffahrt fast ebensowenig zu, wie bei der Schiffahrt auf dem jedenfalls zu den Binnengewässern zu rechnenden Haff, da der Bodden an Umfang kaum so groß ist, mit der offenen See östlich und insbesondere westlich ebenfalls nur durch ziemlich schmale Ausgänge in Verbindung steht und daher auch geographisch füglich als ein sich als Binnengewässer gestaltender Teil der Ostsee betrachtet werden kann. Die Salzhaltigkeit des Wassers kann in dieser Frage für sich allein nicht als entscheidend angesehen werden. Die Auffassung der auf einem beschränkten und eingeschlossenen Gebiet der See betriebenen Schiffahrt als einer Schiffahrt auf einem Binnengewässer hat auch an sich ebensogut Anspruch auf Zulässigkeit, als z. B. auch umgekehrt in den Verordnungen zur Vermeidung des Zusammenstoßes der Schiffe auf See vom 23. Dezember 1871 und 8. Januar 1880 alle mit der See in Zusammenhang stehenden Gewässer, sofern sie nur auch von Seeschiffen befahren werden, der See gleichgestellt sind, und als die Strandungsordnung vom 17. Mai 1874 es in § 22 der Landesgesetzgebung überlassen hat, welche Gewässer in betreff des See-Auswurfes und der seetriftigen Güter der See gleichzustellen seien.

Gegenüber der auf den Anschauungen des seemännischen Verkehrs beruhenden Auffassung des Berufungsrichters verdient es keine Beachtung, wenn der Beklagte behauptet, daß nach dem gemeinen Sprachgebrauch nur alle innerhalb der Kontinente belegenen, entweder gar nicht oder doch nur durch Ausflüsse mit dem offenen Meer in Verbindung stehenden Gewässer Binnengewässer, alle außerhalb der Küsten des Kontinents belegenen Gewässer aber, selbst wenn sie durch Inseln, Halbinseln oder Landzungen mehr oder weniger eingeengt und zu Meerbusen oder Engen gestaltet sind, Meeresteile seien, sofern sie nur in unmittelbarer Verbindung mit der See stehen.

2. Begründet ist dagegen die Rüge, daß der Berufungsrichter den vom Beklagten erhobenen Einwand, er hafte nur in Gemäßheit seines Fahrplanes, bzw. Prospektes, aus rechtsirrtümlichen Gründen verworfen habe.

Dieser Einwand ist vom Beklagten darauf gestützt, daß er, als er anfangs 1879 die bisher mit denselben Schiffen von A. F. betriebene Linie übernahm, einen gedruckten Prospekt ausgegeben habe, von welchem ein Exemplar zu den Akten übergeben ist. Dieser enthält auf der Vorderseite die Angabe der Abgangszeiten der Dampfer Stralsund I und II von Stettin und Stralsund und einen Frachttarif sowie die Firmen, welche an den gedachten beiden Orten und in Wolgast die Expedition besorgen. Auf der Rückseite, auf welche durch das unten auf der Vorderseite stehende Wort „verte!" verwiesen ist, sind unter den §§ 1 bis 12 „Allgemeine Bedingungen" in großem deutlichen Druck zu lesen welcher sich im übrigen auf Frachtberechnung, Frachtzahlung, Nachnahme, Kosten und Risiko des Ein- und Ausladens, die Verantwortlichkeit der Ablader und Empfänger für Nichterfüllung steueramtlicher Vorschriften, Lagerkosten bei nicht sofort erfolgender Abnahme usw. beziehen, während die §§ 9, 10, 12 wörtlich lauten:

§ 9. Die Reederei haftet für die Beschädigung und Verluste an den ihren Schiffen zur Beförderung übergebenen Gütern nur, wenn solche nachweislich durch grobes Verschulden der Mannschaft herbeigeführt sind.

§ 10. Die Dampfer haben die Berechtigung, eintretenden Falls andere Schiffe ins Schlepptau zu nehmen und notleidenden Schiffen Assistenz zu leisten, eventuell auch von ihrer Linie abzuweichen.

§ 12. Ablader und Empfänger erkennen durch Benutzung der von den Expeditionen in diese Linie gestellten Dampfer die vorstehenden Bedingungen als ihnen bekannt und sie verpflichtend an.

Diese Bedingungen will der Beklagte als Bestimmungen des Frachtvertrages angesehen und seine Haftung will er demgemäß beurteilt wissen, indem er behauptet und unter Beweis gestellt hat, daß der Prospekt allen namhaften Stettiner Kaufleuten mit Verbindungen in

Stralsund, insbesondere den Absendern der für den Kläger bestimmten Güter in je einem Exemplar behändigt und auch stets auf dem Schiffe Stralsund I ausgehängt gewesen sei, wobei der Beklagte dem Kläger auch den Eid darüber zugeschoben hat, daß dieser selbst den Fahrplan — Prospekt und Bedingungen — zugestellt erhalten und Kenntnis von demselben erlangt habe. Kläger will dagegen dem Fahrplan keine Bedeutung beigelegt wissen, hat dessen Verbreitung, insbesondere die Bekanntschaft seiner Absender mit demselben bestritten und den ihm deferierten Eid angenommen. Auf alle Fälle hat er sich darauf berufen, daß — wie Beklagter zugestanden hat — weder in den Frachtbriefen noch in den s. g. Ladescheinen, welche gegenseitig ediert und zu den Akten gebracht sind, bezüglich der hier fraglichen Sendungen irgend eine Bezugnahme auf den Prospekt und die Bedingungen enthalten gewesen sei.

Der Berufungsrichter erachtet nun die Anwendung der Bedingungen des Prospektes zunächst deshalb für ausgeschlossen, weil nach Art. 415 HGB. für die Rechtsverhältnisse zwischen dem Frachtführer und dem Empfänger der Güter lediglich der Ladeschein entscheide und die nicht in denselben aufgenommenen Bestimmungen des Frachtvertrages gegenüber dem Empfänger keine rechtliche Wirkung haben, sofern nicht auf dieselben ausdrücklich Bezug genommen ist. Der Berufungsrichter verletzt hierbei aber den Art. 413 HGB. dadurch, daß er Urkunden des hier vorliegenden Inhalts als Ladeschein im Sinne des Handelsgesetzbuches ansieht. Wie sich aus dem Inhalt der eingereichten Urkunden ergibt, sind dieselben nämlich einfache Bescheinigungen des Kapitäns, das darin bezeichnete Gut zur Beförderung an die darin genannte Person empfangen zu haben, wobei von einer daneben vom Frachtführer übernommenen Verpflichtung zur Aushändigung des Gutes, welche der Art. 413 Abs. 2 HGB. als das Charakteristische des Ladescheines bezeichnet, mit keinem Wort die Rede ist. Eine solche bloße Empfangsbescheinigung mit Hinzufügung des Ortes und der Person, an welche das Gut befördert werden soll, kann aber bei der weittragenden Bedeutung, welche das Handelsgesetzbuch der Ausstellung eines Ladescheines beilegt, für einen solchen umsoweniger erachtet werden, als nach Art. 413 Abs. 1 HGB. der Frachtführer nicht etwa infolge des abgeschlossenen Frachtvertrages zur Ausstellung eines Ladescheines verpflichtet ist, sondern dieselbe ein besonderes Übereinkommen zwischen Frachtführer und Absender voraussetzt, ein solches Übereinkommen klägerischerseits aber gar nicht behauptet ist. Außerdem spricht gegen die Auffassung solcher Urkunden als Ladeschein, daß in concreto eine Bestimmung in Ansehung der Fracht fehlt, obwohl der Art. 414 HGB. unter Ziffer 6 auch diese als zum Inhalt des Ladescheines gehörig betrachtet.

Der Berufungsrichter meint dann freilich, daß auch, abgesehen von der Wirkung eines Ladescheines, die allgemeinen Bedingungen des Prospektes nicht als vereinbarte Bestimmungen des Frachtvertrages anzusehen und deshalb rücksichtlich der Haftung des Beklagten wirkungslos seien. Aber auch hierin irrt er rechtlich. . . . Zwar ist es gerechtfertigt, daß der Berufungsrichter die Kenntnis der Empfänger von dem Fahrplan für unerheblich erachtet. Denn nach Art. 405 HGB. ist zwar nach Ankunft des Frachtführers am Ort der Ablieferung der im Frachtbrief bezeichnete Empfänger berechtigt, die durch den Frachtvertrag begründeten Rechte gegen Erfüllung der sich aus dem Frachtbrief ergebenden Verpflichtungen in eigenem Namen gegen den Frachtführer geltend zu machen, gleichviel ob er hierbei im eigenen oder im fremden Interesse handelt. Hierdurch ist jedoch nur ausgesprochen, daß der Empfänger nicht als bloßer Vertreter oder Mandatar des Absenders anzusehen sei, sondern ihm ein eigenes Recht zustehe. (Vgl. Entsch. des ROHG.'s Bd. 4 S. 359 flg.). Der Inhalt dieses seines Rechtes wird aber lediglich durch den zwischen dem Frachtführer und dem Absender abgeschlossenen Frachtvertrag bestimmt, und in betreff dieses Inhaltes kann daher auch nur der Wille bzw. die Kenntnis des Absenders, welcher den Vertrag abgeschlossen hat, nicht auch des bei dem Vertragsabschluß an sich unbeteiligten Empfängers sowohl zu Gunsten als zum Nachteil des letzteren maßgebend sein. Wie der Empfänger sich hiernach nicht darauf berufen kann, daß der Frachtführer sich ihm gegenüber bereit erklärt habe, Frachtverträge unter Bedingungen abzuschließen, welche für den Frachtführer ungünstiger sind als die gesetzlichen oder die mit dem Absender vereinbarten Bestimmungen, so kann andererseits der Frachtführer nicht geltend machen, daß er sich dem Empfänger gegenüber nur zum Abschluß von Frachtverträgen bereit erklärt habe, welche zu seinen Gunsten hiervon abweichen. Wenn der Empfänger sich auf diesen Grundsatz beruft, so verstößt dies umsoweniger gegen Treue und Glauben, als der Empfänger nicht davon auszugehen braucht, daß der Frachtführer auch mit dem Absender die gleichen Bestimmungen vereinbart habe. Hieran wird auch dadurch nichts geändert, daß nach § 12 der allgemeinen Bedingungen des Prospektes Ablader und Empfänger durch Benutzung der Dampfer die vorstehenden Bedingungen als ihnen bekannt und sie verpflichtend anerkennen. Denn diese Erklärung setzt, wenn sie nicht in Ansehung der Empfänger rechtlich als wirkungslos erscheinen soll, voraus, daß entweder dem Absender beim Abschluß des Frachtvertrages die Bedingungen bekannt waren, oder daß — was ja auch vorkommen kann, aber im vorliegenden Falle nicht behauptet ist — der Frachtvertrag vom Empfänger, und zwar mit dieser Kenntnis, abgeschlossen war.

3. Dagegen hat der Berufungsrichter mit Unrecht angenommen, es sei nicht ersichtlich, daß die Absender sich im vorliegenden Falle auf die „allgemeinen Bedingungen" eingelassen haben. Ist nämlich auch das bloße Aushängen des Fahrplans auf dem Schiffe mit Recht für bedeutungslos erachtet, so beurteilt doch der Berufungsrichter die vom Beklagten ferner behauptete Tatsache falsch, daß der Prospekt vom Beklagten bei Übernahme der Linie Stettin-Stralsund — etwa ein Jahr vor Eingehung der hier fraglichen Frachtgeschäfte — nicht nur überhaupt unter den Stettiner Interessenten verbreitet, sondern insbesondere auch den Absendern der hier fraglichen Güter ein Exemplar desselben zugestellt ist. Denn die Meinung, es würde hieraus nicht folgen, daß die Absender den Prospekt samt den auf der Rückseite stehenden „allgemeinen Bedingungen" und darunter die hier fraglichen Paragraphen derselben gelesen und wahrgenommen haben, oder daß der Beklagte dies auch nur als geschehen hätte annehmen dürfen, verstößt gegen den im Handelsverkehr vor allem aufrecht zu erhaltenden Grundsatz von Treue und Glauben, sowie gegen den Art. 279 HGB., nach welchem in Beziehung auf die Bedeutung und Wirkung von Handlungen und Unterlassungen auf die im Handelsverkehr geltenden Gewohnheiten und Gebräuche Rücksicht zu nehmen ist. Es ist nämlich, was vom Berufungsrichter nicht beachtet ist, im Handelsverkehr bei gewissen Geschäftsbranchen notorisch gebräuchlich, daß der Unternehmer im voraus öffentlich oder doch den beteiligten Geschäftsleuten nicht nur den Kreis derjenigen Geschäfte, welche er zu betreiben beabsichtigt, sondern auch die näheren Bestimmungen bekannt macht, unter welchen er derartige Geschäfte abzuschließen bereit ist. Abgesehen von den Versicherungsgesellschaften aller Art, pflegt dies insbesondere von Transportunternehmern zu geschehen. Der Zweck dieses Verfahrens ist ersichtlich der, eine besondere Vereinbarung über den Inhalt der abzuschließenden Verträge für jeden einzelnen Fall zu vermeiden und überflüssig zu machen. Die Empfänger einer solchen Mitteilung können dieselbe folglich nur dahin verstehen, daß die von ihnen mit dem Unternehmer innerhalb des betreffenden Geschäftskreises abzuschließenden Verträge

als in Gemäßheit der im voraus aufgestellten Bestimmungen abgeschlossen gelten sollen, sofern nicht im einzelnen Falle hiervon abweichende Vereinbarungen getroffen sind. Daraus ergibt sich daher nach den Grundsätzen von Treu und Glauben für sie die Verpflichtung, sich mit dem Inhalt der ihnen mitgeteilten Vertragspropositionen bekannt zu machen und dieselben zu beachten. Denn sie müssen davon ausgehen, daß dies von der anderen Seite erwartet wird und umsomehr erwartet werden darf, als es zur Anwendung der bei jedem Kaufmann vorauszusetzenden Sorgfalt in der Betreibung seiner Geschäfte gehört, die ihm gemachten generellen wie speziellen Vertragspropositionen zu prüfen, um sich über das Vorteilhafte und Nachteilige derselben zu unterrichten und sein Verhalten danach zu bemessen. Schließen die Empfänger demnächst innerhalb des betreffenden Geschäftskreises Verträge mit dem Proponenten ab, so müssen sie also die ihnen in betreff des Inhaltes solcher Geschäfte proponierten Bestimmungen als ihnen bekannte und von ihnen gewollte lex contractus gelten lassen, sofern sie nicht hiervon Abweichendes mit ihm vereinbart haben, da sie bei einer gegenteiligen Absicht dolos handeln würden und sie sich auf ein arglistiges Verhalten nicht würden berufen können. Hiernach war es nicht, wie der Berufungsrichter angenommen hat, Sache des Beklagten, bei Abschluß des Frachtvertrages, d. h. bei Einlieferung der Güter mit den Frachtbriefen, hervorzuheben, daß er auf Grund der im Prospekt aufgestellten Bedingungen kontrahiere, oder sonstwie auf diese Bedingungen nochmals ausdrücklich Bezug nehmen, sondern es hätten gerade umgekehrt die Absender -- was aber als geschehen nicht behauptet ist -- ihren gegenteiligen Willen aussprechen müssen, wenn sie jene Bestimmungen nicht als Teil des abzuschließenden Frachtvertrages gelten lassen wollten.

Der Berufungsrichter bemerkt nun freilich noch, daß der Fahrplan, Tarif und die Expedienten auf der Vorderseite des Prospekts, die allgemeinen Bedingungen aber auf der Rückseite stehen, und daß die §§ 9, 10 der Bedingungen, auf welche der Beklagte sich beruft, unter einer Menge „harmloser und unverfänglicher" Bestimmungen „versteckt" seien. Einen Entscheidungsgrund hat er hieraus aber nicht entnommen und konnte er hieraus auch nicht entnehmen. Denn einesteils ist durch das unten auf der Vorderseite des Prospekts stehende Wort „Verte!" auf die Rückseite ausdrücklich hingewiesen, anderenteils ist klägerischerseits gar nicht behauptet, daß die Absender die Rückseite übersehen hätten und bei gehöriger Sorgfalt hätten übersehen können, wie auch von einer beabsichtigten Täuschung der Absender durch die „Harmlosigkeit" der den §§ 9, 10 vorausgehenden Bedingungen nirgends die Rede, sondern einfach behauptet ist, daß den Absendern von den allgemeinen Bedingungen wie von dem Prospekt überhaupt nichts bekannt gewesen sei.

Zur Unterstützung seiner Ansicht, daß bei Einlieferung des Gutes der Beklagte auf den Prospekt habe Bezug nehmen müssen, fügt der Berufungsrichter noch den Satz hinzu: „zumal der Text der von den Absendern ausgestellten Frachtbriefe erkenntlich von der gesetzlichen und gewöhnlichen Haftbarkeit des Frachtführers ausging". Ein selbständiger Entscheidungsgrund ist hierin aber nicht zu erblicken. Auch kann diese Bemerkung nicht für zutreffend erachtet werden, da auch unter Voraussetzung der Richtigkeit solcher Auslegung der Frachtbriefe der Beklagte bzw. der Schiffer infolge der von ihnen anzunehmenden Bekanntschaft der Absender mit dem Prospekt davon ausgehen durften, daß die Frachtbriefe etwas mit diesen in Widerspruch stehendes nicht enthalten würden, und ihnen daher eine genaue Prüfung des Inhalts der Frachtbriefe in dieser Hinsicht nicht zuzumuten war. . . .

Hieraus ergibt sich, daß das angefochtene Urteil der Aufhebung unterliegt, da es auf der Annahme beruht, daß die Frage, ob der Beklagte bezüglich des eingetretenen Schadens ersatzpflichtig ist, nicht nach den allgemeinen Bedingungen des Prospekts, sondern nur nach den gesetzlichen Bestimmungen des Art. 395 HGB. zu beurteilen sei, nach welchem letzteren der Frachtführer haftet, sofern er nicht beweist, daß der Verlust oder die Beschädigung durch höhere Gewalt usw. entstanden ist, während nach § 9 der Bedingungen der Beklagte nur haften würde, sofern die Verluste oder Beschädigungen nachweislich durch grobes Verschulden der Mannschaft herbeigeführt sind."

## RGZ. 13, 79.

**1. Fällt es unter die dem Schiffer gesetzlich erteilte Vollmacht, wenn derselbe außerhalb des Heimathafens des Schiffes eine Reparatur vornehmen läßt, welche nicht zur Wiederherstellung der Seetüchtigkeit des Schiffes notwendig ist, sondern nur bezweckt, dem Schiff seine bisherige Klasse zu erhalten?**

**2. Ist der Schiffer außerhalb des Heimathafens befugt, Anerkennungsverträge abzuschließen oder Beweisdokumente auszustellen, welche sich auf Rechtsgeschäfte beziehen, die der Schiffer innerhalb seiner Befugnisse eingegangen ist?**

## HGB. Art. 496, 497.

I. Zivilsenat. Urt. v. 13. Februar 1884.

I. Landgericht Hamburg. — II. Oberlandesgericht daselbst.

Aus den Gründen:

„Auf Bestellung des Kapitän Uffen, welcher damals die der beklagten Reederei gehörige Brigg Castor, deren Heimathafen Emden ist, als Schiffer führte, hat der Kläger während des Aufenthalts dieses Schiffes in Hamburg eine größere Reparatur an demselben ausgeführt, nach deren Beendigung er dem Kapitän Uffen eine Rechnung darüber im Gesamtbetrage von 22 878,25 M zustellte, von welcher auf Veranlassung des Klägers ein Exemplar durch Kapitän Uffen mit den Worten:

„Als richtig anerkannt"

unter Beifügung seines Namens versehen und dem Kläger zurückgegeben ist.

Die beklagte Reederei hat die Bezahlung dieser Rechnung, nachdem Kapitän Uffen abschläglich 5000 M auf dieselbe gezahlt hatte, verweigert, weshalb Kläger sie auf Zahlung des Restbetrages von 17 878,25 M bei den hamburgischen Gerichten belangt hat. . . .

Die gegen das Endurteil des Berufungsgerichts eingelegte Revision erweist sich als unbegründet.

Bei der Würdigung der von der Beklagten gegen die oben gedachte, in zweiter Instanz näher spezialisierte und substanziierte Rechnung des Klägers erhobenen Monituren geht der Berufungsrichter von der Annahme aus, daß

1. der Kapitän Uffen, auch wenn die Reparatur — wie beklagterseits behauptet ist — nicht zur Wiederherstellung der Seetüchtigkeit des Schiffes, sondern zu dem Zwecke vorgenommen sei, dem Schiffe seine bisherige Klasse in der Veritas zu sichern, bei Anordnung dieser Arbeiten innerhalb der ihm nach Art. 496 HGB. als Schiffer Dritten gegenüber beiwohnenden Vollmacht handelte, und daß

2. die vom Kapitän Uffen vorgenommene Vollziehung des Vermerks „Als richtig anerkannt F. Uffen" auf der vom Kläger über die von diesem ausgeführte Reparatur aufgestellten Rechnung sowie die Behändigung dieser Urkunde an den Kläger auf den Wirkungskreis des Schiffers sich beziehende Rechtshandlungen und deshalb nach Art. 496 HGB. für den Reeder verbindlich seien, möge man darin den Abschluß eines Anerkennungsvertrages oder die Zustellung eines Beweisdokumentes finden. Die nachträgliche Erklärung des Schiffers, daß er sich bei

jener Anerkennung übereilt oder geirrt habe, vermöge durch sich selbst an der Bedeutung der Anerkennungsurkunde nichts zu ändern, vielmehr könne es sich nur fragen, ob ihre Wirkung durch einfachen Gegenbeweis oder nur mittels eines Kondiktionsbeweises aufzuheben ist. Die Beweislast rücksichtlich der von der Beklagten gegen die Rechnung erhobenen Monituren liege daher der Beklagten ob, und soweit der Beweis der Unrichtigkeit der einzelnen Posten von der Beklagteen nicht angetreten ist, müsse der Klage entsprochen werden.

Zu 1 hat nun zwar die Revision einen Angriff nicht erhoben. Die Annahme, daß die Anordnung einer umfassenden Reparatur des Schiffes nicht etwa zur Wiederherstellung der Seetüchtigkeit desselben, sondern nur zu dem Zwecke, dem Schiff seine bisherige Klasse in den Listen der Assekuranzgesellschaften zu erhalten, unter die dem Schiffer in Art. 496 HGB. gesetzlich erteilte Vollmacht falle, erscheint aber keineswegs als so unbedenklich, daß ihre Richtigkeit in Ermangelung eines speziellen Angriffs einer Nachprüfung nicht bedürftig wäre. Denn nach dem Wortlaut des Artikels, nach welchem, wenn das Schiff sich außerhalb des Heimathafens befindet, der Schiffer kraft seiner Anstellung Dritten gegenüber befugt ist, „für den Reeder alle Geschäfte und Rechtshandlungen vorzunehmen, welche die Ausrüstung, Bemannung, Verproviantierung und Erhaltung des Schiffes, sowie überhaupt die Ausführung der Reise mit sich bringen", könnte es scheinen, daß die Vornahme einer Reparatur zu dem oben gedachten Zweck über den Inhalt dieser Vollmacht hinausgehe, da die "Erhaltung" des Schiffes und die „Ausführung der Reise" an sich auch ohne solche, aus bloßen Utilitätsgründen vorgenommene Reparatur möglich sind, und da der Betrieb der Reederei mit dem Schiffe, sowie das Bedürfnis des Verkehrs, mit Bezug auf welche die Grenzen, innerhalb deren der Schiffer den Reeder vertritt, im allgemeinen bemessen sind, eine so weitgehende Vollmacht an sich nicht erforderlich machen. Auch nach den vor Einführung des Handelsgesetzbuches in Deutschland geltenden Grundsätzen scheint es bedenklich, den Schiffer zur Vornahme kostspieliger Reparaturen, welche durch das augenblickliche Bedürfnis nicht geboten werden, als berechtigt anzusehen.

Vgl. Kaltenborn, Seerecht Bd. 1 S. 147, 148.

Ebenso sollte nach den Motiven zu dem preußischen Entwurf des Seerechts (S. 235) die Dispositionsbefugnis des Kapitäns beschränkt sein auf Rechtsgeschäfte, „welche zum Betrieb der Reederei mit dem Schiffe erforderlich sein mögen", und auch noch bei der ersten Beratung der Kommission wurde zur Rechtfertigung der vom Referenten vorgeschlagenen Bestimmungen, welche der Beratung zugrunde gelegt wurden, bemerkt, die im Mittelalter zur Geltung gekommenen, das römische Recht modifizierenden und ergänzenden Grundsätze, unter anderen, daß der Schiffer alle außergewöhnlichen Rechtsgeschäfte ohne Genehmigung des Reeders nur dann vornehmen dürfe, wenn sie auf der Reise notwendig würden, welche Grundsätze im wesentlichen auch in allen neueren Seerechten festgehalten und namentlich auch in Deutschland in Geltung geblieben seien, zu verlassen, sei kein zureichender Grund vorhanden.

Vgl. Protokolle S. 1881.

Der § 2 des dem jetzigen Art. 496 HGB. bei der Beratung zugrunde gelegten Referentenentwurfs erklärte demgemäß den Schiffer auch nur zur Vornahme derjenigen Geschäfte und Rechtshandlungen für ermächtigt, welche die Ausrüstung usw. des Schiffes gewöhnlich mit sich bringe, während nach § 4 dieses Entwurfs nur im Falle der Notwendigkeit zum Zwecke der Erhaltung des Schiffes und der Fortsetzung der Reise der Schiffer zu außergewöhnlichen Reparaturen und außerordentlichen Anschaffungen usw. ermächtigt sein sollte.

Im Laufe der Verhandlungen wurden diese Grundsätze und Bestimmungen aber bekämpft, und in das Handelsgesetzbuch sind sie nicht übergegangen. Schon in erster Lesung wurde beschlossen, in dem § 2 des Entwurfs das Wort „gewöhnlich" zu streichen, nachdem gegen diesen Zusatz eingewendet war, der Schiffer müsse auch die außergewöhnlichen und seltener vorkommenden Geschäfte, nicht bloß die immer wiederkehrenden alltäglichen vorzunehmen berechtigt und verpflichtet sein.

Vgl. Protokolle S. 1896.

In zweiter Lesung wurde dann einem den jetzigen Art. 496 betreffenden beschränkenden Antrag gegenüber abermals geltend gemacht, diese Beschränkung des Schiffers widerspreche der Auffassung des Verkehrs, nach welcher der Schiffer außerhalb des Heimathafens regelmäßig als Kurator des ihm anvertrauten Vermögens Herr der Geschäftsführung und der Dritte nicht verpflichtet sei, wenn er sich mit dem Schiffer in ein Geschäft einlassen wolle, sich erst zu erkundigen, ob das Geschäft notwendig vorgenommen werden müsse, oder ob der Schiffer sich nur aus Zweckmäßigkeitsgründen oder aus anderen Motiven dazu veranlaßt finde, wovon nur bei Kreditgeschäften eine Ausnahme zu machen sei. Der Ausdruck „mit sich bringen" solle keineswegs soviel bedeuten, als

„notwendigmachen“, sondern nur, daß das Geschäft nach dem gewöhnlichen Laufe der Dinge mit der Ausrüstung, Erhaltung usw. des Schiffes in Zusammenhang stehe und nicht offenkundig anderen Zwecken diene. Ohne daß hiergegen irgend ein Widerspruch erfolgt wäre, wurde darauf der gedachte Antrag abgelehnt und der dem jetzigen Art. 496 HGB. entsprechende Art. 449 des Entwurfs erster Lesung von der Versammlung angenommen.

Vgl. Protokolle S. 3767, 3768.

Daß die Verfasser des Gesetzes den Art. 496 HGB. so verstanden wissen wollten, wie ihn der Berufungsrichter unter Bezugnahme auf die Protokolle und in Übereinstimmung mit

Lewis, Seerecht S. 102 flg., und Ehrenberg, Beschränkte Haftpflicht S. 188 und 193,

auslegt, nämlich dahin, daß die Machtvollkommenheit des Schiffers nicht auf die gewöhnlichen und häufig wiederkehrenden Geschäfte, also insbesondere auf geringe Reparaturen beschränkt sei, sondern alle bei einem regelmäßigen Schiffahrtsbetrieb bald öfter, bald weniger oft vorkommenden Geschäfte in sich schließe, kann dieser Entstehungsgeschichte des Gesetzes gegenüber keinem Zweifel unterliegen, und mit Recht zählt der Berufungsrichter zu den Geschäften der letzteren Art auch eine zu dem oben gedachten Zwecke vorgenommene Reparatur des Schiffes. Diese Auslegung ist aber auch durch den Wortlaut des Gesetzes gerechtfertigt. Denn der Ausdruck „mit sich bringen“ ist dahin zu verstehen, daß das betreffende Geschäft mit der Ausrüstung, Erhaltung usw. des Schiffes in Zusammenhang steht. Es spricht für diese Auslegung insbesondere die abweichende Fassung des sich unmittelbar anschließenden Art. 497 HGB., nach welchem der Schiffer zur Aufnahme von Darlehen usw. nur befugt ist, wenn dies zur Erhaltung des Schiffes oder zur Ausführung der Reise notwendig und insofern es zur Befriedigung des Bedürfnisses erforderlich ist. Ferner läßt es sich auch sehr wohl rechtfertigen, daß die „Erhaltung“ des Schiffes auch die lediglich behufs der Klassifikation desselben vorgenommenen Reparaturen mit sich bringe, d. h. daß auch diese mit der „Erhaltung“ des Schiffes im Zusammenhang stehen, da die Erhaltung des Schiffes auch die Erhaltung der für den Betrieb der Reederei mit demselben erheblichen Beschaffenheit des Schiffes in sich schließt, und die wiederum durch die Beschaffenheit bedingte Klassifikation wegen der von dieser abhängigen Höhe der Versicherungsprämien, sowie der Möglichkeit und Höhe eines Frachtverdienstes von so wesentlicher Bedeutung für den Betrieb der Reederei mit dem Schiffe ist, daß das Schiff infolge des Verlustes seiner bisherigen Klasse gewissermaßen nicht mehr dasselbe bleibt. Ob und inwieweit die Reparatur eines Schiffes geradezu notwendig für die Fortsetzung der gegenwärtigen Reise, bzw. für die augenblickliche Verwendung des Schiffes zum Frachterwerb oder nur mit Rücksicht auf die weite Zukunft aus Zweckmäßigkeitsgründen geboten war, wird sich auch mit Sicherheit im einzelnen kaum ermitteln lassen.

Hat aber der Berufungsrichter den Kapitän Uffen nach Art. 496 HGB. mit Recht für befugt erachtet, die hier fragliche Reparatur des Schiffes anzuordnen und über dieselbe mit dem Kläger zu kontrahieren, so sind die von der Beklagten

zu 2 erhobenen Revisionsangriffe unbegründet. Denn war der Kapitän Uffen befugt, die Reparatur bei dem Kläger zu bestellen, und fällt mithin der dieserhalb von ihm mit dem Kläger geschlossene Vertrag in den ihm gesetzlich als Schiffer zustehenden Wirkungskreis, so kann es in keiner Weise als bedenklich erscheinen, ihn auf Grund des Art. 496 HGB. auch für befugt zu erachten, die Richtigkeit der von dem Kläger über die zum Zwecke der Reparatur von diesem gelieferten Arbeiten und Materialien ausgestellten Rechnung anzuerkennen, da dies — mag man (was der Berufungsrichter unentschieden gelassen hat) die Behändigung der die betreffende Erklärung enthaltenden Urkunde an den Kläger als Abschluß eines Anerkennungsvertrages oder als Zustellung eines Beweisdokumentes auffassen — in beiden Fällen eine ihrem Inhalt nach auf den Wirkungskreis des Schiffes sich beziehende und daher für den Reeder verbindliche Rechtshandlung ist. Es folgt dies daraus, daß der Schiffer, welcher innerhalb seines Wirkungskreises einen für den Reeder verbindlichen Vertrag abschließt, seine Reederei in betreff der aus diesem Vertrag erwachsenen Rechtsverhältnisse nicht nur aktiv, sondern (vgl. Art. 764 HGB.) auch passiv, und zwar auch im Prozeß zu vertreten berechtigt ist. Wie ihm daher dem Dritten gegenüber in betreff dieser Rechtsverhältnisse die vollkommene Disposition über dieselben zusteht, er z. B. dem Dritten dessen aus dem Vertrag hergeleitete Forderungen rechtsgültig bezahlen oder einen Vergleich darüber schließen kann, so muß er auch als legitimiert angesehen werden zu allen übrigen mit der Ausführung des Vertrags im Zusammenhang stehenden Rechtshandlungen, also auch zu einem vertragsmäßigen Anerkenntnis der auf Grund des Vertrags von dem Dritten erhobenen Ansprüche oder zu dem Zugeständnis, daß die betreffenden

Arbeiten und Materialien geliefert und die dafür berechneten Preise nicht zu beanstanden seien.

Vgl. Entsch. des OAG.'s Lübeck in Kierulff's Sammlung Bd. 6 S. 10 verbunden mit S. 4 und in der Bremer Sammlung Bd. 4 S. 33.

Der Einwand der Beklagten, daß die in Art. 497 HGB. ausgeschlossene Beschränkung der Befugnisse des Schiffers illusorisch sein würde, wenn dieser einen Anerkennungsvertrag als ein von jeder causa losgelöstes Versprechen gültig abschließen könnte, kann für zutreffend nicht erachtet werden. Denn einerseits bezieht sich der Art. 497 a. a. O. nur auf die Aufnahme von Darlehen und auf die Eingehung von Kreditgeschäften, unter welche die vertragsmäßige Anerkennung einer Forderung als solche keineswegs fällt, und andererseits handelt es sich hier nicht etwa um die Befugnis des Schiffers zur Abschließung von Anerkennungsverträgen schlechthin, sondern lediglich um die Frage, ob der Schiffer befugt ist, Anerkennungsverträge abzuschließen, welche sich auf solche Rechtsverhältnisse beziehen, die eine Folge der innerhalb seiner gesetzlichen Befugnisse von ihm eingegangenen Rechtsgeschäfte sind.

Unbegründet ist auch der Vorwurf, daß der Berufungsrichter für den Fall, daß in der Ausstellung und Behändigung der hier fraglichen Urkunde nicht der Abschluß eines Anerkennungsvertrages, sondern nur die Zustellung eines Beweisdokumentes gefunden werde, mit Unrecht angenommen habe, die Beweislast in betreff der von der Beklagten gegen die Klagerechnung erhobenen Monituren liege infolgedessen der Beklagten ob. Denn in diesem Falle erscheint die dem Kläger vom Kapitän Uffen behändigte Urkunde keineswegs, wie die Beklagte meint, als ein zugunsten eines Dritten von dem Mandatar ausgestelltes schriftliches Zeugnis gegen den Mandanten, welches auf seine Glaubwürdigkeit zu prüfen wäre und nur als Beweismittel in Betracht kommen würde. Da nämlich solche unbeeidigte außergerichtliche Erklärungen als Zeugnis überall keinen rechtlichen Wert haben, kann auch nicht angenommen werden, daß Kapitän Uffen in dieser Absicht gehandelt habe. Vielmehr ist anzunehmen, daß auch bei der Auffassung der hier fraglichen Urkunde als bloßes Beweisdokument Kapitän Uffen durch die Hingabe derselben an den Kläger in seiner Eigenschaft als gesetzlicher Vertreter der Reederei eine Rechtshandlung vorgenommen, mithin als der Gegenkontrahent des Klägers gehandelt hat. Die rechtliche Bedeutung einer Handlung, durch welche dem Aussteller einer Rechnung von der inhalts derselben als Schuldner in Anspruch genommenen Person bzw. von deren Vertreter ein Beweismittel für die Richtigkeit der Rechnung in die Hände gegeben wird, kann aber füglich nur die sein, die Urkunde als ausreichendes Beweismittel gelten lassen zu wollen und mithin dem Aussteller der Rechnung die diesen an sich treffende Beweislast abzunehmen.

Es kann hiernach dahingestellt bleiben, ob nicht aus Art. 294 HGB. der Rechtssatz zu entnehmen ist, daß die Anerkennung einer Rechnung im Handelsverkehr stets einen selbständigen Verpflichtungsgrund bildet, welcher nur durch die Berufung auf Irrtum oder Betrug angefochten, nicht auch schon durch einfachen Gegenbeweis entkräftet werden kann.

Vgl. v. Hahn, Kommentar (2. Aufl.) zu Art. 294 HGB."

RGZ. 14, 5.

**1. Darf der Schiffer dem legitimierten Inhaber eines Orderkonnossements, welcher das Konnossement vom Ablader auf Grund kontraktlicher Beziehungen erhalten hat, die Güter vorenthalten, weil der Ablader auf Grund später entstandener Differenzen die Rückgabe des Konnossements von dem Inhaber fordern könne?**

HGB. Art. 647. 653. 305.
WO. Art. 74.

**2. Hat ein Schiff, welches seines Tiefganges wegen in den Hafen des Bestimmungsortes nicht einzulaufen vermag, im frachtrechtlichen Sinn den Bestimmungsort schon erreicht, wenn es auf der Reede desselben zu Anker geht?**

HGB. Art 647 Abs. 1.

**3. Gilt die Vorschrift des Art. 602 Abs. 2 HGB. auch dann, wenn der Empfänger die Abnahme nicht schlechthin verweigert, sondern nur Differenzen über Modalitäten derselben entstehen, und wird durch dieselbe eine Verpflichtung des Schiffers auch gegenüber dem Empfänger begründet?**

**4. Kann der Schiffer, welcher die Vorschrift des Art. 602 HGB. nicht befolgt und sich vielmehr durch sein Verfahren dazu außerstand gesetzt hat, sich gegenüber der Klage des Empfängers auf Schadenersatz wegen Nichtauslieferung der Güter darauf berufen, daß der Empfänger bei jenen Differenzen im Unrecht gewesen sei und er daher nur zur Niederlegung verpflichtet gewesen sein würde?**

**5. Einwand des Schiffers ex jure cesso des Abladers, daß der Empfänger diesem gegenüber das Konnossement rechtswidrig und mala fide besitze und daher zu dessen Rückgabe verpflichtet sei.**

I. Zivilsenat. Urt. v. 14. März 1885.

I. Landgericht Hamburg. — II. Oberlandesgericht daselbst.

Aus den Gründen:

„Nach dem Tatbestand des angefochtenen Urteiles sind die Kläger Inhaber eines auf sie indossierten Exemplares eines Orderkonnossements, welches der Beklagte als Führer des Schiffes „Elphingstone" über eine in Christiania von M. abgeladene, nach Kuxhaven bestimmte Ladung Blockeis unter Bezugnahme auf die Bedingungen der Chartepartie gezeichnet hat. Nachdem das Schiff auf der Reede von Kuxhaven angelangt war und der Beklagte sich bei den Klägern löschbereit gemeldet hatte, entstand unter den Parteien eine Meinungsverschiedenheit darüber, ob die Kläger die Ladung auf der Reede von Kuxhaven oder im Hafen von Kuxhaven entgegenzunehmen hätten, bzw. wer die Kosten der Leichterung zu tragen habe, wenn es, wie der Beklagte behauptete, wegen des Tiefganges des Schiffes untunlich sei, den Hafen zu erreichen. Eine zweite Differenz betraf die Frage, ob der Beklagte verlangen könne, daß täglich mindestens 75 tons, wie die Chartepartie vorschreibt, gelöscht würden. Ehe die hierüber eingeleiteten Vergleichsverhandlungen zu einer Einigung geführt hatten, segelte der Beklagte im Auftrage seines Befrachters M. nach Hamburg, wo er im Auftrage desselben und für dessen Rechnung die Ladung verkauft und dem Käufer auf Grund eines Konnossementsexemplares ausgeliefert hat, welches inzwischen von M. dem Schiffsmakler R. in Hamburg eingesandt war und von diesem dem Käufer behändigt wurde. Die Kläger haben deswegen von dem Beklagten in seiner Eigenschaft als Führer des Schiffes „Elphingstone" Ersatz des von ihnen auf 8000 M angegebenen Schadens verlangt, welcher ihnen durch die Nichtauslieferung der Ladung Eis erwachsen sei, wogegen der Beklagte widerklagend von den Klägern Ersatz desjenigen Schadens beansprucht, welcher durch die von den Klägern zur Sicherung ihres Anspruches erwirkte Arrestanlage auf das Schiff erwachsen ist. Nach Beschränkung der Verhandlung auf den Grund der beiderseitigen Ansprüche hat das Landgericht auf Klage und Widerklage zugunsten des Beklagten, das Oberlandesgericht aber auf die Berufung der Kläger zu deren Gunsten erkannt, indem es unter Abweisung der Widerklage den Beklagten im

Prinzip zum Ersatz des von den Klägern geltend gemachten Schadens verurteilt und die Sache zur Verhandlung und Entscheidung über die Höhe des Schadens an das Landgericht zurückverwiesen hat.

Die hiergegen vom Beklagten eingelegte Revision kann für begründet nicht erachtet werden.

1. Wie das Berufungsgericht mit Recht angenommen hat, war der Beklagte auf Grund des ordnungsmäßig indossierten, an Order lautenden Konnossements nach Art. 647 HGB. verpflichtet, den Klägern als Inhabern desselben die von ihm mit seinem Schiff nach dem Bestimmungsort Kuxhaven überbrachte Ladung Eis dort auszuliefern. Mit Recht hat das Berufungsgericht ferner angenommen, daß für das Verhältnis des Konnossementsinhabers zu dem Schiffer nach Art. 653 HGB. ausschließlich das Konnossement entscheidend sei, und daß es auf einer Verkennung der Natur dieses Verhältnisses als eines selbständigen, von dem Verhältnis sowohl des Schiffers als Empfängers zum Ablader unabhängigen beruhe, wenn das Landgericht aus den kontraktlichen Beziehungen der Kläger zu dem Ablader M. — auf Grund der beklagtischen Behauptung, daß den Klägern das Konnossement unter der nicht eingetretenen Voraussetzung behändigt sei, daß zwischen ihnen und M. ein Kaufvertrag über die betreffende Eisladung zustande kommen werde — nachzuweisen gesucht habe, daß die Kläger dem M. gegenüber das Konnossement mit Unrecht besitzen, und daraus folgere, daß der Schiffer ihnen die Ladung vorenthalten durfte. Eine „Gutgläubigkeit" des Besitzes in diesem Sinne wird vom Berufungsgericht mit Recht nicht als Voraussetzung des Anspruches aus dem Konnossement angesehen. Nach der unangefochten gebliebenen Feststellung des Berufungsgerichtes ist es vom Beklagten nicht bestritten, daß die Kläger das Konnossement auf Grund ihrer kontraktlichen Beziehungen zum Ablader von diesem erhalten haben, und bei dieser Voraussetzung wird vom Berufungsgericht ganz richtig angenommen, daß durch die dann hinterher zwischen beiden entstehenden Differenzen, auf Grund deren der Ablader die Rückgabe des Konnossements fordern zu können glaubt, der infolge ordnungsmäßiger Besitzerlangung an dem Konnossement dem Schiffer gegenüber begründete Anspruch der Kläger auf Auslieferung der Ladung selbst dann nicht wieder beseitigt wird, wenn die Kläger bei ihrem Streit mit dem Ablader im Unrecht sein sollten. Wenn das Berufungsgericht es, angesichts seiner gedachten tatsächlichen Feststellung, nach welcher weder von einem bösen Glauben noch von einer groben Fahrlässigkeit der Kläger bei der Erwerbung

des Konnossements die Rede sein kann, dahingestellt läßt, wie zu entscheiden sein würde, wenn der Schiffer dem Konnossementsinhaber einen Besitzfehler, z. B. daß derselbe gewaltsam oder heimlich das Konnossement an sich gebracht habe, nachzuweisen vermöge, so erscheint der hieran geknüpfte Revisionsangriff, das Berufungsgericht habe rechtsirrtümlich verkannt, daß nach Art. 74 WO., vgl. mit Art. 305 HGB., die grobe Fahrlässigkeit beim Erwerb von Orderpapieren dem bösen Glauben gleichstehe, schon deshalb unzutreffend, weil die Entscheidung auf einem solchen angeblichen Rechtsirrtum nicht beruht. Die Frage, ob auch der Aussteller eines Orderpapieres dem legitimierten Besitzer desselben gegenüber den vitiösen Erwerb geltend zu machen berechtigt ist, kann demnach dahingestellt bleiben.

2. In dem hier fraglichen Konnossement ist als Bestimmungsplatz „Kuxhaven" — also der Ort Kuxhaven — bezeichnet, während die im Konnossement ganz allgemein in bezug genommene Chartepartie, welche daher als Bestandteil des Konnossements aufzufassen ist, allerdings noch den Zusatz enthält „or so near thereunto as she may safely get always afloat." Ungeachtet dieses Zusatzes ist aber mit dem Berufungsgericht davon auszugehen, daß der Beklagte mit seinem Schiffe den Ort seiner Bestimmung bereits erreicht hatte, als er auf der Reede von Kuxhaven zu Anker ging. Denn der Beklagte selbst hat — was er auch gegen sich gelten lassen muß — behauptet, daß es bei dem Tiefgang seines Schiffes unmöglich gewesen sei, in den eigentlichen Hafen ohne Gefahr für das Schiff einzulaufen, weil dasselbe dort an Grund geraten werde, und jedenfalls für solche Schiffe, welche wegen ihres Tiefganges oder ihrer Dimensionen nicht imstande sind, ohne Gefahr den in dem Bestimmungsort selbst befindlichen Hafen zu benutzen, muß als „Löschungshafen" im Sinn des Art. 647 Abs. 1 HGB. auch die Reede des Bestimmungsortes angesehen werden, da die gedachte Gesetzvorschrift (vgl. Protokolle S. 2232) zu bestimmen bezweckt, von welchem Moment an der Schiffer verpflichtet ist, dem legitimierten Inhaber auch nur eines Exemplares des Konnossements die Güter auszuliefern, und ohne die obige Auslegung der Empfänger überhaupt niemals in die Lage kommen würde, von der entsprechenden Berechtigung dem Schiffer gegenüber Gebrauch zu machen, falls jene Voraussetzung vorliegt.

3. Auch darin, daß die Weigerung der Kläger, die Ladung in Gemäßheit der im Konnossement in bezug genommenen Bedingungen der Chartepartie zu empfangen, den Beklagten zu dem von ihm ein-

geschlagenen Verfahren nicht berechtigte, kann dem Berufungsgericht nur beigetreten werden. Denn mit Recht nimmt das Berufungsgericht an, es würde auch dann, wenn das Gesetz keine ausdrücklichen desfallsigen Bestimmungen enthalte, auf der Hand liegen, daß eine Differenz über bloße Modalitäten des Empfanges den Schiffer nicht berechtigen könne, die Ladung — wie es hier geschehen ist — unter völliger Nichtachtung der Rechte und Interessen des Konnossementsinhabers nach Anweisung des Abladers für dessen Rechnung zu verkaufen. Mit Recht legt aber das Berufungsgericht die Bestimmung des Art. 602 Abs. 2 HGB., nach welcher der Schiffer, wenn der Empfänger die Abnahme der Güter verweigert, verpflichtet ist, dieselben unter Benachrichtigung des Empfängers und des Befrachters gerichtlich oder in einer anderen sicheren Weise niederzulegen, dahin aus, daß dieselbe selbstverständlich auch für den Fall gelten müsse, wenn der Empfänger die Abnahme der Güter nicht schlechthin verweigert, sondern dieselbe nur wegen Differenzen über die Modalitäten der Ablieferung unterbleibt, und daß daher der Schiffer in diesem Falle nur auf die im Art. 602 HGB. vorgeschriebene Weise verfahren, nicht aber nach Willkür über die Güter verfügen dürfe. Die Ansicht des Beklagten, daß der Art. 602 Abs. 2 HGB. eine Verpflichtung des Schiffers nur gegenüber dem Befrachter, nicht auch gegenüber dem Empfänger begründe, auf welche auch in dieser Instanz ein Revisionsangriff gestützt ist, wird vom Berufungsgericht in zutreffender Weise widerlegt. Denn in der Tat ergibt sich das Gegenteil schon daraus, daß in den Fällen des Art. 602 Abs. 1, namentlich in den beiden zuletzt angeführten — der Nichterklärung des Empfängers über die Annahme auf die im Art. 595 HGB. vorgeschriebene Anzeige und der Unmöglichkeit, den Empfänger zu ermitteln — das Interesse des Empfängers wesentlich in Betracht kommt. Auch ist die Berücksichtigung dieses Interesses dadurch zum Ausdruck gebracht, daß dem Schiffer die Benachrichtigung auch des Empfängers von der geschehenen Hinterlegung zur Pflicht gemacht wird, da diese in dem ersten Absatz des Art. 602 a. a. O. enthaltene Vorschrift sich auch auf die Fälle des zweiten Absatzes bezieht („in dieser Weise zu verfahren").

Durfte nun aber der Beklagte die Ladung den Klägern nur dann vorenthalten, wenn er dieselbe unter Beobachtung der Vorschriften des Art. 602 HGB. in Kuxhaven niederlegte, so erscheint schon hierdurch — abgesehen von den noch zu erwähnenden weiteren Einwendungen des Beklagten — der erhobene, auf Ersatz des den Klägern infolge der

Nichtauslieferung der Ladung erwachsenen Schadens gerichtete Anspruch seinem Grunde nach als gerechtigtfertigt, da der Beklagte durch sein willkürliches Verfahren sich zur Auslieferung der Ladung und damit zur Erfüllung der ihm den Klägern gegenüber obliegenden Verpflichtung selbst außerstand gesetzt hat.

Das Berufungsgericht hat zwar zugunsten des Beklagten angenommen, daß der Anspruch der Kläger auf Ersatz des ihnen durch die Nichtauslieferung der Güter entstandenen Schadens unbegründet sein würde, wenn die Kläger den Empfang auf der Reede mit Unrecht abgelehnt hätten, da der Beklagte dann nur zu einer Hinterlegung der Ladung — oder vielleicht auch, wenn diese wegen der Beschaffenheit der Ladung untunlich war, zum öffentlichen Verkauf und zur Hinterlegung des Erlöses — verpflichtet gewesen sein würde. Es prüft deshalb die Bedeutung der schon oben unter 2 erwähnten Chartepartieklausel:

„or so near thereunto as she may safely get always afloat",

welche aber nach seiner Ansicht in Übereinstimmung mit den hamburgischen Gerichten und dem ehemaligen OAG. zu Lübeck dahin zu interpretieren, daß sie den Schiffer nur berechtige, mit dem Schiffe selbst gegebenen Falles das Einlaufen in den Hafen abzulehnen, daß es dann aber seine Sache sei, für Leichterfahrzeuge zu sorgen und mittels derselben die Ladung nach dem Bestimmungsort transportieren zu lassen, so daß die Kläger ihrerseits nicht verpflichtet gewesen seien, die Ladung auf der Reede zu empfangen oder die Kosten der Leichterung zu tragen, sondern vielmehr auf alle Fälle die Ablieferung im Hafen von Kuxhaven hätten begehren können.

Der gedachten Beschränkung des Schadenersatzanspruches des Konnossementsinhabers wegen Nichtauslieferung der Güter auf den Fall, daß bei Differenzen mit dem Schiffer über die Modalitäten der Ablieferung der Schiffer im Unrecht ist, kann jedoch in dem vorliegenden Fall nicht beigetreten werden. Dieselbe erscheint vielmehr nur dann als gerechtfertigt, wenn der Schiffer dem Art. 602 HGB. durch Niederlegung der Güter entsprochen hat, und wenn es sich nun darum handelt, ob der Schiffer dem Empfänger den diesem durch die Verzögerung der Auslieferung infolge der Niederlegung erwachsenen Schaden zu erstatten, und welche Partei die Kosten der Niederlegung zu tragen hat. Hat aber — wie es hier der Fall ist — der Schiffer den einzigen Weg, welchen er nach Art. 602 HGB. einschlagen dürfte, um sich von der ihm nach Art. 647 HGB. dem legitimierten Konnossementsinhaber gegenüber obliegenden Pflicht zur Auslieferung der Güter zu befreien, nicht gewählt und sich vielmehr durch das Versegeln nach einem anderen Hafen sowie durch die dort vorgenommene Veräußerung und Ablieferung der Ladung für Rechnung seines Abladers an einen Dritten nicht bloß zur Auslieferung an den legitimierten Empfänger, sondern auch zur Niederlegung rechtswidrigerweise außer stand gesetzt, so kann er sich dem Schadensersatzanspruch des Empfängers wegen Nichtauslieferung gegenüber nicht mehr darauf berufen, daß er nur zur Niederlegung verpflichtet gewesen sein würde. Es kann ihm dies schon deshalb nicht gestattet werden, weil nach Art. 625, vgl. mit Art. 615 und 624 HGB. im Fall eines Streites über die Forderungen des Verfrachters dieser die Güter auszuliefern verpflichtet ist, sobald die streitige Summe gerichtlich deponiert ist. Im vorliegenden Fall handelte es sich aber der Sache nach gerade darum, ob die Kläger oder der Beklagte die Kosten der Leichterung zu tragen hatten, und die Kläger hätten sich daher, wenn der Beklagte in der ihm gesetzlich vorgeschriebenen Weise zur Niederlegung der Ladung geschritten wäre, durch die Deposition der Leichterungskosten die Auslieferung und den Besitz der Ladung verschaffen können. Dieses Recht darf ihnen durch die eigenmächtigen rechtswidrigen Verfügungen des Beklagten über die Ladung nicht abgeschnitten werden. In betreff der zweiten zwischen den Parteien bestehenden Differenz ist auch das Berufungsgericht selbst von ähnlichen Grundsätzen ausgegangen. Denn obwohl es dem Beeklagten darin Recht gibt, daß er die Abnahme von täglich mindestens 75 tons Eis verlangen konnte, während die Kläger unter Berufung auf ihr für den Beklagten nicht maßgebendes Kontraktsverhältnis zu dem Ablader nur eine geringere Quantität täglich zu löschen sich verpflichtet erklärten, nimmt es doch an, diese Differenz könne nicht dahin führen, daß der Beklagte den Klägern die Auslieferung der Ladung überhaupt vorenthalten durfte, sondern nur dahin, daß der Beklagte einen Anspruch auf Liegegeld gehabt haben würde, wenn die Kläger die Abnahme nicht so beschleunigt hätten, wie Beklagter es auf Grund der im Konnossement in bezug genommenen Chartepartie verlangen konnte.

Da hiernach die Annahme des Berufungsgerichtes, daß der Beklagte an sich verpflichtet sei, den Klägern den ihnen durch die Nichtauslieferung der Ladung entstandenen Schaden zu erstatten, sich schon wegen des Zuwiderhandelns des Beklagten gegen die Vorschrift des Art. 602 HGB. als richtig darstellt, so bedarf es keines Eingehens auf die von dem Beklagten wegen der Auslegung der Klausel „or so near thereunto etc." gegen das Berufungsurteil erhobenen Revisionsangriffe, welche insbesondere daraus hergeleitet sind, daß das Berufungsgericht hierbei die weitere Klausel der Chartepartie:

„Cargo to be brought to and taken from alongside the ship, free of risk and expence to the ship"

gänzlich außer acht gelassen habe.

Ob die Auslegung des Berufungsgerichtes richtig ist oder nicht, wird freilich bei der demnächstigen Verhandlung und Entscheidung über die Höhe des den Klägern durch die Nichtauslieferung der Ladung entstandenen Schadens, zu welchem Zweck die Sache vom Berufungsgericht nach § 500 Ziff. 3 CPO. mit Recht in die erste Instanz zurückverwiesen ist, noch in Betracht kommen, da das Interesse der Kläger an der Auslieferung der Ladung auch davon beeinflußt wird, ob und welchen Betrag die Kläger außer dem Kaufpreis und der Fracht an Leichterkosten hätten aufwenden müssen, um sich in den Besitz der Ladung zu setzen.

4. Mit Recht nimmt das Berufungsgericht an, daß die ungünstigere Lage der Kläger, in welche das Hervortreten eines anderen Konnossementsinhabers sie versetzte, lediglich durch die Schuld des Beklagten herbeigeführt sei, welcher ihnen die Auslieferung der Güter unberechtigterweise zu einer Zeit verweigerte, wo sie die alleinigen Inhaber des Konnossements waren und ihnen ein Anspruch auf Auslieferung der Güter zustand. Die hieraus gezogene Folgerung, daß der Beklagte es deshalb den Klägern gegenüber zu vertreten habe, daß seine ungerechtfertigte Weigerung, den Klägern gleich nach seiner Ankunft in Kuxhaven die Ladung auszuliefern zur Folge gehabt hat, daß der Ablader M. die in seinem Besitz gebliebenen Konnossementsexemplare einsenden und eine Konkurrenz mehrerer Konnossementsinhaber herbeiführen könnte (bei welcher nach Art. 648 HGB. der Schiffer zur Niederlegung der Güter verpflichtet ist), liegt aber auf der Hand, und es sind denn auch in dieser Richtung Revisionsangriffe nicht erhoben.

5. Der Beklagte hat nun freilich noch als Zessionar des Abladers M. dessen Anspruch gegen die Kläger auf Rückgabe des hier fraglichen Konnossements geltend gemacht. Derselbe ist darauf gegründet, daß die Kläger das Konnossement ohne Grund besitzen sollen, weil ein Kaufvertrag über die Eisladung zwischen ihnen und M. nicht zustande gekommen sei, und M. nur unter der Voraussetzung des Zustandekommens eines solchen ihnen das Konnossement habe zugehen lassen, bei dessen Empfang die Kläger darüber völlig im klaren gewesen seien,

daß zwischen ihnen und M. Differenzen über verschiedene Punkte bestanden, wodurch die Perfektion des Geschäftes ausgeschlossen war, so daß die Kläger rechtswidrig und mala fide das Konnossement behalten und aus demselben Recht geltend zu machen versucht hätten. Die Kläger haben dagegen das Zustandekommen des Verkaufs behauptet, in dessen Erfüllung M. ihnen das Konnossement habe aushändigen lassen. Beide Teile haben sich für ihre Darstellung auf die von P. in Bremen mit M. und mit E., einem der Teilhaber der klagenden Gesellschaft, geführte briefliche und telegraphische Korrespondenz bezogen, deren für die Streitfrage wesentlicher Inhalt in dem Tatbestand des Berufungsurteiles vollständig wiedergegeben ist.

Das Berufungsgericht ist nun der Ansicht, der Umstand, daß der Ablader M. dem Beklagten seine Rechte zediert hat, sei der gegen den Beklagten als Schiffer gerichteten Klage gegenüber bedeutungslos, weil für die ihm als solchem obliegende Verpflichtung aus dem Konnossement das Verhältnis zwischen Ablader und Konnossementsinhaber an sich bedeutungslos sei und der zedierte Anspruch den Beklagten zur Verteidigung nur dann würde dienen können, wenn derselbe — was hier offensichtlich nicht der Fall sei — zur Kompensation geeignet wäre. Diese Ansicht hat Beklagter als rechtsirrtümlich angegriffen, indem er insbesondere geltend macht, daß durch den zedierten Anspruch des Abladers und Verkäufers für ihn den Klägern gegenüber die exceptio doli begründet werde. Eines Eingehens auf diesen Angriff bedarf es jedoch nicht, da die angefochtene Entscheidung auf der gedachten Ansicht des Berufungsgerichtes nicht beruht und dieses vielmehr aus einem anderen Gesichtspunkt den auf den zedierten Anspruch des M. vom Beklagten gestützten Einwand mit Recht als erheblich betrachtet, indem es argumentiert, durch die Nichterfüllung des Anspruches der Kläger auf Auslieferung der Ladung würde den Klägern ein Schaden überhaupt nicht entstanden und die Klagebitte daher gegenstandslos sein, wenn die Kläger in ihrem Verhältnis zu dem Ablader M. das Konnossement mit Unrecht besitzen sollten, denn in diesem Falle hätten die Kläger die Ladung nach geschehener Auslieferung derselben nicht behalten dürfen, sondern M. sie ihnen mit Erfolg wieder abstreiten können.

Bei der demgemäß vorgenommenen Prüfung des Verhältnisses zwischen den Klägern und M. gelangt das Berufungsgericht jedoch, abweichend von der Auffassung des Landgerichtes, zu einem für die Kläger günstigen Resultat." (Es wird dann weiter ausgeführt, daß in der Begründung dieses Resultates eine Verletzung von Rechtsnormen nicht erfindlich sei.)

RGZ. 14, 34.

**Ist im Falle des Anlaufens eines Nothafens wegen einer vom Schiffe erlittenen Beschädigung der Schiffer verpflichtet, mit der Fortsetzung der Reise zu warten, bis auch die durch den Unfall beschädigten Güter wieder in den Zustand versetzt sind, den Weitertransport ohne die Gefahr des Verderbens ertragen zu können? Konnossementsklausel, nach welcher der Verfrachter berechtigt ist, ein anderes Schiff zu substituieren oder die Güter in ein anderes Schiff überzuladen.**

HGB. Art. 478. 479. 503. 504. 505. 566. 583. 588—590. 598. 615—619. 630—640. 643.

I. Zivilsenat. Urt. v. 18. März 1885.

I. Landgericht Bremen. — II. Oberlandesgericht Hamburg.

Aus den Gründen:

„Mit dem am 11. Dezember 1883 von Bremerhaven nach dem La Plata abgegangenen beklagtischen Dampfer Graf Bismarck, Kapitän Th., haben die Spediteure R. & J. in Bremen im Auftrage des Klägers 1000 Packen Stahldraht nach Montevideo abgeladen. Nach dem vom Kapitän unter dem 9. Dezember darüber gezeichneten, in englischer Sprache ausgestellten und an den Kläger oder dessen Order (assigns) lautenden Konnossement, welches die Klausel enthält:

„The steamers to have liberty, to ... substitute or tranship the goods by any other steamer",

betrug die bedungene und vorausbezahlte Fracht £ 101.5 sh. = 2062,50 M. Schon in der Nordsee erlitt der Bismarck infolge eines orkanartigen Sturmes schwere Havarien, wegen deren er sich genötigt sah, nach Bremerhaven als Nothafen zurückzukehren. Nachdem er dort am 14. Dezember wieder eingelaufen war, wurde wegen der vorzunehmenden größeren Reparaturen des Schiffes dessen Ladung gelöscht, und stellte die Beklagte statt des Bismarck zur Beförderung der Ladung an ihren Bestimmungsort den ihr ebenfalls gehörigen Dampfer Hohenzollern, welcher dann am 21. Dezember seine Reise angetreten hat. Der hier fragliche Stahldraht wurde jedoch mit demselben nicht befördert. Der Draht war nämlich infolge der Havarie des Bismarck durch Seewasser beschädigt worden, weshalb die von der Beklagten zugezogenen obrigkeitlich angestellten Besichtiger und der Inspektor des

Vereins der Bremer Seeversicherungsgesellschaften ihn als zur Weiterbeförderung in seinem jetzigen Zustande ungeeignet bezeichnet und seinen baldtunlichsten öffentlichen Verkauf empfohlen hatten. Zu diesem Verkauf ist es nun zwar nicht gekommen, weil der Kläger dagegen protestierte. Der Kläger ließ aber den Draht einer zur Verhütung des Verderbes desselben während des Weitertransportes erforderlichen Bearbeitung und Trocknung unterziehen, welche er in den ihm dazu zur Verfügung gestellten Lagerräumen der Beklagten, in denen der Draht einstweilen untergebracht war, durch die Leute seiner Spediteure vornehmen ließ, welche aber erst längere Zeit nach dem Abgange des Hohenzollern, nämlich am 29. Dezember, vollendet wurde. Kläger hat deshalb, obgleich seine Spediteure beklagtischerseits rechtzeitig davon benachrichtigt waren, daß die Ladung des Bismarck nunmehr mit dem Hohenzollern befördert werden solle, dies in betreff des hier fraglichen Drahtes nicht verlangt, wogegen er später verlangte, daß die Beklagte diese Ware mit einem anderen ihrer Schiffe, nämlich mit dem am 30. Dezember nach dem La Plata abgehenden Dampfer Braunschweig, befördere, was denn auch geschehen ist, aber nur gegen beklagtischerseits verlangte abermalige Frachtzahlung, da die Beklagte den Frachtvertrag als ihrerseits bereits erfüllt ansah. Der Kläger hält die Beklagte aber noch auf Grund des ursprünglichen Frachtvertrages, bzw. Konnossements, zu dieser Beförderung verpflichtet. Er hat daher die zweite Frachtzahlung nur unter Protest und unter Vorbehalt der Rückforderung geleistet und macht nunmehr diesen Anspruch im Wege der Klage geltend. Der Dampfer Bismarck hat erst nach einer längeren Reparatur — am 26. Februar 1884 — wieder eine Reise nach Montevideo angetreten.

Das Berufungsgericht gelangt zu der klagegemäßen Verurteilung der Beklagten durch die Ausführung, daß kein Grund vorliege, welcher die Beklagte von der Verpflichtung befreien könnte, das Gut in Gemäßheit des im Konnossement enthaltenen Frachtvertrages an seinen Bestimmungsort zu befördern. Es bezieht sich dabei auf die Art. 504, 631, 636, 639, 643 HGB. ...

Diese Ausführung ist jedoch von der Beklagten mit Grund als rechtsirrtümlich angegriffen.

Ob der Kläger berechtigt ist, die von ihm für den später geschehenen Transport des Drahtes mit der Braunschweig an die Beklagte gezahlte Fracht zurückzufordern, hängt von der Entscheidung der Frage ab, ob die Beklagte die für die Verladung des Drahtes mit dem Bismarck bedungene Fracht beanspruchen konnte und mithin die ihr vom Kläger vorausbezahlte Fracht als verdient behalten darf, obgleich der Kläger von der auch ihm gebotenen Gelegenheit, den Draht mit dem von der Beklagten statt des Bismarck gestellten Dampfers Hohenzollern an seinen Bestimmungsort befördern zu lassen, keinen Gebrauch gemacht hat.

Nun ist es allerdings in der Theorie in manchen Punkten streitig, welche Wirkungen der Zufall beim Seefrachtvertrag auf die Rechte und Pflichten der Kontrahenten ausübe, und auch die verschiedenen Seegesetzgebungen weichen hierin voneinander ab.

Vgl. Heise u. Cropp, Juristische Abhandl. Bd. 2 S. 615 flg.; Pöhls, Handelsrecht Bd. 3 S. 499 flg.; Neues Archiv für Handelsrecht Bd. S. 224 flg. und S. 312 flg.

Das hier zur Anwendung kommende deutsche Handelsgesetzbuch hat für den Fall, daß die Ablieferung der Güter im Bestimmungshafen durch einen Zufall verhindert wird, nicht ein allgemein durchgreifendes Prinzip aufgestellt, sondern die möglichen Fälle in verschiedene Kategorien gebracht und für diese besondere Vorschriften gegeben, nach welchen bald keine, bald volle, bald nur Distanzfracht zu zahlen ist (vgl. Art. 618, 619, 630 flg. HGB.), während es für den Fall, daß die Nichtablieferung der Güter im Bestimmungsort die Folge einer vom Befrachter über dieselben getroffenen Disposition ist, vorschreibt, daß für dieselben die volle Fracht zu bezahlen ist (vgl. Art. 583, 639, 640, 643 Ziff. 4 HGB.). Es kann dieserhalb im allgemeinen auf die zutreffenden Ausführungen des vormaligen Oberappelationsgerichtes zu Lübeck in Kierulff's Sammlung Bd. 6 S. 350 flg. und des Reichsoberhandelsgerichtes in Bd. 25 S. 6 flg. seiner Entscheidungen Bezug genommen werden.

Durch einen während der Reise, d. h. nachdem dieselbe einmal angetreten war, mithin auch während ihrer Unterbrechung durch das Anlaufen eines Zwischen- oder Nothafens, die Güter treffenden Zufall wird mit Ausnahme des — hier nicht vorliegenden — Falles, daß die Güter durch denselben verloren gegangen sind (vgl. Art. 618 HGB.), der Befrachter von der Pflicht zur Frachtzahlung nicht befreit. Auch der Aufenthalt, welchen die Reise durch das Anlaufen eines Nothafens erleidet hat, abgesehen von den — hier ebenfalls nicht vorliegenden — Fällen der Art. 631 bis 638 HGB., nach Art. 639 auf die Rechte und Pflichten in der Regel (und die Ausnahme kommt hier, da ihre Voraussetzung von keiner Seite behauptet ist, nicht in Betracht) keinen anderen Einfluß, als daß der Befrachter bei einem voraussichtlich längeren Aufenthalt befugt ist, die in das Schiff geladenen Güter auf seine Gefahr und Kosten gegen Sicherheitsleistung für rechtzeitige Wiedereinladung auszuladen, welche Befugnis übrigens dann, wenn — wie es hier der Fall ist — der Frachtvertrag sich nur auf Stückgüter bezieht, nach Art. 643 Ziff. 3 HGB. dem Befrachter nur unter Voraussetzung der Genehmigung der übrigen Befrachter zusteht. Da das Schiff Bismarck im vorliegenden Fall einer Ausbesserung unterworfen werden mußte und aus diesem Grunde die Löschung ohnedies erfolgt war, so hatte der Befrachter allerdings nach Art. 643 Ziff. 4 vgl. mit Art. 640 HGB. auch die Befugnis, anstatt die Wiederherstellung des Schiffes abzuwarten, seine Güter zurückzunehmen, aber nur gegen Entrichtung der vollen Fracht und der übrigen in Art. 615, 616 HGB. erwähnten Forderungen.

Wie auch vom Berufungsgericht angenommen wird, gab die in dem Konnossement enthaltene Substitutionsklausel der Beklagten das Recht, ihren Verpflichtungen aus dem Frachtvertrag durch die Stellung eines anderen Dampfers zu genügen. Auch war der Hohenzollern an sich unstreitig ein zum Weitertransport der Ladung des Bismarck an ihren Bestimmungsort geeignetes Schiff. Daraus folgt aber, daß im vorliegenden Fall die Sache ganz ebenso zu entscheiden ist, als wenn der Bismarck seine Reparatur so rasch beendigt hätte, daß er selbst schon am 21. Dezember 1883 mit seiner Ladung das als Nothafen angelaufene Bremerhaven wieder hätte verlassen können. Denn mag auch die Substitutionsklausel zunächst aus der durch sie außer Kraft gesetzten Bestimmung des Art. 566 HGB. zu erklären sein und derselben ihre Aufnahme in das Konnossement verdanken, so liegt doch kein Grund vor, die durch sie dem Verfrachter unbedingt und allgemein erteilte Befugnis einschränkend zu interpretieren und ihr einen anderen Sinn beizulegen, als den, daß dasjenige Schiff, in welches auf Grund der Klausel die Güter übergeladen werden würden, ganz und in jeder Beziehung an die Stelle des ursprünglichen Schiffes treten solle. Insbesondere erscheint es unzulässig, die Klausel dahin auszulegen, daß dem Befrachter, dessen Güter infolge eines dem ursprünglichen Schiffe zugestoßenen Unfalles, wegen dessen ein Nothafen angelaufen werden muß und eine Reparatur des ursprünglichen Schiffes behufs Fortsetzung der Reise erforderlich sein würde, behufs Vermeidung ihres Verderbes bei der Fortsetzung des Transportes ebenfalls erst einer Bearbeitung bedürfen, die Dauer dieser Schiffsreparatur in der Weise zugute kommen müsse, daß der Verfrachter von seiner Substitutionsbefugnis erst zu der Zeit Gebrauch machen dürfe, wo die Schiffsreparatur beendigt sein würde, damit auch der Befrachter Gelegenheit habe, seine beschädigten Güter vorab wieder in Stand zu setzen. Dem etwaigen Nachteil, welchen die Klausel in dieser Beziehung für den Befrachter herbeiführt, dessen Güter beschädigt sind, steht der Vorteil gegenüber, welcher dem Befrachter unbeschädigt gebliebener Güter durch die Abkürzung des Aufenthaltes daraus erwächst, daß der Verfrachter von ihr Gebrauch macht. Der gedachten Klausel gegenüber erscheint vielmehr, sobald der Verfrachter von derselben Gebrauch macht, die Zeitdauer, welche das ursprüngliche Schiff voraussichtlich zu seiner Reparatur bedarf, bzw. die tatsächliche Dauer der Reparatur als ganz unerheblich, und es kann dem Befrachter deshalb nicht zugute kommen, daß seine Güter schon früher ladefertig waren. Die Annahme des Berufungsgerichts, daß der Hohenzollern wegen der Zeit seines Abganges ein zum Ersatz des Bismarck nicht geeignetes Schiff gewesen sei, würde daher nur gerechtfertigt sein, wenn die fernere Annahme richtig wäre, daß auch dann, wenn am 21. Dezember 1883 der Bismarck selbst nach beendigter Reparatur mit Zurücklassung des vom Kläger verladenen Drahtes die Reise wieder angetreten hätte, der Beklagten wegen Nichterfüllung der Verpflichtungen aus dem Frachtvertrag ein Anspruch auf die Fracht nicht zustehen würde. Diese Annahme ist gesetzlich nicht begründet.

Denn nach Art. 504 Abs. 1 HGB. ist zwar der Schiffer verpflichtet, im Interesse der Ladungsbeteiligten während der Reise zugleich für das Beste der Ladung nach Möglichkeit Sorge zu tragen, und nach dem schon oben erwähnten Art. 639 HGB. hat ein Aufenthalt, welchen die Reise vor oder nach ihrem Antritt durch Naturereignisse oder andere Zufälle erleidet (abgesehen von den Fällen der Art. 631 bis 638), auf die Rechte und Pflichten der Parteien der Regel nach keinen Einfluß. Daraus folgt aber keineswegs der vom Berufungsgericht aufgestellte allgemeine Rechtssatz, daß der Schiffer nach beendigter Reparatur des Schiffes verpflichtet sei, mit der Fortsetzung der Reise zu warten, bis auch sämtliche durch die Begebenheiten der Reise beschädigten Güter wieder in verladungsfähigem Zustand sein werden. Insbesondere kann das vom Berufungsgericht aufgestellte Prinzip, daß, wie (in der Regel) die Ladung auf die notwendig gewordene Reparatur des Schiffes, so auch das Schiff schlechthin auf die Wiederherstellung der beschädigten Ladung mit der Fortsetzung der Reise zu warten habe, nicht darauf gestützt werden, daß der Art. 639 HGB. in dieser Beziehung nicht unterscheidet, und ebensowenig findet die Ansicht, daß auch Zufälle der

Reise, infolge deren Güter in der Weise beschädigt werden, daß es einer Wiederherstellung derselben behufs ihres Weitertransportes bedarf, insoweit hierdurch die Reise verzögert wird, von dem Schiff und den übrigen Gütern mitgetragen werden müssen, in dieser Allgemeinheit eine Stütze im Gesetz. Aus der Nichtunterscheidung im Art. 639 HGB. folgt vielmehr nur, daß derselbe auch Anwendung zu finden hat, wenn im einzelnen Fall durch einen zunächst die Ladung betreffenden Zufall ein Aufenthalt entsteht. Eine ganz andere Frage ist es aber, unter welchen Voraussetzungen der Schiffer bzw. Verfrachter verpflichtet (bzw. mit Rücksicht auf die übrigen Ladungsinteressenten und den Reeder berechtigt) ist, wegen eines nur die Ladung oder einzelne Bestandteile derselben betreffenden Zufalles einen Aufenthalt der Reise eintreten zu lassen. Für diese Frage, in betreff deren der Art. 639 keine Bestimmung trifft, kann nur der Art. 504 in Verbindung mit Art. 503 und 505, sowie Art. 478 und 479 HGB. die Entscheidung an die Hand geben. Art. 504 verpflichtet den Schiffer aber nur, nach Möglichkeit für das Beste der Ladung zu sorgen, und schon die Unbestimmtheit und Allgemeinheit dieser Vorschrift verbietet es, darin ein unbedingtes, absolutes Gebot zu erblicken, welches der Schiffer auch dann zu erfüllen hätte, wenn das Interesse des betreffenden Ladungsbeteiligten mit demjenigen anderer Ladungsbeteiligten und des Reeders, dessen Interesse er in erster Linie wahrzunehmen hat, in Widerspruch tritt, wie denn auch dem Schiffer in dem speziellen Fall des Art. 505 a. a. O. zur Pflicht gemacht wird, das den Verhältnissen entsprechende Verfahren zu beobachten, wobei er die ihm erteilten Anweisungen nur möglichst zu berücksichtigen hat.

Auch darin, daß in den Art. 636 und 631 HGB. hinsichtlich der dort beiden Teilen gewährten Befugnis, unter gewissen Voraussetzungen vom Frachtvertrag zurückzutreten hat, nicht unterschieden wird, ob es sich um Hindernisse handelt, welche das Schiff oder die Ladung oder beides getroffen haben, kann eine Stütze der gegenteiligen Ansicht nicht gefunden werden, da die in diesen Artikeln für einzelne ganz besondere Arten von Hindernissen erteilten Spezialvorschriften eine analoge Anwendung unzulässig erscheinen lassen. Außerdem aber beziehen sich die Art. 631 und 636 nur auf diejenigen Fälle, in welchen das Hindernis die ganze Ladung betrifft, während für den Fall, daß nur ein Teil der Ladung durch einen der in Art. 631 erwähnten Zufälle nach Antritt der Reise betroffen wird, die Bestimmung des Art. 638 Abs. 3 HGB. maßgebend, daß der Befrachter auch für diesen Teil die volle Fracht selbst dann entrichten muß, wenn der Schiffer sich genötigt gesehen hat, ihn in einem anderen als dem Bestimmungsort zu löschen, und hierauf mit oder ohne Aufenthalt die Reise fortgesetzt hat. Ebensowenig folgt aus der zwischen einem Schiff und seiner Ladung bestehenden Gemeinschaft ein allgemeines Prinzip, daß, wenn Güter durch die Begebenheiten der Reise beschädigt sind, eine zur Abwendung ihres beim sofortigen Weitertransport drohenden weiteren Verderbens erforderliche Verzögerung der Reise von dem Schiff und den übrigen Gütern mitgetragen werden müsse und der Schiffer, bzw. Verfrachter, daher verpflichtet sei, diese Verzögerung eintreten zu lassen. Denn die der großen Havarie zugrunde liegende Interessengemeinschaft beruht nicht etwa darauf, daß die Güter, bzw. die Güter verschiedener Ladungsinteressenten, sich auf e i n e m Schiff befinden, sondern darauf, daß sämtliche Güter mit dem Schiff von e i n und d e r s e l b e n G e f a h r bedroht werden.

Vgl. L e w i s , Seerecht (2. Aufl.) Note 5 zu Art. 504 HGB.

Im übrigen ist aber das Gemeinschaftsprinzip in den Bestimmungen des Handelsgesetzbuches über den Frachtvertrag keineswegs allgemein durchgeführt und können deshalb aus der Bestimmung des Art. 637, bei welcher die Verfasser des Gesetzes sich dessen sehr wohl bewußt waren (vgl. Protokolle S. 2435 flg.), Konsequenzen nicht gezogen werden. Die Bestimmung des Art. 639 HGB. bezieht sich überdies nicht bloß auf den Aufenthalt, welchen die Reise nach ihrem Antritt, sondern auch auf einen solchen, welchen sie schon vorher und also möglicherweise zu einer Zeit erleidet, wo die betreffenden Güter noch gar nicht verladen waren, in welchem Fall auch von einer nur tatsächlichen Gemeinschaft derselben mit den anderen Gütern und mit dem Schiff noch nicht die Rede sein kann.

An sich ist vielmehr die Beschädigung der Güter durch einen Unfall der Reise nach dem Handelsgesetzbuch ein Ereignis, welches der betreffende Ladungsinteressent allein zu tragen hat, und wegen dessen er nicht verlangen kann, daß zur Abwendung oder Verringerung der aus Anlaß dieses Unfalles ihm sonst bevorstehenden Nachteile die Reise einen Aufenthalt erleide.

Dies ergibt sich zunächst aus Art. 583 HGB., welcher nicht nur ganz allgemein bestimmt, daß, nachdem die Reise angetreten ist, der Befrachter nur gegen Berichtigung der vollen Fracht usw. von dem Vertrag zurücktreten und die Wiederausladung der Güter fordern kann, auch im letzteren Fall sowohl die hierdurch entstandenen Mehrkosten als auch den Schaden zu ersetzen hat, welcher aus dem durch die Wiederausladung verursachten Aufenthalt dem Verfrachter entsteht, sondern auch ausdrücklich ausspricht, daß der Verfrachter nicht verpflichtet ist, zum Zweck der Wiederausladung der Güter die Reise zu ändern oder einen Hafen anzulaufen, ohne hierbei für den Fall, daß eine Beschädigung der Güter eingetreten ist, welche deren Wiederausladung und die Änderung der Reise oder das Anlaufen eines Hafens zu diesem Zweck im Interesse des Befrachters als geboten oder wünschenswert erscheinen läßt, eine Ausnahme zu statuieren. Und zwar gilt nach Art. 590 vgl. mit Art. 588, 589 HGB. diese Vorschrift auch dann, wenn der Frachtvertrag — wie im vorliegenden Fall — nur Stückgüter zum Gegenstand hat, nur daß in diesem Fall dem Befrachter das Recht, die Wiederausladung zu verlangen, wenn dieselbe eine Verzögerung der Reise zur Folge haben oder eine Umladung nötig machen würde, überhaupt nur nach erteilter Genehmigung aller übrigen Befrachter zusteht. Dasselbe findet sich in Art. 598 HGB. ausgesprochen, nach welchem, wenn der Frachtvertrag Stückgüter zum Gegenstand hat, der Befrachter die Abladung ohne Verzug bewirken muß, der Verfrachter, wenn der Befrachter säumig ist, auf die Lieferung der Güter nicht zu warten braucht und der Befrachter, wenn ohne dieselben die Reise angetreten wird, gleichwohl die volle Fracht zu entrichten hat.

Bei dem Prinzip, von welchem hiernach das Gesetz in diesem Punkt ausgeht, und mit welchem auch die Vorschrift des Art. 617, nach welchem der Verfrachter auch für beschädigte und verdorbene Güter die Fracht zu fordern berechtigt ist, im Zusammenhang steht, ist nun aber kein Rechtsgrund ersichtlich, welcher den Schiffer, der wegen eines Unfalles, von welchem das Schiff betroffen ist, einen Nothafen hat anlaufen müssen, schlechthin verpflichten könnte, über die Zeit des hierdurch veranlaßten Aufenthaltes hinaus mit der Fortsetzung der Reise zu warten, bis auch die nachteiligen Folgen des Weitertransportes, welche für die Ladung oder einzelne Bestandteile derselben herbeigeführt wurden, wegen deren der Schiffer den Nothafen nicht angelaufen hat und anzulaufen nicht verpflichtet war, beseitigt sind. Der Umstand, daß durch das infolge eines Zufalles erforderlich gewordene Anlaufen eines Nothafens ein Aufenthalt nun doch einmal entstanden ist, hat ja nach Art. 639 HGB. (abgesehen von hier nicht vorliegenden besonderen Fällen) auf die Rechte und Pflichten der Parteien keinen anderen Einfluß, als daß der Befrachter während eines längeren Aufenthaltes die eingeladenen Güter auf seine Gefahr und Kosten gegen Sicherstellung für die rechtzeitige Wiedereinladung, bei deren Unterlassung er die volle Fracht zu zahlen hat, ausladen zu lassen befugt ist, und die Notwendigkeit der Ausbesserung des Schiffes verleiht nach Art. 640 HGB. dem Befrachter nur die Wahl zwischen der Zurücknahme der Ladung gegen Berichtigung der vollen Fracht usw. und dem Abwarten der Wiederherstellung des Schiffes, welche Befugnisse, wenn der Frachtvertrag sich nicht auf das Schiff im ganzen bezieht, überdies noch durch die in Art. 643 unter Ziff. 3 und 4 angegebenen Beschränkungen modifiziert sind. Hieraus läßt sich aber gerade entnehmen, daß der Schiffer oder Verfrachter im allgemeinen nicht verpflichtet ist, im ausschließlichen Interesse des Befrachters oder eines einzelnen Ladungsinteressenten den Aufenthalt, welchen die Reise aus einem anderen Grunde erlitten hat, nach Beseitigung desselben noch zu verlängern. Auch wird dadurch die Ansicht des Berufungsgerichts widerlegt, daß eine Verpflichtung des Befrachters, seine Güter im Nothafen im verladungsfähigen Zustand bereitzuhalten, nicht existiere, wenn man dieselbe im Sinne des Berufungsgerichts dahin versteht, daß der Befrachter, falls er nicht säumig gewesen sei, den Weitertransport der Güter nach dem Bestimmungsort auch dann verlangen könne, wenn der Schiffer auf die Wiederherstellung der Verladungsfähigkeit der Güter warten müsse. Daß es zunächst das Schiff war, welches den Unfall erlitten hatte, durch den der Aufenthalt der Reise herbeigeführt wurde, kann nicht mehr in Betracht kommen, nachdem der Grund dieses Aufenthaltes beseitigt ist. Ist der Befrachter dann aus Gründen, welche nur in seinem Interesse eine Fortsetzung des Aufenthaltes wünschenswert erscheinen lassen, nicht in der Lage oder nicht willens, von der ihm gebotenen Gelegenheit zum Weitertransport der Güter an den Bestimmungsort Gebrauch zu machen, so ist dies an sich ein ihn allein treffender Zufall.

Es erscheint dies auch nicht etwa als eine die Rechtsgleichheit der Parteien beeinträchtigende Auffassung, welche aus diesem Grunde dem Gesetzgeber nicht untergelegt werden könne. Denn auch der Schiffer darf im alleinigen Interesse des Schiffes bzw. des Reeders einen Aufenthalt der Reise nicht eintreten lassen, wie es z. B. der Fall sein würde, wenn er einen Zwischenhafen nur deshalb anliefe, um dort die Reparatur einer Beschädigung, welches das Schiff erlitten hat, welche dasselbe aber nicht verhindert, die Reise nach dem Bestimmungshafen ohne Gefahr für Schiff und Ladung fortzusetzen, billiger vornehmen lassen zu können, als es im Bestimmungshafen möglich ist. Die Berechtigung zum Anlaufen eines Nothafens, um das Schiff zu reparieren, hat vielmehr zur Voraussetzung, daß diese Reparatur weder unterwegs vorgenommen, noch ohne Gefahr bis zur Ankunft im Bestimmungshafen aufgeschoben werden kann, und daß der durch die Vornahme der Reparatur in einem Nothafen veranlaßte Aufenthalt daher zur Abwendung einer gemeinschaftlichen Gefahr und im gemeinschaftlichen Interesse des Schiffes und der Ladung notwendig ist. Dies wird auch in Art. 640 HGB. durch die Worte ausgedrückt: „Muß das Schiff während der Reise ausgebessert werden." Ein solcher Grund, einen Aufenthalt der Reise eintreten zu lassen, kann allerdings auch auf einem zunächst die Ladung betreffenden Zufall beruhen, z. B. wenn Ladungsbestandteile durch einen Blitzstrahl oder durch Selbstentzündung in Brand geraten sind und dieser, die ganze Ladung und auch das Schiff gefährdende Brand sich nur durch Hilfeleistung vom Lande und durch das Löschen der Ladung bewältigen läßt. Wenn im Fall einer notwendigen Ausbesserung des Schiffes der Befrachter seinerseits, sofern er nicht zur Zurücknahme der Güter gegen Zahlung der vollen Fracht bereit und befugt ist, sich den hierdurch verursachten Aufenthalt gefallen lassen muß, so findet dies seine Erklärung und Rechtfertigung darin, daß diese Ausbesserung auch im mutmaßlichen Interesse des Befrachters geschieht, da durch dieselbe die Ausführbarkeit des Frachtvertrages bedingt wird, was sich in dem umgekehrten Fall der Beseitigung eines beschädigten Zustandes von Gütern an sich nicht so verhält, da die Ausführung des Frachtvertrages auch bei Beschädigung der Güter möglich bleibt.

Eine Verpflichtung des Beklagten, in Erfüllung des Frachtvertrages den hier fraglichen Draht mit einem anderen Schiff als dem beklagtischerseits dem Bismarck substituierten Dampfer Hohenzollern nach dem Bestimmungsort zu transportieren oder mit der Expedition des substituierten Dampfers bis zur Wiederherstellung der Ladefertigkeit des klägerischen Drahtes zu warten bzw. dem Kläger das Interesse desselben wegen Nichterfüllung dieser Verpflichtung durch Rückerstattung der zweiten Frachtzahlung zu ersetzen, läßt sich nun aber nicht etwa aus den besonderen Umständen des vorliegenden Falles begründen. Der ihm nach Art. 504 Abs. 2 HGB. obliegenden Pflicht, das Interesse der Ladungsbeteiligten wahrzunehmen, wenn zur Abwendung oder Verringerung eines Verlustes besondere Maßregeln erforderlich werden, hat der Schiffer hier genügt, indem er den Draht zunächst durch die dazu obrigkeitlich angestellten Personen besichtigen ließ, und als diese wegen der Beschädigung des Drahtes seinen baldigen öffentlichen Verkauf empfahlen, demgemäß zu verfahren sich entschloß. Der Kläger hat selbst anerkannt, daß der Schiffer an sich berechtigt gewesen sei, diesem Gutachten zu folgen, und wenn dies geschehen wäre, so würde dann die Unterlassung des Weitertransportes, da der Schiffer als Vertreter des Klägers gehandelt hätte, rechtlich als auf der eigenen Disposition des Klägers beruhend anzusehen gewesen sein und der Kläger unzweifelhaft, trotz der Nichtausführung des Transportes, die volle Fracht zu zahlen gehabt haben.

Vgl. Entsch. des ROHG.'s Bd. 25 S. 8 flg.

Der Schiffer hat nun freilich nach Art. 504 HGB., wenn tunlich, in betreff der zu ergreifenden Maßregeln die Anweisungen der Ladungsbeteiligten einzuholen. Nachdem der von der Sachlage rechtzeitig unterrichtete Kläger gegen den Verkauf des Drahtes protestiert hatte, ist dieser aber auch unterblieben, und ist zugleich dem Kläger gestattet, in eigener Wahrnehmung seines Interesses den Draht in den Lagerräumen der Beklagten einer Bearbeitung zu unterziehen, um ihn zu trocknen, wodurch der Schiffer und der Beklagte einer weiteren Fürsorge ihrerseits einstweilen überhoben wurden. Endlich ist aber dem Kläger (bzw. seinen Spediteuren) auch rechtzeitig angezeigt, daß die Ladung des Bismarck mit dem Hohenzollern weiter befördert werden solle, worauf jedoch der Kläger die Beförderung seines Drahtes mit diesem Schiff nicht verlangte, sondern es vielmehr vorzog, mit der Bearbeitung desselben fortzufahren, welche erst acht Tage nach Abgang des Hohenzollern beendigt wurde. Ob hieraus – wie das Berufungsgericht meint – ein Verzicht des Klägers auf sein Recht, den Weitertransport des Drahtes auf Grund des Frachtvertrages zu verlangen, deshalb nicht gefolgert werden kann, weil der Draht noch im Gewahrsam der Beklagten zurückgeblieben war, kann dahingestellt bleiben, da der Kläger durch sein Verhalten jedenfalls an den Tag legte, daß er den Weitertransport zur Zeit nicht wünsche und es daher der Beklagten nicht als Vernachlässigung seiner Pflichten als Verfrachter angerechnet werden kann noch seinem Anspruch auf Frachtzahlung präjudizierte, wenn er unter diesen Umständen den Draht beim Abgang des Hohenzollern zurückließ. Einer Erklärung des Beklagten, daß er seinen Anspruch auf die Fracht aufrechterhalte, bedurfte es aber nicht, da die desfallsige Vorschrift in dem Abs. 3 des Art. 589 HGB. sich nur auf den in diesem Artikel behandelten Fall der nicht rechtzeitig erfolgten Lieferung von Stückgütern vor dem ursprünglichen Antritt der Reise bezieht und diese spezielle Vorschrift eine analoge Anwendung nicht zuläßt.

Auf die Instandsetzung des Drahtes mit dem Abgang des, den vorstehenden Ausführungen zufolge vermöge der Substitutionsklausel in jeder Beziehung an die Stelle des Bismarck selbst getretenen Hohenzollern zu warten, hatte die Beklagte im vorliegenden Fall um so weniger Veranlassung, als ihr jedenfalls das Gelingen einer baldigen Trocknung des Drahtes, angesichts des eingeholten Gutachtens der obrigkeitlich bestellten Sachverständigen, problematisch erscheinen mußte, und der nach dem Konnossement nur 90 Tonnen wiegende Draht bei der notorischen und unbestrittenen sehr bedeutenden Ladefähigkeit der in Frage kommenden Dampfer nur einen verhältnismäßig geringen Teil der Ladung repräsentiert haben wird, so daß im Interesse der Mehrheit der Ladungsbeteiligten, welches der Beklagte vor Augen haben mußte, vielmehr ein tunlichst rascher Wiederantritt der Reise wünschenswert erschien. Daß aber, ungeachtet der vorliegenden Stückgutverfrachtung des Schiffes, aus der inhalts des Konnossements vorbehaltenen Befugnis zur Substituierung eines anderen Schiffes in dem Fall, daß der Verfrachter von dieser Klausel in betreff der ganzen Ladung Gebrauch macht, nicht die Verpflichtung des Verfrachters folgt, je nach den besonderen Interessen jedes einzelnen Ladungsbeteiligten ebenso viele verschiedene Schiffe zur Beförderung der Güter nach dem Bestimmungsort zu stellen, liegt auf der Hand, da ohne diese, dem Verfrachter nur ein ihm sonst nicht zustehendes Recht gewährende Klausel die Befrachter, wenn sie nicht zulässigerweise auf den Weitertransport ihrer Güter gegen Zahlung der vollen Fracht verzichteten, den Weitertransport ihrer Güter ebenfalls nur mittels desjenigen Schiffes hätten beanspruchen können, auf welches sich der Frachtvertrag bezog.

Das angefochtene Urteil war hiernach aufzuheben und in der Sache selbst die Berufung des Klägers zurückzuweisen."

**RGZ. 15, 25.**

**1. Tritt die Verpflichtung des Schiffers, die vom Empfänger nicht abgenommenen Güter dem Befrachter gegen Zahlung der Fracht herauszugeben (Art. 629 HGB.), auch dann ein, wenn der Schiffer ein Konnossement gezeichnet hatte und der Befrachter dasselbe nicht in Händen hat?**

**2. Ist der Schiffer auch dann zur Niederlegung der Güter nach Art. 602 Abs. 1 (Art. 629) verpflichtet, wenn durch die Niederlegung sein eigenes Interesse gefährdet werden würde?**

I. Zivilsenat. Urt. v. 7. November 1885.

I. Landgericht Lübeck. — II. Oberlandesgericht Hamburg.

Der Beklagte hat das Dampfschiff Terke Viken zum Transport einer Partie Eis von Norwegen nach Lübeck gechartert. Als das Schiff in Lübeck ankam, meldete sich kein Empfänger. Das Konnossement lag bei der Kommerzbank, von der der Beklagte es einlösen sollte. Der Schiffer, welcher dies erfahren hatte, erklärte der Kommerzbank und dem Beklagten vergeblich seine Löschbereitschaft. Der Schiffer erwirkte beim Amtsgericht Lübeck die Autorisation zum Verkauf der Ladung zwecks seiner Befriedigung wegen der Frachtforderung. Der Nettoertrag der Versteigerung deckte die Frachtforderung nicht. Die Klägerin fordert vom Beklagten Zahlung der Differenz von 1848,83 M und ferner, da die Löschung des Eises erst am 19. September vollendet war, die Löschzeit aber schon am 15. September abgelaufen war, Liegegeld für vier Überliegetage mit 1000 M. Der eingeklagte Betrag beider Forderungen wurde in beiden vorigen Instanzen zugesprochen.

Die gegen das Berufungsurteil vom Beklagten eingeklagte Revision wurde zurückgewiesen.

Aus den Gründen:

... „Der Revisionskläger führt ... aus: die Klägerin sei verpflichtet gewesen, wenn sie den Beklagten als Verfrachter aus dem Frachtvertrag in Anspruch nehmen wollte, ihm die Ladung gegen die von diesem offerierte Zahlung der Fracht auszuliefern. So richtig diese Ausführung für den Fall ist, daß kein Konnossement gezeichnet ist, so wenig zutreffend ist dieselbe, wenn ein Konnossement, insbesondere ein Orderkonnossement, gezeichnet ist. Es ist dies eine notwendige Folge der durch die Konnossementszeichnung dem Konnossementsinhaber gegenüber entstandenen Verpflichtung. Daß Art. 629 HGB. einen Unterschied nicht macht, je nachdem ein Konnossement gezeichnet ist oder nicht, erklärt sich daraus, daß das Handelsgesetzbuch zunächst den Frachtvertrag ohne Rücksicht auf das Konnossement behandelt und erst von Art. 644 an Bestimmungen über das Konnossement gibt. Der Berufungsrichter hat daher mit Recht ausgeführt, daß der Schiffer, wenn ihm das Konnossement nicht ausgehändigt wurde, weder verpflichtet war, dem Beklagten die Güter gegen Zahlung der Fracht herauszugeben, noch die über die Einrichtung des öffentlichen Verkaufes vom Beklagten ausgehenden Anweisungen zu befolgen, welche mit den dem Schiffer von dem von ihm zugezogenen unbeteiligten Sachverständigen erteilten Ratschlägen in Widerspruch standen.

Der Beklagte hat der Klägerin daraus einen Vorwurf gemacht, daß sie die Ladung nicht gemäß der Bestimmung der Art. 602 Abs. 2, 629 Abs. 2 HGB. alsbald deponiert habe, obgleich die Voraussetzung dieser Bestimmung vorlag. Infolge der Niederlegung würde die Überliegezeit nicht eingetreten sein, der Anspruch auf Liegegeld sei daher unbegründet. Der Berufungsrichter weist diesen Einwand mit der Erwägung zurück, daß der Schiffer durch Unterlassung der Niederlegung nur im Interesse der Ladungsinteressenten bzw. des Befrachters gehandelt habe, da er einen bei Niederlegung der Ware unvermeidlichen Schmelzverlust abgewendet habe. Diese Erwägung soll dem Schiffer selbst dann zur Seite stehen, wenn er die Gefahr des Schmelzverlustes überschätzt haben sollte.

Ob diese Argumentation namentlich in ihrem letzten Teil begründet, oder ob darin nicht der vom Revisionskläger gerügte Verstoß gegen Art. 602 Abs. 2 HGB. zu finden ist, kann dahingestellt bleiben; denn jedenfalls war der Schiffer an die unbedingte Befolgung dieser Vorschrift dann nicht gebunden, wenn dadurch sein eigenes Interesse gefährdet wurde. Eine solche Gefährdung aber trat ein, wenn die Ladung, welche das Objekt seines Pfandrechtes bildete, und von welcher nicht einmal sicher war, daß sie in ihrer Integrität für den Betrag der Fracht volle Sicherheit gewährte, durch die Verbringung an eine andere Lagerstätte der evidenten Gefahr des teilweisen Unterganges (Schmelzens) ausgesetzt würde. Daß während der Deposition das Pfandrecht noch fortdauert (Art. 624 Abs. 2 HGB.), kann hiergegen nicht geltend gemacht werden, denn es handelt sich nicht um die Gefährdung des Pfandrechtes, sondern um die des Pfandes." . . .

**RGZ. 15, 83.**

**Ist der dem Empfänger der Güter nach Art. 607, 612 HGB. ersatzpflichtige Verfrachter berechtigt, von der hiernach geschuldeten Summe denjenigen Betrag abzuziehen, welchen der Empfänger von seinem Versicherer, speziell von dem Versicherer imaginären Gewinnes, gezahlt erhalten hat?**

HGB. Art. 607, 612, 783, 790, 797, 803, 805, 806, 810—812, 826, 860, 862, 864, 883.

Allgem. Seeversicherungsbedingungen v. 1867 §§ 2, 16, 22, 27, 71, 115.

I. Zivilsenat. Urt. v. 19. September 1885.

I. Landgericht Hamburg. — II. Oberlandesgericht daselbst.

Aus den Gründen:

„Inhalts dreier an Order gestellter durchgehender Konnossemente hat die beklagte Reederei den Transport von 900 Ballen Baumwolle von Charleston nach New York und von dort via Hamburg nach Reval übernommen. Nach glücklicher Ankunft der Ware in Hamburg hat die

Beklagte dieselbe nach Hull versandt, um von dort weiter nach Reval verladen zu werden. Die Ware gelangte auch glücklich nach Hull, aber der Dampfer Evadne, mit welchem sie weiter befördert war, strandete im Kattegatt, und es wurden infolgedessen 779 Ballen der hier fraglichen Baumwolle nicht am Bestimmungsort Reval abgeliefert, sondern auf Anordnung der Beklagten in Kopenhagen wegen Seebeschädigung öffentlich verkauft. Die Klägerin, welche die 900 Ballen Baumwolle von Morris Ranger in Liverpool, der auf die Ware in England Versicherung genommen hatte, cif gekauft hat, verlangt im gegenwärtigen Rechtsstreit als legitimierte Inhaberin der Konnossemente dieserhalb Schadensersatz, dessen Höhe sie in der Berufungsinstanz auf 9712 £ 11 sh 2 d gleich 197 650,56 M liquidiert hat, und es steht bereits rechtskräftig fest, daß die Beklagte verpflichtet ist, der Klägerin für den Wert der ihr nicht gelieferten 779 Ballen Baumwolle – abzüglich der von der Klägerin aus dem Erlös des Verkaufs derselben inzwischen bereits empfangenen 56 000 M – nach Maßgabe des Art. 612 HGB. Ersatz zu leisten." (Diese Ersatzpflicht der Beklagten ist darauf gegründet, daß die weitere Beförderung der Ware über Hull wegen der darin liegenden Abweichung von dem direkten Wege eine kontraktwidrige gewesen sei, dies aber zur Folge habe, daß die Gefahr derselben von der Beklagten getragen werden müsse, welche sie zur Abwendung ihrer Haftung aus Art. 607 HGB. auch nicht etwa darauf berufen könne, daß sie durch höhere Gewalt liberiert sei, und ebensowenig darauf, daß der Unfall auch bei direkter Beförderung möglich gewesen wäre.

„Das jetzt von der Klägerin angefochtene Urteil stellt in den Gründen fest, daß der nach Art. 612 HGB. berechnete Wert der in Rede stehenden 779 Ballen Baumwolle die von der Klägerin liquidierte Summe allerdings erreiche, nimmt aber an, daß die Klägerin sich auf dieselbe nicht nur die der Beklagten zu zahlende Fracht von 19792,25 M, welche die Klägerin nachträglich selbst von ihrer Forderung abgesetzt hat, sondern auch diejenigen 779 £ = 15 969,50 M anrechnen zu lassen habe, welche von der seitens der Klägerin durch C. H. Donner auf im ganzen 1000 Ballen Baumwolle zu 1 £ per Ballen genommene Versicherung auf die hier fraglichen 779 Ballen entfallen, und welche die Klägerin von der betreffenden Versicherungsgesellschaft gezahlt erhalten hat. Das Berufungsgericht hat daher von dem an sich noch geschuldeten Restbetrag die gedachte, der Klägerin ausgezahlte Versicherungssumme von 15 969,50 M abgezogen und die Beklagte nur noch in den übrigbleibenden Rest nebst Zinsen verurteilt.

Die Revision der Klägerin, welche nur gegen die teilweise Abweisung ihres Schadensanspruches gerichtet ist, erscheint als begründet.

Die hier fragliche Versicherung ist in Hamburg genommen, und zwar nach der vorgelegten Police vom 21. Januar 1882 für die Reise von Hamburg per Dampfer nach Hull und von dort weiter nach Reval und/oder anderen Plätzen und weiter per Bahn nach Moskau auf imaginären Gewinn an 1000 Ballen Baumwolle (zu denen auch die hier fraglichen 900 bzw. 779 Ballen gehören), taxiert zu 20500 M (1 £ per Ballen). Die Police, in welcher auf die Allgemeinen Seeversicherungsbedingungen von 1867 Bezug genommen ist, enthält die Klausel:

„Es präjudiziert nicht, wenn auf obige Weise schon anderweitig imaginärer Gewinn versichert ist, und verzichtet der Versicherer auf jeden weiteren Nachweis der Taxe und des Interesse."

Die Versicherung wurde von C. H. Donner genommen auf Grund des ihm von der Klägerin telegraphisch erteilten Auftrages:

„Versichert additional außer Police unsere 1000 Ballen mit 1 £ per Ballen für unsere Rechnung."

Das Berufungsgericht stellt nun zunächst tatsächlich fest, daß dieser Versicherungsauftrag, wie dem C. H. Donner bekannt war, Bezug hatte auf die frühere, ebenfalls unter Taxierung der Ware von Morris Ranger in England genommene, auf die Klägerin als Käuferin übergegangene Güterversicherung, und daß von deren Betrage auf die hier fraglichen 779 Ballen entweder 8240 £ 1 sh 9 d oder 8254 £ 14 sh entfallen, je nachdem man die Verteilung nach der Zahl der Ballen oder nach deren Gewicht vornimmt. Sodann folgert das Berufungsgericht aus Art. 803 HGB. und dem damit übereinstimmenden § 22 der Allgemeinen Seeversicherungsbedingungen von 1867, nach welchem im Mangel der Vereinbarung einer anderen Schätzungsgrundlage der Wert, welchen die Güter am Ort und zur Zeit der Abladung haben, als der Versicherungswert gilt, und aus den Art. 783, 797 Abs. 2 HGB. und den mit diesen konformen §§ 2, 16 Abs. 3 der Bedingungen, nach welchen „imaginärer Gewinn" der von der Ankunft der Güter am Bestimmungsort erwartete Gewinn ist, daß der auf Güter versicherte imaginäre Gewinn notwendig für den durch eine günstige Konjunktur über den Wert der Güter am Abladungsort hinaus gesteigerten Wert der Güter am Bestimmungsort validieren müsse, wenn es auch nach Art. 797 Abs. 2 HGB. und § 16 Abs. 3 der Bedingungen nur darauf ankomme, ob die Wertsteigerung möglicherweise nach kaufmännischer Berechnung zu erwarten war, nicht auch darauf, daß dieselbe wirklich eingetreten sei. Obwohl eine Versicherung von imaginärem Gewinn auch für andere Verhältnisse, aus denen die Realisierung eines Gewinnes über den Versicherungswert der Güter hinaus bei Ankunft derselben am Bestimmungsort zu erwarten sein mochte, validieren könne, so sei jedenfalls der prinzipale, zunächstliegende und gewöhnlichste Gegenstand die aus günstigster Konjunktur sich ergebende Steigerung des Wertes der Ware am Bestimmungsort, woraus sich auch die Bestimmung des Art. 864 HGB. und des damit übereinstimmenden § 115 der Bedingungen erkläre. Hiernach müsse an sich der Betrag von 8240 £ 1 sh 9 d oder 8254 £ 44 sh als der den Versicherungswert der 779 Ballen Baumwolle erreichende Betrag angesehen werden. Berücksichtige man aber auch, daß unter Hinzurechnung der Fracht der Fakturapreis (zu welchem die Klägerin die Baumwolle gekauft hat) für die 779 Ballen ein um 73 £ 12 sh höherer sei, so würde sich doch auch unter Hinzurechnung dieser Summe als Versicherungswert höchstens die Summe von 8328 £ ergeben. Rechne man hierzu den auf die Versicherung für imaginären Gewinn der Klägerin gezahlten Betrag von rund 779 £, so ergebe dies einen Betrag von höchstens 9107 £, also reichlich 600 £ weniger, als den Betrag von 9712 £ 11 sh 2 d, für welchen die Beklagte nach Art. 612 HGB. Ersatz zu leisten habe. Da nun die auf eine Versicherung für imaginären Gewinn geleistete Zahlung für die Werterhöhung der Güter am Bestimmungsort, wenn eine solche erfolgt sei, validiere, indem sie dem Versicherten gerade dafür Ersatz gewähre, daß ihm der Gewinn entgeht, den er durch die Ankunft der Ware am Bestimmungsort gehabt hätte, so folge daraus, daß die Klägerin sich den ganzen auf die Versicherung für imaginären Gewinn gezahlt erhaltenen Betrag auf den von der Beklagten zu leistenden Ersatz in Anrechnung bringen zu lassen habe, wie sie ja auch nach Art. 864 HGB. und § 115 der Bedingungen zu dessen Rückerstattung an den Versicherer verpflichtet sein würde, wenn nicht infolge der beklagtischerseits der Firma C. H. Donner gemachten Mitteilung über die via Hull erfolgte Verschiffung und der dieser entsprechend erfolgten Fassung der Police die beklagtische Ersatzpflicht hinsichtlich desjenigen Teiles des Wertes der Ware am Bestimmungsort ausgeschlossen wäre, welche unter jene, durch die Verschiffung via Hull nicht vitiierte Versicherung fällt. Ob auch ein durch die Verarbeitung der Baumwolle seitens der Klägerin erhoffter Gewinn unter den versicherten „imaginären Gewinn" würde gebracht werden können, könne dahingestellt bleiben, weil die auf diese genommene Versicherung nicht einmal so hoch gewesen sei, daß er auch nur den durch die Wertsteigerung der Ware bei Ankunft am Bestimmungsort sich ergebenden Gewinn vollständig gedeckt habe.

Diese Argumentation aus den Begriffen „Versicherungswert" und „imaginärer Gewinn" und aus dem Rechtsverhältnis zwischen der Klägerin als Versicherter zu ihren Versicherern ist von der Revision mit Grund als rechtsirrtümlich angegriffen. . . .

Mit der auf Grund der Art. 607, 612 HGB. der Beklagten obliegenden Haftung für den durch den Verlust der 779 Ballen Baumwolle entstandenen Schaden steht der Umstand, ob Klägerin gegen die ihr drohende Gefahr Versicherung genommen und dadurch einen Anspruch auf Schadensersatz gegen ihren Versicherer erworben oder von diesem bereits Ersatz erhalten hat, an sich in keinem rechtlichen Zusammenhang, wie denn auch schon in dem Urteil des Oberlandesgerichts vom 8. Januar 1883 und demjenigen des Reichsgerichts vom 5. Mai 1883 bezüglich der damals von der Beklagten aufgestellten Behauptung, daß die Klägerin von den englischen Assekuradeuren Zahlung erhalten habe, ausgeführt ist, auf eine solche Behauptung könne von der Beklagten eine Einrede gegen den Klaganspruch nicht gegründet werden, weil an sich (vgl. Art. 826 HGB. und § 71 der Allgem. Seeversicherungsbedingungen) die Bezahlung eines Schadens seitens des Versicherers keineswegs ausschließe, daß der Versicherte den ihm gegen einen Dritten zustehenden Anspruch auf Schadensersatz im Interesse des Versicherers geltend machen dürfe bzw. geltend zu machen habe, und weil gar nicht behauptet sei, daß im vorliegenden Fall die Versicherer etwa in der Weise Zahlung geleistet hätten, daß sie von der Klägerin die Geltendmachung des ihr gegen die Beklagte zustehenden Anspruches nicht verlangen könnten.

Eine solche Behauptung ist aber von der Beklagten auch hinsichtlich des der Klägerin von dem Versicherer auf imaginären Gewinn gezahlten Betrages nicht aufgestellt, sondern es liegt nur vor, daß der Firma C. H. Donner, welche im Auftrage der Klägerin die hier fragliche Versicherung besorgt hat, vor der Versicherungsnahme von der Beklagten die über Hull erfolgte Verschiffung der Ware mitgeteilt worden ist, und daß infolge einer entsprechenden Mitteilung von C. H. Donner an den Versicherer auch die darüber ausgestellte Police demgemäß gefaßt wurde. Hieraus folgt aber nur, daß der Versicherer auf den imaginären Gewinn, da ihm die Verladung der Ware auf dem Umwege über Hull angezeigt ist und er die Versicherung für diese Reise übernommen hat, sich der Klägerin — als der Versicherten — gegenüber nicht auf die Unverbindlichkeit des Vertrages (vgl. Art. 810—812 HGB.) berufen kann. Dagegen nimmt das Berufungsgericht mit Unrecht an, daß dadurch die Ersatzpflicht der Beklagten ausgeschlossen sei hinsichtlich desjenigen Teiles des Wertes der Ware am Bestimmungsort, welcher unter jene durch die Verschiffung über Hull nicht vitiierte Versicherung fällt. Denn diese der Beklagten als Verfrachterin schon aus dem Rezeptum und wegen Nichterfüllung ihrer Verpflichtungen aus den Konnossementen obliegende Haftung würde nur durch eine beklagtische Genehmigung der Verladung über Hull ausgeschlossen sein, und die auf solche, durch C. H. Donner erfolgte stillschweigende Genehmigung gestützte Einrede ist bereits durch das Zwischenurteil des Oberlandesgerichts vom 7. Januar 1884 als unbegründet verworfen. Auch hat die Beklagte bei der Verhandlung über ihre gegen das Urteil vom 4. April 1884 eingelegte Revision ausdrücklich erklärt, diese Entscheidung nicht anfechten zu wollen. . . .

Es bleibt also als Fundament des in Rede stehenden Einwandes nur die Tatsache übrig, daß die Klägerin von ihrem Versicherer auf imaginären Gewinn die 779 £ = 15 969,50 M bezahlt erhalten hat. Wie es aber zur Begründung der Verpflichtung der Beklagten zum Schadensersatz nicht erforderlich war, daß die englischen Versicherer auf Grund des kontraktwidrigen Verfahrens der Beklagten die Leistung des Schadensersatzes ablehnten, so kann sich die Beklagte andererseits auch nicht darauf berufen, daß ihre Ersatzpflicht weggefallen sei, soweit der Versicherer des imaginären Gewinnes den versicherten Betrag ersetzt hat. Wie die besonderen Bestimmungen der Art. 808, 826, 864 HGB. bzw. der §§ 27, 71, 115 der Allgem. Bedingungen über das zwischen dem Versicherten und dem Versicherer bestehende Rechtsverhältnis, nicht umgekehrt auch auf das Verhältnis zwischen dem Versicherten zu dritten, ihm ersatzpflichtigen Personen anwendbar sind, so können diese letzteren z. B. auch die Bestimmungen der Art. 790, 797, 803, 805, 806 HGB. nicht ohne weiteres für sich geltend machen. Die Frage, ob dem Versicherer des imaginären Gewinnes nach Zahlung des von der Beklagten nach Art. 612 HGB. zu ersetzenden Betrages seitens der Beklagten an die Klägerin dieser gegenüber ein Rückforderungsrecht in Höhe der von ihm geleisteten Zahlung zusteht, würde auch nur in einem Rechtsstreit zwischen der Klägerin und dem Versicherer entschieden werden können, da dem letzteren eine im gegenwärtigen

Prozeß zugunsten der jetzigen Beklagten ergangene Entscheidung nicht entgegenstehen würde, und da für die Beklagte die Berufung auf die seitens des Versicherers geleistete Zahlung an sich als eine exeptio de jure tertii erscheint, zu welcher sie um so weniger berechtigt ist, als nach Art. 808 HGB. und § 27 der Bedingungen der Versicherer zum Belaufe des von ihm der Klägerin gezahlten Betrages in die Rechte der letzteren auf Schadensersatz gegen die Beklagte eingetreten ist und dem Vorstehenden zufolge der der Klägerin gegen die Beklagte zustehende Anspruch auf Ersatz des nach Art. 612 HGB. zu berechnenden Wertes der Baumwolle auch für denjenigen Betrag, für welchen der Beauftragte der Klägerin in Kenntnis der Verladung über Hull eine dementsprechende Versicherung nahm, nicht — wie das Berufungsgericht angenommen hat — ausgeschlossen ist, vielmehr die Folge dieser Kenntnis lediglich die war, daß die Versicherung selbst nicht vitiiert wurde.

Zur Begründung des beklagtischen Einwandes, daß von der nach Art. 612 HGB. zu ersetzenden Summe der hier fragliche Betrag in Abzug zu bringen sei, müßte aber nicht nur feststehen, daß dem Versicherer ein Rückforderungsrecht gegen die Klägerin in betreff des von ihm gezahlten Betrages nach geschehener voller Ersatzleistung seitens der Beklagten nicht zusteht, sondern es wäre auch erforderlich, daß die Klägerin durch den ihr von dem Versicherer gezahlten Betrag für einen Teil derselben Leistung Befriedigung erhalten hat, welche ihr die Beklagte schuldig ist, und daß sie sich mithin durch nochmalige Ersatzleistung seitens der Beklagten um diesen Betrag auf Kosten der Beklagten einen ungerechtfertigten Gewinn verschaffen würde. Mit Recht hat aber die Klägerin geltend gemacht, daß der imaginäre Gewinn an der Baumwolle, auf welchen der Klägerin von dem Versicherer Ersatz geleistet ist, und der beklagtischerseits der Klägerin geschuldete Wert der Baumwolle am Bestimmungsort Reval zur Zeit, in welcher die Ware ohne den eingetretenen Unfall dort angekommen sein würde, sich keineswegs decken, da der nach Art. 612 HGB. zu ersetzende Wert mit dem wirklichen vollen Interesse nicht identisch ist. Denn der nach Art. 612 HGB. vom Verfrachter nur zu ersetzende Wert der verlorenen Güter besteht in dem Marktpreis und in Ermangelung eines solchen in dem durch Sachverständige zu ermittelnden Preis, also in dem gemeinen Handelswert der Güter, so daß der etwaige höhere Schaden, welcher im konkreten Fall infolge individueller Verhältnisse (z. B. durch einen speziell dem Ersatzberechtigten möglich gewesenen und ihm entgangenen Gewinn) entstanden ist, und mithin das volle

Interesse vom Verfrachter nicht vergütet zu werden braucht. Die Ersatzpflicht des Verfrachters auf Grund des Art. 607 HGB. ist durch Art 612 daselbst überhaupt ohne alle Rücksicht auf das individuelle Interesse des Befrachters oder Empfängers, welches ein sehr verschiedenes sein kann, auf ein ganz bestimmtes Maß — den allgemeinen Handelswert des Gutes an einem gewissen Ort und zu einer gewissen Zeit — gesetzlich fixiert, und zwar in einer solchen Weise, daß der Natur der Sache nach das wirkliche Interesse des Ersatzberechtigten dabei unter Umständen nicht voll gedeckt wird, während andererseits die Möglichkeit nicht ausgeschlossen ist, daß der Ersatzberechtigte dabei lukriert, z. B. wenn er inzwischen die Ware zu einem hinter dem betreffenden Marktpreis zurückbleibenden Preis an einen Dritten verkauft hatte, so daß er ein Interesse nur noch in Höhe des Kaufpreises behielt.

Vgl. Entsch. des ROHG.'s Bd. 13 S. 393 flg.

Für den vom Verfrachter nach Art. 612 HGB. zu leistenden Ersatz ist es deshalb auch unerheblich, ob der Marktpreis (bzw. Wert), welchen die Güter zur Zeit ihrer Ankunft am Bestimmungsort gehabt haben würden, größer oder geringer ist als derjenige, welchen sie zur Zeit und am Ort der Abladung hatten, bzw. als der Anschaffungspreis, zu welchem sie die Ersatzberechtigte erworben hat, und ob infolge der sich hieraus ergebenden günstigen oder ungünstigen Konjunktur im Fall der Ankunft der Güter ein Gewinn oder ein Verlust an denselben gemacht worden wäre oder hätte gemacht werden können. Der Gegenstand und Inhalt der dem Verfrachter nach Art. 612 HGB. obliegenden Verpflichtung bleibt vielmehr stets der gleiche. Der Verfrachter hat nicht den seitens des Empfängers von der Ankunft der Güter am Bestimmungsort erwarteten Gewinn zu ersetzen, sondern den Wert der Güter am Bestimmungsort, gleichviel ob in diesem für den Empfänger auch ein von der Ankunft der Güter erwarteter Gewinn eingeschlossen ist oder nicht. Ist ersteres der Fall, so erscheint das als ein zufälliges Moment, welches weder den Gegenstand der Obligation bildet, noch mit demselben in einem rechtlichen Zusammenhang steht.

Wenn nun der Empfänger der Güter für „imaginären Gewinn", also nach Art. 783 HGB. „für den von der Ankunft der Güter am Bestimmungsort erwarteten Gewinn" Versicherung genommen hat, so ist auch dies dem vorstehenden zufolge für das Rechtsverhältnis zwischen ihm und dem ihm nach Art. 607, 612 HGB. ersatzpflichtigen Verfrachter an sich völlig bedeutungslos. Denn der Anspruch des Empfängers diesem letzteren gegenüber ist ein sowohl seinem Grund als auch seinem Gegenstand nach von dem Anspruch gegen den Versicherer völlig verschiedener. Die Nichtidentität des Gegenstandes der beiden Ansprüche ergibt sich schon daraus, daß der Versicherer sich nicht etwa verpflichtet, dasjenige (oder nur einen Teil desjenigen) zu leisten, was auf Grund des Art. 607 HGB. der Verfrachter nach Art. 612 dem Versicherten zu leisten schuldig ist, sondern daß er die hiervon ganz unabhängige Verbindlichkeit übernimmt, im Falle der Nichtankunft der Güter am Bestimmungsort den auf imaginären Gewinn versicherten Betrag zu zahlen, sofern nur dieser Betrag nach kaufmännischer Berechnung den zur Zeit des Abschlusses des Versicherungsvertrages möglicherweise zu erwartenden Gewinn nicht übersteigt (vgl. Art. 797, 806, 860, 862 HGB.), so daß es für den Eintritt seiner Verbindlichkeit ganz gleichgültig ist, ob und in welchem Maße die Erwartung einer Wertsteigerung im Falle der Ankunft der Güter in Erfüllung gegangen sein würde oder nicht, und ob nicht gar umgekehrt bei Ankunft der Güter am Bestimmungsort ihr Wert unter denjenigen Wert gefallen war, welchen sie zur Zeit und am Ort der Abladung hatten. Wenngleich die steigende Konjunktur die Veranlassung zum Abschluß des Vertrages über Versicherung auf imaginären Gewinn nicht nur bilden kann, sondern, wie sich aus der Bestimmung des Art. 864 HGB. bzw. § 115 der Bedingungen ergibt, tatsächlich sogar als die regelmäßige Veranlassung desselben angesehen wird, so bildet sie hiernach doch nicht den Gegenstand dieser Versicherung, da die Verpflichtung des Versicherers durch die Fortdauer dieser Konjunktur nicht bedingt, ja nicht einmal durch eine nach dem Vertragsabschluß eingetretene rückgängige Konjunktur berührt wird.

Vgl. Entsch. des RG.'s in Zivils. Bd. 4 S. 38/39.

Besteht nun die Eigentümlichkeit der Versicherung auf imaginären Gewinn darin, daß der Versicherte durch dieselbe für den Fall, daß die betreffenden Güter den Bestimmungsort nicht erreichen, einen von der Realisierbarkeit des Gewinns im Fall der Ankunft der Güter und mithin auch von der Höhe des Marktwertes, welchen sie am Bestimmungsort gehabt haben würden, unabhängigen Anspruch gegen den Versicherer erwirbt, so liegt auch kein Rechtsgrund vor, aus welchem der Versicherte sich den von seinem Versicherer auf imaginären Gewinn erhaltenen Betrag auf den ihm von dem Verfrachter nach Art. 612 HGB. zu leistenden Ersatz in Anrechnung bringen zu lassen hätte. Dies leuchtet von selbst ein für den Fall, daß der Wert, welchen die Güter bei Ankunft am Bestimmungsort gehabt haben würden, und welchen nach Art. 612 der Verfrachter zu ersetzen hat, den Wert derselben am Abladeort nicht übersteigt oder sogar hinter demselben zurückbleibt. Denn es ist schlechterdings nicht einzusehen, weshalb in diesem Fall der Verfrachter sich darauf sollte berufen dürfen, daß der Ersatzberechtigte sich durch die von ihm genommene Versicherung gleichwohl in eine günstigere Lage versetzt hat, als wenn die Güter den Bestimmungsort erreicht hätten, indem er einen Gewinn macht, welchen er dann nicht gemacht haben würde, bzw. den ihm dann an den Gütern erwachsenen Verlust um den Betrag der Versicherungssumme herabmindert. Aber auch in dem hier vorliegenden Fall, wo tatsächlich eine Preissteigerung der Güter um den Betrag der Versicherungssumme eingetreten ist, verhält sich die Sache nicht anders. Die Argumentation des Berufungsgerichts, daß die auf eine Versicherung für imaginären Gewinn geleistete Zahlung, wenn eine Werterhöhung der Güter erfolgt sei, für diese validiere, indem sie dem Versicherten gerade dafür Ersatz leiste, daß ihm der Gewinn entgeht, welchen er von der Ankunft der Güter infolge der Werterhöhung gehabt haben würde, erscheint nicht als zutreffend. Denn die tatsächlich eingetretene Werterhöhung bildet auch für den Anspruch des Versicherten an seinen Versicherer ein rein zufälliges Moment. Der Versicherer imaginären Gewinns leistet dem Versicherten nicht Ersatz für das Entgehen des Gewinns, welchen dieser im Fall der Ankunft der Güter wirklich gehabt hätte. Er garantiert ihm nicht die Realisierung des von der Ankunft der Güter am Bestimmungsort erwarteten Gewinns. Er garantiert ihm vielmehr (vgl. auch die Bestimmungen des Art. 833 HGB. für die Fälle, daß die Güter in beschädigtem Zustand oder nur zum Teil den Bestimmungsort erreicht haben) etwas ganz anderes, nämlich — ohne jede Rücksicht auf den Wert, welchen die Güter bei ihrer Ankunft gehabt haben würden, und mithin auch ohne Rücksicht darauf, ob ein Gewinn wirklich gemacht worden wäre, sowie ohne Rücksicht auf die Existenz und Höhe des sich daraus für den Versicherten ergebenden Interesses an der Ankunft der Güter — schlechthin und anstatt dieses etwaigen Interesses wegen wirklich entgangenen Gewinns unter der Voraussetzung, daß die Güter den Bestimmungsort nicht erreicht haben, ein in der Versicherungssumme ein für allemal fixiertes Äquivalent für die infolge der vom Versicherer übernommenen Gefahren der Seereise dem Versicherten entgangene Möglichkeit eines zu machenden Gewinns. Der Versicherer verspricht daher auch insoweit, als tatsächlich eine Wertsteigerung der Güter eingetreten ist, nicht die Erfüllung desjenigen, was der Versicherte vom Verfrachter zu fordern hat, und seine Leistung bildet nicht den Gegenstand der Obligation des letzteren. Eine solidarische Verpflichtung, bei welcher durch die auf das eine Forderungsrecht gemachte Leistung auch das andere Forderungsrecht erfüllt wird, liegt daher nicht vor, und die Zahlung des Versicherers validiert mithin auch in dem Fall, wenn der nach Art. 612 HGB. vom Verfrachter zu ersetzende Betrag infolge einer Werterhöhung der Güter gesteigert ist und diese Werterhöhung mit umfaßt, doch nicht für die vom Verfrachter zu leistende Zahlung. Wenn umgekehrt für den Umfang der Verpflichtung des Versicherers in Art. 864 HGB. bestimmt ist, daß, wenn bei einem Totalverlust in Ansehung des imaginären Gewinns für die Güter nach Maßgabe der Art. 612, 613 HGB. Ersatz geleistet werden muß, mehr als der Versicherungswert (der Güter) vergütet ist, von der Versicherungssumme des imaginären Gewinns der Überschuß in Abzug kommt, so kann hieraus eine Konsequenz für den vorliegenden Fall nicht gezogen werden, da diese Bestimmung lediglich ein Ausfluß des dem Versicherungsrecht zugrunde liegenden Prinzips ist, daß durch die Versicherung dem Versicherten kein Gewinn verschafft werden soll.

Auch von einer ungerechtfertigten Bereicherung der Klägerin auf Kosten der Beklagten dadurch, daß sie von dieser ohne Rücksicht auf das von ihrem Versicherer Erhaltene Ersatz fordert, und von einer insoweit erfolgten Erlöschung ihres Anspruches durch sog. concursus causarum lucrativarum kann nicht die Rede sein; von der letzteren nicht, weil es sich nicht um eine individuell, sondern nur eine generisch bestimmte Leistung handelt, und weil die Klägerin die Versicherungssumme nicht ex causa lucrativa, sondern auf Grund eines onerosen Vertrages als Äquivalent für die von ihr dem Versicherer gezahlte Prämie erhalten hat; von ersterer aber nicht, weil das Bestehen eines über den von der Beklagten nach Art. 612 HGB. zu ersetzenden Betrag in Höhe der Versicherungssumme hinausgehenden Interesses der Klägerin an der Ankunft der Baumwolle in keiner Weise widerlegt ist. Die Beklagte hat sich hierfür nur darauf berufen, daß die Klägerin durch Zahlung des Wertes, welchen die Baumwolle in Reval zu der betreffenden Zeit hatte, den Preis erhalte, für welchen sie sich jederzeit andere Baumwolle habe anschaffen können. Allein dieses Argument trifft schon deshalb nicht zu, weil die Beklagte der Klägerin den geschuldeten Wertbetrag und damit die Mittel zur Anschaffung anderer Baumwolle vorenthalten hat, so daß auf den weiteren Einwand der Klägerin, daß in Reval ein Deckungskauf überhaupt unmöglich sei, nicht eingegangen zu werden braucht. Kann aber die Beklagte nicht geltend machen, daß die Klägerin sich für die ihr nicht gelieferten 779 Ballen Baumwolle sofort anderweitig habe decken können, so ist es nicht ausgeschlossen, daß die Klägerin, wie diese ohne Widerspruch der Beklagten behauptet hat, in ihrer Eigenschaft als Fabrikantin die Baumwolle hat verarbeiten wollen, daß sie dadurch, abgesehen von der günstigen Konjunktur des Marktpreises, noch einen besonderen, ihr jetzt entgangenen Gewinn erzielt haben würde, und daß sie gerade mit Rücksicht auf dieses Interesse die Versicherung für imaginären Gewinn genommen hat. Eine Bereicherung der Klägerin um den Betrag der ihr gezahlten Versicherungssumme auf Kosten der Beklagten würde hiernach selbst dann nicht substanziiert sein, wenn die Klägerin ihrem Versicherer gegenüber nicht berechtigt gewesen wäre, das erwähnte besondere Interesse an der Ankunft der Baumwolle geltend zu machen, weil als die zunächst liegende und regelmäßige Veranlassung und Voraussetzung der Versicherung für imaginären Gewinn der von einer günstigen Konjunktur, d. h. von einer Werterhöhung des allgemeinen Handelswertes, erwartete Gewinn anzusehen sei. Denn eine ungerechtfertigte Bereicherung liegt auch dann nicht vor, wenn die Klägerin auf Grund der Versicherung tatsächlich einen Gewinn ersetzt erhalten hat, welcher ihr durch die Nichtlieferung der Baumwolle entgangen war. Es ist daher auch unerheblich, daß, wie das Berufungsgericht hervorhebt, die auf imaginären Gewinn genommene Versicherung nicht einmal so hoch war, daß sie den durch die Wertsteigerung der Ware sich ergebenden Gewinn vollständig deckte.

Überdies hat das Berufungsgericht bei seiner Argumentation aus dem Begriff des Versicherungswertes mit Unrecht unbeachtet gelassen, daß im vorliegenden Fall bei der Versicherung sowohl auf die Baumwolle selbst als auf den imaginären Gewinn der Versicherungswert taxiert ist, die Taxe aber nach Art. 787 HGB. nur unter den Kontrahenten, nicht auch in betreff sonstiger Verhältnisse des Versicherten maßgebend ist.

Vgl. Voigt, Das Deutsche Seeversicherungsrecht S. 102, und Lewis, Kommentar (2. Aufl.) S. 293."...

**RGZ. 15, 133.**

## Umfang der Haftbarkeit des Frachtführers

II. Zivilsenat. Urt. v. 19. Februar 1886.

I. Landgericht Nürnberg. — II. Oberlandesgericht daselbst.

Aus den Gründen:

„Nicht festgestellt ist, daß sämtlicher Hopfen (16 von der Beklagten zum Transport übernommene Ballen) während des Transportes beschädigt sei; es ist dies vielmehr nur bezüglich eines Teiles des Hopfens festgestellt. Gleichwohl ist der Klägerin die Differenz zwischen dem Preis, um welchen die 16 Ballen während des Prozesses verkauft worden sind, und dem Wert, den dieselben am Ort der Ablieferung gehabt hätten, zugesprochen. Der Berufungsrichter erachtet die Klägerin für befugt, ihrer Schadensberechnung das Transportgut im ganzen zugrunde zu legen, und zwar deshalb, weil die Aktienbrauerei, an welche das Gut abzuliefern war, die Annahme der 16 Ballen verweigert habe und hierzu wegen Beschädigung eines Teiles der Ware befugt gewesen sei. Dies ist jedoch für die Frage, in welchem Umfang der Frachtführer (bzw. gemäß Art. 384 HGB. der Spediteur) wegen Beschädigung des Transportgutes haftet, nicht entscheidend. Maßgebend für diese Frage ist Art. 396 HGB. Nach diesem ist eine Haftbarkeit des Frachtführers — abgesehen von dem nicht in Frage stehenden Fall einer böslichen Handlungsweise — nur insoweit begründet, als das Transportgut wirklich beschädigt worden ist. Besteht daher dasselbe aus verschiedenen Gegenständen, so kann die Beschädigung einzelner dieser Gegenstände als Beschädigung des ganzen Gutes nur dann betrachtet werden, wenn sämtliche Gegenstände in der Weise zusammengehören, daß sie als untrennbares Ganzes erscheinen. Daß diese Voraussetzung zutreffe, nimmt der Berufungsrichter nicht an; er geht vielmehr im Gegenteil davon aus, daß, da im Handelsverkehr schon ein Ballen eine Einheit bilde, die 16 Ballen sich nicht als ein Ganzes darstellen."

**RGZ. 16, 3.**

**Erfüllungsort bei dem Verkauf einer schwimmenden Ladung, insonderheit wenn Käufer Rückzahlung fordert.**

I. Zivilsenat. Urt. v. 7. Mai 1884.

I. Landgericht Stettin. — II. Oberlandesgericht daselbst.

Aus den Gründen:

...„Wenn eine schwimmende Ladung verkauft wird, so kann als Gegenstand des Kaufvertrages freilich nicht das Papier, der über die Ladung ausgestellte Ladeschein oder das Konnossement, gelten. Aber der Käufer erlangt doch mit der Übergabe des indossierten Ladescheines die Verfügungsgewalt über die Ladung, welche der Schiffer unter sich hat. Der Verkäufer erfüllt, indem er den indossierten Ladeschein übergibt, wenn nur die verkaufte Ladung in der Hand des Schiffers existiert.

Nun läßt sich freilich sagen, daß die Handlung, welche der Verkäufer gewährt, die Übergabe des Ladescheines, eben jene Wirkung, daß der Käufer die Verfügung erlangt, mit umfaßt. Zur Erfüllung gehört also die Tatsache mit, daß das übergebene Stück Papier von einem Schiffer ausgestellt ist, welcher die in dem Ladeschein bezeichnete Ware tatsächlich erhalten hat, zur Zeit des Verkaufs des Ladescheines noch fährt, und somit diese Ware nunmehr für den Käufer fährt.

Diese Wirkung vollzieht sich nicht an dem Ort, an welchem der Ladeschein übergeben wird, sondern an dem Ort, an welchem sich die Ladung und der Schiffer befinden, welcher sie innehat. Es gilt rechtlich so, als hätte er dort die Ladung für den Inhaber des Ladescheines und der Inhaber des Ladescheines die Ladung durch den Schiffer an eben jenem Ort. Indem aber die Verkäuferin den girierten Ladeschein in Stettin übergab, übergibt sie die Ladung der rechtlichen Wirkung nach an dem Ort, an welchem sie sich befindet.

Nimmt man aber diese Wirkung in den Begriff der Erfüllungshandlung mit hinein, so ist die Frage zu entscheiden, ob als der für den Gerichtsstand maßgebende Erfüllungsort derjenige anzusehen ist, an welchem die physische Handlung — abgesehen von der sich daranschließenden Wirkung — vollzogen wird, oder der Ort, an welchem die für das Rechtsverhältnis relevierende Wirkung eintritt: eine Frage, welche in ähnlicher Weise bezüglich des für den Gerichtsstand maßgebenden Ortes der begangenen Straftat für das Gebiet des Strafprozeßrechtes aufgeworfen worden ist.

Vgl. Entsch. des RG.'s in Strafs. Bd. 1 Nr. 137.

Nun eignet sich aber der Ort, an welchem die Übergabe des Ladescheines als Konnossement einer schwimmenden Ladung in Beziehung auf diese in rechtliche Wirksamkeit tritt, in keiner Weise, um diesen Ort als den Erfüllungsort gelten zu lassen.

Denn zu der Zeit des Vertragsschlusses wissen die Kontrahenten in den seltensten Fällen, wo sich *derzeit* die Ladung befindet, noch viel weniger — wenn Kauf und Erfüllung auseinanderfallen — wo sich die Ladung zu *der* Zeit befinden wird, zu welcher das Konnossement oder der Ladeschein werden übergeben werden.

Auch würde es ganz unfruchtbar sein, einen Ort auf dem Ozean als Erfüllungsort gelten zu lassen, und ebensowenig hätte es eine rechte Bedeutung, den Ort auf dem Fluß als Erfüllungsort gelten zu lassen, wo sich zufällig derzeit die Ladung befindet oder befinden wird.

Man wird also den Ort, an welchem der Ladeschein ausgehändigt werden soll, als den Erfüllungsort gelten lassen müssen, wenn das

Schiff von dem Versendungsort bereits abgegangen ist; und dasselbe wird man dann auch gelten lassen müssen, wenn die Ware verkauft wird, nachdem sie abgeladen, der Ladeschein ausgestellt, der Schiffer aber noch nicht abgefahren ist.

Hiernach war bezüglich des Gesamtinhaltes der Vertragsverbindlichkeiten der Beklagten Stettin der Erfüllungsort.

Er war es auch bezüglich der hier in Frage stehenden Leistung.

Die Beklagte hat von der Klägerin den Kaufpreis abzüglich der dem Schiffer zu zahlenden Fracht erhalten. Da dem Schiffer 500 M Vorschuß gezahlt war, so hat Beklagte diesen Vorschuß der Klägerin in Rechnung gestellt. Es sind von dem Kaufpreis von

16 275 M nur
1 000 M, welche dem Schiffer noch zu zahlen waren, nämlich
1500 M Fracht abzüglich
500 M Vorschuß
abgezogen, so daß Klägerin
15 275 M erhalten hat.

Beklagte hatte „cif Stettin" verkauft, sie hatte also die Kosten einschließlich der Fracht (cost included freight oder cost insurance freight) übernommen. Die volle Fracht betrug aber nicht 1000, sondern 1500 M. Unter Voraussetzung der Richtigkeit der angeführten Tatsache haftete also Verkäuferin der Käuferin dafür, daß der Schiffer die Ladung gegen Auszahlung von nur 1000 M aushändigte, sich also 500 M auf die verdiente Fracht anrechnen ließ. Diese Abrechnung konnte aber nur in Stettin bei Ablieferung der Ware erfolgen. Die Verkäuferin hatte dafür einzustehen, daß sich der Schiffer jene 500 M in Stettin anrechnen ließ, daß die Käuferin die der Verkäuferin in dem Betrag von 15 275 M gezahlte Teilfracht, oder den in jener Summe gezahlten Frachtvorschuß von 500 M, durch deren Anrechnung auf die verdiente Fracht des Schiffers in Stettin zurückerhielt.

Denn der Transport war nach Stettin zu bewirken. Dazu, daß er dorthin bewirkt wurde, war die Beklagte der Klägerin verpflichtet. Die Käuferin trug zwar die Gefahr der Ware, aber nicht die Gefahr des Transportes, dessen Kosten nur zu zahlen waren, wenn der Transport bewirkt war.

Ist aber die Ware an dem Abladungsort untergegangen, und demgemäß Fracht überhaupt nicht zu zahlen, so ist die Klage auf Rückgewähr des der Beklagten im voraus von der Klägerin restituierten Frachtvorschusses an dem Ort anzustellen, an welchem der Klägerin der Frachtvorschuß bei Ausführung des Transportes zurückzugewähren gewesen sein würde, also in Stettin."...

RGZ. 19, 7.

**Nach welchem territorialen Recht ist zu beurteilen:**

**1. die Haftung des Reeders eines deutschen Schiffes für den durch den Zusammenstoß des letzteren mit einem anderen Schiff diesem und seiner Ladung zugefügten Schaden (insbesondere die Haftung des Reeders für das Verschulden eines Lotsen), wenn der Zusammenstoß in dem Geltungsbereich eines ausländischen Rechtes erfolgte, und**

**2. die Frage, ob der betreffende Lotse als Zwangslotse anzusehen ist?**

HGB. Art. 451 flg. 736 flg. 757 flg.

I. Zivilsenat. Urt. v. 12. Juli 1886.

I. Landgericht Hamburg. — II. Oberlandesgericht daselbst.

Aus den Gründen:

„Am 5. Juli 1884 rannte der der Beklagten gehörige deutsche Dampfer Thuringia, Kapitän Fr., welcher unter der Führung des dortigen, zugleich den Lotsendienst versehenden Hafenmeisters van O. in den Hafen der niederländischen Insel Curaçao einlief, auf dem Wege nach seinem Liegeplatz den am östlichen Kai vertaut liegenden englischen, den Klägern gehörigen Dampfer Mediator mittschiffs an und beschädigte denselben derartig, daß er nach einigen Stunden sank. Die Kläger als ehemalige Reeder des Mediator haben deshalb die in Hamburg domizilierte Beklagte als Reederin der Thuringia auf Zahlung des Wertes des Mediator, welchen sie zu 20 000 £ angeben, bei dem Landgericht zu Hamburg belangt... Die Beklagte hat ihre Verpflichtung zum Schadensersatz bestritten. ... Sie ist der Ansicht, daß die Folgen der Kollision ihr nicht zur Last gelegt werden können, da ein Verschulden des Führers oder der Mannschaft der Thuringia nicht vorliege. Aus einer von ihr beigebrachten Erklärung des Hafenmeisters van O. folgert sie zugleich, daß auch diesen kein Verschulden treffe, für welches sie übrigens eventuell nicht haften will, da — wie sie weiter auszuführen sucht — der Hafenmeister von Curaçao ein Zwangslotse im Sinne des Art. 740 HGB. sei, was eventuell auch nach Art. 363, 534, 321, 421 des holländischen Handelsgesetzbuches angenommen werden müsse. Der Zusammenstoß sei auf einen unglücklichen Zufall zurückzuführen.

Die Kläger betreiten, daß der Hafenmeister von Curaçao Zwangslotse im Sinne des deutschen Handelsgesetzbuches sei, denn es bestehe dort keine Verpflichtung zur Annahme desselben als Lotsen, sondern nur zur Bezahlung des Lotsgeldes. Es komme hier übrigens nur auf das holländische Recht an, nach welchem der Reeder schon deshalb hafte, weil dasselbe überhaupt keine Zwangslotsen kenne und jeden Lotsen als zur Schiffsbesatzung gehörig betrachte. Bei der hier fraglichen Gelegenheit habe van O. nicht als Hafenmeister, sondern nur als Lotse fungiert, als welcher er nach holländischem Recht dem Schiffer nur Rat zu erteilen habe. Auch verliere weder nach deutschem noch nach holländischem Recht der Schiffer durch die Annahme eines Lotsen vollständig das Kommando über das Schiff und die Verantwortlichkeit. Im vorliegenden Fall hätte der Kapitän der Thuringia, zumal er die bei der raschen Fahrt drohende Gefahr erkannt habe, dem van O. das Kommando abnehmen müssen. Irgend ein anderes Verschulden des Kapitäns oder der Mannschaft der Thuringia ist klägerischerseits nicht behauptet.

Die Beklagten machten geltend, daß der Kapitän Fr. erst drei- bis viermal in Curaçao gewesen sei und keine Veranlassung zu einer solchen Maßregel gehabt habe, weil van O. ihn wegen seines Bedenkens durch Mitteilung der in Betracht kommenden Stromverhältnisse beruhigt habe. Nach der Behauptung der Beklagten hat das holländische Lotsenreglement in den Kolonien keine Geltung und macht auch das holländische Recht den Reeder für die Versehen der Lotsen nicht verantwortlich.

Das Berufungsgericht nimmt nun zwar in Übereinstimmung mit dem Landgericht — zugunsten der Kläger — an, daß das Anrennen des Mediator durch die Thuringia von dem Lotsen der letzteren durch Unterlassung rechtzeitiger Verminderung der Fahrgeschwindigkeit nach Passierung der Einfahrt des Hafens verschuldet sei. Es hat aber die Klage abgewiesen auf Grund der Annahme:

1. daß die Frage, ob die gesetzlichen Voraussetzungen der Haftung der Beklagten für das Versehen eines an Bord befindlichen Lotsen dritten Personen gegenüber vorliegen und in welchem Umfange diese Haftung besteht, nach deutschem Recht zu beurteilen sei,
2. daß der an Bord der Thuringia befindliche Lotse van O. ein Zwangslotse im Sinne des Art. 740 deutsch. HGB. war, und
3. daß dem Kapitän der Thuringia sein Verhalten dem Lotsen gegenüber nicht zum Verschulden gereiche,

so daß die Beklagte nach dem Art. 740 HGB. von der Verantwortung für den durch den Lotsen verschuldeten Schaden frei sei.

Die Verletzung irgendeiner Rechtsnorm fällt hierbei dem Berufungsgericht nicht zur Last.

Zu 1. ist es allerdings sowohl in der Wissenschaft wie in der Rechtsprechung eine bestrittene und nicht unzweifelhafte Frage, nach welchem Recht die aus einem Zusammenstoß von Schiffen entstehenden Rechtswirkungen für die Reeder derselben zu beurteilen sind, ob nach dem Recht der Flagge, welcher die betreffenden Schiffe angehören (bzw. ihres Heimathafens), oder nach dem am Sitze des Prozeßgerichtes geltenden Rechte, oder — falls der Zusammenstoß in einem unter der Herrschaft eines territorialen Rechtes stehenden Gewässer erfolgt ist — nach dem dort geltenden Recht. Es ist aber dem Berufungsgericht darin beizutreten, daß der deutsche Richter die Haftung des Reeders eines deutschen Schiffes für den durch einen Zusammenstoß einem anderen Schiffe und dessen Ladung zugefügten Schaden zunächst nur nach dem Rechte seines Landes, also nach dem deutschen Handelsgesetzbuch, zu beurteilen und mithin hiernach auch zu prüfen hat, ob und wieweit der Reeder für das Verschulden eines Lotsen verantwortlich ist. Wenn — wie es hier der Fall ist — das Recht der Flagge mit dem Recht des Prozeßortes zusammenfällt, bedarf es keines näheren Eingehens auf die Frage, ob das den Ausschlag gebende Moment in dem Grundsatz zu erblicken ist, daß der Richter zunächst seine (d. h. die in seinem Gerichtssprengel geltenden) Gesetze anzuwenden hat, oder darin, daß der deutsche Reeder verlangen kann, in betreff seiner Haftung aus außerkontraktlichen Verhältnisen von dem deutschen Richter nach denjenigen Bestimmungen beurteilt zu werden, welche das deutsche Recht dieserhalb enthält.

Vgl. Entsch. des ROHG.'s Bd. 24 S. 83 flg.

Höchstens könnte in Frage kommen, ob nicht dem auf Schadensersatz belangten deutschen Reeder aus Billigkeitsrücksichten zu gestatten sei, sich darauf zu berufen, daß er dem Kläger nur unter denselben Voraussetzungen und in demselben Umfang hafte, wie es nach dem heimatlichen Recht des beschädigten Schiffes der Fall ist.

Vgl. Windscheid, Pandekten (4. Aufl.) § 35 sub 3 und Bar, Internationales Privatrecht S. 413, 414.

Ist die Kollision auf offener See erfolgt, wo nicht das Gesetz irgendeines bestimmten Landes gilt und die Schiffe als Gebietsteile desjenigen Landes angesehen werden, dessen Flagge sie führen, so kann die Anwendung des Grundsatzes, daß der einheimische Richter die Haftung des Reeders eines einheimischen Schiffes nach dem Recht seines Landes zu beurteilen hat, kaum einem Bedenken unterliegen. In solchen Fällen ist in der Rechtsprechung die Anwendung des am Prozeßort geltenden Rechtes sogar dann für gerechtfertigt erachtet, wenn beide Schiffe, bzw. dasjenige, dessen Reeder wegen Schadensersatz in Anspruch genommen waren, einer fremden Flagge angehörten.

Vgl. Seuffert, Archiv Bd. 14 Nr. 197 (Obertribunal Berlin) und Entsch. des Oberappellationsgerichtes Lübeck in Bremer Rechtssachen Bd. 2 Abt. 2 S. 8 flg.

Aber auch der Umstand, daß die beschädigende Handlung im vorliegenden Fall im Hafen von Curaçao, mithin unter der Herrschaft des dort geltenden Rechtes, stattgefunden hat, hindert den deutschen Richter nicht, die Schadensersatzpflicht des dieserhalb in Anspruch genommenen Reeders eines deutschen Schiffes nach einheimischem Recht zu beurteilen. Es wird zwar vielfach gelehrt und auch in der Praxis angenommen, daß in betreff der Verpflichtung zum Schadensersatz aus Delikten, sowie in betreff der übrigen unmittelbar aus dem Gesetz entspringenden Obligationen (ex lege, quasi ex contractu und quasi ex delicto) die Gesetze des Ortes entscheidend scien, an welchem die beschädigende Handlung vorgenommen ist, bzw. der Zustand sich verwirklicht hat. Andererseits fehlt es aber auch nicht an Verteidigern der Ansicht, daß vielmehr auch hier das am Prozeßort geltende Recht anzuwenden sei.

Vgl. Savigny, System Bd. 8 S. 278; Windscheid, a. a. O. Note 6; Seuffert, Archiv Bd. 9 Nr. 1 (OAG. Darmstadt) und Bd. 11 Nr. 3 (Obertribunal Stuttgart).

Jedenfalls für Fälle der vorliegenden Art ist die letztere Ansicht vorzuziehen. Denn es kann nicht angenommen werden, daß das deutsche Handelsgesetzbuch, welches in Art. 451 flg. und Art. 763 flg. Bestimmungen darüber enthält, unter welchen Voraussetzungen und in welchem Umfang der Reeder für außerkontraktliches Verschulden dritter Personen haftet, und welches die im Zusammenhang damit stehenden Vorschriften in Art. 757 flg. über die das Recht eines Schiffsgläubigers gewährenden Forderungen aufgestellt hat, es dem deutschen Richter habe gestatten wollen, hiervon abweichende Bestimmungen eines fremden Gesetzes lediglich deshalb anzuwenden, weil das betreffende deutsche Schiff, dessen Reeder in Anspruch genommen wurden, sich zur Zeit des Eintrittes desjenigen Ereignisses, aus welchem der Anspruch hergeleitet wird, vorübergehend nicht in der Heimat oder auf hoher See, sondern in einem Gewässer befunden hat, in welchem jenes fremde Gesetz territoriale Wirkung hat. Es ist vielmehr anzunehmen, daß nach der Absicht des Gesetzgebers — wenigstens dem Reeder eines deutschen Schiffes gegenüber — von deutschen Gerichten stets nur die in dieser Beziehung geltenden Vorschriften des deutschen Rechtes angewendet werden sollen ohne Rücksicht auf den zufälligen Umstand, daß sein Schiff sich temporär in diesem oder jenem fremden Rechtsgebiet befand, und ohne Rücksicht darauf, welchem Rechtsgebiet die klagende Reederei des beschädigten Schiffes zufällig angehört. Die Bestimmungen des deutschen Rechtes über die Voraussetzungen und den Umfang der Haftung des Reeders für Kollisionsschäden haben daher für die deutschen Gerichte einen zwingenden, absoluten Charakter in der Weise, daß dieselben eine Haftung des Reeders nur insoweit anzuerkennen haben, als das Recht des eigenen Landes eine solche statuiert, und es ist deshalb nicht rechtsirrtümlich, sondern durchaus zu billigen, daß das Berufungsgericht, ohne die Richtigkeit der klägerischen Behauptungen über die desfallsigen Bestimmungen des holländischen Rechtes zu prüfen, die Frage, ob die Beklagte für das Verschulden eines Zwangslotsen hafte, nach deutschem Recht beurteilt und — dem Art. 740 HGB. gemäß — verneint hat. Da nach deutschem Recht das Versehen eines Zwangslotsen keine Verbindlichkeit zum Schadensersatz für den Reeder erzeugt, kann es dem deutschen Richter unmöglich gestattet sein, unter Anwendung eines fremden, dem Reeder in dieser Beziehung ungünstigeren Rechtes einem deutschen Reeder eine Verpflichtung aufzuerlegen, welche das Recht des eigenen Landes prinzipiell verneint. Auch geht die Literatur und Rechtsprechung in England — dem Lande, welchem die Kläger angehören — von demselben Grundsatz aus.

Vgl. Marsden, The Law of Collisions at Sea (II ed.) S. 214, 215, 218, 219, 229, sowie das dort angeführte, von der Beklagten in einem vollständigen Abdruck beigebrachte Urteil der Lords of the Privy Council vom 2. Juli 1868 in Sachen der Schiffe Napoleon wider Halley.

Er würde daher auch in hohem Grade unbillig sein, wenn man einem englischen Reeder gestatten wollte, sich dem deutschen Reeder gegenüber auf das betreffende fremde Recht zu berufen, während die englischen Gerichte dies nicht gestatten würden, wenn zufällig umgekehrt das klägerische Schiff durch Verschulden eines Zwangslotsen das Schiff der Beklagten beschädigt hätte, ja — wie es nach Marsden,

a. a. O. S. 209, 218, 220 bei der dort bezeugten gleichen Behandlung britischer und fremder Schiffe den Anschein hat — nicht einmal dann, wenn die Kläger ihren gegenwärtigen Anspruch vor einem englischen Gericht verfolgt hätten. Daß möglicherweise die Gerichte in Curaçao, wenn diese den Fall zu entscheiden gehabt hätten, berechtigt oder gar verpflichtet gewesen sein würden, in der hier in Rede stehenden Beziehung ihr einheimisches Recht in Anwendung zu bringen, steht dem nicht entgegen, da hierfür die dort geltenden Gesetze maßgebend sind. Ebensowenig steht der vorstehend gebilligte Grundsatz über das anzuwendende Recht ohne weiteres mit solchen Entscheidungen deutscher Gerichte in Widerspruch, welche die Haftung ausländischer Reeder für Handlungen ihrer Schiffsbesatzung in deutschen Gewässern unbedenklich nach deutschem Recht beurteilt haben. Denn einesteils folgt aus der Anwendung des deutschen Rechtes in solchen Fällen noch keineswegs, daß dasselbe in einem Fall der vorliegenden Art nicht anzuwenden sei. Anderenteils aber kann sich die Anwendung des deutschen Rechts in Fällen der ersteren Art auch schon dadurch rechtfertigen, daß der beklagte ausländische Reeder es unterlassen hat, sich darauf zu berufen, daß er nach dem Recht seines Landes nicht oder nur in geringerem Umfang hafte, wie es sich z. B. in dem Bd. 10 S. 18 flg. der Entscheidungen des Reichsgerichts in Zivilsachen abgedruckten Fall verhielt, in welchem beide Teile von vornherein davon ausgegangen waren, daß das deutsche Recht entscheidend sei[1]).

Vgl. übrigens zur Frage der Anwendung des örtlichen Rechts in Seesachen noch Wagner, Handbuch des Seerechts Bd. 1 S. 128 flg.

Zu 2. ist dagegen die Frage, ob van O. bei der hier fraglichen Gelegenheit als Zwangslotse im Sinne des Art. 740 HGB. fungierte, mit dem Berufungsgericht allerdings nach dem in Curaçao geltenden Recht zu beurteilen, da es hierfür maßgebend ist, ob nach den für das dortige territoriale Gewässer bestehenden obrigkeitlichen Anordnungen eine Verpflichtung zur Annahme des Lotsen für den Kapitän der Thuringia bestand,

vgl. Entsch. des RG.'s in Zivils. Bd. 7 S. 25,

bzw. ob — wie das Berufungsgericht unter Bezugnahme auf S. 2800 der Beratungsprotokolle zum Handelsgesetzbuch richtig und ohne Widerspruch der Revisionskläger als charakteristisch für die Eigenschaft eines Zwangslotsen angenommen hat — nach diesen in Curaçao geltenden

[1]) Diese Entscheidung ist beifällig besprochen in Shipping Gazette and Lloyd's List vom 17. Januar 1887. Gleiche Auffassung der englischen Gerichte wird bezeugt.

Verordnungen van O. eine Person war, welcher der Schiffer die Übernahme der Führung des Schiffes als unter obrigkeitlichem Zwang stehend überlassen mußte, so daß ein unter seiner Führung einem anderen Schiff zugefügter Kollisionsschaden im Verhältnis beider Schiffe zu einander als durch vis major entstanden zu betrachten ist. Auch ist es vom Berufungsgericht mit Recht als mit dem Begriff eines Zwangslotsen nicht für unvereinbar erachtet, daß mit der Verpflichtung des Schiffers, ihm die Führung zu überlassen, nicht lediglich die Sicherung des Schiffahrtverkehrs, sondern zugleich durch die Bestimmung einer Lotsengebühr eine finanzielle Maßregel bezweckt wird. . . .

Das Berufungsgericht hat mithin ohne Rechtsirrtum angenommen, daß van O., unter dessen Führung sich die Thuringia befand, ein Zwangslotse war und die Beklagte mithin den Klägern für dessen Verschulden nicht haftet.

Zu 3. beruht die Entscheidung, daß es dem Kapitän der Thuringia nicht zum Verschulden gereiche, wenn er seine richtige Ansicht von der Gefährlichkeit des raschen Fahrens nicht noch energischer zur Geltung gebracht und nicht die schwere Verantwortlichkeit eines Eingreifens in das Manövrieren eines Zwangslotsen auf sich genommen habe, auf zutreffenden tatsächlichen und rechtlichen Erwägungen, welche auch in der Revisionsinstanz nicht weiter angefochten sind.

Die Revision erweist sich hiernach als unbegründet."

RGZ. 20, 52.

**1. Ausstellung des Konnossements durch einen Agenten des Reeders. Wird der Reeder durch ein solches Konnossement verpflichtet, wenn der Agent bei dessen Ausstellung ordnungswidrig oder gegen seine Instruktion verfahren ist? Ist das Recht des Abladeortes oder des Bestimmungsortes entscheidend?**

**2. Konnossement, in welchem die Güter als „shipped' (verladen) in einem bestimmten Schiffe beeichnet sind, sich in den Klauseln aber die Bestimmung findet, daß, wenn durch unvorhergesehene Umstände die Unterbringung in diesem Schiffe verhindert werden sollte, die Reeder berechtigt seien, die Güter mit einem anderen Schiffe zu befördern?**

**3. Angeblicher Sprachgebrauch am Abladeorte, nach welchem der Ausdruck „shipped" nichts anderes bedeutet als „received for shipment", und Bekanntschaft des klagenden Konnossementsinhabers mit demselben beim Erwerbe des Konnossements.**

**4. Kann, wenn die noch auf der Werft liegenden Güter in dem Konnossemente, durch welches zugleich die Haftung für jeden Feuerschaden, möge derselbe sich auf See oder auf der Werft usw. ereignen, abgelehnt wird, als bereits verladen bezeichnet und dann, ehe sie in das Schiff gelangen, auf der Werft durch Feuer beschädigt sind, der Reeder dem auf Grund des Konnossements auf Auslieferung der Güter oder auf Ersatz des Wertes, welchen sie am Bestimmungsorte haben würden, erhobenen Anspruche gegenüber den Einwand geltend machen, daß die Güter von dem Konnossementsinhaber gekauft und bereits für ihn ausgeschieden gewesen seien, die Gefahr der Güter mithin ihn getroffen habe und er sich mit dem Schaden des Reeders bereichern würde?**

**5. Kann der Einwand der ungerechtfertigten Bereicherung vom Reeder auch darauf begründet werden, daß der Konnossementsinhaber die Güter versichert und den Schaden von seinem Versicherer ersetzt erhalten habe?**

HGB. Art. 303, 644, 645, 653, 808, 826.

I. Zivilsenat. Urt. v. 5. Dezember 1887.

I. Landgericht Hamburg. — Oberlandesgericht daselbst.

Aus den Gründen:

„Der Kläger als Reeder des deutschen Dampfschiffes „Cassius" ist in beiden Vorinstanzen mit einer, gegen den Beklagten als durch an Order lautende Konnossemente legitimierten Empfänger verschiedener mit dem gedachten Schiffe von New Orleans nach Bremen zu transportierender Partien Baumwolle von zusammen 1448 Ballen erhobenen Frachtforderung auf Grund einer Gegenforderung des Beklagten abgewiesen. Die klägerische Frachtforderung ist an sich unstreitig. Es handelt sich lediglich um die Haftung des Klägers für 81 Ballen Baumwolle, welche Bestandteil einer Partie von 100, C. L./A. Y. 1/100 gemärkten Ballen im angegebenen Gesamtgewichte von 51 962 Pfund sind, über die schon am 9. Oktober 1886 ein Konnossement gezeichnet ist und die bei Ankunft des Schiffes an seinem Bestimmungsorte dem Beklagten nicht mit ausgeliefert sind und ihm auch nicht geliefert werden können, da sie nach der Behauptung des Klägers, nachdem der Schiffer sie in New Orleans vom Ablader empfangen hatte, am 12. Oktober 1886, während sie noch am Lande lagerten, durch ein daselbst ausgebrochenes Feuer so stark beschädigt worden sind, daß ihre Verladung untunlich und der öffentliche Verkauf notwendig geworden sein soll, dessen Nettoerlös der Kläger dem Beklagten von der Fracht in Abzug gebracht hat. Der Beklagte verlangt aber vom Kläger den Ersatz desjenigen Wertes, welchen die fehlenden 81 Ballen, wenn sie unversehrt am Bestimmungsorte angelangt wären, dort gehabt haben würden und welcher ziffernmäßig ebenfalls unter den Parteien unstreitig ist. Auch hat der Beklagte nicht bestreiten zu wollen erklärt, daß die nicht verladenen 81 Ballen Baumwolle, von denen er jedoch nicht wisse, ob der Schiffer sie bereits zur Verladung empfangen habe, am 12. Oktober 1886 am Lande durch Feuer beschädigt und dann in Auktion verkauft seien. Das betreffende, an die Order der Ablader L. E. M. & Co. lautende Konnossement ist zwar in blanco indossiert, der Beklagte hat jedoch die Behauptung des Klägers als richtig anerkannt, daß die Eigentümer des Konnossementes H. P. & S. in Trübau seien, für welche der Beklagte nur als Spediteur fungiere.

1. Die streitige Gegenforderung des Beklagten beruht auf . . . einem in dem Abladehafen New Orleans mit dem Datum des 9. Oktober 1886 über die Verladung von 100 Ballen Baumwolle auf das klägerische Schiff ausgestellten Konnossemente.

Dieses Konnossement, in welchem es am Schlusse heißt:

„In witness whereof the Master or Agent hath affirmed to four Bills of Lading etc."

ist aber nicht vom Schiffer unterzeichnet, sondern trägt die Unterschrift: „Ross, Keen & Co., agents". Der Kläger hat nun zwar eingeräumt, daß Ross, Keen & Co. zur Zeichnung von Konnossementen für das Schiff „Cassius" ermächtigt gewesen seien, aber er bestreitet, daß dieselben dadurch befugt gewesen seien, vorzeitig und überhaupt in anderer als der ordnungsmäßigen und zulässigen Weise Konnossemente zu zeichnen, und macht deshalb geltend, daß, wenn sie nun dennoch das hier fragliche Konnossement — wie unstreitig geschehen ist — vor geschehener Verladung der darin bezeichneten Güter ausgestellt hätten und hierin eine Ordnungswidrigkeit zu finden sei, der Beklagte sich mit dem ihm dieserhalb zustehenden Anspruche lediglich an die Aussteller des Konnossementes zu halten habe, wobei er jedoch hinzufügt, es sei in New Orleans allgemein üblich, das Konnossement (wie auch hier geschehen sei) zu zeichnen, sobald der Schiffer die Güter zum Zwecke der Verladung erhalten habe.

Mit Recht hat aber das Berufungsgericht bei seiner Prüfung der Frage, ob der Kläger die hier fragliche Urkunde als ein für ihn verbindliches Konnossement anzuerkennen habe, diesen Einwand verworfen, indem es zunächst zutreffend erwägt, daß keine Vorschrift existiert, nach welcher ein Konnossement lediglich vom Schiffer ausgestellt werden könnte, und insbesondere aus der Bestimmung des Art. 644 HGB., nach welcher der Ablader die Ausstellung eines Konnossementes vom Schiffer verlangen kann, nicht folgt, daß dieser die einzige zur Ausstellung eines rechtsgültigen Konnossementes befugte Person sei, daß vielmehr auch der Reeder selbst und jede andere von ihm dazu ermächtigte Person ein wirksames Konnossement ausstellen kann. Dies steht, wenngleich der Schiffer als gesetzlicher Vertreter des Reeders der regelmäßige Aussteller der Konnossemente ist, mit der tatsächlichen Übung wie mit den Gesetzen in Einklang, wie bereits in dem vom Berufungsgerichte angezogenen Erkenntnisse des Reichsgerichtes in Bd. 2 S. 127 flg. der Entscheidungen in Zivilsachen näher ausgeführt ist.

Vgl. auch L e w i s in seinem Kommentar (2. Aufl.) Bd. 1 S. 371 und in E n d e m a n n ' s Handbuch Bd. 4 S. 167 flg.

Sodann nimmt das Berufungsgericht auch ganz richtig an, daß vermöge der zu Vornahme eines Rechtsgeschäftes erteilten Vollmacht der Vollmachtgeber aus dem in seinem Namen innerhalb der durch die Vollmacht gezogenen formellen Grenze abgeschlossenen Rechtsgeschäfte dem dritten Kontrahenten gegenüber ohne Rücksicht darauf haftet, ob der Bevollmächtigte sachlich angemessen und den Interessen des Vollmachtgebers entsprechend gehandelt hat, und es weist zur Unterstützung seiner Erwägungen mit Recht auch darauf hin, daß der Kläger, indem er veranlaßte, daß seine Agenten in New Orleans die Konnossemente zeichneten, den Beteiligten hierdurch zu erkennen gab, daß dieselben hierzu legitimiert seien, wodurch die Ablader veranlaßt seien, nicht mehr — wozu sie nach Art. 644 HGB. berechtigt gewesen wären — vom Schiffer die Ausstellung der Konnossemente zu verlangen, und unter welchen Umständen die Berufung des Klägers auf etwaige, Dritten nicht erkennbare beschränkende Instruktionen den Konnossementsinhabern gegenüber unzulässig sei, vollends aber der Kläger nicht damit gehört werden könne, wenn er die aus dem internen Mandatsverhältnisse zu seinen Bevollmächtigten hergeleitete allgemeine Beschränkung, daß dieselben nicht anders als ordnungsmäßig und dem Interesse des Mandanten entsprechend hätten handeln dürfen, dritten Personen gegenüber zu verwerten versuche. Der dieser, vollkommen richtig zwischen „Vollmacht" und „Auftrag" unterscheidenden Argumentation gegenüber erhobene Revisionsangriff erscheint als hinfällig. Denn der Umstand, daß nach der Annahme des Berufungsgerichtes die Ablader die Ausstellung eines Konnossementes erst nach der wirklichen Verladung der Güter verlangen konnten, und daß das hier fragliche Konnossement zu einer Zeit ausgestellt ist, wo — wie dieselben wußten — diese noch nicht erfolgt war, ist in der hier in Frage kommenden Beziehung unerheblich, da der vom Reeder dem Publikum als zur Ausstellung der Konnossemente überhaupt legitimiert bezeichnete Agent der Reeder — jedenfalls dem sich als Empfänger legitimierenden dritten Inhaber des Konnossementes gegenüber — durch die Ausstellung eines Konnossementes auch dann verpflichtet, wenn der Ablader dieselbe noch nicht verlangen konnte. Ein rechtlicher Unterschied in dieser Beziehung zwischen der dem Schiffer schon gesetzlich, einer dritten Person aber nur infolge eines besonderen Mandates beiwohnenden Befugnis zur Ausstellung von Konnossementen ist nicht anzuerkennen.

Ebenso unerheblich ist die Behauptung der Revision, daß nach englischem Rechte der Reeder selbst dann, wenn der Schiffer bei Ausstellung des Konnossementes gegen die ihm erteilte Instruktion gehandelt oder ein Konnossement über noch nicht wirklich an Bord des Schiffes gelangte Güter gezeichnet hat, durch ein solches Konnossement nicht gebunden sei. Denn einesteils hat Kläger sich in den Vorinstanzen auf eine desfallsige Abweichung des englischen bzw. des in New Orleans geltenden Rechtes von den Grundsätzen des deutschen Rechtes gar nicht berufen, und durfte schon deshalb das Berufungsgericht ohne weiteres die letzteren zur Anwendung bringen. Anderenteils ist aber auch nur das deutsche Recht als das am Bestimmungsorte des Schiffes (Bremen) geltende entscheidend, da hier die Verpflichtung aus dem Konnossemente zu erfüllen war,

vgl. Entsch. des ROHG.'s Bd. 25 S. 193 flg.,

wozu noch hinzukommt, daß im vorliegenden Falle auch der Reeder und das Schiff deutsch sind.

Übrigens scheitert das klägerische Bestreiten der Legitimation von Ross, Keen & Co. zur Ausstellung des hier fraglichen Konnossements auch schon daran, daß auch der Kläger seinerseits sich nicht nur in verschiedenen anderen Richtungen zur Verteidigung gegen den vom Beklagten daraus hergeleiteten Anspruch auf den Inhalt des Konnossements berufen, sondern auch die von ihm eingeklagte Frachtforderung lediglich auf die Konnossemente und mithin, soweit die den Gegenstand dieses Konnossements bildende Baumwolle in Betracht kommt, lediglich auf das hierüber ausgestellte Konnossement gestützt hat und hat stützen können, und daß ferner die Legitimation der Aussteller desselben von seiten des Schiffers dadurch anerkannt ist, daß unstreitig auf Grund dieses Konnossements dem Beklagten als dessen legitimierten Inhaber von den darin bezeichneten 100 Ballen Baumwolle die am Bestimmungsorte überhaupt angebrachten 19 Ballen ausgelierfert sind.

Auch darin kann dem Berufungsgerichte nur beigetreten werden, daß die Vorschriften des Art. 645 HGB. über den Inhalt des Konnossements nicht dahin aufzufassen sind, daß das Konnossement ein durch die Beobachtung der daselbst vorgesehenen Form bedingter Formalakt sei, daß vielmehr der auf die Ausstellung oder Lieferung eines Konnossements Berechtigte zwar verlangen könne, daß dasselbe jenen Vorschriften gemäß ausgefertigt werde bzw. ausgefertigt sei, daß aber, wenn es in der einen oder anderen Beziehung daran fehle, aus dem sonstigen Inhalte der Urkunde zu entnehmen sei, ob sie gleichwohl vom Aussteller als Konnossement gewollt war, und daß endlich im vorliegenden Falle, obwohl der Name des Schiffers und die Nationalität des Schiffes (vgl. Art. 645 Ziffer 1. 2 HGB.) in der Urkunde nicht erwähnt sind, mit Rücksicht auf den übrigen Inhalt der Urkunde hieran nicht zu zweifeln sei.

Vgl. Kommissionsprotokolle zum HGB. S. 2202 bis 2213 und S. 4005 bis 4007, sowie Lewis, Kommentar a. a. O. S. 373.

2. Ist nun hiernach das hier fragliche Konnossement für den Kläger als Reeder nicht minder verpflichtend, als wenn dasselbe vom Schiffer gezeichnet wäre, so ist, was den Inhalt desselben anlangt, dem Berufungsgerichte auch darin beizutreten, daß die darin enthaltene Erklärung „Shipped in good order . . . upon the Steamship, called the Cassius . . . 10 Bales Cotton (under deck)" an und für sich nur dahin verstanden werden kann, daß die bezeichneten Güter nicht etwa bloß behufs der Verladung in das Schiff von dem Schiffer oder von den Ausstellern des Konnossements in Empfang genommen, sondern daß sie tatsächlich bereits abgeladen, d. h. an Bord des Schiffes gebracht und im Raume desselben verstaut seien, welcher Auslegung es auch nicht entgegensteht, daß nach den Klauseln des Konnossements die Aussteller desselben sich unter anderem freigezeichnet haben von der Gefahr der Explosion oder des Feuers „at sea, in transit, on wharf, in craft or on shore". Denn ein Feuerschaden kann die Güter auf der Werft, am Lande oder in einem Leichterfahrzeuge auch nach geschehener Verladung während der Dauer der Verantwortlichkeit des Verfrachters treffen, z. B. wenn die Güter in einem Nothafen haben gelandet werden müssen, und wenn bei dieser oder einer sonstigen Gelegenheit die Überladung in ein Leichterfahrzeug notwendig geworden ist. Der Kläger hat aber ferner geltend gemacht, es sei in New Orleans allgemein üblich, die Konnossemente bereits zu zeichnen, bevor die Güter im Schiffe verladen seien,

sofern nur der Schiffer dieselben zum Zwecke der Verladung empfangen habe; in den Konnossementen werde dafür bald der Ausdruck „Shipped", bald der Ausdruck „Received for shipment" angewandt, von welchen der erstere nichts weiter bedeuten solle als der letztere; daß die Verladung der Güter als zur Zeit der Ausstellung des Konnossementes noch nicht geschehen vorausgesetzt werde, lasse auch die im Konnossemente enthaltene Klausel erkennen:

> „Should any unforeseen circumstances prevent the goods specified in this Bill of Lading from being placed on the above mentioned Steamer, the Owners have the privilege of shipping same by the first available firstclass Steamship or Steamships etc."

und den Eigentümern des hier fraglichen Konnossements, H. P. & Söhne in Trübau, sei es denn auch beim Erwerbe desselben sehr wohl bekannt gewesen, daß jener Sprachgebrauch in New Orleans herrsche, so daß sie gewußt hätten, bzw. hätten wissen müssen, daß durch eine den Ausdruck „shipped" enthaltende Urkunde dem Erwerber keine weitergehenden Rechte haben eingeräumt werden sollen, als in anderen, sonst gleichlautenden Urkunden durch die Worte: „received for shipment" zum Ausdrucke gebracht wird; auch dem, durch den Besitz des Konnossements nur formell legitimierten Beklagten habe dieselbe Wissenschaft beigewohnt.

Das Berufungsgericht räumt nun ein, für die behauptete Übung spreche allerdings der Umstand, daß in einer erheblichen Anzahl der vom Kläger vorgelegten Urkunden, welche im übrigen mit der hier in Frage stehenden völlig übereinstimmten und auch als Konnossemente gedacht zu sein schienen, anstatt der Worte „shipped (under deck)" die Worte „received for shipment" gebraucht sind. Auch erkennt es an, daß die vom Kläger in Bezug genommene Klausel des Konnossements mit der Bedeutung des Ausdruckes „shipped (under deck)" schwer vereinbar ist, womit doch wohl nur gesagt sein soll, daß dieser Klausel gegenüber der Ausdruck „shipped" etc. nicht unter allen Umständen die bereits erfolgte tatsächliche Verladung der Güter auf das im Konnossemente bezeichnete Schiff bedeuten könne. Es erachtet aber nicht nur die gedachte, dem Konnossemente „unter einer großen Anzahl anderer Klauseln" eingefügte Klausel für nicht geeignet, den wesentlichen Inhalt des Konnossements wieder aufzuheben, sondern es hält auch die behauptete Übung in New Orleans für unerheblich, weil aus denselben nicht der Schluß gezogen werden könne, daß der Aussteller des Konnossements berechtigt sei, demselben einen der Wahrheit nicht entsprechenden Inhalt zu geben und zu erklären, die Güter seien unter Deck verladen, während sie noch am Lande liegen, da für das sich aus dem Konnossemente ergebende Rechtsverhältnis das Recht des Bestimmungs- und Erfüllungsortes maßgebend sei und der Erwerber des Konossements daher ohne Rückicht auf das Recht und die Gewohnheiten des Abladeplatzes den Verfrachter an dem Wortlaute der Urkunde festhalten könne. Ja auch den behaupteten Sprachgebrauch und dessen Kenntnis beim Erwerbe des Konnossements hält das Berufungsgericht für unerheblich, da diese Behauptung auf etwas Perverses und Unmögliches hinauslaufe, worüber eine Beweiserhebung dem Gerichte nicht zugemutet werden könne.

Nun ist zwar zugegeben, daß eine an dem Abladeplatze New Orleans bestehende Übung, die Konnossemente bereits vor Einladung der Güter in das Schiff zu zeichnen, sobald die Güter nur dem Schiffer zu diesem Zwecke übergeben worden sind, für sich allein dem Inhaber eines Konnossements gegenüber, welches die Erklärung enthält, daß die Güter verladen (shipped) seien, keine Beachtung verdient, da der Verfrachter die Richtigkeit dieser Erklärung dem legitimierten Konnossementsinhaber gegenüber zu vertreten hat, und da die gedachte Übung den Aussteller des Konnossements nicht berechtigen kann, durch eine wahrheitswidrige Erklärung den Erwerber des Konnossements, welcher sich auf die Richtigkeit des Inhabers desselben verlassen darf, zu täuschen. Auch erscheint es nicht als rechtsirrtümlich, wenn das Berufungsgericht aus dem von ihm angeführten Grunde der Klausel „Should any unforeseen circumstanes prevent etc." für sich allein der in dem Konnossemente enthaltenen wesentlichen Erklärung, daß die 100 Ballen Baumwolle „shipped (under deck)' seien", keine Bedeutung beiliegt. Anders verhält es sich aber mit dem vom Kläger behaupteten, in New Orleans herrschenden Sprachgebrauche und dessen Kenntnis auf seiten der Eigentümer des Konnossements beim Erwerbe desselben. Denn unter Voraussetzung der Wahrheit dieser Behauptungen durften die Erwerber das Konnossement nur in demselben Sinne verstehen, als wenn darin anstatt des Ausdruckes „shipped" der Ausdruck „received for shipment" gebraucht wäre, so daß mithin in dem Konnossemente zwar erklärt sei, daß der Schiffer die Güter zum Zwecke der Verladung empfangen habe, nicht aber auch, daß die Einladung in das Schiff bereits erfolgt sei. Wußten die Erwerber des Kannossements aber, daß nach dem Sprachgebrauche am Abladeplatze (und mithin auch nach dem vermutlichen Verständnisse der Aussteller des hier fraglichen Konnnosements) dem in den Konnossementen gebrauchten Ausdrucke „shipped" keine weitere Bedeutung beizulegen sei, als daß der Schiffer die betreffenden Güter zum Zwecke der Verladung empfangen habe, so können sie sie das für ihr

Rechtsverhältnis zum Verfrachter nach Art. 653 HGB. entscheidende Konnossement auch nur unter Zugrundelegung dieses Inhaltes geltend machen, und würden sie wider die Verpflichtung zu Treu und Glauben handeln, indem sie sich darauf berufen, daß der Ausdruck „shipped (under deck)" seinem Wortlaute nach eine weitergehende Bedeutung habe.

Das Berufungsgericht hat für seine Ansicht zwar noch erwogen, ein ordnungsmäßiges Konnossement habe (nach Art. 644 HGB.) die vollendete Abladung, somit die bereits geschehene Verladung des Frachtgutes in das Schiff, zur Voraussetzung und verlange daher eine Erklärung, daß dieselbe geschehen sei. Wenn nun diese Erklärung nach dem in New Orleans herrschenden Sprachgebrauche immer nur den vom Kläger behaupteten Sinn hätte, so würde sich daraus die Konsequenz ergeben, daß in dem normalen Falle, wo das Gut im Schiffe bereits verladen ist, der Ablader daher vom Schiffer ein dies zum Ausdrucke bringendes Konnossement begehren dürfe und der Schiffer auch ein solches zu erteilen bereit sei, die Sprache den Dienst hierzu versagen würde, da selbst die bündige Erklärung, daß die Ware verladen und unter Deck verstaut sei, es doch immer noch dahingestellt lassen würde, ob dies bereits geschehen sei oder die Ware noch am Lande lagere, so daß mithin die Ausstellung und Erlangung eines ordnungsmäßigen Konnossements in New Orleans eine Unmöglichkeit sein würde. Aber auch diese Erwägung kann für durchschlagend nicht erachtet werden. Denn zunächst folgt aus einer durch den Sprachgebrauch erfolgten Identifizierung des Ausdruckes „shipped (under deck)" mit dem Ausdrucke „received for shipment" in dem Sinne, daß auch mit dem ersteren nur der Begriff des Empfanges zum Zwecke der Verladung verbunden wird, nicht notwendig die Unmöglichkeit, die wirklich geschehene Verladung in irgend einer anderen Weise sprachlich auszudrücken, und schon deshalb kann auch nicht von vornherein als gewiß angenommen werden, daß, wie das Berufungsgericht meint, ein feststehender Sprachgebrauch des behaupteten Inhaltes nicht bewiesen werden könne, sondern nur eine auf Nachlässigkeit oder Irrtum beruhende Verwechselung der beiden Begriffe vorliegen werde. Sodann aber kommt es bei der Auslegung eines in New Orleans ausgestellten Konnossements auch nicht darauf an, wie nach deutschem Rechte ein ordnungsmäßig auszustellendes Konnossement zu lauten hat, und ob und unter welchen Voraussetzungen der dortige Ablader die Ausstellung eines solchen Konnossements verlangen kann, sondern es ist dies vielmehr nur nach dem dortigen Rechte zu beurteilen, und es läßt sich von vornherein nur rechtfertigen, das Gelingen des Beweises der klägerischen Behauptung als unwahrscheinlich anzusehen, was aber der beantragten Beweiserhebung nicht entgegensteht. Es hätte daher auf die Erhebung des Beweises des behaupteten Sprachgebrauches sowie der den Eigentümern des Konnossements, für deren Rechnung der Beklagte den Anspruch aus dem Konnossement geltend gemacht — H. P. & Söhne — bei dem Erwerbe des Konnossements beiwohnenden Kenntnis von diesem Sprachgebrauche eingegangen werden müssen. Denn im Falle der Führung dieses Beweises erscheint der vom Beklagten erhobene Anspruch schon deshalb als unbegründet, weil das Konnossement, wie schon früher erwähnt ist, den Verfrachter von der Haftung für Schaden durch Feuer, auch wenn dieser sich am Lande ereignet, freigezeichnet hat und beklagtischerseits ein Verschulden des Schiffers oder der Reederei weder in betreff der Entstehung des Feuers noch in betreff des vorgenommenen öffentlichen Verkaufes der durch das Feuer beschädigten Baumwolle behauptet ist. Auf die Bekanntschaft des Beklagten mit dem hier fraglichen Sprachgebrauche würde es nur ankommen, wenn und soweit Beklagter ein eigenes rechtliches Interesse an der von ihm erhobenen Gegenforderung geltend gemacht hätte. Das angefochtene Urteil war hiernach aufzuheben und die Sache zu anderweiter Verhandlung und Entscheidung in die Berufungsinstanz zurückzuverweisen.

3. Aber auch dann, wenn die nach dem Vorstehenden vorzunehmende Beweiserhebung zu einem dem Kläger ungünstigen Ergebnisse führen sollte und das Konnossement dahin zu verstehen ist, daß darin erklärt wird, die betreffenden 100 Ballen Baumwolle, obwohl sie noch am Lande lagerten, seien an Bord des Dampfers Cassius verladen, erscheint die angefochtene Entscheidung nicht als gerechtfertigt.

Zwar nimmt das Berufungsgericht mit Recht an, dem Beklagten als dem durch das Blankoindossament legitimierten Inhaber des Konnossements bzw. seinen Auftraggebern als Eigentümern des Konnossements, welches die Erklärung bzw. Zusicherung enthält, daß am 9. Oktober 1886 in das Schiff des Klägers 100 Ballen Baumwolle verladen gewesen seien und im Bestimmungshafen Bremen an die Order der Ablader ausgeliefert werden sollten, stehe an sich ein Anspruch auf Auslieferung von 100 Ballen Baumwolle zu, und insoweit der Kläger zu der ihm obliegenden Lieferung n i c h t imstande sei, ohne daß zutreffende Befreiungsgründe ihm zur Seite ständen, verstehe es sich von selbst, daß der Beklagte ohne weiteres an Stelle der Ware selbst deren Geldwert beanspruchen dürfe als das Minimalmaß seines Interesses an der Lieferung der Ware, ohne daß der Beklagte vorab (wie Kläger verlangt) sein Interesse an der Lieferung bzw. den ihm aus der Nichtlieferung erwachsenen Schaden noch näher darzulegen brauche.

Vgl. Entsch. des RG.'s in Zivils. Bd. 10 S. 178. 180.

Es ist unrichtig, wenn Kläger meint, der Beklagte als legitimierter Konnossementsinhaber könne nicht einfach deshalb, weil ihm von den im Konnossemente unrichtig als verladen bezeichneten 100 Ballen 81 Ballen nicht geliefert seien, den Ersatz des Wertes dieser 81 Ballen fordern, sondern er könne nur denjenigen Schaden ersetzt verlangen, welcher durch die Unrichtigkeit jener Angabe des Konnossements entstanden sei, indem er z. B. hätte behaupten müssen, daß H. P. & Söhne ohne dieselbe das Konnossement nicht erworben oder die Ware nicht bezahlt haben würden, daß sie durch die Antedatierung des Konnessements hinsichtlich des Wertes der Ware getäuscht oder daß sie durch die unrichtigen Angaben veranlaßt seien, während des Lagerns der Ware am Lande keine Versicherung auf dieselbe zu nehmen und dergleichen. Einen solchen aus der Antedatierung des Konnossements oder aus der Unrichtigkeit seines Inhaltes ihm bzw. seinen Auftraggebern erwachsenen Schaden hat Beklagter allerdings gar nicht geltend gemacht. Aber es bedurfte dessen auch nicht, wenn er sich darauf beschränkte, den Ersatz des unter allen Umständen geringsten Maßes seines Interesses wegen der Nichtlieferung der Ware zu verlangen, zu dessen Ersatz der Verfrachter, welcher die den Gegenstand des Konnossements bildenden Güter dem Empfänger nicht ausliefern kann, an sich auch dann verpflichtet ist, wenn die Angaben des Konnossements überall auf Wahrheit beruhen. Ist dies nicht der Fall, so hat er diese Angaben einem dritten Empfänger gegenüber gleichwohl zu vertreten und die Konsequenzen hiervon gleichwohl gegen sich gelten zu lassen.

Damit sind dem Verfrachter jedoch nicht schlechthin alle und jede Einreden abgeschnitten, und der Kläger hat denn auch gegen den vom Beklagten auf Grund des Konnossements erhobenen Anspruch geltend gemacht: von den 100 im Konnossemente als bereits am 9. Oktober 1886 in das Schiff verladen bezeichneten Ballen, welche in Wirklichkeit damals zwar schon dem Schiffer zum Zwecke der Verladung übergeben gewesen seien, aber noch am Lande gelagert hätten, seien am 12. Oktober 81 Ballen durch Feuer derart beschädigt worden, daß ihre Verschiffung untunlich und ihre Veräußerung in öffentlicher Auktion notwendig gewesen sei, so daß der Beklagte anstatt des Wertes unbeschädigter Ware nur den Netto-Auktionserlös zu beanspruchen habe, der Kläger nicht für einen durch vis major und nach der betreffenden Konnossementsklausel für einen durch Feuer entstandenen Schaden überhaupt nicht hafte; in Wirklichkeit sei aber durch die unrichtige Angabe im Konnossement den Auftraggebern des Beklagten, H. P. & Söhne, welche die Eigentümer des Konnossements seien und deren Rechte der Beklagte vertrete, gar kein Schaden entstanden, denn sie seien die Käufer der Baumwolle gewesen und hätten als solche die Gefahr der bereits für sie ausgeschiedenen Ware zu tragen gehabt, mochte das Konnossement zur Zeit des Feuers schon gezeichnet sein oder nicht; da mithin *ihnen die Baumwolle verbrannt sei, stehe dieser Schaden in keinerlei* Kausalzusammenhang mit der unrichtigen Angabe im Konnossemente; sie hätten sich gegen diesen Schaden versichern können und in der Tat, und zwar mit Erfolg, versichert gehabt, indem sie den Schaden von den betreffenden Versicherungsgesellschaften bezahlt erhalten hätten, so daß sie sich auf Kosten des Klägers ungerechtfertigt bereichern würden, wie sie auch vom Kläger den Ersatz des Wertes der 81 Ballen erhielten.

Das Berufungsgericht ist nun der Ansicht, die erste dieser Einwendungen würde zutreffend sein, wenn der Gegenstand der Verpflichtung des Klägers aus dem Konnossemente die Lieferung derjenigen individuellen 81 Ballen Baumwolle wäre, welche am 12. Oktober 1886 in New Orleans am Kai durch Feuer beschädigt sind. Es meint aber, daß für diese Annahme kein Grund vorliege. Habe nämlich die im Konnossemente als geschehen angegebene Verladung einer Ware wirklich stattgefunden, so bilde zwar eben diese verladene, individuell bestimmte Ware den Gegenstand der Verpflichtung des Verfrachters, die Verpflichtung ex recepto und diejenige aus dem Konnossemente fielen hier dem Gegenstande nach zusammen, und die Gefahr, von welcher die Ware betroffen werde, sei, insoweit der Verfrachter gesetzlich oder nach den Bestimmungen des Konnossements dafür nicht verantwortlich sei, von dem Konnossementsinhaber zu tragen. Wenn dagegen im Konnossemente nur in genere bezeichnete Güter als verladen angegeben seien, welche in Wirklichkeit weder zur Zeit der Ausstellung des Konnossements noch später verladen sind, so sei die Verpflichtung des Verfrachters eben nur auf eine in genere bestimmtes Objekt gerichtet, von welcher der Verfrachter nach dem Satze „genus non perit" auch dadurch nicht befreit werde, daß am Lande irgend welche Baumwolle verbrannt sei, möge auch der Schiffer die Absicht gehabt haben, gerade diese Baumwolle zu verladen, und möge er sie auch wahrscheinlich eingeladen haben, wenn das Feuer nicht dazwischen gekommen wäre, sei es auch, daß es gerade diejenige Baumwolle war, welche der Schiffer vom Ablader zum Zwecke der Verladung erhalten hatte. Denn diese Umstände seien aus dem für das Verhältnis zwischen dem Konnossementsinhaber und dem Verfrachter allein entscheidenden Konnossemente nicht ersichtlich, auch sei eine Individualisierung des Gegenstandes der Konnossementsverpflichtung nicht dadurch bewirkt, daß im Konnossemente ein Merkzeichen der wahrheitswidrig für verladen erklärten Güter angegeben sei, und sei es daher auch unerheblich, wenn die verbrannte Baumwolle dasselbe Merkzeichen getragen hätte, da durch die Angabe des Konnossements eine Individualisierung der den Gegenstand der Konnossementsverpflichtung bildenden Güter nur in Verbindung mit der wirklichen Verladung der Güter bewirkt werde, durch welche der in Betracht kommende Kreis derselben ein begrenzter, auf die im Schiffe befindlichen Güter beschränkter werde, während der Kreis der außerhalb des Schiffes befindlichen Güter ein unbegrenzter sei und sich unter denselben verschiedene Güter mit demselben Merkzeichen befinden könnten, ihnen auch das im Konnossemente bezeichnete Merkzeichen beliebig gegeben werden könne, so daß eine Identifizierung der wahrheitswidrig für verladen erklärten mit der verbrannten Baumwolle unmöglich sei.

Diese Ausführung ist von der Revision mit Grund als rechtsirrtümlich angefochten. Denn nach dem Konnossemente sind dem Schiffer bzw. den Agenten des Klägers, welche das Konnossement gezeichnet haben, keineswegs bloß in genre bezeichnete Güter, sondern vielmehr ganz bestimmte, durch Merkzeichen und Nummern (unter Hinzufügung ihres Gesamtgewichtes) genau individualisierte 100 Ballen Baumwolle, welche nur unrichtig als bereits im Schiffe verladen bezeichnet sind, von den Abladern übergeben worden, und nur auf Ablieferung gerade dieser, so individualisierten 100 Ballen Baumwolle an den legitimierten Inhaber des Konnossements — nicht etwa auf Lieferung irgend welcher 100 Ballen Baumwolle von einer gewissen Qualität und von einem gewissen Gewichte — geht die im Konnossemente übernommene Verpflichtung, so daß der Verfrachter weder berechtigt noch verpflichtet ist, die individuell bezeichneten Ballen, soweit er dieselben nicht auszuliefern vermag, durch andere Ballen von gleicher Beschaffenheit zu ersetzen. Auch dadurch, daß das Konnossement ausgestellt wurde, bevor die in demselben näher bezeichneten und individualisierten 100 Ballen Baumwolle verladen waren, wird hieran nichts geändert. Wie die, nach Art. 607 HGB. schon mit der Empfangnahme der Güter beginnende Verpflichtung des Verfrachters ex recepto vor und nach der Einladung der Güter in das Schiff ihrer rechtlichen Natur nach dieselbe ist, ebensowenig liegt ein Grund vor, die dem Verfrachter gegenüber dem Empfänger nach Art. 653 HGB. übernommene selbständige Verpflichtung aus dem Konnossemente als eine verschiedengeartete aufzufassen, je nachdem zur Zeit der Ausstellung des Konnossements die Güter bereits wirklich in dem Schiffe verladen waren oder — wozu allerdings weder eine Berechtigung noch Verpflichtung vorlag — das Konnossement schon im voraus auf die bloße Tatsache hin, daß der Schiffer die Güter behufs der Verladung entgegengenommen hatte, gezeichnet war und die Güter tatsächlich auch später nicht verladen sind. Durch den Umstand, daß die im Konnossemente individualisierten Güter unwahrerweise als bereits verladen bezeichnet sind, wird lediglich insoweit eine Erweiterung der Verpflichtung des Verfrachters herbeigeführt, als dieser für den hierdurch dem Empfänger erwachsenen Schaden zu haften hat, und dadurch, daß die Güter auch später nicht an Bord des Schiffes gekommen sind, wird an sich dem Verfrachter nur der Beweis erschwert, daß diejenigen Güter, in betreff deren er einen gesetzlichen oder aus dem Konnossemente hergeleiteten Grund der Befreiung von seiner Verpflichtung geltend macht, mit denjenigen Gütern identisch sind, welche auszuliefern er nach dem Konnossemente verpflichtet ist. Diejenigen Gründe, aus welchen das Berufungsgericht eine Unmöglichkeit der Identifizierung herzuleiten sucht, erscheinen als unzutreffend, da sonst eine solche Unmöglichkeit auch dann anzunehmen sein würde, wenn z. B. der Schiffer genötigt wird, die tatsächlich verladen gewesenen Güter behufs Vornahme einer Reparatur des Schiffes in einem Nothafen temporär auf dem Lande zu lagern, oder wenn zufällig mehrere Partien derselben Warengattung, welche das Schiff geladen hat, gleiche Merkzeichen tragen.

Dagegen erscheint die Identität der am Lande durch Feuer beschädigten 81 Ballen Baumwolle mit den im Konnossemente bezeichneten Ballen und der Umstand, daß der Kläger dem Empfänger gegenüber für den durch Feuer entstandenen Schaden nicht zu haften haben würde, für sich allein zur Befreiung des Klägers von seiner Haftung aus dem Konnossemente allerdings aus einem anderen Grunde nicht geeignet. Denn nach Art. 653 HGB. ist für die Rechtsverhältnisse zwischen dem Verfrachter und dem Empfänger der Güter der Inhalt des Konnossements entscheidend, und muß insbesondere die Ablieferung der Güter darnach erfolgen. Dem Verfrachter ist dem Empfänger gegenüber die Verpflichtung zur Vertretung des Konnossements ganz allgemein und unbeschränkt auferlegt, und das Gesetz hat denn auch in den nachfolgenden Artikeln die Konsequenzen dieses Grundsatzes gezogen.

Vgl. Entsch. des ROHG.'s Bd. 3 S. 24 flg. und des RG.'s Bd. 5 S. 81 flg., sowie Lewis, Seerecht (2. Aufl.) Bd. 1 S. 390 flg. und in Endemann's Handbuch Bd. 4 S. 173.

Ein Gegenbeweis gegen die Richtigkeit der Angaben des Konnossements ist an sich dem Verfrachter nicht gestattet. Im vorliegenden Falle muß daher der Kläger die Angabe gegen sich gelten lassen, daß die hier fraglichen 100 Ballen Baumwolle am 9. Oktober bereits im Schiffe verladen waren, und er kann sich mithin darauf, daß das Feuer, welches am 12. Oktober die noch am Lande lagernde Baumwolle beschädigt hat, auf höhere Gewalt zurückzuführen sei, und daß er sich von der Haftung für Schaden durch Feuer überhaupt freigezeichnet habe, nicht berufen, weil sich auf dem Schiffe ein Feuerschaden nicht ereignet hat und die am 12. Oktober am Lande durch Feuer beschädigten 81 Ballen demnach nicht beschädigt sein würden, wenn sie — wie im Konnossemente angegeben — damals schon verladen gewesen wären. Insoweit wird, was die Revision mit Unrecht bestreitet, die Verbindlichkeit des Verfrachters zur Ablieferung des behufs Ausführung des Frachtvertrages Empfangenen, mit welcher die Verpflichtung aus dem Konnossemente im übrigen allerdings zusammenfällt, durch die in dem letzteren übernommene selbständige Verpflichtung einer dritten Person gegenüber allerdings modifiziert; dem legitimierten Inhaber des Konnossements als solchem kann vom Verfrachter auch nicht entgegengehalten werden, daß eine Verpflichtung zur Ausstellung des Konnossements noch gar nicht bestanden habe oder daß der Verfrachter für den Schaden nicht zu haften haben würde, wenn im Konnossemente richtig angegeben wäre, daß die Güter nur erst zum Zwecke der Verladung in Empfang genommen seien.

Erheblich ist aber die obengedachte Einwendung des Klägers in Verbindung mit dem von ihm weiter Behaupteten. Denn der Beklagte, obwohl formell zur Geltendmachung der Ansprüche aus dem Konnossemente im eigenen Namen legitimiert, hat sich, da er zugesteht, daß die Eigentümer des Konnossements H. P. & S. in Trübau sind, und da er ihm selbst zustehende Rechte an dem Konnossemente nicht geltend gemacht hat, die aus der Person dieser seiner Auftraggeber, deren Rechte er im gegenwärtigen Prozesse wahrnimmt, hergeleiteten Einwendungen gefallen zu lassen. Hatten aber H. P. & S., wie der Kläger behauptet hat, die hier fragliche Baumwolle gekauft und war die gekaufte Baumwolle, als sie durch das Feuer beschädigt wurde, bereits für sie ausgeschieden, trugen sie mithin die Gefahr der am Quai lagernden Ware, so hätte (vorbehaltlich etwaiger ihnen gegen dritte Personen zustehenden Ersatzansprüche) der durch das Feuer entstandene Schade sie getroffen, wenn das Konnossement noch nicht gezeichnet gewesen wäre, und dasselbe würde der Fall sein, wenn in dem Konnossemente richtig angegeben wäre, daß die Baumwolle behufs der Verladung in das Schiff

„Cassius" in Empfang genommen sei, da in dem Konnossemente die Haftung des Verfrachters für Feuerschaden gänzlich ausgeschlossen ist. Hieraus folgt aber, daß dem Kläger die Einrede (bzw. hier nach der prozessualen Lage die Replik) des Dolus zur Seite steht, wenn für die — ihm materiell als Prozeßgegnerin gegenüberstehende — Firma H. P. & S. auf Grund ihrer Eigenschaft als konnossementsmäßiger Empfänger der Baumwolle die Haftung des Klägers für den Feuerschaden lediglich auf Grund der Konnossementszeichnung in Anspruch genommen wird. Denn wie der Verfrachter dem Empfänger, wenn dieser nur der Vertreter des Abladers ist, alle Einreden opponieren darf, welche ihm dem letzteren gegenüber zustehen würden (vgl. Protokolle S. 2279), so kann der Verfrachter sich dem Empfänger, und zwar nach Art. 303 HGB. auch dem durch Indossierung eines an Order ausgestellten Konnossements legitimierten Empfänger gegenüber — nicht nur der sich aus dem Konnossemente selbst etwa ergebenden Einreden, sondern — auch solcher Einreden bedienen, welche ihm unmittelbar gegen den jedesmaligen Kläger (und mithin auch gegen denjenigen, in dessen Vertretung Ansprüche aus dem Konnossemente erhoben werden) zustehen. Die durch das Konnossement begründete Verpflichtung ist nun aber keine Formalobligation, der Gegenstand der Verpflichtung des Verfrachters aus dem Frachtvertrage bzw. aus dem Receptum wird vielmehr an sich durch die Ausstellung des Konnossements nicht geändert, und das Konnossement hat nur die Bestimmung, einer sich durch dasselbe legitimierenden dritten Person im Interesse der Sicherheit des Handelsverkehrs und der Negotiabilität solcher Urkunden einen selbständigen, von dem Verhältnisse des Verfrachters zu dem Befrachter und Ablader unabhängigen und die Berufung des Verfrachters auf eine Unrichtigkeit des im Konnossemente enthaltenen Empfangsbekenntnisses ausschließenden Anspruch zu gewähren. Dagegen liegt wegen dieser rechtlichen Natur der Konnossementsverpflichtung kein Grund vor, dem Verfrachter den Einwand zu versagen, daß der klagende Konnossementsinhaber durch Geltendmachung des sich aus dem Konnossements an sich ergebenden Anspruches sich aus dem Vermögen des Verfrachters ungerechtfertigterweise bereichern würde, und die tatsächlichen Voraussetzungen dieses Einwandes sind im vorliegenden Falle genügend behauptet. Denn eine Bereicherung aus fremdem Vermögen im rechtlichen Sinne kann auch in einer Nichtverminderung des Vermögens bestehen, und eine solche liegt auch dann vor, wenn jemand für einen Schaden, durch welchen er selbst betroffen wird, ohne Rechtsgrund von einem anderen Ersatz erhält, bzw. wenn er einen Verlust, welchen er zu tragen gehabt haben würde, nicht erleidet, weil ein anderer denselben ohne Rechtsgrund trägt. Dies würde aber vorliegend an sich der Fall sein, wenn H. P. & S. den Wert, welchen die ihnen nicht gelieferten 81 Ballen Baumwolle im Bestimmungshafen Bremen gehabt haben würden (soweit sie ihn nicht schon in dem Nettoerlöse des im Abladeorte New Orleans erfolgten Verkaufes derselben vergütet erhalten haben), vom Kläger ersetzt erhalten, obwohl sie diesen Verlust, wenn die Zeichnung des Konnossements nicht erfolgt wäre, ihrerseits zu tragen gehabt haben würden, da die Frage, ob diese Bereicherung nicht etwa infolge der Konnossementszeichnung als eine gerechtfertigte aufzufassen sei, zu verneinen ist. Denn es läßt sich nicht annehmen, daß es der Wille der Konnossementsaussteller war, durch die Ausstellung des Konnossements — zumal hierzu nach der eigenen Behauptung des Beklagten üebrhaupt noch nicht einmal eine Verpflichtung vorlag — unter Erweiterung des materiellen Inhaltes der Haftung des Verfrachters in anderer Weise als hinsichtlich ihrer zeitlichen Grenze, demjenigen sich durch das Konnossement legitimierenden Empfänger gegenüber, auf dessen Gefahr die Baumwolle am Quai lagerte, diese Gefahr, welche ohne die Zeichnung des Konnossements ihn betroffen haben würde, abzunehmen; vielmehr ergibt sich der gegenteilige Wille daraus, daß ja im Konnossemente gerade für diejenige Gefahr, um welche es sich hier handelt — die des Unterganges oder der Beschädigung der Ware durch Feuer -- die Haftung ausdrücklich abgelehnt ist, gleichviel ob die Ware sich an Bord des Schiffes oder am Lande befinde. Darauf, daß die Baumwolle nicht am 12. Oktober am Lande verbrannt sein würde, wenn sie — wie im Konnossemente angegeben ist — am 9. Oktober bereits im Schiffe verladen gewesen wäre, würden H. P. & S., falls sie die Gefahr auch bereits zu tragen hatten, als die Baumnoch am Lande lagerte, sich nur dann berufen können, wenn den Kläger oder seinen Vertreter in New Orleans in der Richtung, daß die Verladung am 12. Oktober noch nicht erfolgt war, ein Verschulden träfe, was aber gar nicht behauptet ist. Auf die Unrichtigkeit der in dem Konnossemente enthaltenen Angabe, daß die Baumwolle bereits verladen sei, würden sie sich nur berufen können, indem sie sich unzulässigerweise auf den, nur für den Konnossementsinhaber im allgemeinen berechtigten, lediglich formalen Standpunkt stellen, um das Ungerechtfertigte ihrer Bereicherung mit dem Schaden des Klägers zu verdecken. Einen ihnen aus dieser unrichtigen Angabe etwa erwachsenen Schaden, welcher gar nicht geltend gemacht ist, hätten sie anderweitig begründen müssen. Daß der Kläger seinerseits auch den vom Beklagten aus dem Konnossemente erhobenen Anspruch auf Lieferung der Baumwolle bzw. auf Leistung des Interesses wegen Nichtlieferung unzutreffend als einen solchen Schadensanspruch aufgefaßt hat, zu dessen Begründung die Berufung auf das Konnossement allein nach seiner Ansicht nicht genüge, ist unerheblich, da dem Kläger eine irrige rechtliche Auffassung nicht präjudizieren konnte, wenn die von ihm aufgestellten tatsächlichen Behauptungen aus einem anderen Gesichtspunkte zur Begründung seines Einwandes geeignet waren. Das Berufungsgericht hat letzteres verkannt, indem es rechtsirrtümlich übersehen hat, daß, ungeachtet der an und für sich durch das Konnossement begründeten Verpflichtung des Verfrachters, dem legitimierten dritten Konnossementsinhaber gegenüber den Inhalt des Konnossements zu vertreten, dem Verfrachter doch einen bestimmten einzelnen Konnossementsinhaber gegenüber ein begründeter Einwand zustehen kann, und daß im vorliegenden Falle die tatsächlichen Voraussetzungen einer ungerechtfertigten Bereicherung von H. P. & S., in deren Vertretung der Beklagte den der Gegenforderung zum Grunde liegenden Anspruch aus dem Konnossemente erhoben hat, vom Kläger genügend behauptet waren. Es ist daher auch aus diesem Grunde das angefochtene Urteil aufzuheben, ohne daß bei dem beklagtischen Bestreiten der betreffenden Behauptung bereits in der Sache selbst erkannt werden konnte. Vielmehr war auch dieserhalb behufs der erforderlichen tatsächlichen Feststellungen die Sache in die Berufungsinstanz zurückzuverweisen.

Dagegen ist schließlich der Einwand des Klägers, daß H. P. & S. sich durch Geltendmachung des Anspruches aus dem Konnossemente deshalb ungerechtfertigt bereichern würden, weil sie den Schaden von ihren Versicherern ersetzt erhalten hätten, vom Berufungsgerichte mit Recht verworfen aus dem zutreffenden Grunde, daß, wenn der Anspruch von H. P. & S. aus dem Konnossemente überhaupt begründet wäre, ebendeshalb eine ungerechtfertigte Bereicherung derselben aus dem Vermögen des Klägers nicht vorliegen würde, und daß ein solcher, aus dem Verhältnisse des Empfängers zu dritten Personen hergeleiteter Anspruch an sich keine Beachtung verdiene. Auch ist nach Art. 808 vgl. mit Art. 826 HGB. anzunehmen, daß der Anspruch aus dem Konnossemente in diesem Falle beklagtischerseits im Interesse und für Rechnung der Versicherer erhoben ist. Der dieserhalb vom Kläger erhobene Revisionsangriff erscheint daher als unzutreffend.

Vgl. Entsch. des RG.'s in Zivils. Bd. 15 S. 83 flg."

**RGZ. 20, 175.**

**Ist die Bestimmung des Art. 24 der Kaiserl. Verordnung zur Verhütung des Zusammenstoßens der Schiffe auf See vom 7. Januar 1880 auch auf vor Anker liegende Schiffe anwendbar? Gilt für solche auch die Vorschrift des Art. 22 der Verordnung? Einwand des ankernden Schiffes, daß die unterlassene Vorsichtsmaßregel bei gesetzlichem Verhalten anderer Schiffe nicht erforderlich gewesen sein würde.**

I. Zivilsenat. Urt. v. 24. März 1888.

I. Landgericht Hamburg. — II. Oberlandesgericht daselbst.

Der Flensburger Dampfer „Valuta" ist am 18. April 1886, als er wegen Nebels in der Nordsee am Eingange des Kanals vor Anker lag, von dem der Beklagten gehörigen Hamburger Dampfer „Petropolis" angerannt und infolge dieses Zusammenstoßes bald nachher gesunken. Die Kläger, welche auf das Casco der „Valuta" Versicherung geleistet hatten und die versicherten Beträge an die Reederei der „Valuta" gegen Zession der dieser zustehenden Ansprüche ausgezahlt haben, verlangen auf Grund von Art. 808 HGB. mit der Behauptung, daß der Führer der „Petropolis" den Zusammenstoß verschuldet habe, Schadensersatz von der Beklagten unter Beschränkung der Haftung derselben auf die fortune de mer. Sie sind aber in erster Instanz mit der erhobenen Klage kostenpflichtig abgewiesen, und die von ihnen hiergegen eingelegte Berufung ist als unbegründet verworfen. Die Revision der Kläger wurde zurückgewiesen.

Aus den Gründen:

„Nach Art. 737 HGB. findet ein Anspruch auf Ersatz des einem Schiffe durch den Zusammenstoß mit einem anderen zugefügten Schadens nicht statt, wenn der Zusammenstoß auch durch Verschulden einer Person der Besatzung des beschädigten Schiffes herbeigeführt ist. Ein solches kausales Verschulden auf seiten der „Valuta" ist hier aber vom Berufungsgerichte ohne Rechtsirrtum angenommen.

Nach der Feststellung des Berufungsgerichtes konnte und mußte Kapitän M. wissen, daß er mit der „Valuta" gerade in dem sog. track anderer Dampfer zu Anker gegangen war. Das Berufungsgericht nimmt deshalb an, daß Kapitän M. nicht verkennen konnte, in einem Nebel, welcher die Wahrnehmung des Ankerlichtes erst in einer Entfernung gestattete, bei der stets schon ohne weiteres die Gefahr, von einem sich nähernden Schiffe angerannt zu werden, als eine imminente zu befürchten stand, sei sein Schiff gerade an dieser vielbefahrenen Stelle solcher steten Kollisionsgefahr in ganz besonders hohem Grade ausgesetzt, und daß deshalb ihm als dem Führer des Schiffes nach Art. 24 der Kaiserl. Verordnung vom 7. Januar 1880 die Pflicht obliege, keine Vorsichtsmaßregel zu versäumen, welche zweckmäßig und geeignet und daher in Ansehung der besonders gefährdeten Lage des Schiffes auch geboten war, um der Gefahr tunlichst begegnen zu können. Durchaus zutreffend erachtet das Berufungsgericht den Art. 24 a. a. O. für ebenso gut anwendbar auf ankernde als auf in Fahr befindliche Schiffe, und es beseitigt damit die Argumentation, daß ankernde Schiffe, weil man ihnen aus dem Wege zu gehen habe, nicht verpflichtet sein könnten, unter Dampf zu bleiben und Brücke und Ruder besetzt zu halten, was auch nicht üblich sei. Mit Recht wird geltend gemacht, es frage sich hier nicht, wie man sich unter normalen Verhältnissen nach gewöhnlicher seemännischer Praxis an Bord eines ankernden Dampfschiffes zu verhalten habe, sondern es handle sich um die Frage, welche Vorsichtsmaßregeln durch die besonderen Umstände des Falles in der exponierten Lage des am Eingange des Kanales im track anderer Dampfer und bei dickem Nebel ankernden Schiffes geboten waren.

Das Berufungsgericht faßt dann das Ergebnis der einstimmigen gutachtlichen Beantwortung dieser Frage durch vier von ihm vernommene Nautiker, auf deren Gewissenhaftigkeit, Erfahrung und Sachkunde es sich unbedingt verlassen zu können erklärt, zutreffend dahin zusammen, es sei für die „Valuta" geboten gewesen, sich in jeder Beziehung zum Manöver klar zu halten, was aber in mehrfacher Beziehung versäumt sei. Denn das Schiff habe mit zugedeckten Feuern gelegen und sei daher nicht imstande gewesen, gegebenen Falles sofort ein Maschinenmanöver auszuführen; das Ruder sei nicht besetzt gewesen und — was noch schlimmer sei — der wachthabende Offizier habe sich nicht auf seinem Posten auf der Brücke, um Maschine und Ruder ohne Verzug kommandieren, und das letztere nötigenfalls selbst sofort bedienen zu können, sondern auf dem Back aufgehalten, von wo er, als angesichts der durch die „Petropolis" drohenden Kollosionsgefahr das Überlegen des Ruders nach Steuerbord nötig geworden, erst einen Mann zum Kapitän in das Kartenhaus geschickt und dadurch eine für die Möglichkeit einer noch wirksamen Ausführung dieses Manövers entscheidende Spanne Zeit ungenutzt verloren habe. Nach der einstimmigen (und vom Berufungsgerichte nach der Sachlage für durchaus einleuchtend erachteten) Überzeugung der Sachverständigen würde, wenn diese, mindestens auf eine Minute zu schätzende verlorene Zeit hätte benutzt und das Ruder sofort nach Hart-Steuerbord hätte umgelegt werden können, dies bei der von den Sachverständigen näher erläuterten Wirkung dieses Manövers, selbst ohne daß mehr Kette auslief, genügt haben, um das Schiff weit genug nach Backbord ausscheeren zu lassen und der „Petropolis" ganz aus dem Wege zu kommen.

In diesen Ausführungen ist eine Verletzung von Rechtsnormen nicht erfindlich, und insbesondere erscheinen auch die erhobenen Revisionsangriffe nicht als stichhaltig.

Zunächst rügt die Revision mit Unrecht, die vom Berufungsgerichte angenommene Verpflichtung eines vor Anker liegenden Schiffes, diejenigen Vorbereitungen zu treffen, welche es in den Stand setzen, in einem gegebenen Augenblicke seine Lage zu verändern, sei nicht wohl vereinbar mit der, nach Analogie des Art. 22 der Kaiserl. Verordnung für stilliegende Schiffe sogar in verstärktem Maße anzunehmenden Verpflichtung, ihre Lage gegenüber einem sich nähernden Schiffe, welches seinerseits aus dem Wege zu gehen verpflichtet sei, beizubehalten. Denn selbst dann, wenn — was hier dahingestellt bleiben kann — eine analoge Anwendung der Vorschrift des Art. 22 a. a. O., nach welcher in allen Fällen, wo den vorhergehenden Artikeln zufolge eines von zwei Schiffen dem anderen aus dem Wege zu gehen hat, dieses letztere seinen Kurs beibehalten muß, überall als zulässig erscheinen sollte, würde doch hierdurch die Anwendbarkeit der Bestimmung des Art. 24 der Verordnung, daß keine ihrer Vorschriften den Führer oder die Mannschaft eines Schiffes von den Folgen einer Versäumnis irgendeiner durch die gewöhnliche seemännische Praxis oder durch die besonderen Umstände des Falles gebotenen Vorsichtsmaßregel befreien soll, um so weniger beeinträchtigt werden, als schon der vorausgehende Art. 23 der Verordnung, mit welchem die „Vorschriften über das Ausweichen der Schiffe" abschließen, ausdrücklich bestimmt, daß bei Befolgung und Auslegung dieser Vorschriften stets gehörige Rücksicht auf alle Gefahren der Schiffahrt, sowie auf solche besondere Umstände zu nehmen ist, welche zur Abwendung unmittelbarer Gefahr ein Abweichen von diesen Vorschriften notwendig machen. Mit Recht hat schon das Reichsoberhandelsgericht in Bd. 13 S. 115 flg. seiner Entscheidungen den Grundsatz aufgestellt, bei einer drohenden Schiffskolilsion liege jeder Besatzung der in Gefahr befindlichen Schiffe ob, kein Manöver und keine Tätigkeit zu unterlassen, welche zur Abwendung der Kollision oder der schädlichen Wirkungen derselben geeignet erscheine, und zutreffend hat es diesen Grundsatz mit der Gemeinsamkeit der Gefahr und der Vorschrift des Art. 20 der damals gültigen Verordnung (welcher dem Art. 24 der Kaiserl. Verordnung vom 7. Januar entspricht) motiviert.

Ebenso unhaltbar ist die Argumentation, daß, wenn auch zugegeben werden müsse, daß unter ganz besonderen Umständen das stilliegende Schiff berechtigt sei, zur Vermeidung einer sonst unmittelbar bevorstehenden Kollision mit einem anderen Schiffe seine Lage zu ändern, dies doch erst im letzten Augenblicke unmittelbarer Kollisionsgefahr geschehen dürfe, in welchem nach feststehender Praxis die Unterlassung zweckmäßiger und sogar gebotener Maßregeln nicht mehr als Verschulden angerechnet werden könne, weshalb die „Valuta" auch nicht zur Vorbereitung von Maßregeln für verpflichtet erachtet werden könne, zu deren Ausführung sie nicht verpflichtet sei und deren Nichtausführung kein Verschulden begründen würde, sodaß auch die Unterlassung der Vorbereitung jedenfalls nicht kausal für die Kollision — eine culpa sine effectu — sein würde. Diese Argumentation beruht auf der Verwechselung einer unmittelbar drohenden Gefahr mit dem allerletzten Zeitpunkte vor dem bereits als unvermeidlich erscheinenden Eintritte der Kollision, in welchem wegen der dadurch notwendig oder doch erfahrungsmäßig entstehenden Verwirrung und Besorgnis um den Verlust des Lebens selbst von sonst tüchtigen und erfahrenen Seeleuten nicht mehr eine ruhige Überlegung und klare Einsicht der Sachlage verlangt werden kann. Bei einer bloßen (wenngleich bereits unmittelbar bevorstehenden) Gefahr trifft dieses Exkulpationsmoment aber keineswegs zu und zumal da nicht, wo es sich um Maßregeln handelt, welche (wie im vorliegenden Falle) als eventuell erforderlich werdend vorausgesehen werden konnten und mußten, welche daher auch vorzubereiten waren, und auf deren Ausführung man sich von vornherein gefaßt halten mußte. . . .

Die Revision macht sodann noch geltend, daß in Sachen der ex jure cesso eines Ladungsinteressenten der „Valuta" klagenden V. Assekuranz-Kompagnie gegen die jetzige Beklagte auch vom Reichsgerichte durch Urteil vom 22. Oktober 1887 grundsätzlich angenommen sei, bei starkem Nebel hätten die Schiffe ihre Geschwindigkeit soweit zu mäßigen, daß sie beim Erblicken anderer Schiffe, insbesondere solcher, denen sie auszuweichen haben, rechtzeitig einen Zusammenstoß mit denselben vermeiden können, oder sie hätten, wenn dies nicht möglich sei, ihre Fahrt ganz einzustellen, und dieser Verpflichtung zuwider habe im vorliegenden Falle die „Petropolis" ihre Fahrt fortgesetzt. Hierauf sei eine Kollision der, dem Gesetze gemäß stillliegenden „Valuta" mit anderen Schiffen nur bei gesetzwidrigem Handeln dieser anderen Schiffe möglich gewesen, und die „Valuta" könne doch nicht für verpflichtet erachtet werden, sich im voraus auf ein solches gesetzwidriges Handeln einzurichten und etwaigen schädlichen Folgen solchen gesetzwidrigen Handelns vorzubeugen. Aber auch dieser Gesichtspunkt erscheint nicht als zutreffend. Denn es ist augenscheinlich selbst dann, wenn jener Grundsatz allgemeine Anerkennung finden sollte, dadurch allein die Gefahr eines stilliegenden Schiffes, im Nebel mit anderen Schiffen zusammenzustoßen, noch keineswegs ausgeschlossen, da bei der Frage des Vorliegens der tatsächlichen Voraussetzungen im einzelnen Falle sehr leicht verschiedene Auffassungen möglich sind, und da bekanntlich der Nebel und seine Dichtigkeit oft auf geringe Entfernungen in kurzen Zeiträumen sehr variieren, auch unvorhergesehene Umstände die Befolgung der gedachten Vorschrift verhindern können, so daß einem wegen Nebels ankernden Schiffe sehr wohl auch von seiten anderer, sich ihm ohne jedes Verschulden ihrerseits nähernder Schiffe Gefahr des Zusammenstoßes drohen kann und die Vorsicht es erfordert, daß das zu Anker gegangene Schiff sich auf Maßregeln zur tunlichsten Vermeidung solcher Gefahr vorbereitet." . . .

## RGZ. 20, 184.

**Steht den aus Dienst- und Heuerverträgen herrührenden Forderungen der Schiffsbesatzung wegen früherer Reisen das Vorzugsrecht des Art. 771 Abs. 3 HGB. auch dann zu, wenn sie vor Antritt der letzten Reise befugt gewesen wären, ihre Entlassung zu fordern?**

HGB. Art. 453, 521, 539, 540, 771, 772, 773.
Seemannsordnung vom 27. Dezember 1872 §§ 36, 54, 57, 61, 62.

I. Zivilsenat. Urt. v. 14. April 1888.

I. Landgericht Stettin. — II. Oberlandesgericht daselbst.

Das deutsche Schiff „Emma Müller" mit dem Heimatshafen Barth ist wegen einer am 30. Juli 1886 in Barcelona aufgenommenen Bodmereischuld in Stettin subhastiert worden. Bei der Kaufgelderbelegung blieb nach Berichtigung unstreitiger Posten ein Kaufgelderrest von 6475,84 M übrig, auf den sowohl die Kläger, welche die Besatzung des gedachten Schiffes bildeten, und von welchen der Schiffskapitän K. seit dem 1. November 1881, die übrigen Kläger aber laut überreichter Musterrolle seit dem 27. Juli 1882 für die Reise von London nach Australien und weiter geheuert waren, wegen ihrer unstreitig höheren Heuerforderung, als auch der Beklagte wegen seiner gleichfalls höheren Bodmereiforderung Anspruch erhoben, weshalb eine Streitmasse gebildet wurde.

Die Vorinstanzen haben den Beklagten dem Klagantrage gemäß kostenpflichtig verurteilt, anzuerkennen, daß den Klägern wegen ihrer Heuerforderungen von zusammen 6475,84 M das Vorrecht an der Kaufgeldermasse des Schiffes „Emma Müller" vor der Forderung des Beklagten zusteht, und darein zu willigen, daß die in der Zwangsversteigerung der „Emma Müller" gebildete Streitmasse von 6475,84 M nebst den davon aufgelaufenen Zinsen an die Kläger ausgeschüttet wird. Die Revision des Beklagten ist zurückgewiesen aus folgenden

Gründen:

„Die letzte Reise des Schiffes „Emma Müller", für welche das Bodmereidarlehn gegeben ist, war unstreitig die am 20. August 1886 angetretene von Barcelona nach Stettin; nach Art. 772 Ziff. 2. 3 HGB. verdient daher, wie Beklagter auch gar nicht bestreitet, die Heuer sämtlicher Kläger für diese Reise den Vorzug vor der beklagten Bodmereiforderung, so daß insoweit der — übrigens in dieser Richtung seiner Höhe nach nicht festgestellte — Anspruch der Kläger begründet ist.

Mit Recht hat das Berufungsgericht dies aber auch in betreff der Heuer der Kläger für die früheren Reisen angenommen, welche das Schiff seit seinem Auslaufen von London (im Herbst 1882) bis zu der Bodmereireise gemacht hatte, und auf welchen die Kläger unstreitig auf dem Schiffe ununterbrochen in Dienst gestanden haben.

Was zunächst die Schiffsmannschaft betrifft, so hat sich dieselbe nach dem in der Musterrolle dd. Barth, den 27. Juli 1882 verlautbarten Heuervertrage „von London nach Australien und weiter" verheuert, und zwar „nach Maßgabe der Seemannsordnung von 27. Dezember 1872". Hiernach war, wie das Berufungsgericht zutreffend annimmt, der Heuervertrag auf unbestimmte Zeit geschlossen, und umfaßte derselbe alle Reisen, welche die Mannschaft nach Beendigung der ersten Reise (von London nach Australien) noch machen werde, sodaß er nach § 54 der Seemannsordnung bis zur Beendigung der Rückreise fortlief, vorbehaltlich des der Mannschaft nach §§ 61, 62 daselbst zustehenden gesetzlichen Rechtes, nach Ablauf von zwei bzw. drei Jahren die Entlassung zu fordern, von welchem Rechte aber festgestelltermaßen die zur Schiffsmannschaft gehörigen Kläger keinen Gebrauch gemacht haben.

Es fällt mithin, falls nicht nachgewiesen wird, daß späterhin mit der Mannschaft andere Verträge geschlossen sind, auch die Bodmereireise noch unter den Heuervertrag vom 27. Juli 1882, und es gebührt daher nach Art. 771 Abs. 3 HGB. der Mannschaft auch wegen ihrer die früheren Reisen betreffenden Heuerforderung dasselbe Vorzugsrecht, welches ihr wegen der die Bodmereireise betreffenden Forderung zusteht.

Als unbegründet erscheint das hiergegen erhobene Bedenken, daß dieses sich als eine Ausnahme von dem in Art. 771 Abs. 1 HGB. aufgestellten Prinzip, nach welchem die, die letzte Reise betreffenden Forderungen den Forderungen, welche die früheren Reisen betreffen, vorgehen, darstellende Bestimmung nur insoweit gewollt sein könne, als die Mannschaft an den ursprünglichen Heuervertrag gebunden ist, nicht aber auch für den Fall, wo sie nach Vollendung einer oder mehrerer Reisen dem Vertrage nach Belieben ein Ende machen kann, es jedoch vorzieht, denselben freiwillig fortbestehen zu lassen, welcher Fall hier allerdings vorliegt, da die Mannschaft nach § 61 Ziff. 3 und § 62 Ziff. 1 der Seemannsordnung nach Ablauf von drei Jahren seit ihrem Dienstantritte, also schon im Herbst 1885, ihre Entlassung hätte fordern können. Zu einer solchen Unterscheidung bieten vielmehr die Bestimmungen der Seemannsordnung, nach Maßgabe welcher ausweise der Musterrolle der Heuervertrag geschlossen ist, keinerlei Veranlassung. Der § 62 dieses Gesetzes, welcher die dem Schiffsmanne in § 61 unter 3 erteilte Befugnis, seine Entlassung zu fordern, wenn nach Beendigung der Ausreise eine Zwischenreise beschlossen oder wenn eine Zwischenreise beendigt ist und seit dem Dienstantritte zwei bzw. drei Jahre verflossen sind, für gewisse Fälle versagt, und zwar unter 1. in dem Falle, wenn der Schiffsmann für eine längere als die soeben angegebene Zeit sich verheuert hat, fügt zwar hinzu, daß die Verheuerung auf unbestimmte Zeit oder mit der allgemeinen Bestimmung, daß nach Beendigung der Ausreise der Dienst für alle Reisen, welche noch beschlossen werden möchten, fortzusetzen sei (d. h. also ein Heuervertrag, wie er in concreto vorliegt), als Verheuerung auf solche längere Zeit nicht anzusehen ist. Damit ist aber keineswegs ausgesprochen, daß ein solcher Heuervertrag im Sinne des Gesetzes nicht als zeitlich unbeschränkt, sondern als nur für zwei bzw. drei Jahre geschlossen anzusehen sei. Vielmehr ist damit nur der Vertragswille bei Abschluß eines solchen Heuervertrages gesetzlich dahin interpretiert, daß auch bei einer derartigen Vereinbarung einer unbestimmten Dauer des Vertrages der Schiffsmann seinerseits doch nach Ablauf eines gewissen Zeitraumes zur Fortsetzung des Vertrages nicht mehr verbunden sein solle. Es soll mithin nur ein unbedingter Vertragsabschluß auf längere Zeit als zwei bzw. drei Jahre nicht angenommen werden und dem Schiffsmanne das Recht des Rücktrittes vom Vertrage nach Ablauf dises Zeitraumes zustehen, während, wenn dieses Rücktrittsrecht (durch Forderung der Entlassung) nicht ausgeübt wird, der ursprüngliche Heuervertrag ohne weiteres fortbesteht und von dem stillschweigenden Abschlusse eines inhaltlich identischen neuen Vertrages nicht die Rede sein kann. Daß der Seemannsordnung diese Auffassung zum Grunde liegt, ergibt sich klar aus dem im § 54 ausgesprochenen Grundsatze, nach welchem der Schiffsmann, wenn im Heuervertrage nicht ein anderes bestimmt ist, die Verpflichtung hat, während der ganzen Reise, einschließlich etwaiger Zwischenreisen, bis zur Beendigung der Rückreise im Dienste zu verbleiben, in Verbindung mit den Bestimmungen der §§ 57, 61 der Seemannsordnung, nach welchen dem Schiffer bzw. dem Schiffsmanne vorher nur in gewissen genau festgesetzten Fällen ein einseitiges Rücktrittsrecht zusteht. Beendigt wird also das Vertragsverhältnis erst durch die Ausübung dieses Rücktrittsrechtes. Wenn der Schiffsmann in den Fällen des § 61 der Seemannsordnung es unterläßt, seine Entlassung zu fordern, so verzichtet er damit allerdings freiwillig auf das ihm zustehende Recht, den Vertrag einseitig aufzuheben. – Ebendeshalb aber dauert der Vertrag noch fort und bleibt daher das Fundament seines Anspruches der ursprüngliche Heuervertrag. Auch dadurch, daß der Schiffsmann in diesem Falle sich zugleich freiwillig des Rechtes begibt, von seiner bis dahin verdienten Heuer schon jetzt die Auszahlung einer größeren als des in § 36 der Seemannsordnung normierten Betrages zu verlangen, wird hieran nichts geändert. Denn das Gesetz hat die Bevorzugung der Heuerforderung auch für frühere Reisen (Art. 771 Abs. 3 HGB.) ohne irgendwelche Unterscheidung, ob und wieweit die Schiffsbesatzung zu einer Erhebung der verdienten Heuer schon vor der letzten Reise berechtigt gewesen sein würde, statuiert, und auf die Frage, ob zu dieser gesetzlichen Bevorzugung auch insoweit ein hinreichender gesetzgeberischer Grund vorliegt, als die Besatzung rechtlich imstande gewesen wäre, die Auszahlung der Heuer schon früher zu erzwingen, ist daher nicht einzugehen. Überdies stimmen mit den Vorschriften der §§ 61, 62 der Seemansordnung im ganzen und großen schon die durch diese letztere aufgehobenen Vorschriften der Artt. 539, 540 HGB. überein, und es wurde gleichwohl die Bestimmung des Art. 771 HGB. beliebt, indem zwar bei den Beratungen geltend gemacht wurde, jeder Gläubiger müsse zu der Annahme berechtigt sein, daß der Reeder bei der neuen Reise ein freies Schiff in See gesandt habe; es sei nicht abzusehen, weshalb einem Gläubiger wegen einer älteren Forderung noch ein Vorrecht vor einem anderen zustehen solle, wenn er es unterlassen habe, seinen Anspruch alsbald nach der betreffenden Reise geltend zu machen, und es könne insbesondere durch die große Begünstigung des Schiffsvolkes, namentlich bei großen, sich auf mehrere Jahre erstreckenden Heuerreisen der Kredit des Schiffes erheblich gefährdet werden. Diese Bedenken drangen aber nicht durch, wenngleich die zugunsten der Bevorzugung der älteren Heuerforderungen von anderer Seite vorgebrachten Billigkeitsgründe zum Teil dadurch hinfällig geworden sind, daß nach § 68 der Seemannsordnung, welcher an die Stelle des Art. 453 HGB. getreten ist, der Reeder für die Forderungen des Schiffers und der Schiffsmannschaft aus den Dienst- und Heuerverträgen jetzt in allen Fällen auch persönlich haftet; dieselben treffen teilweise auch insoweit nicht zu, als die Auszahlung der Heuer schon vor der letzten Reise hatte gefordert werden können (vgl. Protokolle S. 2855, 2876, 2935—2937).

Auch die weitere Ausführung des Berufungsgerichtes, die Behauptung des Beklagten, daß für alle der Ausreise (London-Australien) folgenden Reisen neue Kontrakte zwischen Schiffer und Mannschaft abgeschlossen worden, sei in erster Linie nur Deduktion aus den in der Musterrolle enthaltenen Vermerken der deutschen Konsulate in den verschiedenen ausländischen Häfen „Gut für die Reise nach X", bei welcher aber der Zusatz des Heuervertrages „nach Australien und weiter" ganz außer acht gelassen sei, erscheint als völlig zutreffend, und ebensowenig verletzt das Berufungsgericht dadurch irgendeine Rechtsnorm, daß es eventuell in einer ziwschen Kapitän und Mannschaft bei Beendigung einer Reise getroffenen Verständigung darüber, daß für die nächste Reise eine Änderung in den bisherigen Verhältnissen nicht eintreten solle, keine Prolongation des, auf unbestimmte Zeit geschlossenen Heuerkontraktes und keinen neuen Vertragsschluß, sondern mit Rücksicht auf die §§ 61, 62 der Seemannsordnung lediglich die Bestätigung der auch ohne solche Abrede sich von selbst verstehenden fortdauernden Gültigkeit des Kontraktes und lediglich die negative Abmachung findet, der Kontrakt solle nicht aufgehoben werden, so daß aus den gedachten Vermerken, auch wenn dieselben nicht bloß als paßpolizeiliche Kontrollbemerkungen anzusehen wären, sondern wirklich den Zweck verfolgt hätten, über das Verhältnis des Schiffers zu der Mannschaft eine Bescheinigung zu erteilen, keine Bestätigung für die Annahme erblickt werden könne, daß der Schiffer mit der Mannschaft neue Heuerverträge abgeschlossen habe. . . .

In betreff der Forderung des mitklagenden Kapitäns endlich ist ein Revisionsangriff überall nicht zu begründen versucht, und erscheint die Entscheidung dem oben Ausgeführten zufolge vollständig gerechtfertigt durch die Feststellung, daß der Kapitän sich seit dem 1. November 1881 fortgesetzt auf dem Schiffe im Dienst befunden und sämtliche Reisen mit demselben bis zu dessen Ankunft in Stettin nach Beendigung der Bodmereireise ausgeführt hat, da hieraus zu entnehmen ist, daß die sämtlichen von London aus gemachten Reisen des Schiffes für den Kapitän unter den ursprünglichen, auf unbestimmte Zeit geschlossenen Dienstvertrag fallen, zumal der Beklagte dieser Auffassung auch in der Berufungsinstanz nicht entgegengetreten ist und nirgendwie behauptet hat, daß die Reederei mit dem Kapitän außer dem ersten Anstellungsvertrage noch einen anderen bzw. späteren Vertrag geschlossen habe. Nach Art. 771 Abs. 3 in Verbindung mit Art. 757 Ziff. 4, 521 HGB., welchem letzteren die betreffenden Bestimmungen wegen der Mannschaft in Art. 539, 540 (jetzt §§ 61, 62 der Seemannsordnung) nachgebildet sind (vgl. Protokolle S. 1983, 2023), geht hiernach auch die Forderung des Kapitäns ihrem ganzen Betrage nach der beklagtischen Bodmereiforderung vor.

Das erst in der Revisionsinstanz erfolgte neue Vorbringen des Beklagten endlich, daß die den Klägern für deren Forderungen auch persönlich haftende Reederei, obwohl sie vollkommen solvent sei, die Schiffsmannschaft veranlaßt habe, den Erlös aus dem Verkaufe des Schiffes für sich in Anspruch zu nehmen, um auf diese Weise von dem so gedeckten Heuerbetrage auf Kosten des dann als Bodmereigläubiger leer ausgehenden Beklagten entlastet zu werden, kann schon aus prozessualen Gründen keine Beachtung finden.

## RGZ. 21, 136

**1. Ist die Haftung des Reeders für den durch den Zusammenstoß seines Schiffes mit einem anderen Schiffe entstandenen Schaden auch dann nach dem deutschen Handelsgesetzbuche zu beurteilen, wenn der Zusammenstoß zwar auf deutschem Territorium stattgefunden hat, beide Schiffe aber fremde sind und sogar derselben fremden Flagge angehören?**

**2. Ist es durch Art. 2 der Kaiserl. Verordnung vom 7. Januar 1880 verboten, auch noch andere als die in dieser Verordnung vorgeschriebenen Lichter zu führen?**

**3. Ist einer diesem Verbote widersprechenden allgemeinen Übung die Wirksamkeit einer besonderen Vorschrift beizumessen, welche von der zuständigen örtlichen Behörde nach Art. 25 der gedachten Verordnung hätte erlassen werden können?**

**4. Ist bei beiderseitiger kausaler Verschuldung des Zusammenstoßes nach Art. 737 HGB. ein Ersatzanspruch des einen Reeders gegen den anderen dann noch statthaft, wenn das Verschulden auf der anderen Seite ein überwiegendes ist?**

I. Zivilsenat. Urt. v. 30. Mai 1888.

I. Landgericht Hamburg. — II. Oberlandesgericht daselbst.

Am 24. Dezember 1886 zwischen 9 und 10 Uhr abends hat auf der Unterelbe zwischen der Kugelbaake bei Cuxhafen und dem vierten Feuerschiffe ein Zusammenstoß zwischen dem aus See kommenden englischen Dampfschiffe „Elizabeth" und dem ausgehenden englischen Dampfschiffe „British Queen" stattgefunden, durch welchen beide Schiffe schwer beschädigt wurden. Kapitän Th. hat als Führer der „Elizabeth" mit der Behauptung, daß die „British Queen" die alleinige Schuld an dem Zusammenstoße trage, bei dem Landgerichte Hamburg gegen die Beklagten, welche für die behufs Vornahme der erforderlichen Reparaturen nach Hamburg zurückgekehrte „British Queen" Kaution geleistet hatten, in ihrer Eigenschaft als Kaventen der Reederei auf Ersatz des von der „Elizabeth" erlittenen Schadens geklagt. Die Beklagten haben Abweisung der Klage beantragt. In erster Instanz ist zugunsten des Klägers erkannt. Auf die Berufung der Beklagten hat aber das Oberlandesgericht den Kläger mit der angestellten Klage abgewiesen.

Die hiergegen vom Kläger eingelegte Revision ist zurückgewiesen.

Aus den Gründen:

„I. Der Berufungsrichter geht davon aus, daß die vom Kläger in Vertretung der Reederei der „Elizabeth" angestellte Klage auf Ersatz des diesem Schiffe durch den Zusammenstoß mit der „British Queen" zugefügten Schadens sich nach Artt. 736, 737 HGB. nur dann als begründet darstellt, wenn einerseits von einer Person der Besatzung der „British Queen" ein Versehen begangen ist, mit welchem der Zusammenstoß in Kausalzusammenhang steht, und andererseits die „Elizabeth" keinerlei solches Verschulden trifft. Dies erscheint auch nach deutschem Rechte als zweifellos richtig.

Die Revision erhebt aber das Bedenken, ob nicht vielmehr, da die beiden Schiffe, zwischen denen der Zusammenstoß stattgefunden hat, englische sind, das englische Recht hätte zur Anwendung gebracht werden müssen, wobei Kläger geltend macht, daß nach Lage der Sache nach diesem Rechte ein etwaiges Mitverschulden der „Elizabeth" (bei deren Lichterführung) dem klägerischen Ersatzanspruche nicht entgegenstehen würde.

Dieses Bedenken ist jedoch nicht für begründet zu erachten, und es kann deshalb auch dahingestellt bleiben, ob die Anwendung des deutschen Rechtes nicht schon dadurch gerechtfertigt sein würde, daß in den Vorinstanzen von keiner der Parteien auf das englische Recht und dessen von dem deutschen Rechte abweichende Normen Bezug genommen war, daß nicht erhellt, ob die in Betracht kommenden Normen desselben dem Berufungsgerichte bekannt waren, und daß der Richter im Zweifel annehmen darf, daß die ihm nicht bekannten ausländischen Rechtssätze mit dem einheimischen Rechte übereinstimmen.

Vgl. Entsch. des ROHG.'s Bd. 7 S. 6, Bd. 8 S. 152 und Bd. 18 S. 218 flg.

Denn auch bei Verneinung dieser Frage rechtfertigt sich die Beurteilung der Sache nach deutschem Rechte aus folgenden Gründen.

An sich hat der Richter in erster Linie das Recht seines eigenen Landes anzuwenden und nur insoweit, als es durch dieses geboten oder gestattet ist, auch ausländisches Recht. Im vorliegenden Falle handelt es sich nun um einen von dem Reeder eines Schiffes gegen den Reeder eines anderen Schiffes erhobenen Anspruch auf Ersatz des dem ersteren durch einen auf der Unterelbe, also auf deutschem Gebiete, stattgehabten Zusammenstoß der Schiffe zugefügten Schadens. Diese Rechtsmaterie ist aber durch das Deutsche Handelsgesetzbuch in einem besonderen, aus den Art. 736—741 bestehenden Abschnitte vollständig geordnet, und dessen Bestimmungen sind selbstverständlich zunächst gerade auf die innerhalb des räumlichen Geltungsgebietes des Handelsgesetzbuches erfolgten Schiffskollisionen anzuwenden. Es kann sich daher nur fragen, ob es dem Sinne und Geiste jener Bestimmungen entsprechen würde, sie ausnahmsweise nicht anzuwenden, wenn die betreffenden Schiffe oder eines derselben einer bzw. verschiedenen fremden Nationalitäten angehören. Diese Frage ist jedoch zu verneinen.

Die Haftung des Reeders in außerordentlichen Verhältnissen ohne ein (hier nicht in Betracht kommendes) eigenes Verschulden, insbesondere dessen hier fragliche Haftung für den durch die Kollision seines Schiffes mit einem anderen diesem und der Ladung desselben zugefügten Schaden ist sowohl in betreff ihrer Voraussetzungen als ihres Umfanges in den einzelnen Rechtsgebieten sehr verschieden gestaltet und dementsprechend auch die Existenz und der Umfang des dem Beschädigten zustehenden Ersatzanspruches. So ließen beispielsweise die älteren Seerechte meistens eine Repartition des Schadens auf beide Schiffe eintreten, wenn der Schaden erwiesenermaßen nur durch Zufall oder wenn derselbe durch beiderseitiges Verschulden veranlaßt war, oder wenn nicht zu ermitteln war, ob Zufall oder Verschulden die Ursache gewesen, und in dem letzteren dieser Fälle schreibt z. B. auch noch jetzt das französische Recht (Art. 407 Abs. 3, Code de commerce) eine Repartition, und zwar zu gleichen Teilen unter beide Schiffe vor, während neuere Rechte in diesem Falle den Schaden nach Verhältnis des Wertes der Schiffe (und eventuell auch der Ladungen) repartieren. In den ersten beiden Fällen lassen dagegen die neueren Seerechte entweder jedem Teile den Schaden tragen, welcher ihn betroffen hat, oder sie lassen auch hier (wenigstens unter gewissen Umständen) eine Verteilung eintreten oder sie unterscheiden bei beiderseitigem Verschulden zwischen der causa proxima und remota, wobei z. B. die englische Rechtsprechung den Grundsatz aufstellt, daß der Kläger trotz einer contributing negligence des Beklagten von diesem keinen Ersatz verlangen könne, wenn er „by ordinary care exerced up to the moment of the collision could have avoided it". Auch werden in den einzelnen Rechten verschiedentliche Vermutungen in betreff des Verschuldens usw. aufgestellt. Ebenso haftet der Reeder nach einigen Rechten für das Versehen jedes Lotsen, während er nach anderen für dasjenige des Zwangslotsen nicht haftet. Ferner haftet der Reeder bald nur mit Schiff und Fracht (z. B. in Deutschland), bald nur mit einem vom Gesetze bestimmten Wertbetrage per ton des Raumgehaltes seines Schiffes (in England), bald mit seinem ganzen Vermögen, aber mit dem Rechte des Abandons (z. B. in Frankreich), und bald ist das englische System mit dem letzteren System kombiniert (z. B. in Nordamerika). Auch herrscht keineswegs Übereinstimmung darüber, ob und inwieweit die Ladungen der Schiffe zum Ersatze des Kollisionsschadens beizutragen haben.

Nun ist aber leicht ersichtlich, daß infolge eines so verschiedenartigen Rechtszustandes zahlreiche und kaum zu lösende Verwickelungen sowie Inkonsequenzen und Unbilligkeiten entstehen müssen, wenn — zumal bei gegenseitig erhobenen Schadensansprüchen — der Reeder jedes der kollidierten Schiffe nach dem Rechte seines Landes zu beurteilen wäre. Es würde dann z. B. der Reeder eines Schiffes, nach dessen Landesrechte er auch für das Versehen eines Zwangslotsen haftet, dem Reeder eines deutschen Schiffes wegen eines durch ausschließliches Verschulden des Zwangslotsen herbeigeführten Schadens ersatzpflichtig sein, während im umgekehrten Falle der Reeder des deutschen Schiffes nach Art. 740 HGB. ihm nicht haften würde. Ebenso würde bei einer Kollision, durch welche beide Schiffe beschädigt sind, der Reeder eines deutschen Schiffes von dem Reeder eines französischen Schiffes wegen bloßer Zweifelhaftigkeit der Ursache der Kollision die Verteilung des Schadens auf beide Schiffe verlangen können, nicht aber umgekehrt der französische Reeder von dem deutschen. Ferner würde der englische Reeder sich vielleicht dem klagenden deutschen Reeder gegenüber auf irgend eine rechtliche Vermutung berufen können, welche umgekehrt dem deutschen Reeder nach deutschem Rechte nicht zur Seite stehen würde. Kurz, es würde dann alles mehr oder weniger von Zufälligkeiten abhängen, und der deutsche Richter würde vielfach Rechtsgrundsätze anzuwenden haben, welche sein heimatliches Recht ausdrücklich oder stillschweigend reprobiert hat.

Nun kann es hier dahingestellt bleiben, ob und wieweit bei Ansprüchen aus einer auf hoher See oder doch außerhalb des deutschen Gebietes stattgehabten Kollision die Anwendung fremden Rechtes dem deutschen Richter, wenn die Reeder fremder Schiffe beteiligt sind, dennoch gestattet ist. Aber bei einer unter deutscher Territorialhoheit erfolgten Kollision kann das Gesetz auch unter dieser Voraussetzung angesichts der sich bei der gegenteiligen Annahme ergebenden Unzuträglichkeiten nur gewollt haben, daß ohne jede Rücksicht auf die Nationalität der Schiffe stets nach den Grundsätzen entschieden werde, welche das deutsche Recht über die zivilrechtlichen Folgen des Zusammenstoßes von Schiffen für deren Reeder und Ladungsinteressenten aufgestellt hat. Insbesondere erscheint es im Sinne des Gesetzes nicht statthaft, daß — wie es der Revisionskläger bezweckt — bei einer durch beiderseitiges Verschulden der Schiffsbesatzungen herbeigeführten Kollision der deutsche Richter einen Schadensersatzanspruch anerkennt, ohne daß der Tatbestand vorliegt, welches das deutsche Recht für denselben verlangt, und dasselbe gilt dann natürlich auch für den umgekehrten Fall. Hiervon ist auch dann eine Ausnahme nicht zu statuieren, wenn — wie im vorliegenden Falle — zufällig beide an einem Zusammenstoße auf deutschem Gebiete beteiligte Schiffe ein und derselben fremden Nationalität angehören. Denn nach dem Zwecke und im Sinne des deutschen Handelsgesetzbuches muß die Anwendung des ausländischen Rechtes auch in diesem Falle für ausgeschlossen erachtet werden. Handelt es sich bei einer auf deutschem Gebiete stattgehabten Kollision um Ansprüche von Ladungsinteressenten, so würde von vornherein überhaupt kein Grund ersichtlich sein, weshalb diese Ansprüche durch den Umstand beeinflußt werden sollten, daß beide Schiffe fremd sind und unter demselben Heimatsrechte stehen. Es würde aber zu eigentümlichen Konsequenzen, welche das Gesetz unmöglich gewollt haben kann, führen, wenn die auf Grund derselben Kollision (einseitig oder gegenseitig) unter den Reedern streitigen Ansprüche nach einem anderen Rechte beurteilt würden, als die Rechte und Pflichten der Ladungsinteressenten.

Dieser Auffassung des Gesetzes, nach welcher dasselbe bei allen auf deutschen Gewässern vorkommenden Kollisionen ohne Rücksicht auf die Nationalität der Schiffe angewendet sein will, steht auch nicht entgegen, daß es sich hier um sog. obligationes ex lege handelt, für welche vielfach das Recht des Wohnsitzes des Schuldners als maßgebend angesehen wird. Denn es ist jedenfalls nicht ausgeschlossen, daß ein Landesrecht diesen Grundsatz für gewisse Verhältnisse nicht anerkennt und vielmehr auch Fremden gegenüber nur die Bestimmungen des einheimischen Rechtes für maßgebend erklärt, was hier eben als sich aus dem Inhalte der betreffenden Bestimmungen des deutschen Handelsgesetzbuches ergebend angenommen werden muß und auch der im modernen internationalen Verkehre prinzipiell geltenden Rechtsgleichheit zwischen Einheimischen und Fremden nicht widerspricht, da die letzteren, wenn sie in einem anderen Staate freiwillig Recht nehmen oder als Beklagte Recht zu nehmen gezwungen sind, sich nicht darüber beschweren können, daß sie nach denselben Grundsätzen beurteilt werden, wie die Angehörigen dieses Staates.

Allerdings hat das Reichsgericht in der Bd. 19 S. 7 flg. abgedruckten Entscheidung sich dahin ausgesprochen, daß der deutsche Richter die bei ihm gegen den Reeder eines deutschen Schiffes erhobenen Ansprüche auf Ersatz von Kollisionsschäden auch dann, wenn der Zusammenstoß in einem unter der Herrschaft des territorialen Rechtes eines fremden Staates stehenden Gewässer stattgefunden hat, nicht nach diesem fremden Territorialrechte, sondern vielmehr nach deutschem Rechte zu beurteilen hat. Allein hiermit steht keineswegs in Widerspruch, daß der deutsche Richter sein einheimisches Recht umgekehrt auch auf die Kollisionen fremder Schiffe anzuwenden hat, welche sich unter deutscher Territorialhoheit ereignet haben. Denn wie in jenem Falle der durchschlagende Grund für die Anwendung des deutschen Rechtes darin gefunden wurde, daß anzunehmen sei, nach der Absicht des Gesetzgebers sei den Bestimmungen des deutschen Rechtes über die Voraussetzungen und den Umfang der Haftung des Reeders für Kollisionsschäden ein für die deutschen Richter zwingender, absoluter Charakter beizulegen, so daß eine solche Haftung nur insoweit anzuerkennen sei, als das Recht des eigenen Landes dieselbe statuiert, trifft dieser Grund auch für den jetzt vorliegenden Fall der Kollision fremder Schiffe auf deutschen Gewässern zu. Das eine wird durch das andere keineswegs ausgeschlossen. Es ist denn auch bereits in jener früheren Entscheidung ausdrücklich hervorgehoben, daß möglicherweise das Gericht in Curaçao (wo jene Kollision stattgefunden hatte), wenn dieses den Fall zu entscheiden gehabt hätte, berechtigt oder gar verpflichtet gewesen wäre, sein, von dem deutschen abweichendes einheimisches Recht anzuwenden, da in betreff dieser Frage die in Curaçao geltenden Gesetze maßgebend seien.

Auch haben sowohl vor wie nach Einführung des Handelsgesetzbuches verschiedene höchste deutsche Gerichte über Ansprüche gegen Reeder fremder Schiffe aus Schiffskollisionen — und zwar sogar in Fällen, wo die Kollision nicht auf deutschem Gebiete, sondern auf hoher See stattgefunden hatte — unter Anwendung des einheimischen Rechtes entschieden.

Vgl. Entsch. des vormaligen Oberappellationsgerichtes Lübeck in Bremer Rechtssachen Bd. 2 Abt. 2 S. 8 flg.; Kierulff, Sammlung von Entsch. des Oberappellationsgerichtes Lübeck Bd. 3 S. 834 flg., Bd. 4 S. 762 flg.; Entsch. des vormaligen Obertribunals zu Berlin in Seuffert, Archiv, Bd. 14, Nr. 197 und Entsch. des ROHG.'s Bd. 3 S. 31 flg.

II. Bei der hiernach nicht als rechtsirrtümlich erscheinenden Anwendung des deutschen Rechtes hat nun der Berufungsrichter die Prüfung der Frage, ob auch auf der „British Queen" ein Versehen begangen sei, welches zu dem Zusammenstoße mitgewirkt habe, dahingestellt gelassen, weil er als feststehend annimmt, daß auf der „Elizabeth" zwei Fehler begangen seien, welche zu dem Zusammenstoße jedenfalls mitgewirkt hätten, so daß schon deshalb die vom Kläger erhobene Klage sich als unbegründet darstelle.

1. Den einen dieser Fehler findet der Berufungsrichter darin, daß die „Elizabeth" zu der in Betracht kommenden Zeit — als sie von der „British Queen" gesichtet wurde — außer den in Art. 3 der Kaiserl. Verordnung vom 7. Januar 1880 für sie als ein in Fahrt befindliches Dampfschiff vorgeschriebenen drei Lichtern noch ein ferneres weißes

Licht, nämlich eine auf der Steuerbordseite in den Großwanten angebrachte Laterne (ein sog. Kontorlicht) geführt hat, welches den Zweck hatte, bei Annäherung an Kuxhafen für den dort befindlichen Kontorlotsen der Dampferlinie, welcher die „Elizabeth" angehörte, als Erkennungszeichen und als Signal, an Bord zu kommen, zu dienen.

Diese Tatsache ist unter den Parteien nicht streitig. Mit Recht erblickt aber der Berufungsrichter in der Führung dieses Lichtes eine schuldhafte Verletzung des Art. 2 der Kaiserl. Verordung, welche vorschreibt, daß die in den folgenden Artikeln erwähnten Lichter, und keine anderen, geführt werden müssen. Denn zweifellos hat diese Vorschrift ihrem ersichtlichen Zwecke zufolge den Sinn, daß die in den folgenden Artikeln erwähnten Lichter geführt werden müssen und keine anderen geführt werden dürfen. Der Art. 2 enthält in letzterer Beziehung augenscheinlich ein Verbot. Die vom Revisionskläger versuchte Auslegung, es sei nur ausgedrückt, die Schiffe seien nicht verpflichtet, außer den vorgeschriebenen auch noch andere Lichter zu führen, würde dem Gesetzgeber zumuten, etwas ganz Überflüssiges, Selbstverständliches und Zweckwidriges gesagt zu haben. Verpflichten wollte er vielmehr durch die Worte „und keine anderen" die Schiffer dazu, nur die vorgeschriebenen Lichter zu führen, wie der Berufungsrichter richtig angenommen hat. Auch darin, daß aus der Not- und Lotsensignalordnung vom 14. August 1876 die Führung des in Rede stehenden Lichtes nicht gerechtfertigt werden kann, ist dem Berufungsrichter lediglich beizutreten. Es ergibt sich speziell auch aus dem Inhalte dieser Verordnung die Verbotwidrigkeit des von der „Elizabeth" geführten Lichtes, indem der § 4 der Verordnung als Lotsensignale bei Nacht Blaufeuer oder ein unmittelbar über der Verschanzung in Zwischenräumen von kurzer Dauer gezeigtes, jedesmal ungefähr eine Minute lang sichtbares Licht vorschreibt und der § 5 dann bestimmt, daß andere Signale als Lotsensignale nicht benutzt werden dürfen. Ferner hat der Berufungsrichter auch richtig festgestellt, daß die „Elizabeth" sich auch nicht etwa auf den Art. 25 der Kaiserl. Verordnung berufen kann, da eine Bestimmung der zuständigen örtlichen Behörde, nach welcher die Führung des in Rede stehenden sog. Kontorlichtes gestattet wäre, nicht existiert. Endlich ist vom Berufungsrichter mit vollem Rechte auch die Behauptung des Klägers für unbeachtlich erklärt, daß die Führung eines Kontorlichtes allgemeiner Gebrauch, Gewohnheit und Gewohnheitsrecht sei, da gegenüber der unbedingt verbindlichen Vorschrift des Art. 2 der Kaiserl. Verordnung vom 7. Januar 1880, welche sich auch schon in den älteren Verordnungen von 1863 und 1871 findet, die Führung eines Kontorlichtes sich vielmehr als ein durch nichts zu rechtfertigender Mißbrauch darstelle, welcher einen klaren Verstoß gegen den Art. 2 der Kaiserl. Verordnung begünde. Einer ausdrücklichen Vorschrift der zuständigen Behörde kann eine notorische Übung, selbst wenn dieselbe der Behörde bekannt geworden und nicht von ihr dagegen eingeschritten sein sollte, nicht gleichgeachtet werden, und es ist in diesem Punkte dem Zitate aus der Schrift von Marsden, Law of collisions at sea pag. 462, nicht beizutreten. Die Erhebung des desfallsigen klägerischerseits angebotenen Beweises ist daher mit Recht abgelehnt.

Anlangend die, auch vom Berufungsrichter nicht verkannte Notwendigkeit des kausalen Zusammenhanges des durch die Führung des Kontorlichtes der „Elizabeth" begangenen Verschuldens mit dem erfolgten Zusammenstoße geht der Berufungsrichter sodann davon aus, daß es an einem solchen Zusammenhange nicht schon dann fehlen würde, wenn etwa anzunehmen wäre, daß man bei gehöriger Aufmerksamkeit auf der „British Queen" sich durch das Kontorlicht nicht hätte irreleiten lassen dürfen (was vielmehr nur für die Frage der Mitschuld der „British Queen" in Betracht kommen würde), sondern daß es an einem Kausalzusammenhange der Führung des ungesetzlichen Kontorlichtes mit der Kollision nur dann fehlen würde, wenn die „British Queen" durch das Kontorlicht faktisch nicht irregeleitet wurde oder doch die Täuschung der „British Queen" über die Bedeutung dieses Lichtes nicht zu einer auf die Kollision einwirkenden Handlung geführt hätte. Der Berufungsrichter erachtet es dann aber auf Grund einer eingehenden Beweiswürdigung für zweifellos festgestellt, daß der Lotse W., unter dessen Führung die „British Queen" stand, als er nach dem Passieren der Alten Liebe bei Kuxhafen Backbordruder hatte geben lassen, um einem von ihm gesichteten grünen Lichte (der „Elizabeth") auszuweichen, dann später durch das von der „Elizabeth" geführte Kontorlicht zu der irrigen Annahme verleitet worden ist, daß das gesichtete Schiff ein vor Anker liegendes Schiff mit Zollaternen sei, und daß diese Irreleitung die Ursache des nun von W. gegebenen Steuerbordruders geworden ist, welches zu der Kollision geführt hat. . . .

In dieser Ausführung des Berufungsrichters ist die Verletzung von Rechtsnormen nicht erfindlich. Die Revision wirft dem Berufungsrichter zwar die Verletzung des Art. 737 HGB. sowie der allgemeinen Grundsätze über konkurrierendes Verschulden und rechtliche Kausalität vor, weil er aus der faktischen Irreleitung der „British Queen" durch die „Elizabeth" ohne weiteres und ohne zu prüfen, wie gering etwa das Verschulden der „Elizabeth" und wie groß dagegen das Verschulden der „British Queen" gewesen sei, die Beseitigung jedes Schadensanspruches der „Elizabeth" folgere; denn nach allgemeinen Grundsätzen werde der Ersatzanspruch des Beschädigten gegen den kulposen Beschädiger keineswegs durch eigenes konkurrierendes Verschulden schlechthin ausgeschlossen, sondern es sei in jedem einzelnen Falle konkret zu prüfen, welches Verschulden überwiege und die Hauptursache des Schadens sei; eine bloß tatsächliche Kausalität des Verschuldens des Beschädigten gelte nicht auch als rechtlich kausal für den Schaden; der Art. 737 HGB. aber habe an diesen allgemeinen Grundsätzen über die Kausalität und den Einfluß konkurrierenden Verschuldens nichts geändert, sondern besage nichts anderes, als daß der Ersatzanspruch wegfalle, wenn der Zusammenstoß beiderseits verschuldet sei. Allein diese Argumentation erscheint als unzutreffend. Denn obwohl an sich bezweckt wurde, durch die Bestimmungen der Art. 736, 737 HGB. gegenüber der von vielen Seegesetzen für den Fall, daß der Zusammenstoß von Schiffen durch Zufall oder beiderseitige Schuld herbeigeführt oder daß die Ursache der Kollision nicht zu ermitteln ist, angewendeten Analogie der großen Haverei und demgemäß angeordneten Verteilung des Schadens auf beide Schiffe zu den allgemeinen Grundsätzen des bürgerlichen Rechtes zurückzukehren,

vgl. Entsch. des RG.'s in Zivils. Bd. 9 S. 160,

so ist daraus doch keineswegs zu folgern, daß nun bei Anwendung der getroffenen Bestimmungen eine Auslegung derselben im Sinne der Grundsätze über Schadensersatz, konkurrierendes Verschulden, Kausalität usw. desjenigen allgemeinen bürgerlichen Rechtes zu erfolgen habe, welches in dem konkreten Falle maßgebend sein würde, wenn man von den betreffenden Bestimungen des Handelsgesetzbuches absieht. Das bürgerliche Recht der einzelnen Staaten, für welche das zu entwerfende Handelsgesetzbuch bestimmt war, stimmte (und stimmt auch jetzt noch) hierin keineswegs durchweg überein, während es doch der Zweck war, für das Handels- und Seerecht, soweit die Bestimmungen des Handelsgesetzbuches reichen, überall gleiches Recht zu schaffen. Die Artt. 736, 737 HGB. sind demgemäß in jedem Falle lediglich aus sich selbst zu interpretieren, und bei Anwendung dieses Grundsatzes kann es schon angesichts der Fassung, nach welcher in beiden Artikeln nur von Verschulden im allgemeinen ohne jede nähere

Definition oder Unterscheidung zwischen den Graden desselben die Rede ist, keinem Zweifel unterliegen, daß — wie nach Art. 736 einseitiges Verschulden nur der Besatzung des einen Schiffes ohne alle Rücksicht auf den Grad dieses Verschuldens zur Begründung der Schadensersatzpflicht genügen soll — so auch nach Art. 737 ein Anspruch auf Ersatz des dem einem oder anderen oder beiden Schiffen zugefügten Schadens nicht stattfinden soll, wenn der Zusammenstoß durch beiderseitiges Verschulden herbeigeführt ist, ohne daß auch hierbei, soweit nur überhaupt ein (subjektiv) zurechenbares beiderseitiges Verschulden vorliegt, auf den höheren oder geringeren Grad des Verschuldens des einen oder anderen Teiles etwas ankäme. Die Richtigkeit dieser Auffassung findet ihre Bestätigung auch in den Motiven zu den, den Art. 763 flg. HGB. entsprechenden Art. 589—591 des preußischen Enwurfes S. 321, indem dort die Abweichung von der landrechtlichen Gradation der Schuld mit dem praktischen Bedürfnisse des Handelsverkehres gerechtfertigt wird, weshalb die Ersatzpflicht nur davon abhängig gemacht sei, daß der Zusammenstoß durch Verschulden des einen Schiffsführers herbeigeführt wurde, während bei beiderseitiger Schuld der Beschädiger das Versehen des anderen nicht geltend machen könne, da ihm das eigene Versehen entgegenstehe. Aus den Beratungen der Kommission zu Art. 736 flg. HGB. ergibt sich nichts, was zu einer anderweitigen Auffassung berechtigte. Da hiernach das Handelsgesetzbuch selbst die Frage des Einflusses einer kausalen konkurrierenden Kulpa entchieden hat und seine Bestimmungen vom Berufungsrichter ganz richtig verstanden sind,

vgl. auch Kierulff's Sammlung Bd. 6 S. 212 flg., Entsch. des ROHG.'s Bd. 3 S. 32 flg. und Lewis, Seerecht (2. Aufl.) Bd. 2 S. 132,

so bedarf es keines näheren Eingehens auf die Frage, ob die von der Revision für das hier eventuell maßgebende gemeine Recht aufgestellten Grundsätze zu billigen sind.

Vgl. übrigens Entsch. des ROHG.'s Bd. 20 S. 397 flg. und Bd. 22 S. 410 flg.

Daraus, daß der Berufungsrichter bei der tatsächlichen Feststellung dieses Punktes den Ausdruck gebraucht, „faktisch" habe eine Irreleitung des Lotsen W. durch die gesetzwidrige Lichterführung stattgefunden, folgt außerdem noch gar nicht, daß er, wie ihm die Revision vorwirft, verkannt habe, daß die rechtliche Kausalität sich nicht ohne weiteres mit der natürlichen Kausalität decke, und daß nicht jedes Verschulden, ohne welches der Schade nicht eingetreten wäre, auch im Rechtssinne ohne weiteres kausal sei. Der Berufungsrichter weist nämlich den vom Kläger dem Lotsen W. gemachten Vorwurf des Mangels an jedem Judize, mit welchem Faktor die „Elizabeth" nicht habe zu rechnen brauchen, ausdrücklich zurück, indem er zunächst zutreffend bemerkt, die „Elizabeth" habe solche Erwägungen überall nicht anzustellen, sondern einfach der Vorschrift der Kaiserl. Verordnung Folge zu leisten gehabt, und indem er sodann nicht nur näher darlegt, es sei ersichtlich unrichtig, daß die Stelle, an welcher die Lichter der „Elizabeth" von der „British Queen" gesichtet wurden, die Annahme, zu welcher der Lotse W. verleitet wurde, ausschließe, sondern auch ausführt, daß die Stellung des sog. Kontorlichtes zu den übrigen Lichtern der „Elizabeth" die Irreleitung herbeizuführen sehr wohl geeignet gewesen sei, wobei er auf das Zeugnis des Steuermannes A. von der „Elizabeth" hinweist, welcher, obwohl er nach seiner Angabe darauf geachtet hat, ob etwa die Lichter sich in ihrer Lage zueinander veränderten, eine solche Veränderung nicht bemerkt und ebenfalls gemeint hat, ein mit den Zollaternen vor Anker liegendes Schiff vor sich zu haben. Der Berufungsrichter hat hiernach augenscheinlich angenommen, daß der „Elizabeth" bei ihrer gesetzwidrigen Lichterführung auch die Folge zuzurechnen sei, daß der Lotse W. durch dieselbe getäuscht worden ist, ohne daß diese Täuschung als auf vollständiger Kopflosigkeit beruhend angesehen werden könnte.

Als nicht minder unbegründet erscheint der Einwand der Revision, daß das Steuerbordruder, welches der Lotse W. wegen seiner irrigen Annahme geben ließ, und dessen weitere Konsequenzen der „Elizabeth" rechtlich nicht als eine Folge jener von ihr verschuldeten irrigen Annahme zur Last gelegt werden könnten. Vielmehr ist es ganz zutreffend, wenn der Berufungsrichter erwägt, die Befürchtung des W. — mag dieselbe auch, wie das Seeamt annimmt, unbegründet gewesen sein — mit seinem Kurse sonst zu nördlich zu kommen, welche ihn veranlaßte, Steuerbordruder zu geben, lasse sich von der irrigen Meinung, ein vor Anker liegendes Schiff mit Zollaternen vor sich zu haben, garnicht trennen, und deshalb sei dieser verderbliche Entschluß jedenfalls mitveranlaßt durch die gesetzwidrige Führung des Kontorlichtes auf seiten der „Elizabeth". . . .

2. Hat der Berufungsrichter hiernach ohne Rechtsirrtum angenommen, daß eine seitens der „Elizabeth" in Ansehung der Lichterführung schuldhafterweise begangene Zuwiderhandlung gegen die Kaiserl. Verordnung vom 7. Januar 1880 den Zusammenstoß mit der „British Queen" jedenfalls mit herbeigeführt habe, so erscheint

die angefochtene Entscheidung schon dadurch gerechtfertigt, und es würde für die Revision unerheblich sein, wenn der Berufungsrichter auch rechtlich darin gefehlt haben sollte, daß er ein ferneres kausales Verschulden oder doch Mitverschulden der „Elizabeth" darin erblickt, daß diese, als ihr infolge des Steuerbordruders der „British Queen" das gesichtete rote Licht der letzteren wieder verschwand und ihr statt dessen wieder das grüne Licht gezeigt wurde, nicht in Gemäßheit des Art. 18 der Kaiserl. Verordnung ihre Maschine, welche nach der eigenen Angabe des Klägers noch mit halber Kraft ging, sofort stoppen und rückwärtsgehen ließ, wobei festgestellt wird, daß die „Elizabeth", zumal bei der mitlaufenden Flut, immer noch eine beträchtliche Geschwindigkeit hatte.

Allein auch die in dieser Beziehung erhobenen Revisionsangriffe gehen fehl." (Dies wird dann näher ausgeführt.)

## RGZ. 23, 70.

**Darf ein Dampfschiff auch bei dichtem Nebel seine Maschine so stark gebrauchen, daß es seine Steuerfähigkeit nicht verliert, oder muß es unter Umständen die Fahrt gänzlich einstellen?**

Verordnung zur Verhütung des Zusammenstoßens von Schiffen auf See vom 7. Januar 1880 Art. 13, 24 vgl. mit Art. 12, 14—23.

I. Zivilsenat. Urt. v. 25. Januar 1888.

I. Landgericht Hamburg, Kammer für Handelssachen. — II. Oberlandesgericht daselbst.

In der Nacht vom 18./19. Januar 1883 bald nach 2 Uhr im Nebel wurde das der Beklagten gehörige deutsche Dampfschiff „Cimbria", Kapitän H., auf der Fahrt von Hamburg nach New York von dem von Hull nach Hamburg bestimmten englischen Dampfschiffe „Sultan", Kapitän C., in der Nähe von Borkum an Backbordseite angesegelt, wobei beide Schiffe schwer beschädigt wurden, und zwar die „Cimbria" so schwer, daß sie nach kurzer Zeit sank und von den an Bord derselben gewesenen 492 Personen nur 55 gerettet wurden, während die übrigen 437 Personen, zu denen auch der Kapitän und der erste Offizier gehörten, ihr Leben einbüßten. Der „Sultan" erreichte seinen Bestimmungsort Hamburg, wo die Beklagte wegen der ihr angeblich durch den Untergang ihres Schiffes, welchen sie einem Verschulden in der Führung des „Sultan" zuschrieb, gegen dessen Reederei zustehenden Ansprüche Arrestbefehl auf dieses Schiff erwirkte, der auf Antrag der Beklagten wieder aufgehoben wurde, nachdem ihr von der Reederei des „Sultan" eine zwischen den Parteien vereinbarte Sicherheit durch Kautionsleistung im Betrage von 150 000 M bestellt war.

Es hat nun zunächst vor dem Seeamte zu Hamburg eine sehr eingehende Untersuchung in betreff dieses Unfalles stattgefunden, auf Grund deren am 17. Dezember 1883 ein Spruch des Seeamtes erfolgte, nach welchem der Unfall dadurch verursacht ist:

daß bei der Annäherung beider Schiffe aneinander im dichten Nebel das Ruder auf der „Cimbria" hartbackbord gelegt, während fast gleichzeitig auf dem „Sultan" Hartsteuerbordruder gegeben wurde, sowie daß auf beiden Schiffen, als beiderseits erkannt war, daß rotes zu grünem Licht stand, unterlassen wurde, die Maschine mit voller Kraft rückwärts arbeiten zu lassen.

Die Beklagte, welche den vor ihr ausgebrachten Arrest nicht zu rechtfertigen versucht hat, ist darauf von den jetzigen Klägern, den Exekutoren des Testamentes des am 28. Dezember 1882 verstorbenen William B. in Hull, welcher Reeder des „Sultan" war, mittels einer bei dem Landgerichte Hamburg erhobenen Klage auf Ersatz des der Reederei des „Sultan" aus der unberechtigten Arrestanlage erwachsenen Schadens in Anspruch genommen. Sie bestritt aber diesen Anspruch und erhob eine Widerklage auf 50 000 M nebst Zinsen auf Grund einer ihr angeblich zedierten Forderung der Norddeutschen Versicherungsgesellschaft in Hamburg an die klägerische Reederei, welche darauf gestützt ist, daß die Zedentin der Beklagten an Ladungsinteressenten der „Cimbria" einen Schaden von 69 083 M erstattet habe, wodurch der Ersatzanspruch dieser Ladungsinteressenten an die Reederei des „Sultan" — der die Kollision jedenfalls mitverschuldet habe — nach § 27 der Allgem. Seeversicherungsbedingungen von 1867 auf die Zedentin der Beklagten übergegangen sei. Dieser Anspruch wurde wiederum seitens der Klägerin bestritten.

In erster Instanz wurde sowohl die Klage als die Widerklage abgewiesen. Auf die Berufung der Kläger und die Anschließung der Beklagten ist dieses Erkenntnis aber in zweiter Instanz in Ansehung der Klage und des Kostenpunktes aufgehoben und vielmehr der Klaganspruch dem Grunde nach für berechtigt erklärt, wogegen die Anschließung der Beklagten in betreff der Widerklage als unbegründet zurückgewiesen wurde. Die Revision der Beklagten wurde zurückgewiesen.

Aus den Gründen:

. . . „In betreff der aufrechnungsweise und widerklagend von der Beklagten erhobenen Forderung beruht die angefochtene Entscheidung darauf, daß das Oberlandesgericht mit dem Landgerichte annimmt, den „Sultan" treffe keine Mitschuld an der Kollision.

Es handelt sich hierbei zunächst um den dem „Sultan" von der Beklagten gemachten Vorwurf, daß er bei dem zur Zeit der Kollision herrschenden dichten Nebel überhaupt, jedenfalls aber zu rasch gefahren sei. In den Ausführungen, mit welchen das Berufungsgericht diesen Vorwurf als unbegründet widerlegt, ist aber die Verletzung irgendwelcher Rechtsnormen nicht enthalten und muß denselben vielmehr in jeder Beziehung beigetreten werden.

Das Berufungsgericht geht zunächst in Übereinstimmung mit der in seinem früheren Urteile in Sachen Christiansen wider Perlbach & Co. vom 20. Dezember 1886 näher begründeten und vom Reichsgericht durch Urteil vom 23. März 1887,

vgl. Hanseatische Gerichtszeitung Jahrg. 1887 Nr. 20, 126,

gebilligten Ansicht davon aus, daß die in der Verordnung zur Verhütung des Zusammenstoßens von Schiffen auf See vom 7. Januar 1880 unter der Überschrift „Vorschriften über das Ausweichen der Schiffe" in Artt. 14—23 enthaltenen Bestimmungen zur Voraussetzung haben, daß ein Schiff sich in Sicht des anderen befindet, mithin unanwendbar sind, sobald diese Voraussetzung infolge Nebels, dicken Wetters oder Schneefalles nicht vorliegt, daß für solchen Fall die Vorschriften der Art. 12, 13 gegeben sind, neben allen diesen Einzelvorschriften aber noch der Art. 24 der Verordnung in Betracht kommt, nach welchem keine der voraufgehenden Vorschriften von den Folgen der Versäumnis irgendeiner Vorsichtsmaßregel befreit, welche entweder durch die gewöhnliche seemännische Praxis oder durch die besonderen Umstände des Falles geboten wird. Daraus wird mit Recht gefolgert, daß das Verhalten der Schiffe bei Nebel (abgesehen von den vorausgehenden Vorschriften über das Führen von Lichtern) regelmäßig nur den Art. 12, 13 und nur ausnahmsweise (wenn dessen Voraussetzung vorliegt) auch dem Art. 24 der Verordnung unterliegt.

Da nun außer Streit ist, daß der „Sultan" die Vorschrift des Art. 12 in betreff der bei Nebel zu gebenden Signale befolgt hat, so untersucht das Berufungsgericht weiter, ob er, wie Art. 13 der Verordnung vorschreibt, „mit mäßiger Geschwindigkeit" gefahren ist, wobei es unter Bezugnahme auf die im Bd. 3 S. 138 flg. der Entsch. des RG.s in Zivils. abgedruckte Entscheidung des Reichsgerichtes mit Recht annimmt, daß dieser Vorschrift nicht schon dadurch genügt wird, daß ein Schiff seine Fahrt überhaupt gemäßigt hat, sondern die Umstände des einzelnen Falles, insbesondere die Dichtigkeit des

Nebels, zu berücksichtigen sind, und daß infolgedessen die Fahrt nötigenfalls auf das geringste Maß herabzumindern ist, welches erforderlich ist, um das Schiff im Steuer zu behalten. Andererseits ist aber auch, wie das Berufungsgericht ferner mit Recht anführt, schon in der oben gedachten Entscheidung des Reichsgerichtes dem vormaligen hamburgischen Obergerichte darin beigetreten, daß ungeachtet der in jenem Falle noch zur Anwendung kommenden, zwar nur für Dampfschiffe gegebenen, im übrigen aber dem Art. 13 der jetzt geltenden Verordnung völlig konformen Vorschrift in Art. 16 Abs. 2 der Verordnung vom 23. Dezember 1871 ein Dampfschiff auch bei Nebel seine Maschine so stark gebrauchen dürfe, daß es seine Steuerfähigkeit nicht verliert und sich jederzeit vollständig in der Herrschaft seines Führers befindet. Wenn es an einer späteren Stelle dieser Entscheidung heißt, die Bedeutung der Vorschrift sei, daß nur mit einer den jedesmaligen Umständen, insbesondere der Dichtigkeit des Nebels entsprechenden Geschwindigkeit gefahren werden dürfe, so kann dies dem Vorhergehenden gegenüber nur dahin verstanden werden, daß die Fahrt eventuell auf das zur Erhaltung der Steuerfähigkeit erforderliche Minimum ermäßigt, nicht aber daß sie – in Ermangelung des Vorliegens der Voraussetzungen der (den Art. 23, 24 der jetzt gültigen Verordnung gleichlautenden) Art. 19, 20 der Verordnung von 1871 – gänzlich sistiert werden müsse. Ganz bestimmt hat sich das Reichsgericht in diesem Sinne in Übereinstimmung mit der damaligen Entscheidung des Oberlandesgerichtes Hamburg auch in der vom Berufungsgerichte ferner angezogenen Sache Amsinck wider Westhartlepool-Steam-Navigation-Company in dem Urteile vom 24. September 1884,

vgl. Hanseatische Gerichtszeitung Jahrg. 1884 Nr. 65 und Jahrg. 1885 Nr. 48,

ausgesprochen, indem es unter Billigung der, sich der Auffassung der vernommenen Sachverständigen anschließenden Ansicht des Berufungsgerichtes, daß der Führer des Dampfschiffes „Kaiser" sofort beim Eintritte in die Nebelbank – vorausgesetzt, daß nicht die Vorschriften der Art. 23, 24 der Verordnung vom 7. Januar 1880 eine Fortsetzung der Fahrt überhaupt als untunlich erscheinen ließen und das Vorankergehen geboten – seine Fahrt auf ein Minimum hätte reduzieren müssen, mit Bezugnahme auf einen Angriff der Revision ausdrücklich bemerkt, aus einer Vergleichung des ein jedes Schiff, einerlei ob Segelschiff oder Dampfschiff, bei Nebel zum Fahren mit mäßiger Geschwindigkeit verpflichtenden Art. 13 der Verordnung mit der Bestimmung des Art. 18

derselben, nach welcher jedes Dampfschiff, welches sich einem anderen Schiffe in solcher Weise nähert, daß dadurch Gefahr des Zusammenstoßens entsteht, seine Fahrt mindern oder, wenn nötig, stoppen und rückwärts gehen muß, ergebe sich, daß der Art. 13 ein Stoppen der Maschine nicht erfordert, und daß die Voraussetzung des Art. 18 nicht schon beim Eintritte in die Nebelbank, sondern erst bei der Sichtung der „Aurora" durch den „Kaiser" vorlag. Endlich weist das Berufungsgericht zutreffend darauf hin, daß auch in der oben erwähnten Sache Christiansen wider Perlbach & Co. die Ausführung des Oberlandesgerichtes, die Einstellung der Fahrt bei Nebel könne zwar unter besonderen Umständen geboten sein, jedoch nur unter dem Gesichtspunkte des Art. 24 der Verordnung als eine außerordentliche Vorsichtsmaßregel, die Billigung des Reichsgerichtes gefunden hat.

Bei dieser, von ihm wiederholt ausgesprochenen und jetzt auch vom Berufungsgerichte befolgten Ansicht, daß der Art. 13 der Verordnung bei Nebel nur eine (nötigenfalls allerdings auf das zur Erhaltung der Steuerfähigkeit erforderliche geringste Maß zu reduzierende) Ermäßigung der Geschwindigkeit der Fahrt vorschreibt, daß es aber nach Art. 24 unter Umständen auch geboten sein kann, die Fahrt überhaupt nicht fortzusetzen, sondern vor Anker zu gehen oder stillzuliegen, muß das Reichsgericht auch jetzt verbleiben. In einem neuerlichen, am 22. Oktober 1887 in Sachen der Hamburg-Südamerikanischen Dampfschiffahrtsgesellschaft wider Neue V. Assekuranz-Comp. ergangenen Erkenntnisse hat es zwar die Argumentation des Berufungsgerichtes als richtig anerkannt, der Art. 13 gebiete, bei Nebel mit mäßiger Geschwindigkeit zu fahren, die Fahrt müsse so verlangsamt werden, daß einem Dampfschiffe die Ausführung der Vorschriften des Art. 18 der Verordnung möglich bleibe, und der Schiffsführer müsse demnach die Geschwindigkeit des Schiffes nach der Größe der Entfernung bemessen, auf welche ihm in Ansehung des herrschenden Nebels ein Hindernis der Fahrt in Sicht kommen könne; trete der Fall ein, daß nach diesem Prinzip die Geschwindigkeit soweit herabgesetzt werden müsse, daß dadurch die Manövrierfähigkeit verloren gehe, so müsse das Schiff, wenn nicht dringende Gründe es zwingen, in Fahrt zu bleiben, bis zur Klärung des Wetters die Fahrt einstellen und entweder vor Anker gehen oder manövrierfähig unter Volldampf liegen bleiben, bzw. sich gegen die Strömung halten. Bei nochmaliger Prüfung der Frage vermag das Reichsgericht diese Ansicht aber nur insofern aufrechtzuerhalten, als das gleiche Resultat sich im einzelnen Falle aus Art. 24 der Verordnung gewinnen läßt, auf welchen es auch schon in jener Entscheidung hingewiesen hat.

Im vorliegenden Falle stellt nun das Berufungsgericht unangefochten fest, daß in der letzten Zeit vor der Kollision die Maschine des „Sultan" auf dead slow gestellt war, in welcher Gangart das Schiff mit 25 Umdrehungen nur noch vier Knoten Fahrt durchs Wasser machte, und daß dies die äußerste zulässige Minderung des Maschinenganges war, daß die Maschine des „Sultan" bei weniger als 25 Umdrehungen alsbald stillstehe. Da hiernach die Geschwindigkeit des „Sultan" nicht nur an und für sich eine mäßige, sondern auch relativ die geringste war, mit welcher er überhaupt fahren konnte, so nimmt das Berufungsgericht dem Vorstehenden zufolge mit Recht an, daß der Vorschrift des Art. 13, diesen für sich allein betrachtet, genügt worden sei. Daß die Geschwindigkeit des „Sultan" mit vier Knoten durchs Wasser durch die mitlaufende See und den herrschenden Südwestwind gesteigert war, kommt hierbei nicht in Betracht, auch liegt kein Anhalt dafür vor, daß das Berufungsgericht diesen Umstand etwa übersehen habe.

Das Berufungsgericht geht dann zur Prüfung der Frage über, ob der „Sultan" eine außerordentliche Vorsichtsmaßregel, welche nach Art. 24 der Verordnung geboten war, zu ergreifen unterlassen habe, gelangt aber ohne Rechtsirrtum zur Verneinung auch dieser Frage.

Es stellt zunächst fest, daß auch das Seeamt nicht verlange, der „Sultan", dessen Fahrt aufs äußerste gemindert gewesen sei, habe auf hoher See — wo er sich damals befand — zu Anker gehen sollen, während es allerdings die Schiffe eventuell verpflichtet zu sehen wünscht, auf Revieren bei Nebel zu ankern. Sodann erwähnt es ganz richtig, daß, wenn das Seeamt es „dem Geiste des Gesetzes entsprechend erachte, daß der „Sultan" sowohl, wie die „Cimbria" die Fahrt einzustellen und zu treiben hatten, solange die Dichtigkeit des Nebels nicht nachließ, es doch selbst anerkenne, daß diese Auffassung der Art. 13, 24 der Verordnung der in weiten seemännischen Kreisen herrschenden Auffassung nicht entspreche, so daß in der Nichteinstellung der Fahrt bei Nebel die Versäumnis einer „durch die gewöhnliche seemännische Praxis" gebotenen Vorsichtsmaßregel im Sinne des Art. 24 nicht wohl erblickt werden könne. Das Seeamt erklärt sogar (S. 95 seines Spruches) geradezu, die Führer der „Cimbria" und des „Sultan" hätten bei ihrem Verhalten die seemännische Usance für sich gehabt, welche sich auch in dem Verhalten aller übrigen zu der in Frage kommenden Zeit auf dem betreffenden Meeresteile fahrenden Schiffe manifestiert habe.

Wie das Berufungsgericht nun keineswegs verkennt, wird hierdurch allerdings nicht ausgeschlossen, daß die Einstellung der Fahrt eine „durch die besonderen Umstände des Falles" (wie es in Art. 24 weiter heißt) gebotene Vorsichtsmaßregel sein konnte. Es stellt aber fest, daß auch solche besondere Umstände nicht vorgelegen haben, indem zwar beispielsweise in dem Ertönen eines Dampfpfeifensignales ein besonderer Umstand zu erblicken gewesen sein würde, infolgedessen, wie das Seeamt sage, die Maschine „nach einer alten seemännischen Klugheitsregel" sofort hätte gestoppt werden müssen, daß das Seeamt aber selbst annehme, daß weder der Führer des „Sultan", Kapitän C., noch dessen Steuermann B. vor dem Erblicken des Toplichtes und grünen Lichtes der „Cimbria" deren Dampfpfeife gehört haben, während nicht abzusehen sei, wie der Umstand, daß der „Sultan" kurz vor dem Zusammenstoße einen anderen Dampfer auf nur 60 Fuß seitliche Entfernung passiert hatte, ihn — wie die Beklagte meint — zur gänzlichen Einstellung der Fahrt hätte bestimmen sollen, da bei parallelen Kursen in 60 Fuß Abstand eine Kollisionsgefahr nicht vorgelegen habe.

Nun stellt das Seeamt allerdings fest, die Stärke des Nebels sei derartig gewesen, daß sie das Erkennen eines hellbrennenden Signallichtes erst auf 300—360 Meter Entfernung zuließ, und es sei für beide Schiffe nach Maßgabe ihrer Bauart und ihrer Dimensionen eine offenbare Unmöglichkeit gewesen, bei ihrer sechs- resp. viermeiligen Fahrgeschwindigkeit auf die Hälfte dieser Entfernung durch Befolgung der Vorschrift des Art. 18 der Verordnung zum Stillstande zu kommen. Unter diesen Umständen aber würde nach Ansicht des Seeamtes die Vorsicht es erheischt haben, daß beide Schiffe ihre Fahrt einstellten, solange die Dichtigkeit des Nebels nicht nachließ, denn die Fahrgeschwindigkeit müsse der Dichtigkeit des Nebels entsprechen, und dies sei nach Ansicht des Seeamtes nur der Fall, wenn das betreffende Dampfschiff so langsam fährt, daß es beim Sichten eines anderen Schiffe imstande ist, auf die halbe Distanz außer Fahrt gesetzt zu werden, da nur in diesem Falle die Möglichkeit einer erfolgreichen Befolgung des Art. 18 gesichert sei, welcher überall da Platz greife, wo eine Kursänderung nicht so frühzeitig vorgenommen und erkennbar gemacht werden könne, daß nach dem ordnungsmäßigen Verlaufe der Dinge jeder Zweifel an dem Erfolge derselben ausgeschlossen sei.

Allein zunächst erklärt das Seeamt selbst es an einer anderen Stelle nur als wünschenswert, wenn die Führer der „Cimbria" und des „Sultan" beim Einsetzen des dichten Nebels zur Sistierung der Fahrt ihrer Schiffe geschritten wären, da dann der Unfall vermieden sein würde, und es begründet die Notwendigkeit seiner Auffassung nur damit, daß anderen Falles der Zweck des internationalen Seestraßenrechtes, das Zusammenstoßen von Schiffen zu verhüten, nicht realisiert werden könne. Es hat auch, worauf das Berufungsgericht mit Recht hinweist, in dem Tenor seines Spruches unter den Ursachen der Kollision die Unterlassung der Einstellung der Fahrt seitens des „Sultan" nicht erwähnt, und nach den Gründen des Spruches scheint es ihm diese auch nicht als Verschulden anzurechnen, indem es dort auf Grund seiner Auffassung nur zu dem Schlusse gelangt, es sei wünschenswert, daß der Art. 13 der Verordnung nach Analogie des Art. 18 eine Erweiterung erhalte, nach welcher Schiffe verpflichtet würden, bei Nebel usw., wenn nötig, die Fahrt einzustellen oder eventuell (auf Revieren) vor Anker zu gehen. Ebenso hat der bei der Verhandlung vor dem Seeamte mitwirkende Reichskommissar seiner in dem Spruche referierten Erklärung zufolge allein der „Cimbria" die Schuld an der Kollission (wegen des von ihr vorzeitig gegebenen Backbordruders) zugeschrieben.

Das hier von dem hamburgischen Seeamte aufgestellte, aus § 18 der Verordnung hergeleitete Prinzip ist denn auch in den vom Oberlandesgerichte in dessen schon oben erwähnten Urteile vom 6. Mai 1887 angeführten früheren Sprüchen noch keineswegs zum Ausdruck gebracht, sondern es ist vielmehr in jenen Fällen vom Seeamte, bzw. Oberseeamte nur ausgesprochen, es sei nach Art. 24 der Verordnung unrichtig, daß im Nebel niemals zur völligen Sistierung der Fahrt geschritten zu werden brauche, die zunehmende Dichtigkeit des Nebels aber habe (in dem damals vorliegenden Falle) dies geboten, der Sinn des Art. 13 könne nur sein, daß ein Schiff bei Nebel usw. mit einer Geschwindigkeit zu fahren habe, welche beim Sichten eines anderen, ebenfalls mit mäßiger Geschwindigkeit fahrenden Schiffes noch Zeit zum Ausweichen läßt, und im vorliegenden Falle habe mit geringerer Geschwindigkeit gefahren oder geankert werden können und sollen. Das letzte Zitat (aus Bd. 6 S. 407 der Entsch. des Oberseeamtes und der Seeämter) datiert dagegen aus einer späteren Zeit; auch ergibt der dort aus der Tatsache, daß es nicht gelungen war, beim Insichtkommen eines fast stillstehenden Schiffes das in

Frage kommende andere Schiff rechtzeitig außer Fahrt zu setzen, gezogene Schluß, daß die Fahrt eine dem Art. 13 nicht entsprechende gewesen sein könne, nichts darüber, daß und aus welchen Gründen das Seeamt ein Stilliegen für geboten erachtet habe.

Das Berufungsgericht berücksichtigt nun bei dem internationalen Charakter der betreffenden gesetzlichen Bestimmungen mit Recht auch die Rechtsprechung anderer bedeutender seefahrender Nationen, aus welcher es, ohne daß dieses Ergebnis als irrig angefochten wäre, entnimmt, daß zwar eine Reihe bei Marsden (The Law of collisions at sea [II ed.] p. 350 flg.) und bei Pritchard (Digest of admiralty and maritime law [III ed.] Vol. I p. 225 flg.) kurz angeführter Aussprüche englischer Richter bei dickem Nebel, wenigstens auf Flüssen, Reeden und viel befahrenen Seewegen, vollständige Einstellung der Fahrt verlangt, daß sich dagegen bei Aspinall (Maritime Law Cases, Vol. V, new serie from 1882—1886) mehrere vollständig mitgeteilte neuere Entscheidungen englischer Gerichte finden, in welchen sehr bestimmt für die Befolgung des Art. 13 der Regulations for preventing collisions nur gefordert wird, daß bei dickem Nebel ein Dampfschiff so langsam fahre, wie mit der Erhaltung seiner Steuerfähigkeit vereinbar ist, während in einer Entscheidung sogar ausgesprochen wird, daß selbst beim Hören der Dampfpfeife eines anderen Schiffes keine Verpflichtung bestehe, das eigene Schiff zum Stillstande zu bringen. So ist auch unter den Vorsichtsmaßregeln, welche nach einem von Marsden (p. 354) angeführten Urteile des höchsten Gerichtshofes der Vereinigten Staaten von Nordamerika ein Dampfer bei Nebel zu ergreifen hat, von einem gänzlichen Stoppen der Maschine nicht die Rede, sondern es wird nur verlangt, daß die Geschwindigkeit bis auf das zur Aufrechterhaltung der Steuerfähigkeit eben erforderliche Maß verringert werde, und daß das Ruder mit genügenden Kräften besetzt sei, um im Falle der sich hierzu ergebenden Notwendigkeit einen raschen Wechsel in dem Kurse des Schiffes bewirken zu können, während in betreff der neuesten französischen Praxis auf eine Entscheidung des Handelsgerichtes in Havre verwiesen wird, in welcher der gegen das eine der beiden kollidierenden Dampfschiffe erhobene Vorwurf, während des nebeligen Wetters seine Fahrt nicht gemäßigt zu haben, mit der Erwägung zurückgewiesen wird, daß es bei einem so großen Dampfer notwendig gewesen sei, eine gewisse Schnelligkeit beizubehalten, damit das Schiff je nach den

Umständen dem Steuer gehorche und Kollisionen mit etwa in der Nähe gehörten Schiffen vermeiden könne.

Wenn nun bei dieser Lage der Rechtsprechung sowohl deutscher als ausländischer Gerichte das Berufungsgericht der Ansicht ist, daß auch der dem „Sultan" von der Beklagten gemachte Vorwurf überhaupt — wenn auch mit der höchsten für ihn ausführbaren Ermäßigung der Geschwindigkeit — gefahren zu sein, nicht begründet sei, so kann darin die Verletzung irgendeiner Rechtsnorm unmöglich gefunden werden. Denn es handelt sich um die Frage, ob der Führer des „Sultan" subjektiv ein Verschulden treffe, und deren Verneinung erscheint schon dadurch gerechtfertigt, daß nicht allein die Auffassung des Gesetzes in weiten seemännischen Kreisen der Auffassung des Seeamtes widerspricht, sondern auch die Autorität einer Reihe von gerichtlichen Entscheidungen in verschiedenen Ländern ihm zur Seite steht, ihm daher die Richtigkeit der Auffassung des Seeamtes, wenigstens nach dem bestehenden Rechte, jedenfalls als sehr zweifelhaft erscheinen und sein Verhalten sehr wohl ein gutgläubiges sein konnte, wie ja auch das Seeamt selbst sich dies keineswegs verhehlt hat.

Übrigens beschränkt auch das Seeamt die von ihm für Dampfschiffe angenommene Verpflichtung zur gänzlichen Sistierung ihrer Fahrt auf den Fall, wenn der Nebel so dicht und infolgedessen der Gesichtskreis so eng ist, daß der Führer des Dampfschiffes nicht darauf rechnen kann, dem Zusammenstoße mit einem anderen aus dem Nebel auftauchenden Schiffe könne mit Sicherheit durch eine Kursänderung, also durch ein Ausweichen mittels Rudermanövers, vorgebeugt werden. Daß aber diese Voraussetzung hier tatsächlich vorgelegen habe, daß mithin, wenn trotz des Nebels ein gegenseitiges Sichten der Lichter anderer Schiffe auf 300—360 Meter Entfernung möglich war, dasjenige der beiden Dampfschiffe, welches nach Art. 15 flg. der Verordnung dem anderen aus dem Wege zu gehen hatte, hierzu unter der berechtigten Voraussetzung, daß auch dieses Schiff mit tunlichst ermäßigter Geschwindigkeit fuhr, durch Änderung seines Kurses nicht imstande gewesen wäre, hat das Seeamt überall nicht festgestellt, und es folgt dies nicht schon ohne weiteres aus der Feststellung, daß das Schiff auf die Hälfte dieser Entfernung durch Stoppen und Rückwärtsgehen der Maschine nicht zum Stillstande habe gebracht werden können."

**RGZ. 25, 104.**

**Gehört zu der vom Reeder und Verfrachter zu prästierenden Seetüchtigkeit des Schiffes auch, daß dasselbe mit der erforderlichen Garnierung versehen ist?**

HGB. Art. 481, 560.

**Konnossementsmäßige Freizeichnung des Verfrachters in betreff des Verschuldens des Schiffers oder der Schiffsmannschaft im Gegensatze zu dem Verschulden des Verfrachters selbst oder eines anderen Bevollmächtigten desselben als des Schiffers.**

I. Zivilsenat. Urt. v. 25. Mai 1889.

I. Landgericht Bremen. — II. Oberlandesgericht Hamburg.

Der Kläger, welcher mit dem von ihm geführten Dampfer „Prinzeß" eine Ladung Baumwolle von Galveston in Bremen angebracht hat, fordert in seiner Eigenschaft als Führer des Schiffes mittels einer gegen verschiedene Empfänger von einzelnen Partien dieser Ladung erhobenen Klage von denselben die Bezahlung der auf diese Partien entfallenden Fracht, welche an sich ihrem Betrage nach nicht streitig ist. Die Beklagten haben jedoch im Wege der Einrede und zum Teil auch widerklagend, verschiedene Gegenforderungen gegen den Kläger geltend gemacht, welche von diesem bestritten und mit welchen die Beklagten in erster und zweiter Instanz abgewiesen sind.

Die Revision der Beklagten ist zurückgewiesen.

Aus den Gründen:

„Das angefochtene Urteil hat zum Gegenstande diejenigen Gegenforderungen, welche die Beklagten auf die Behauptung gestützt haben, ihnen . . . sei ein erheblicher Schaden dadurch entstanden, daß eine größere Menge der zu den von ihnen zu empfangenden Partien Baumwolle gehörigen Ballen infolge fehlenden Garniers durch auf dem Boden des Schiffes befindlichen Schmutz und durch Seewasser beschädigt sei . . . Den Ersatz des infolge fehlender Garnierung und unterlassener Reinigung des Schiffsbodens entstandenen Minderwertes der Ballen und der ihnen durch die Untersuchung erwachsenen Kosten beanspruchen die Beklagten vom Kläger, indem sie geltend machen, es sei Sache der Reeder gewesen, für ein genügendes Garnier zu sorgen.

Der Kläger hat diesen Anspruch bestritten. Er erklärte sich in betreff der angeblichen Beschädigung mit Nichtwissen und gab an, ein festes Garnier sei vorhanden gewesen, aber dasselbe möge allerdings nicht genügt haben, die Baumwolle vor Beschmutzung zu bewahren. Das Schiff könne jedoch für die Beschädigung nicht verantwortlich gemacht werden, da die Einrichtungen des Schiffes selbst durchaus gut und genügend seien, und eventuell nur ein Verschulden von Personen der Schiffsbesatzung vorliegen würde, für welches aber das Schiff nach den Konnossementen nicht hafte, die unstreitig sämtlich die Klausel enthalten:

„Negligence or default of Pilot, Master, Mariners, Engineers or other persons in the service of the ship whether in navigating the ship or ohterwise . . . excepted." . . .

Das Berufungsgericht stellt fest, daß es an einem losen, die Ladung ausreichend vor der Berührung mit dem Bilgenwasser und dem Schmutze des Schiffsbodens schützenden Garnier gefehlt habe, und daß, wie die Beklagten selbst in erster Instanz offensichtlich überzeugt gewesen seien, hierin die Ursache der Beschädigung zu finden sei. . . .

Nach dieser tatsächlichen Feststellung, gegen welche prozessuale Bedenken sich nicht ergeben, und welche daher für die Revisionsinstanz maßgebend ist, tritt sodann das Berufungsgericht den Gründen bei, aus welchen das Landgericht angenommen hatte, daß der Kläger für eine Beschädigung dieser Art, die auf Sorglosigkeit oder Nachlässigkeit des Schiffers zurückzuführen sei, nach den vorliegenden Konnossementen den lediglich durch diese legitimierten Empfängern der Baumwolle nicht zu haften brauche.

Auch hierbei ist irgendeine Rechtsnorm nicht verletzt. Mit Recht ist das Landgericht in seinen Ausführungen zunächst davon ausgegangen, daß die Klage nicht von dem Kapitän R. persönlich, sondern in seiner Eigenschaft als Vertreter des Reeders und Verfrachters angestellt, und daß auch der hier fragliche Gegenanspuch gegen den Verfrachter und Reeder gerichtet ist. Sodann widerlegt das Landgericht die Behauptung der Beklagten, es sei Sache der Reeder gewesen, für gehöriges Garnier zu sorgen, durch die zutreffende Ausführung, daß der Verfrachter zwar nach Art. 560 HGB. das Schiff in seetüchtigem Zustande zu liefen habe, daß aber ein fehlendes oder mangelhaftes Garnier die Seetüchtigkeit des Schiffes nicht beeinträchtige. Die dem Verfrachter in Art. 560 a. a. O. auferlegte Verpflichtung ist zwar eine ganz allgemeine. Denn sowohl nach einem Beschlusse bei der ersten Lesung (vgl. Protokolle S. 2066) die in dem Art. 470 des preußischen Entwurfes hinter dem Worte „Schiff" folgenden Worte „und seine Gerätschaften" gestrichen wurden, so geschah dies doch nur in der Absicht, dem Artikel eine allgemeinere Fassung zu geben und die Meinung zu verhindern, daß sich derselbe auf die Tüchtigkeit anderer Zubehörungen des Schiffes nicht erstrecke. Zur Seetüchtigkeit des Schiffes gehört daher allerdings auch, daß sämtliche Instrumente und Pertinenzen, deren das Schiff bedarf, um eine bestimmte Reise antreten und mit Sicherheit ausführen zu können, vorhanden und in gehörigem Stande sind. Die Garnierung hat aber nicht den Zweck, das Schiff zu schützen und in den Stand zu setzen, auch bei schwerem Wetter den Wellen und den Stürmen zu widerstehen, sondern sie besteht in Vorrichtungen, durch welche nur die Ladungsgegenstände vor dem, erfahrungsmäßig auch ohne den Eintritt von besonderen Unfällen in den Schiffsraum eindringenden Seewasser und vor der Berührung mit dem etwa am Schiffsboden haftenden Schmutze gesichert werden sollen, so daß auch beim Fehlen einer gehörigen Garnierung die Seetüchtigkeit des Schiffes sehr wohl vorhanden sein kann. Anders verhält es sich mit der Stauung der Güter. Denn durch diese soll nicht allein eine verderbliche Einwirkung der verschiedenen Güter aufeinander und das Hin- und Herwerfen der Güter durch die Bewegungen des Schiffes sowie die den Gütern hierdurch drohende Beschädigung verhindert, sondern auch die im Interesse der sicheren Fahrt erforderliche zweckmäßige und gleichmäßige Beladung des Schiffes hebeigeführt und das, auch dem Schiffe gefahrdrohende seitliche Überschießen der Ladung verhindert werden, woraus sich ergibt, daß durch ungenügende oder fehlerhafte Stauung auch die Seetüchtigkeit des Schiffes unter Umständen beeinträchtigt sein kann.

Vgl. Pöhls, Handesrecht Bd. 3 S. 441 flg. und Wagner, Handbuch des Seerechtes Bd. 1 S. 410 flg.

Nimmt das Landgericht hiernach mit Recht an, daß nach Art. 481 HGB. der Schiffer es gewesen sei, welcher dafür zu sorgen gehabt habe, daß das Schiff mit der erforderlichen Garnierung versehen werde, so verkennt es auch nicht, daß der Reeder und Verfrachter, wenngleich ein eigenes Verschulden ihn nicht trifft, demungeachtet an sich auch für die hier fragliche Beschädigung haftet, falls er nicht nach den Konnossementen von dieser Haftung befreit ist. Wenn endlich das letztere als hier vorliegend angenommen wird, weil die Beschädigung auf ein Versehen des Schiffers zurückzuführen sei, für welches nach dem oben angeführten Passus der Konnossemente das Schiff nicht zu haften habe, so kann hierin die Verletzung irgendeiner Rechtsnorm nicht gefunden werden.

Das Berufungsgericht fügt ganz richtig noch hinzu, daß, wenn auch die Freizeichnung von allen Folgen von negligence or default of Pilot, Master, Marniers usw. eine außerordentlich weitgehende sei, ihr doch nach den Grundsätzen des deutschen Rechtes über die Vertragsfreiheit nichts entgegenstehe. Das ist auch noch neuerdings wieder in einer Entscheidung des I. Zivilsenates des Reichsgerichtes vom 6. Februar 1889 i. S. der Deutschen Nationalbank u. Gen. w. Kapitän W. ausgesprochen. . . .

Endlich unterliegt es auch keinem Bedenken, daß — wie beide Vorinstanzen angenommen haben — für die Beurteilung der in einem deutschen Hafen zu erfüllenden Verpflichtung des Verfrachters aus den Konnossementen das deutsche Recht maßgebend ist.

Wenn die Revision schließlich noch geltend macht, daß das Reichsgericht auch in der oben erwähnten Entscheidung eine Befreiung des Reeders von den Ersatzansprüchen der Empfänger auf Grund einer ganz ähnlichen Konnossementsklausel nicht angenommen habe, so erscheint dies unzutreffend. Denn in jenem Falle beruhte die Entscheidung auf dem Rechtssatze, daß der Reeder sich auf eine solche Freizeichnung insoweit nicht berufen kann, als ihn selbst oder einen anderen Bevollmächtigten des Reeders (als den Schiffer) ein Verschulden trifft, und auf der Annahme, daß diese Voraussetzung vorliege, weil die Beschädigung der Baumwolle durch ein ungehöriges, aber in Galveston übliches Verfahren bei der Stauung entstanden sei, welches den Agenten des Reeders in Galveston (von denen auch die Konnossemente gezeichnet waren) bekannt gewesen, und dessen Unkenntnis auf seiten des Reeders eine schuldbare Nachlässigkeit in sich schließen würde. Zur Annahme eines derartigen eigenen Verschuldens des klagenden Reeders fehlt es aber im gegenwärtigen Falle an jedem Anhalte."

RGZ. 28, 159.

**Ist eine Schadensersatzklage des Befrachters gegen den Verfrachter, welcher die Ware mit einem anderen als dem vertragsmäßig vereinbarten Schiffe an den Ort ihrer Bestimmung versandt hat, mit der Begründung zulässig, daß das vereinbarte Schiff untergegangen sei, mithin, wenn die Ware sich auf diesem befunden hätte, der Kläger die Summe bezogen haben würde, wofür er sie auf diesem Schiffe versichert hatte?**

I. Zivilsenat. Urt. v. 4. November 1891.

I Landgericht Hamburg, Kammer für Handelssachen. — II. Oberlandesgericht daselbst.

Im November 1889 hat Kläger mit E. & Co. in Antwerpen, welche unbestritten Agenten des Beklagten sind, einen Vertrag über Versendung von Zucker nach Valparaiso abgeschlossen. Dabei wurde vereinbart, daß die Ware mit dem Segler „Adamant" verladen werden sollte. Dieses Schiff ging am 18. Dezember 1889 von Hamburg ab. Der Kläger hatte den Zucker pr. „Adamant" laut Deklaration vom 7. Dezember 1889 zu 46 M das Faß versichert. Der „Adamant" ist nicht in Valparaiso angekommen, sondern Mitte April 1890 mit der gesamten Ladung zugrunde gegangen. Der Zucker des Klägers war aber nicht mit dem „Adamant", sondern angeblich wegen dessen Überfüllung mit dem am 7. Januar 1890 von Hamburg abgegangenen Schnellsegler „Potsdam" verladen worden ist am 15. April 1890 in Valparaiso eingetroffen. Daselbst wurde am 26. Juni 1890 eine Untersuchung von Sachverständigen vorgenommen, welche feststellten, der Zucker sei feucht angekommen.

Der Kläger hat eine Schadensersatzklage mit einem prinzipalen und einem eventuellen Antrage erhoben. Beiden liegt eine Berechnung zugrunde, wonach der Zucker, weil der Preis gesunken, da er feucht und badly sweated angekommen, um höchstens 17 240,70 M verkäuflich sei.

Das prinzipale Begehren stützt sich auf die Tatsache, daß die Ware vertragswidrig nicht mit dem „Adamant", sondern mit dem „Potsdam" verladen worden sei, und bezeichnet als den infolge dieser Vertragsverletzung eingetretenen Schaden den Verlust der Versicherungssumme, welche der Klägerin beim Untergange der Ware mit dem gedachten Schiffe hätte ausbezahlt werden müssen. Da diese 22 862 M betragen hätte, der wahrscheinliche Verkaufserlös dagegen nur 17 240,70 M, so wird der Unterschied von 5621,30 M gefordert, zuzüglich 114,97 M Auslage für die Besichtigung in Valparaiso. Mit dem eventuellen Antrage wird der Unterschied zwischen dem Verkaufspreise der Ware in trockenem, guten Zustande und dem in der schlechten Beschaffenheit gefordert, in welcher sie in Valparaiso angekommen ist. Der Beklagte hat Abweisung beider Klageanträge beantragt.

Der erste Richter hat ein Teilurteil erlassen, welches den eventualen Antrag abweist und betreffs des prinzipalen Anspruches ein Zwischenurteil dahin: Der klägerische Anspruch auf Interesseleistung dafür, daß Beklagter die 497 Faß Zucker nicht mit dem am 18. Dezember 1889 von hier versegelten „Adamant" verschifft hat, wird dem Grunde nach für berechtigt erklärt. Als Interesse ist jedoch nur zu vergüten der Ausfall auf denjenigen Preis, welchen Kläger bei rechtzeitiger Ankunft des „Adamant" wahrscheinlich hätte erzielen können. Sodann erließ dasselbe Gericht ein Endurteil, wodurch die Beklagte zur Bezahlung von 500 M verurteilt, der Kläger mit der Mehrforderung von 4035,80 M abgewiesen wird.

Gegen diese Urteile haben der Kläger und die Beklagte Berufung eingelegt.

*Der Berufungsrichter hat* den p r i n z i p a l e n Klageanspruch dem Grunde nach für berechtigt erklärt. Beide Instanzgerichte stimmen darin überein, daß der Beklagte verpflichtet gewesen, „per Adamant" zu verladen; dagegen erachtet das Oberlandesgericht vom Landgerichte abweichend die prinzipale Klagebegründung für zulässig. Es stehe nichts entgegen, den kontraktbrüchigen Kontrahenten für die Differenz in Anspruch zu nehmen, wenn der andere durch den Kontraktbruch verhindert worden ist, für eine versicherte Ware die Versicherungssumme einzuziehen, und gezwungen wurde, die Ware zu einem geringeren Erlöse zu verwerten. Auf die Revision der Beklagten ist das Berufungsurteil aufgehoben worden aus folgenden G r ü n d e n :

. . . „Dagegen mußte das Berufungsurteil wegen Verletzung der Rechtsgrundsätze über Schadensersatz bei Nichterfüllung von Verträgen aufgehoben werden. Dasselbe stützt sich mit Unrecht auf die Entscheidung des Reichsoberhandelsgerichtes vom 18. September 1871[1]). Aus diesem Urteile könnte höchstens d i e Folgerung gezogen werden, daß die Abnahme des Zuckers in Valparaiso verweigert werden durfte, jedoch einzig aus dem Grunde, weil die Ladung mit einem anderen als dem vertragsmäßig vereinbarten Schiffe eingetroffen ist. Mit der Hinweisung in diesem Urteile auf schadenbringende Ereignisse, welche das vereinbarte Schiff betroffen haben können, und aus welchen der Befrachter Vorteile ziehen dürfe, wird nur ein möglicher Beweggrund für die Annahmeverweigerung angedeutet.

Eine Klage auf Schadensersatz kann aber auf solche Ereignisse, insbesondere den Untergang des vereinbarten Schiffes, nicht gestützt, es kann nicht deshalb Schadensersatz begehrt werden, weil die Ware, anstatt mit dem vertragsmäßigen Schiffe unterzugehen, am Orte ihrer Bestimmung angekommen, weil sie also infolge Versendung mit einem anderen Schiffe vom Untergange gerettet worden ist. Einer solchen Klage stehen die Grundsätze über Vertragserfüllung und die über Schadensersatz wegen Nichterfüllung entgegen.

---

[1]) Vgl. Entsch. des ROHG.'s Bd. 3 S. 120. D. E.

In ersterer Hinsicht, die Grundsätze über Vertragserfüllung betreffend, kann als Vertragswille und Vertragsinhalt nur anerkannt werden, daß der Zucker mit dem „Adamant" nach Valparaiso befördert wurde, nicht aber, daß er mit demselben untergehe. Die Versicherung der Ladung seitens des Klägers kommt dabei rechtlich nicht in Betracht. Durch den neben dem Frachtvertrage abgeschlossenen Versicherungsvertrag erlangte der Kläger einen vom Verluste des versicherten Gutes bedingten Anspruch gegen den Versicherer, nicht aber auch einen Anspruch gegen den Verfrachter darauf, daß dieser mit dem bedungenen Schiffe den Eintritt der Bedingung herbeiführe. Deshalb dürfen auch der Untergang des vereinbarten Schiffes und der Vorteil, welcher in der Versicherungssumme dem Befrachter zugegangen wäre, wenn die Ware auf demselben sich befunden haben würde, nicht in Betracht gezogen werden, wenn es sich um Feststellung des ursachlichen Zusammenhanges zwischen der Vertragsverletzung durch Wahl eines anderen Schiffes und einem infolge hiervon eingetretenen Schaden handelt. Bezüglich des Schadensersatzes wegen Nichterfüllung ist davon auszugehen, daß derselbe in der Herstellung derjenigen Vermögenslage besteht, in welcher der Befrachter sich befinden würde, wenn die Ware mit dem vereinbarten Schiffe befördert worden und angekommen wäre. Als Vermögen des Befrachters darf aber der Anspruch auf die Versicherungssumme um deswillen nicht gerechnet werden, weil er ein bedingter ist, und der Befrachter nach dem vorstehend Ausgeführten nicht auch einen Anspruch gegen den Verfrachter auf Herbeiführung der Bedingung hatte. Als Vermögen kommt daher allein das Frachtgut in Betracht, dieses ist aber unbestritten mit dem „Potsdam" in Valparaiso eingetroffen. Es wurde daher — von einer ewaigen Beschädigung oder Preisminderung abgesehen — das Vermögen des Klägers nicht vermindert.

Demnach erscheint die Klage, soweit sie sich auf den Untergang des „Adamant" und die Nichterlangung der Versicherungssumme stützt, unbegründet und war daher das Berufungsurteil aufzuheben." . . .

RGZ. 31, 62.

**1. Greift die rechtliche Vermutung für ein Verschulden des Schiffsführers, dessen Schiff unter äußerem Zuwiderhandeln gegen die zur Verhütung von Schiffskollisionen gegebenen Vorschriften mit einem anderen Schiff zusammengestoßen ist, auch dann Platz, wenn der Schiffsführer die Lage des anderen Schiffes nicht erkennen konnte?**

**2. Wie muß das dem überholenden Schiff zu zeigende Hecklicht beschaffen sein?**

**3. Darf an Stelle des dem überholenden Schiff zu zeigenden Hecklichts ein festes Hecklicht geführt werden?**

Kaiserl. Verordnung vom 7. Januar 1880 Art. 2, 11, 18, 20.

I. Zivilsenat. Urt. v. 18. Februar 1893.

I. Landgericht Hamburg. — II. Oberlandesgericht daselbst.

Am 7. Oktober 1891 abends gegen 7 Uhr ist der elbaufwärts fahrende Dampfer „Athabasca", der Klägerin gehörig, im Fahrwasser bei Finkenwärder von dem den Beklagten gehörigen, ebenfalls elbaufwärts fahrenden Dampfer „Procida" an Backbord schräg von rückwärts angerannt worden, infolgedessen gesunken und total verloren gegangen. Auch der Dampfer „Procida" hat bei dem Zusammenstoß Beschädigung erlitten. Beide Teile behaupten, daß das Schiff des Gegners die alleinige Schuld an dem Zusammenstoß trage, und fordern wechselseitig Schadenersatz voneinander. Zur Begründung ihrer Ansprüche haben beide Teile auf die Ergebnisse des den Kollisionsfall betreffenden seeamtlichen Verfahrens Bezug genommen.

Das Landgericht zu Hamburg hat die Verhandlung vorab auf den Grund der erhobenen Ansprüche beschränkt und sodann Klage und Widerklage abgewiesen. Die von beiden Teilen eingelegten Berufungen sind zurückgewiesen worden. Das Reichsgericht hat sowohl die hiergegen eingelegte Revision der Kläger wie die Anschließung der Beklagten zurückgewiesen aus folgenden

Gründen:

„Das Berufungsgericht gelangt zu seiner die beiderseitigen Berufungen, bzw. Klage und Widerklage zurückweisenden Entscheidung, indem es annimmt, daß auf keiner Seite ein für den entstandenen Schaden kausales Verschulden vorliege. Die Klage behauptet alleiniges Verschulden der „Procida" und stützt sich hierbei darauf, daß die „Procida" als das überholende Schiff zum Ausweichen verpflichtet gewesen sei (Art. 20 der Kaiserlichen Verordnung vom 7. Januar 1880). Das Gericht erster Instanz hat sich auf diesen Standpunkt gestellt, jedoch daraus keine Konsequenzen hinsichtlich der Beweislast gezogen, sondern positiv ein Verschulden der „Procida" angenommen, welches darin gefunden worden ist, daß zu spät Rückwärtsdampf gegeben worden sei. Das Berufungsgericht hat sich über die Frage der Beweislast nicht ausdrücklich ausgesprochen, allein seine Ausführungen lassen deutlich erkennen, daß es von einem gegen die „Procida" zu führenden Schuldbeweis ausgeht. Diesen Standpunkt rügt die Revision als einen rechtsirrtümlichen, allein mit Unrecht.

In der Rechtsprechung des Reichsoberhandelsgerichts und des Reichsgerichts bei Schiffskollisionsfällen ist wiederholt die rechtliche Vermutung angewendet worden, daß das Zuwiderhandeln gegen gesetzliche, zum Schutze bestimmter Interessen gegebene Vorschriften als kausal für die Entstehung eines Schadens, dessen Verhütung durch jene Vorschriften bezweckt wurde, anzusehen sei, und es ist dementsprechend angenommen worden, daß die Entschädigungsklage des Verletzten keiner weiteren Begründung bedürfe, als des Nachweises der erfolgten Beschädigung und des äußerlichen Zuwiderhandelns des Beklagten gegen die gesetzliche Vorschrift.

Vgl. Entsch. des ROHG.'s Bd. 28 S. 291, Bd. 23 S. 186; Entsch. des RG.'s in Zivils. Bd. 21 S. 109.

Diese Vermutung kann jedoch dann nicht Platz gereifen, wenn die äußeren Umstände dem Handelnden nicht die Möglichkeit gewährten, eine Lage zu erkennen, für welche ihm ein bestimmtes Verhalten vorgeschrieben war. Fehlte es an dieser Möglichkeit, so kann auch nicht mehr von einer verantwortlichen Verletzung der für eine bestimmte Sachlage gegebenen Vorschrift die Rede sein; denn diese setzt voraus, daß der Handelnde bei gehöriger Aufmerksamkeit zu dem Bewußtsein hätte gelangen müssen, daß ein Fall der Anwendung einer für seine Handlungsweise maßgeblichen, einer bestimmten Sachlage entsprechenden Vorschrift vorliege. Unberechtigt würde es sein, das Verhalten des Handelnden nach der hinterher sich ergebenden objektiven Sachlage beurteilen zu wollen, wen diese nach den äußeren Verhältnissen, unter denen er zu handeln hatte, von ihm nicht erkannt werden konnte.

Nun steht jetzt zwar objektiv fest, daß der auf der Fahrt nach Hamburg begriffene Dampfer „Athabasca" etwa drei Minuten vor Eintritt der Kollision begonnen hatte, seine Fahrt elbaufwärts langsam wieder aufzunehmen, nachdem es ihm gelungen war, von der Untiefe, auf der er festgeraten war, wieder loszukommen, und daß die „Procida" der „Athabasca" in derselben Fahrtrichtung, aber mit größerer Fahrtgeschwindigkeit folgte, mithin ein die „Athabasca" überholendes Schiff war. Andererseits aber ergibt sich aus den festgestellten Tatumständen, daß die Führung der „Procida" nicht imstande war, diese Sachlage zu erkennen. Es ist festgestellt, daß tiefe Dunkelheit herrschte, und daß an dem von der „Procida" aus im Fahrwasser voraus als dunkle Masse wahrgenommenen Schiff keine Lichter sichtbar waren, welche dessen Position ersichtlich gemacht hätten. Der Umstand, daß die „Procida", als sie, um wenden zu können, nach Blankenese hinabgedampft war, die aufwärts fahrende „Athabasca" mehrere Stunden vorher getroffen hatte und ebenso den gleichfalls elbaufwärts fahrenden Dampfer „Hafis" hatte passieren sehen, genügte nicht, um die Führung der „Procida" zu der Annahme zu nötigen, daß das voraus sichtbar werdende dunkle Schiff einer dieser Dampfer sein müsse. Dasselbe konnte, da es überhaupt keine Lichter sehen ließ, sich ebensowohl stromauf wie stromab in Fahrt befinden oder auf Grund sitzen. Ein überwiegender Grund zu der Annahme, daß das keine Lichter zeigende Schiff ebenso wie die „Procida" elbaufwärts fahre, lag für die Führung des letzteren Schiffes nicht vor. Dieselbe war vielmehr außerstande, zu erkennen, in welcher Lage sie sich dem dunklen Schiff gegenüber befinde, und es kann deshalb gegen sie nicht der Vorwurf erhoben werden, daß sie, der Vorschrift des Art. 20 der Kaiserlichen Verordnung zuwiderhandelnd, unterlassen habe, der überholten „Athabasca" aus dem Wege zu gehen. Es greift also auch keine Vermutung dafür Platz, daß der Kollisionsschaden durch eine solche Zuwiderhandlung von der „Procida" verschuldet sei.

Eine derartige Vermutung kann ebensowenig auf den Art. 18 der Kaiserlichen Verordnung gestützt werden. Diese Vorschrift bestimmt, daß ein Dampfschiff, welches sich einem anderen Schiff in solcher Weise nähere, daß dadurch Gefahr des Zusammenstoßens entstehe, seine Fahrt mindern oder, wenn nötig, stoppen und rückwärts gehen müsse. Es ist also eine Mehrheit von Maßregeln zur Auswahl gestellt, von denen die der jedesmaligen Sachlage angemessene zur Anwendung zu bringen ist. Wenn nun auch ohne weiteres anzunehmen ist, daß die Führung der „Procida" von dem Augenblick an, als der voraus befindliche dunkle Schiffskörper sichtbar wurde, das Bewußtsein an dem Bestehen einer Kollisionsgefahr haben mußte, so würde ein äußerlich sofort erkennbares Zuwiderhandeln gegen die Vorschrift des Art. 18 der Kaiserlichen Verordnung erst dann vorliegen, wenn k e i n e der dort angegebenen Vorsichtsmaßregeln ergriffen worden wäre. Dieser Fall ist aber nicht eingetreten; denn die Maschine der „Procida" ist gleich nach dem Erblicken des dunklen Schiffskörpers gestoppt und dadurch die Fahrt des Schiffes gemindert worden. Es besteht keine Vermutung dafür, daß die Führung der „Procida" hierdurch ihrer Pflicht nicht genügt habe; denn wenn auch der demnächst erfolgte Eintritt der Kollision gezeigt hat, daß die ergriffene Maßregel nach Lage der Sache zur Verhütung eines Zusammenstoßes nicht hinreichte, so kann daraus noch nicht auf ein der Führung der „Procida" zur Last fallendes Verschulden geschlossen werden, vielmehr bedarf es des Beweises, daß unter den obwaltenden Umständen ein anderes, wirksameres Handeln geboten gewesen wäre.

Hieraus ergibt sich, daß den Beklagten die Führung eines Exkulpationsbeweises nicht obliegt, und daß vielmehr die Kläger ein für den Zusammenstoß kausales Verschulden in der Führung der „Procida" zu beweisen haben, nachdem festgestellt ist, daß diese die Lage des vor ihr im Fahrwasser befindlichen Schiffes nicht zu erkennen vermochte." . . .

(Es folgt die Ausführung, daß ein solches Verschulden der Führung der „Procida" nicht dargetan sei.)

„Ergibt sich hiernach die Entscheidung auf die Klage als gerechtfertigt, so ist weiter zu prüfen, ob die Entscheidung auf die Widerklage auf Rechtsverletzung beruht.

Es kommt hier zunächst in Betracht, ob auf der „Athabasca" die für die Lichterführung bestehenden Vorschriften verletzt worden sind. In dieser Beziehung hat das Oberlandesgericht den gegen die Führung des Schiffes erhobenen Vorwurf, daß die nach dem Festgeraten gemäß Art. 5 der Kaiserlichen Verordnung gesetzten drei roten Lichter zu Unrecht entfernt und statt derselben die Fahrtlichter wieder angebracht worden seien, in Übereinstimmung mit dem Seeamt und dem Landgericht zurückgewiesen, indem es als tatsächlich feststehend ansieht, daß das Schiff seine Vorwärtsbewegung wieder begonnen hatte und dem Ruder folgte, mithin seine Manövrierfähigkeit wieder erlangt hatte, mindestens aber für erwiesen erachtet, daß die Führer des Schiffes nach gewissenhafter Prüfung die Überzeugung von der wiedergewonnenen Manövrierfähigkeit erlangt hatten, so daß jedenfalls ein Verschulden bei der Änderung der Lichter ausgeschlossen sei. In diesem, zu Bedenken keine Veranlassung bietenden Punkt ist auch in dieser Instanz ein Angriff gegen das Berufungsurteil nicht versucht worden.

Dagegen ist die Annahme des Oberlandesgerichts, daß die „Athabasca" durch Führung der Zollaterne der Vorschrift des Art. 11 der Kaiserlichen Verordnung, welche verlangt, daß ein überholtes Schiff dem überholenden vom Heck aus ein weißes Licht oder ein Flackerfeuer zeigen müsse, genügt habe, in dieser Instanz als rechtsirrtümlich angegriffen worden.

Das Oberlandesgericht geht davon aus, daß die Führung eines permanenten Hecklichtes, welche auch das Seeamt, namentlich in belebten Gewässern, für zweckmäßig erkläre, auf größeren Dampfschiffen weit verbreitet sei; es weist ferner darauf hin, daß nach dem Zeugnis von M a r s d e n auf der Themse diese Praxis allgemein geübt werde, und daß für den Mersey sogar durch eine lokale Verordnung die Führung eines festen Hecklichtes vorgeschrieben sei, und folgert hieraus, daß die Führung eines solchen Lichtes mit sachlichen Nachteilen für die Schiffahrt nicht verknüpft sein könne. Zum Beweis hierfür wird auf die Verhandlungen der internationalen Marinekonferenz in Washington (1889) Bezug genommen, welche zu dem Vorschlag geführt hätten, die Erlaubnis zur Führung eines festen Hecklichtes ausdrücklich auszusprechen. Im Anschluß hieran wird die Meinung bekämpft, daß die bestehenden Vorschriften ein Verbot der Führung eines festen Hecklichtes enthielten, welches, wenn es beabsichtigt sein sollte, leicht zum unzweideutigen Ausdruck hätte gebracht werden können, und der entgegenstehenden Ansicht von Marsden gegenüber darauf hingewiesen, daß auch die Spruchpraxis der englischen Richter nicht einhellig an der Unzulässigkeit der Führung eines festen Hecklichtes festhalte. Das Oberlandesgericht führt dann weiter aus, daß die am Flaggstock der „Athabasca“ befestigte weiße Zollaterne sowohl hinsichtlich ihrer Anbringung wie ihrer Einrichtung und Leuchtkraft nach geeignet gewesen sei, den Zweck eines Hecklichtes zu erfüllen, und daß die Erreichung dieses Zwecks durch die Bestimmung der Laterne zu zolldienstlichen Zwecken nicht ausgeschlossen werde. Daß auch die Leuchtkraft der weißen Zollaterne eine ausreichende gewesen sei, wird, abweichend von der auf eigene Erprobung gestützten Meinung des Landgerichts, auf die Autorität des Seeamts und darauf gestützt, daß ein beigebrachtes, von acht Elblotsen ausgestelltes Attest die in den berufenen Kreisen herrschende Überzeugung von der Tauglichkeit der Zollaterne für die Zwecke des Hecklichtes beweise.

Diesen Ausführungen kann insoweit beigestimmt werden, als, die Zulässigkeit der Führung eines festen Hecklichtes vorausgesetzt, der Benutzung der weißen Zollaterne statt eines besonderen Hecklichtes hier nichts entgegenstehen würde. Der Art. 11 der Kaiserlichen Verordnung gibt keine Vorschrift für den Ort und die Beschaffenheit des anzubringenden Hecklichtes. Der Zweck desselben führt jedoch notwendig dahin, daß es geeignet sein muß, von einem überholenden Schiff aus rechtzeitig gesehen und als Hecklicht erkannt zu werden. Das Hecklicht wird deshalb nur in geringer Höhe angebracht werden dürfen und so eingerichtet sein müssen, daß es nie gleichzeitig mit den Fahrtlichtern gesehen werden kann, damit eine Irreführung des überholenden Schiffes ausgeschlossen ist. Demgemäß sieht Marsden (S. 394) as als eine Verletzung der bestehenden Vorschriften an, wenn der Strahlungskreis des Hecklichtes den Strahlungskreis der Seitenlichter überschneidet, und die Vorschläge der internationalen Konferenz in Washington verlangen im Einklang hiermit eine solche Einrichtung des Hecklichtes, daß es ein ununterbrochenes Licht über einen Bogen des Horizonts von zwölf Kompaßstrichen (sechs auf jeder Seite des Fahrzeugs) werfen, daß es ferner auf eine Entfernung von mindestens einer Seemeile sichtbar sein und endlich möglichst die gleiche Höhe mit den Seitenlichtern haben soll (Art. 10 Abs. 2 der Washington rules). Es wird nicht anzuzweifeln sein, daß diese aus den Beratungen besonders tüchtiger Sachverständiger hervorgegangenen Vorschläge die an ein festes Hecklicht zu stellenden Anforderungen sachgemäß festgestellt haben.

Nun entsprach die obere (weiße) Zollaterne, welche die „Athabasca" gemäß der Regulative des hamburgischen Senats vom 12. Dezember 1881 zu führen hatte und, wie festgestellt ist, an ihrem Flaggstock brennend und gehörig befestigt geführt hat, den vorstehenden Anforderungen jedenfalls darin, daß sie ihr Licht auf einen Bogen von zwölf Kompaßstrichen (sechs Striche nach jeder Seite) warf und am Flaggstock, also etwa in gleicher Höhe wie die Seitenlichter befestigt war. Daß auch die Leuchtkraft der Zollaterne gerade der obigen Anforderung (Sichtbarkeit auf eine Seemeile) entsprochen habe, hat zwar das Oberlandesgericht nicht festgestellt, und in dieser Beziehung wird unter Hinweis auf die die Leuchtkraft der Zollaterne für ungenügend erklärende Meinung des ersten Richters das Berufungsurteil angegriffen. Indessen gibt die Ansicht des Oberlandesgerichts, daß es einer besonderen Feststellung der Leuchtkraft der Zollaterne nicht bedurft habe, für den vorliegenden Fall zu Bedenken keine Veranlassung. Mit Recht hebt das Oberlandesgericht hervor, daß zur Zeit eine feste Minimalgrenze der Leuchtkraft für das Hecklicht noch nicht vorgeschrieben sei. Mag nun auch in dem Spruch des Seeamts ausdrücklich ausgesprochen sein, daß die Zollaterne hinsichtlich der Leuchtkraft den an ein Hecklicht zu stellenden Anforderungen genüge, so fällt doch das anerkannte Attest einer größeren Zahl von Elblotsen, denen in diesem Punkt eine reiche Erfahrung beizumessen ist, trotz der entgegenstehenden Meinung des ersten Richters erheblich dafür ins Gewicht, daß das Licht der Zollaterne allgemein hinreicht, einem in Fahrt begriffenen Schiff das Vorausfahren eines anderen rechtzeitig anzuzeigen. Noch weniger aber ist in Zweifel zu ziehen, daß die auf der „Athabasca" brennende Zollaterne auf die geringe Entfernung von etwa 500 bis 600 Meter sichtbar gewesen ist, in welcher sich die „Procida" von der „Athabasca" befand, als nach der Wegnahme der während der Manövrierunfähigkeit des letzteren Schiffes brennenden roten Lichter das Hecklicht zu zeigen gewesen wäre.

Dagegen sind die Ausführungen des Oberlandesgerichts insoweit für rechtsirrtümlich zu erachten, als sie die Führung eines festen Hecklichtes nach dem bestehenden Recht für zulässig erachten. Deer Art. 11 der Kaiserlichen Verordnung lautet:

> Ein Schiff, welches von einem anderen überholt wird, muß diesem vom Heck aus ein weißes Licht oder ein Flackerfeuer zeigen.

Die Verordnung versteht unter dem „Zeigen" eines Lichtes etwas anderes, als unter der „Führung" eines Lichtes. Die von einem Schiff zu „führenden" Lichter sollen dauernd sichtbar sein, solange Dunkelheit herscht (von Sonnenuntergang bis Sonnenaufgang), während Lichter, welche zu „zeigen" sind, nur solange sichtbar sein müssen, als ihr vorübergehender Zweck es erfordert. Diese Verschiedenheit im Gebrauch der Worte „Führen und Zeigen" ist in der Verordnung streng durchgeführt, wie eine Vergleichung der Vorschriften in den Art. 3—9 und 11 der Verordnung unschwer ergibt. Auch bei den Verhandlungen der internationalen Konferenz in Washington ist der Unterschied der Bedeutung beider Worte ausführlich erörtert und von einem Delegierten, ohne Widerspruch zu finden, dahin präzisiert worden:

> . . . the word „carry" applies to a permanent light, and the word „show" to a flash light. (Protokoll der Sitzung vom 28. Oktober 1889).

Wenn nun Art. 2 der Verordnung sagt:

> Die in den folgenden Artikeln erwähnten Lichter, und keine anderen, müssen bei jedem Wetter von Sonnenuntergang bis Sonnenaufgang geführt werden,

so verbietet er die Führung anderer Lichter außer denjenigen, deren Führung vorgeschrieben ist. Da aber ein Hecklicht nicht geführt, sondern nur im Falle des Überholtwerdens gezeigt werden soll, so richtet sich das Verbot des Art. 2 auch gegen die Führung eines permanenten Hecklichtes. Es kann deshalb nicht zugegeben werden, daß sich ein solches Verbot aus der Wortfassung der Verordnung nicht ergebe.

Nun wird allerdings bezeugt, daß seit dem Erscheinen der Verordnung vom 7. Januar 1880 sich auf vielen großen Dampfschiffen die Praxis eingebürgert habe, statt des im Bedürfnisfalle zu zeigenden Hecklichtes ein solches fest zu führen. Dies ist jedoch nur ein Beweis dafür, daß die Anschauungen über die Bedeutungen des Hecklichtes in einer fortschreitenden Änderung begriffen sind. Das Zeigen eines Hecklichtes für überholende Schiffe, welches vordem nur als Pflicht galt, wenn offensichtlich Gefahr vorlag, vgl. Maude and Pollock, Law of Merchant shipping IV. Ed. Bd. 1 S. 596,

ist durch die Verordnung vom 7. Januar 1880 zur regelmäßigen Pflicht geworden, und wenn die internationale Konferenz in Washinton sich dahin geeinigt hat, vorzuschlagen, daß fernerhin die Führung eines festen Hecklichtes fakultativ zuzulassen sei, so ergibt sich daraus, daß die Wichtigkeit des Hecklichtes immer mehr erkannt und die Vorteile eines festen Hecklichtes den etwaigen Nachteilen gegenüber als überwiegend befunden worden sind. Hierfür spricht auch die für die außerordentlich lebhafte Wasserstraße des Mersey erlassene Lokalverordnung, welche für Dampfschiffe die Führung eines festen Hecklichtes vorschreibt. Allein solange eine Änderung der bestehenden internationalen Vorschriften nicht erfolgt ist, kann die Führung eines festen Hecklichtes als allgemein zulässig nicht gelten. Auch bei den Beratungen der internationalen Konferenz in Washington ist es als zweifelhaft bezeichnet worden, ob die Führung eines festen Hecklichtes mit der bestehenden Vorschrift vereinbar sei (Sitzung vom 7. November 1889), und Marsden verneint dies, indem er bemerkt:

Art. 11 does not require the stern light to be fixed and it would be improper to carry it fixed and showing continuously (S. 393),

und bei Erwähnung der für den Mersey erlassenen Lokalverordnung auf die Abweichung von der allgemeinen Vorschrift besonders hinweist:

the fixed stern light required by the Mersey River rules for a steam ship under way are to be distinguished from the temporary light for overtaken ships by Art. 11 of the General Regulations (S. 395).

Die englische Gerichtspraxis steht überwiegend auf demselben Standpunkt. Wenn dieselbe eine formalistische genannt werden kann, so hat auf dem in Frage stehenden Gebiet, welches vor allem feststehende Gleichförmigkeit in der Beobachtung bestehender Vorschriften verlangt, wenn deren Zweck erreicht werden soll, eine im rechten Sinne geübte Formstrenge ihre volle Berechtigung.

Eine die allgemeinen Vorschriften abändernde Lokalverordnung für die Unterelebe ist bisher nicht ergangen. Daß auf dieser Wasserstraße die Führung eines festen Hecklichtes in der Gestalt der weißen Zollaterne in Übung gekommen und diese Übung anscheinend geduldet worden ist, kann einer solchen, nach Art. 25 der Kaiserlichen Verordnung zulässigen Lokalverordnung in der Wirkung nicht gleichgeachtet werden.

Vgl. Entsch. des RG.'s in Zivils. Bd. 21 S. 143, 144.

Wenn hiernach auch die Benutzung der Zollaterne als eines festen Hecklichtes auf der „Athabasca" als den Art. 2, 11 der Kaiserlichen Verordnung objektiv zuwiderlaufend anzusehen ist, so folgt daraus doch nicht die Aufhebung der angefochtenen Entscheidung, weil diese Zuwiderhandlung subjektiv entschuldbar erscheint. Unter Berücksichtigung der Tatsache, daß die Führung eines festen Hecklichtes auf größeren Dampfern weit verbreitet, auf den befahrendsten Strommündungen, der Themse und dem Mersey sogar allgemein üblich bzw. vorgeschrieben ist, kann es dem Kapitän der „Athabasca" nicht als Verschulden angerechnet werden, daß er sich bei der Erklärung des Lotsen B., die stetig brennende Zollaterne, deren Einrichtung ja den Anforderungen eines festen Hecklichtes entsprach, könne ein solches ersetzen, beruhigt und Abstand davon genommen hat, das Zeigen eines besonderen Hecklichtes anzuordnen. Ebensowenig aber ist gegenüber der in dem überreichten Attest bezeugten Tatsache, daß außer dem Lotsen B. selbst eine größere Zahl seiner Berufsgenossen seit Einführung der Zollaterne in der Überzeugung, damit nicht gesetzwidrig zu handeln, vom Zeigen eines besonderen Hecklichtes Abstand genommen hat, weil die Zollaternen den Zweck eines Hecklichtes erfüllten, ein Verschulden des Lotsen B. anzunehmen, und zwar umsoweniger, als die Übung der Lotsen den zuständigen Behörden nicht unbekannt geblieben sein kann, deren stillschweigende Duldung aber die Lotsen in der Überzeugung der Gesetzmäßigkeit ihres Handelns bestärken mußte." . . .

RGZ. 32, 4.

**1. Steht auch dem Reeder eines Schiffes, durch dessen Hilfe ein in Seenot geratenes anderes Schiff desselben Reeders gerettet ist, ein Anspruch auf Hilfslohn zu?**

**2. Kann der Reeder des geretteten Schiffes für den ihm als Reeder des rettenden Schiffes gebührenden Hilfslohn von dem Versicherer des geretteten Schiffes Ersatz verlangen?**

HGB. Art. 742, 744, 745, 746, 751, 753, 755, 757 Ziff. 5, 758, 765, 770 flg., 779, 823, 838, 839. — Allgemeine Seeversicherungsbedingungen von 1867 §§ 66, 84 flg., 88. KO. §§ 40, 41.

L. 3 Cod. de neg. gestis 2, 19; l. 21 pr. l. 31 § 7 und l. 32 pr. Dig. de neg. gestis 3, 5; l. 19 § 2 Dig. comm. divid. 10, 3.

I. Zivilsenat. Urt. v. 6. Juli 1892.

I. Landgericht Hamburg. — II. Oberlandesgericht daselbst.

Der Dampfer der Klägerin „Italia" war im Oktober 1889 auf der Fahrt von Hamburg nach New York durch Bruch des Schraubenschaftes in Seenot geraten und durch den ebenfalls der Klägerin gehörigen Dampfer „Gellert" nach viertägiger Arbeit gerettet worden. Durch Urteil des zuständigen Gerichts in New York ist der Hilfslohn (salvage) für die Klägerin als Eigentümerin des „Gellert" und für Schiffer und Besatzung desselbn festgestellt, und bei der infolge des Seeunfalls ordnungsmäßig aufgemachten Dispache von dem Hilfslohn einschließlich der Nebenkosten auf das Kasko der „Italia" der Betrag von etwa 15 891 Dollar verteilt worden. Das Kasko der „Italia" war bei der Beklagten zu einem Sechstel versichert. Die Klägerin forderte deshalb von der Beklagten Ersetzung des entsprechenden Teils des auf sie verteilten Beitrags zur großen Havarie. Die Beklagte zahlte auch den Anteil von dem der Schiffsbesatzung des „Gellert" zugesprochenen Hilfslohnbetrag und von denjenigen Nebenkosten, welche durch die vermöge der Hilfeleistung herbeigeführte Verlängerung der Reise des „Gellert" verursacht waren, weigerte aber die Zahlung desjenigen Betrags, der aus dem Ansatz von Hilfslohn für die Klägerin als Eigentümerin des „Gellert" resultierte. Die Klage auf diesen Mehrbetrag ist in beiden Instanzen abgewiesen, auf die Revision der Klägerin das Berufungsurteil aber aufgehoben, und die Sache in die Instanz zurückverwiesen worden aus folgenden

Gründen:

. . . „Richtig ist es allerdings, wenn das Berufungsgericht auf den Klageanspruch das deutsche Recht in Verbindung mit den Allgemeinen Seeversicherungsbedingungen, denen die in Hamburg domilizierten Parteien sich unterworfen haben, anwendet. Richtig ist es sodann auch, wenn das Berufungsgericht davon ausgeht, daß durch die Aufwendungen, welche in einem Havariegrossefall im Interesse der Schiffs- und Ladungsinteressenten gemacht werden mußten, der Versicherte entweder dadurch in Verlust geraten kann, daß ihm gehörige Gegenstände zum allgemeinen Besten geopfert werden mußten, für welche er von den übrigen Havarieinteressenten nicht vollen Ersatz erhält, oder dadurch, daß er seinerseits zur Ersatzleistung für die Opfer anderer genötigt wird, daß aber der Versicherte für diese Einbußen oder Leistungen (Beiträge) nach § 84 Ziff. 1 der Allgemeinen Seeversicherungsbedingungen von dem Versicherer schadlos gehalten werden soll. Irrig dagegen ist die Schlußfolgerung des Berufungsgerichts aus der ausweise der Protokolle S. 3529 bei der Beratung des Seerechts gemachten Bemerkung, „der Assekuradeur müsse dem Versicherten jeden Havariebeitrag zahlen, den der Versicherte zu leisten gezwungen gewesen sei". Denn zunächst bezieht dieselbe sich nicht (wie das Berufungsgericht meint) auf den dem § 84 der Allgemeinen Seeversicherungsbedingungen entsprechenden Art. 838 HGB., sondern vielmehr auf den dem § 86 daselbst entsprechenden Art. 839, und mithin nicht auf die Definition der „Beiträge", welche dem Versicherer zur Last fallen, sondern auf die Frage, inwieweit die Verpflichtungen des Versicherers sich nach der am gehörigen Ort im Inland oder Ausland aufgemachten Dispache bestimmen. In dieser Beziehung stellt der § 86 der Allgemeinen Seeversichrungsbedingungen in Übereinstimmung mit Art. 839 HGB. den Grundsatz auf, daß die Dispache, wenn sie im Einklang mit dem am Ort der Aufmachung geltenden Recht aufgemacht ist, auch dem Versicherer gegenüber maßgebend sein soll, der Versicherte insbesondere nicht berechtigt ist, von dem Versicherer mehr als den Betrag zu fordern, zu welchem der ihm erwachsene Schaden in der Dispache berechnet ist, der Versicherer aber andererseits für diesen ganzen Betrag haftet, während der Versicherte, wenn der Schaden nach dem am Ort der Aufmachung geltenden Recht als große Havarie nicht anzusehen ist, den Ersatz des Schadens von dem Versicherer nicht aus dem Grunde fordern kann, weil der Schaden nach einem anderen Recht, insbesondere nach dem Recht des Versicherungsorts, große Havarie sei. Hiernach kommt es aber für die Anwendbarkeit des § 84 Ziff. 1 und des § 86 der Allgemeinen Seeversicherungsbedingungen sowie der Art. 838, 839 HGB. lediglich darauf an, ob nach dem am Ort der Aufmachung der Dispache geltenden Recht die in der Dispache dem Versicherten zur Last gelegten Beträge zur großen Havarie gehören. Wie jeder Havariegrosseinteressent verpflichtet und berechtigt ist, das daraus für ihn sich ergebende Rechtsverhältnis zu seinen Mitinteressenten nach Vorschrift des am Ort der Dispache geltenden Rechts geordnet werden zu lassen, so soll auch bei der Ordnung des Rechtsverhältnisses zwischen den Interessenten und ihren Versicherern den Entschädigungsansprüchen der ersteren das Ergebnis der Anwendung jenes Rechts zugrunde gelegt werden.

Vgl. Voigt, Seeversicherungsrecht S. 538.

Nur diesen Sinn hat auch offenbar die oben gedachte Bemerkung in den Protokollen zum Handelsgesetzbuch, daß der Assekuradeur den Beitrag zahlen müsse, welchen der Versicherte zu leisten gezwungen gewesen sei, wie sich dies auch klar daraus ergibt, daß im unmittelbaren Anschluß daran weiter gesagt ist:

„Gezwungen sei der Versicherte aber zu jedem Beitrag, der ihm in einer nach den Gesetzen des Dispachierungsorts gerechtfertigten Dispache auferlegt worden, . . . weil sich Schiff und Ladung an diesem Ort befänden, und die Verfügung darüber ohne Entrichtung der Beiträge nicht erlangt werden konnte."

Ein solcher Zwang wird aber durch die Dispache für den versicherten Havariegrosseinteressenten nicht nur dann herbeigeführt, wenn er nach derselben den ihm gegenüberstehenden Interessenten seinerseits etwas zu leisten hat, sondern auch insofern, als er nach der Dispache für von ihm zum allgemeinen Besten gemachte Aufwendungen von den übrigen Interessenten keinen Ersatz erhält, die Aufwendungen also aus eigenen Mitteln von ihm getragen werden müssen. In diesem letzteren Falle kann aber von einem Zahlungszwange den ihm gegenüberstehenden dritten Havarieinteressenten gegenüber keine Rede sein, und die Annahme des Berufungsgerichts, daß in den oben gedachten Gesetzes- und Vertragsbestimmungen unter den dem Versicherer zur Last fallenden Beiträgen nur solche zu verstehen seien, welche der Versicherte diesen dritten Personen zu leisten habe, zu deren Zahlung er von ihnen gezwungen werden könne, erscheint daher als hinfällig, wodurch zugleich die weitere Schlußfolgerung beseitigt wird, daß ein rechtlicher Zwang, an sich selbst etwas zu zahlen, nicht wohl denkbar sei, und daß mithin, da hinsichtlich des hier fraglichen Betrags der der Klägerin als Eigentümerin der „Italia" in der Dispache zur Last gelegten Beiträge der Klägerin ein Dritter nicht gegenüberstehe, welcher sie zur Leistung zwingen könnte, der erhobene Anspruch auf den § 84 Ziff. 1 und den § 86 der Allgemeinen Seeversicherungsbedingungen nicht gegründet werden könne. Dies letztere ist vielmehr allerdings der Fall, und da im vorliegenden Falle zugleich unstreitig die Voraussetzung des § 88 der Allgemeinen Seeversicherungsbedingungen (Art. 841 HGB.) vorliegt, so ist der Klageanspruch nicht bloß scheinbar, sondern in der Tat schon auf Grund der Dispache an sich berechtigt, falls nicht die Klägerin durch mangelhafte Wahrnehmung ihrer Rechte eine durch die Nichtübereinstimmung der Dispache mit dem am Ort der Aufmachung geltenden Recht usw. bewirkte Benachteiligung der Klägerin verschuldet haben sollte.

Aber auch die weiteren Gründe, aus welchen das Berufungsgericht annimmt, daß der Klageanspruch aus dem Versichterungsvertrag nicht hergeleitet werden könne, enthalten eine Verkennung der rechtlichen Natur des Anspruchs auf Hilfslohn und der Schiffsschuld sowie seeassekuranzlicher Normen.

Wie unter den Parteien unstreitig ist, handelt es sich bei den von dem „Gellert" der „Italia" geleisteten Diensten, deren Vergütung den wesentlichen Bestandteil der dispachierten Havariegrosse bildet, nicht etwa um ein einfaches Bugsieren, sondern um die Rettung der „Italia" aus einer Seenot, in welche sie durch den Bruch ihres Schraubenschaftes geraten war. Der hiernach maßgebende Art. 742 HGB. bestimmt nun aber im ersten Absatz, daß, wenn in einer Seenot ein Schiff oder dessen Ladung ganz oder teilweise, nachdem sie der Verfügung der Schiffsbesatzung entzogen oder von derselben verlassen waren, von dritten Personen an sich genommen und in Sicherheit gebracht wird, diese Personen Anspruch auf Bergelohn haben, und fügt in zweiten Absatz hinzu, daß, wenn außer dem vorstehenden Falle ein Schiff oder dessen Ladung durch Hilfe dritter Personen aus einer Seenot gerettet wird, dieselben Anspruch auf Hilfslohn haben. Hieraus ergibt sich 1. daß der Anspruch auf Berge- und Hilfslohn lediglich durch die Tatsache der Dienstleistung begründet wird, ohne daß auch ein Vertragsverhältnis vorzuliegen braucht, durch welches nur noch ein neues Moment hinzutreten würde.

Vgl. Kierulff, Sammlung Bd. 2 S. 514 flg. und Entsch. des RG.'s in Zivils. Bd. 3 S. 140.

Sodann aber ist hiernach 2. anzunehmen, daß der Ausdruck „dritte Personen" in beiden Absätzen in demselben Sinne gebraucht ist, so daß dieselben — wie dies im ersten Absatz klar vorliegt — auch im zweiten Absatz lediglich den Gegensatz zu der Besatzung des notleidenden Schiffes bilden, und daher auch weder der Reeder dieses Schiffes noch die Eigentümer seiner Ladung von dem Anspruch auf Berge- oder Hilfslohn prinzipiell ausgeschlossen sind. Bestätigt wird diese Auffassung durch den dritten Absatz des Art. 742, nach welchem der Schiffsbesatzung des verunglückten oder gefährdeten Schiffes ein Anspruch auf Berge- oder Hilfslohn nicht zusteht. Der Grund dieser Bestimmung besteht aber darin, daß die Schiffsbesatzung kraft ihres Dienstvertrages als zu solchen Leistungen verpflichtet angesehen wird und die Vergütung dafür in der ihr gebührenden Heuer empfängt, während für den Reeder des gefährdeten Schiffes — wenn man zunächst von seinem Verhältnis zu dem etwaigen Versicherer des Schiffes absieht — eine solche rechtliche Verpflichtung an sich nicht existiert, dieser also auch der Schiffsbesatzung und den Ladungsinteressenten seines Schiffes gegenüber sich für den ihnen durch die Unterlassung der Bergung oder Hilfsleistung entstehenden Schaden nicht verantwortlich macht und sich nur der Gefahr aussetzt, seine eigenen Wertobjekte zu verlieren.

Auch der Gesichtspunkt, daß die Erwerbung eines Bergungs- oder Hilfslohnanspruchs des Reeders, insofern es sich dabei um das Schiff handelt, rechtlich undenkbar sei, weil der Reeder nach allgemeinen Rechtsgrundsätzen sich nicht selbst als dritte Person gegenüberstehen, nicht sein eigener Gläubiger und Schuldner sein könne, erscheint nicht als zutreffend. Eine persönliche Verpflichtung zur Entrichtung der Berge- oder Hilfslohnkosten wird durch die Bergung oder Rettung nach Art. 755 HGB. an sich nicht begründet. Wegen dieser Kosten, wozu auch der Berge- oder Hilfslohn gehört, steht vielmehr (Art. 753 HGB.) dem Gläubiger nur ein Pfandrecht an den geborgenen oder geretteten Gegenständen zu, und es sind ihm in Ansehung des geborgenen oder geretteten Schiffes nach Art. 757 Ziff. 5 HGB. die Rechte eines Schiffsgläubigers gewährt, welche nach Art. 758 auch gegen dritte Besitzer des Schiffes verfolgbar sind, und auf welche es keinen Einfluß hat, ob der Reeder für die betreffende Forderung entweder von vornherein auch persönlich verpflichtet ist oder dies später wird (Art. 765 HGB.). Für diese Forderungen der Schiffsgläubiger besteht unter ihnen ein bestimmtes Rangverhältnis (Art. 770 flg. HGB.), und sie haben im Falle der Konkurrenz mit anderen Pfandgläubigern oder sonstigen Gläubigern den unbedingten Vorzug (Art. 779 HGB.). Bei den Forderungen der Schiffsgläubiger, zu welchen auch der Anspruch auf Berge- oder Hilfslohn, soweit er das Schiff selbst betrifft, gehört, handelt es sich hiernach um einen unmittelbar gegen das Schiff gerichteten Anspruch, wobei das Schiffsvermögen als ein aus dem übrigen Vermögen des Reeders ausgeschiedenes Sondergut (peculium) erscheint, welches als solches in selbständigen, rechtlichen Beziehungen stehen kann, und es kann daher nicht für unzulässig erachtet werden, daß auch der Reeder selbst — mit Rücksicht auf sein sonstiges Vermögen — diesem Sondergut gegenüber die Rechte eines Schiffsgläubigers erwirbt, indem er ja als Vertreter verschiedener gesonderter Vermögensmassen erscheint. Wie schon nach älteren deutschen Konkursgesetzen aus Seeschiffen (analog den Immobilien) eine besondere Masse (Partikularkonkurs) gebildet und ganz unabhängig von der allgemeinen Masse verteilt wurde, so gewährt auch die jetzt geltende Konkursordnung nach §§ 40, 41 Ziff. 8 den Schiffsgläubigern ein sie von den Konkursgläubigern unterscheidendes Absonderungsrecht. Wenn angenommen wird, daß auch der Reeder selbst seinem Schiffe als Schiffsgläubiger gegenüberstehen kann, so entspricht dies nur der Anschauung des modernen Rechts, auf welcher die Eigentümerhypothek des Grundstückseigentümers beruht. Aus der Natur des Schiffsvermögens als eines Sonderguts folgt auch ohne weiteres die Möglichkeit, daß dasselbe auf Kosten des Privatvermögens des Reeders oder eines anderen von ihm verwalteten Schiffsvermögens bereichert oder zu deren Gunsten verringert werden kann, was aber rechtlich nur dadurch ausgeglichen werden kann, daß man den Reeder im letzteren Falle als Schuldner und im ersteren Falle als Gläubiger des Schiffsvermögens ansieht und behandelt. Deshalb ist auch unbedenklich anzunehmen, daß der Reeder, welcher einen Bodmereibrief einlöst, diesen (ohne daß die Bodmereiforderung durch Konfusion erlischt) nicht nur (wenn derselbe an Order lautet) weiter indossieren kann, sondern daß er statt dessen auch berechtigt ist, die Bodmereischuld selbst geltend zu machen, indem er den nachstehenden Schiffsgläubigern gegenüber den Betrag dieser seiner Verwendung von dem Wert des Schiffsvermögens in Abzug bringt.

Vgl. Entsch. des Oberappellationsgerichts Lübeck in hamburgischen Rechtssachen Bd. 2 S. 171 flg. und Ehrenberg, Beschränkte Haftung S. 124, 131, 132, 200, 278 flg.

Die Doppelstellung des Reeders als Vertreters des in dem betreffenden Schiffsvermögen bestehenden Sondergutes und als Vertreters seines sonstigen Vermögens (sowie eventuell — wie es hier der Fall ist — auch noch eines anderen Schiffsvermögens) tritt nun freilich in der Regel dritten Personen gegenüber nicht in die Erscheinung, indem die Rechtsfolgen in den meisten Fällen durch eine vom Reeder vorgenommene Berechnung ihre Erledigung finden. Sie muß aber rechtlich in allen Fällen anerkannt werden und, sobald ein praktisches Interesse daran vorliegt, auch dritten Personen gegenüber zur Geltung gelangen. Ein Fall, in welchem dies zutrifft, würde z. B., wie die Revision mit Recht hervorhebt, klar vorliegen, wenn ein Reeder sein, schon anderen Schiffsgläubigern zum vollen Wert verhaftetes Schiff in Seenot antrifft. Denn da er seinerseits unter diesen Umständen an der Erhaltung des Schiffes keinerlei Interesse hat, so wird er (und kann er vernünftigerweise) die erforderliche Hilfeleistung, durch welche vielleicht ein anderes Schiff des Reeders schwer gefährdet wird, und ihm bedeutende Nachteile im Verhältnis zu den Ladungsinteressenten und Versicherern dieses anderen Schiffes entstehen können, die erforderliche Hilfe nur leisten, wenn er Aussicht zu haben meint, dadurch einen mit der gesetzlichen Priorität versehenen Anspruch auf Hilfslohn gegen das notleidende Schiff vor dessen älteren Schiffsgläubigern zu erwerben. Dieses Recht ihm zu versagen, liegt um so weniger ein Grund vor, als auch die älteren Schiffsgläubiger dadurch keineswegs benachteiligt werden, indem ihnen vielmehr durch die Dienste und Aufwendungen des Reeders der vollständig gefährdete Gegenstand ihrer Pfandrechte wenigstens für einen Teil des Wertes gerettet wird. Man würde anderenfalls auch zu sehr bedenklichen Resultaten gelangen, wenn man dem Reeder des rettenden Schiffes einen Anspruch auf Hilfslohn gegen das gerettete Schiff nur deshalb versagen wollte, weil er zugleich der Reeder des letzteren ist. Wie soll sich z. B. dann der Kapitän eines zur Hälfte dem A. und zur anderen Hälfte dem B. gehörigen Schiffes verhalten, wenn das von ihm angetroffene notleidende Schiff im alleinigen Eigentum des A. steht? Und wie soll, wenn er sich zur Hilfeleistung entschließt, und diese von Erfolg gewesen ist, der nach Art. 744, 746 HGB. angemessene Hilfslohn berechnet werden, soweit er nach Art. 751 HGB. dem Reeder des rettenden Schiffes gebührt?

Ist hiernach die rechtliche Möglichkeit einer Hilfslohnschuld des geretteten Schiffes gegenüber einem rettenden Schiff desselben Reeders oder dem gemeinsamen Reeder beider Schiffe selbst anzuerkennen, so wird dadurch zugleich auch das fernere Argument des Berufungsgerichts hinfällig, daß dies für die Haftung der Beklagten aus dem Versicherungsvertrag unerheblich sei, weil es für den hier fraglichen Anteil von dem Betrag des dispachierten Hilfslohns an einem durch den Seeunfall eingetretenen Vermögensverlust der Klägerin fehle, welchen die Beklagte auszugleichen hätte, da die durch den Seeunfall der „Italia" für diese notwendig gewordene Hilfeleistung seitens des „Gellert" zu dem hier in Frage kommenden Anteil an der Salvage das Vermögen der Klägerin nicht verringert habe, indem das Vermögen der Klägerin als Eigentümerin des „Gellert" sich genau um denselben Betrag vermehrt habe, um welchen sich ihr Vermögen als Eigentümerin der „Italia" vermindert haben würde. Hierdurch wird zunächst verkannt, daß sich hier zwei verschiedene, von der Klägerin vertretene Sondervermögen gegenüberstehen, und daß es deshalb nur darauf ankommt, ob für das versicherte Sondervermögen — die „Italia" — ein Verlust eingetreten ist, wobei die Folgen, welche der Unfall zugleich für ein anderes Sondervermögen der Klägerin — den „Gellert" — gehabt hat, ebenso gleichgültig sind, als wenn die „Italia" den Hilfslohn dem fremden Reeder eines dritten Schiffes zu zahlen gehabt hätte. Sodann aber liegt in der obigen Argumentation auch eine Verwechslung des tatsächlichen mit dem rechtlichen Kausalzusammenhang. Denn der dem „Gellert" zuerkannte Hilfslohn charakterisiert sich rechtlich nicht als ein Äquivalent für die Folgen des der „Italia" zugestoßenen Unfalles, sondern vielmehr als der Gewinn aus einem aleatorischen, aber mit Erfolg gekrönten freiwilligen Unternehmen, zu welchem die Seenot der „Italia" zwar die Veranlassung bot, welcher aber nicht als ein Ausgleich des für die „Italia" infolge ihrer Seenot durch den ihr zur Last fallenden Anteil an dem zu zahlenden Hilfslohn entstandenen Vermögensverlustes aufgefaßt werden kann.

Die Ansicht des Berufungsgerichts, unter den „dritten" Personen, welchen nach Art. 742 HGB. für ihre Tätigkeit gegen den Reeder eines Schiffes ein Anspruch auf Bergelohn oder Hilfslohn erwächst, sei wohl die Schiffsbesatzung des rettenden Schiffes, wenn letzteres demselben Reeder gehört, niemals aber auch der Reeder selbst inbegriffen, weil dieser sich nicht selbst als dritte Person gegenüberstehen könne, ist schon oben widerlegt. Ob die Annahme des Berufungsgerichts, daß mit dieser Ansicht auch das englische Recht übereinstimme, zutreffend ist, kann hier dahingestellt bleiben, da das englische Recht im vorliegenden Fall nicht zur Anwendung kommt.

Unzutreffend und rechtsirrtümlich ist aber auch die vom Berufungsgericht aus den §§ 66, 84 Ziff. 3 der Allgemeinen Seeversicherungsbedingungen (Art. 823, 838 Ziff. 3 HGB.) hergeleitete Folgerung, daß der Versicherte wegen einer von ihm selbst vollzogenen Hilfeleistung oder Bergung vom Versicherer nicht einen Hilfs- oder Bergelohn, sondern nur die wirklichen Unkosten und Verwendungen aus seinem Vermögen ersetzt verlangen könne, welche hier nur in den der Klägerin von der Beklagten bereits anteilsweise erstatteten Kosten der verlängerten Reise und des der Besatzung des „Gellert" zugesprochenen Teiles der Salvage beständen. Denn die dem Versicherten in § 66 a. a. O. auferlegte, aus Art. 823 HGB. herübergenommene Verpflichtung, wenn ein Unfall sich zuträgt, sowohl für die Rettung der versicherten Sachen als für die Abwendung größerer Nachteile tunlichst zu sorgen, folgt nicht etwa aus dem Wesen des Versicherungsvertrages, sondern bildet eine positive Vorschrift, durch welche der Versicherte gezwungen werden soll, negotiorum gestor des Versicherers zu sein.

Vgl. Protokolle S. 4422 flg. und Lewis, Seerecht (2. Aufl.) Anm. 1 zu Art. 822 HGB.

Der Versicherte soll dadurch auch nur verpflichtet werden, „so zu handeln, wie ein sorgsamer Kaufmann, bzw. wie er im eigenen Interesse gehandelt haben würde, wenn er nicht versichert wäre". Der Reeder handelt mithin, wenn er in dieser Richtung tätig wird, in Ansehung der versicherten Quote des Schiffes lediglich im Interesse (als Geschäftsführer) seines Versicherers, ist aber zu Aufwendungen für denselben aus seinem eigenen Vermögen in keiner Weise verpflichtet, wie sich auch aus der Bestimmung unter 3 des § 84 der Allgemeinen Seeversicherungsbedingungen bzw. des Art. 838 HGB. ergibt, nach welcher unter Bezugnahme auf § 66 bzw. Art. 823 a. a. O. dem Versicherer auch die sonstigen (unter 1 und 2 nicht erwähnten) zur Rettung sowie zur Abwendung größerer Nachteile notwendig oder zweckmäßig aufgewendeten Kosten, selbst wenn die ergriffenen Maßregeln erfolglos geblieben sind, zur Last fallen. Dies erkennt nun zwar auch das Berufungsgericht an, aber es irrt, indem es mit Rücksicht auf den hier gebrauchten Ausdruck „aufgewendete Kosten" den Versicherten im Falle einer von diesem selbst unternommenen Hilfeleistung in Seenot nicht für berechtigt erachtet, von dem Versicherer Ersatz für den ganzen, die Vergütung seiner Aufwendungen nach Art. 745 HGB. mitumfassenden Hilfslohn zu verlangen. Denn nach der Natur des Anspruches auf Berge- oder Hilfslohn erscheint eine Zerlegung desselben in der Weise, daß man zwischen dem Gesamtbetrag und den sich aus dem tatsächlichen Verlauf der Sache in dem Berge- oder Hilfslohn zugleich mitvergüteten wirklichen Kosten unterscheidet, als ganz willkürlich und unzulässig. Der Hilfslohn bildet ein Ganzes, dessen Betrag mit Rücksicht einerseits auf die Gefahren, welchen der Hilfeleistende bei seiner Tätigkeit sich und sein Eigentum aussetzt, und andererseits auf die Gefahr, im Falle der Erfolglosigkeit des Unternehmens für alle Aufwendungen und Bemühungen nichts zu erhalten, ein angemessenes Äquivalent für die Gesamtleistung im Falle ihres Erfolges repräsentiert. Ganz ebenso wie der von der Klägerin an den Reeder eines fremden Schiffes gezahlte Hilfslohn in seinem vollen Betrag eine von der Beklagten, soweit sie die „Italia" versichert hat, zu ersetzende Vermögensaufwendung gewesen sein würde, kann daher auch die durch ein anderes, der Klägerin gehöriges Schiff geleistete Hilfe nur als eine Vermögensaufwendung angesehen werden, für welche die Klägerin in dem Hilfslohn nur den Ersatz des Wertes ihrer

Leistungen und der mit denselben verbundenen Gefahren und Aufwendungen erhält, welcher sonst einem Dritten zu zahlen gewesen wäre.

Überdies sind die §§ 66, 84 Ziff. 3 der Allgemeinen Seeversicherungsbedingungen auf den Fall einer von dem Versicherten selbst unternommenen Bergung oder Hilfeleistung in Seenot gar nicht anwendbar. In betreff des § 84 Ziff. 3 hat dies auch schon das Berufungsgericht empfunden, wie seine Bemerkung ergibt, daß man, wenn man unter dem hier gebrauchten Ausdruck „aufgewendete Kosten" auch eine Belohnung für die Tätigkeit des Versicherten verstehen dürfte, zu dem Resultat kommen müßte, daß, da diese Kosten auch dann bezahlt werden sollen, wenn die ergriffenen Maßregeln erfolglos geblieben sind, die Beklagte die Klägerin für eine von dem „Gellert" der „Italia" geleistete Hilfe auch dann belohnen müßte, wenn die „Italia" nicht glücklich in New York eingebracht, sondern vorher g e s u n k e n wäre. Dieses Argument ist nun freilich dafür, daß nur die wirklichen Kosten und Verwendungen gemeint sein könnten, nicht zutreffend, da es ganz ebenso in bezug auf d i e s e passen würde. Zutreffend ist es aber allerdings insofern, als der, zugleich die Vergütung für die zum Zweck des Rettens gemachten A u f w e n d u n g e n umfassende Hilfslohn gesetzlich überhaupt nur im Fall des E r f o l g e s verlangt werden, und als daher nicht angenommen werden kann, daß von diesem Grundsatz im Verhältnis des Versicherten zum Versicherer in § 84 Ziff. 3 der Allgemeinen Seeversicherungsbedingungen bzw. Art. 838 Ziff. 3 HGB. zugunsten des ersteren habe abgegangen werden sollen. Ist aber schon hieraus zu entnehmen, daß auch die korrespondierende Bestimmung des § 66 der Allgemeinen Seeversicherungsbedingungen bzw. des Art. 823 HGB. sich auf eine v o n d e m V e r s i c h e r t e n unternommene H i l f e l e i s t u n g oder B e r g u n g nicht bezieht, so spricht dafür auch der Wortlaut der letzteren Bestimmung, nach welchem der Versicherte nur verpflichtet ist, für die Rettung und für die Abwendung größerer Nachteile „tunlichst Sorge zu tragen", worunter unmöglich verstanden sein kann, daß der Versicherte sich s e i n e r s e i t s auf g e w a g t e, auch sein ü b r i g e s Vermögen gefährdende und ihm im Falle des Nichterfolges ü b e r a l l k e i n e n E r s a t z gewährende Unternehmungen, wie es das Bergen und die Hilfeleistung in Seenot sind, einzulassen habe. Wenn daher das Berufungsgericht meint, die seitens des „Gellert" als eines Schiffes der Klägerin der „Italia" als der versicherten Sache durch die Hilfeleistung zugewendete Sorge müsse mangels besonderer entgegenstehender Umstände, von welchen nichts ersichtlich sei, für das Verhältnis der Klägerin und der Beklagten zueinander als in Erfüllung der nach § 66 a. a. O. der Klägerin obliegenden Pflicht aufgewendet angenommen werden, und die Klägerin könne daher von der Beklagten nur den Ersatz der von ihr tatsächlich aufgewendeten Kosten verlangen, so erscheint dies nicht als gerechtfertigt. Es ist dabei auch übersehen, daß die Bergung und Hilfeleistung in Seenot ein Geschäft mit egoistischer Grundlage ist, und daß auch ein Mandatar oder der negotiorum gestor, welcher bei seiner Geschäftsführung eine Dienstleistung vornimmt, die in sein Gewerbe fällt, oder die regelmäßig nur gegen Entgelt vorgenommen wird, hierfür von dem Geschäftsherrn nicht nur den Ersatz seiner Auslagen, sondern eine dem Geschäft angemessene Vergütung fordern kann (vgl. Art. 290 HGB.). Hiernach ist vielmehr anzunehmen, daß der Führer des „Gellert" ebenfalls in diesem Sinne die Rettung der „Italia" unternommen hat, mochte er von dem Umstand, ob und wie weit das Kasko derselben versichert war, Kenntnis haben oder nicht. Im letzteren Falle handelte er eben für Rechnung, wen es angeht. Wußte er aber, daß die „Italia" zur Hälfte versichert, zur anderen Hälfte aber die Klägerin Selbstversicherin war, so führte er freiwillig zugleich die Geschäfte der Versicherer und unter diesen also die Geschäfte der Beklagten, und zwar notwendig in der Absicht, auch für seinen Reeder (die Klägerin) einen Anspruch auf anteilige Erstattung des Hilfslohnes seitens der Versicherer zu begründen. Durch diese negotiorum gestio allein konnte freilich ein solcher Anspruch nicht begründet werden, wenn ein solcher durch den Versicherungsvertrag — die demselben zugrunde liegenden Allgemeinen Seeversicherungsbedingungen — ausgeschlossen war. Allein dies ist, wie oben ausgeführt worden, nicht der Fall, indem insbesondere auch die angezogenen §§ 66, 84 Ziff. 3 hierfür nichts ergeben. Es ist daher auch unerheblich, ob die Berufung der Klägerin in zweiter Instanz darauf, daß der Klageanspruch schon von dem Gesichtspunkt der negotiorum gestio aus als begründet erscheine, eine unzulässige Klageänderung enthält oder nicht.

Daß es an den Voraussetzungen eines Ersatzanspruches gegen die Beklagte fehle, weil die Klägerin bei einer Taxe der „Italia" von 900 000 M zur Hälfte Selbstversicherin war, hat die Beklagte mit Recht nicht geltend gemacht. Denn die Klägerin konnte sich unter den obwaltenden Umständen auf die Rettung ihres eigenen Interesses nicht beschränken, und der gedachte Umstand steht daher ihrem Anspruch nach den in betreff der negotiorum gestio geltenden Grundsätzen nicht entgegen.

Vgl. l. 3 Cod. de neg. gest. 2, 19; l. 21 pr. l. 31 § 7, l. 32 pr. Dig. de neg. gest. 3, 5, Dig. l. 19 § 2 de comm. div. 10, 3 und Windscheid, Pandekten § 431 Anm. 12.

War hiernach die Revision für begründet zu erachten, und das angefochtene Urteil aufzuheben, so kommt nur noch die Anfechtung der Dispache in Gemäßheit des § 88 Abs. 1 der Allgemeinen Seeversicherungsbedingungen in Frage, da die Beklagte geltend gemacht hat, nach dem in New York geltenden amerikanischen Recht habe die „Italia" an die Reederei des „Gellert" eine Salvage nicht zu zahlen brauchen, und die Klägerin habe ihre Benachteiligung durch die Dispache selbst verschuldet, indem sie es unterlassen habe, dem Richter des Distrikt-Court, auf dessen Urteil die Dispache beruhe, vorzutragen, daß die „Italia" und der „Gellert" demselben Reeder gehörten, wogegen die Klägerin behauptet und unter Beweis gestellt hat, daß auch nach amerikanischem Recht der Eigentümer zweier Schiffe, von denen das eine das andere aus Seenot rettet, für die Rettung des notleidenden Schiffes einen Anspruch auf Salvage habe. Auch hat die Klägerin behauptet, daß dem betreffenden Richter der gedachte Umstand bekannt gewesen sei oder doch als ihm bekannt angesehen werden müsse. Das Berufungsgericht hat diesen Punkt dahingestellt gelassen, und es war daher die Sache zur anderweiten Verhandlung und Entscheidung darüber in die Instanz zurückzuverweisen."

## RGZ. 32, 26.

**1. Hat der Inhaber des Ladescheines über abgeladene Ware für die Klage auf Herausgabe der Ware gegen einen dritten Besitzer den Beweis seines Eigentums an der Ware zu führen?**

**2. Rechtliche Bedeutung der Nomination seitens des auf Herausgabe beklagten Verwahrers an denjenigen, von dem er die Sache in Verwahrung erhalten hat, wenn letzterer den Prozeß nicht übernimmt.**

ZPO. §§ 69, 73.

I. Zivilsenat. Urt. v. 21. Oktober 1893.

I. Landgericht Magdeburg. — II. Oberlandesgericht Naumburg.

Der Kläger hatte durch A. Z. in Hamburg Roggen auf einem Kahn der Dampfschleppschiffahrtsgesellschaft vereinigter Schiffer in Dresden nach Aken verladen lassen und die Ladescheine in Händen. Die Ladung wurde in Aken nicht abgenommen und, nachdem der Kahn deshalb längere Zeit hatte liegen müssen, auf Anweisung der Gesellschaft in

Dresden von der Beklagten in Aken auf Lager genommen, weil der Kahn noch andere Ladung enthielt, die weiter zu transportieren war. Der davon unterrichtete Kläger ersuchte die Beklagte, für die Bearbeitung des Roggens Sorge zu tragen, und erhielt von ihr ebenso wie vorher die Gesellschaft einen Lagerschein. Die Beklagte hat sodann nach Übersendung der Ladescheine durch den Kläger an sie nach Order des Klägers über den Roggen bis auf 700 Zentner disponiert, welche die Gesellschaft wegen ihrer Ansprüche aus der verzögerten Fahrt des Kahnes im Betrage von etwa 4500 M zurückzubehalten sie angewiesen hatte. Da die Beklagte die Auslieferung dieser 700 Zentner auf Order des Klägers verweigerte, klagte der Kläger auf Herausgabe derselben. Im Laufe des Rechtsstreites ist der Roggen gegen Hinterlegung von 5000 M seitens des Klägers zur Sicherheit der Beklagten nach der Anweisung des Klägers ausgeliefert, und die Klage auf Einwilligung in die Auszahlung der hinterlegten Summe gerichtet, zugleich mit der Behauptung, daß die Beklagte den Roggen für den Kläger in Verwahrung genommen habe. Die Beklagte hat der Gesellschaft in Dresden auf Grund der §§ 69, 73 ZPO. den Streit verkündet, die Gesellschaft ist ihr beigetreten und beide haben unter Berufung auf den Schadensanspruch, welcher der Gesellschaft als Frachtführerin gegen den Kläger zustehe, die Abweisung der Klage beantragt.

Die Klage ist in beiden Instanzen abgewiesen, auf die Revision des Klägers aber das Berufungsurteil aufgehoben, und die Sache an das Berufungsgericht zurückverwiesen aus folgenden

Gründen:

„Der Berufungsrichter weist die Klage ab, weil sie 1. als Eigentumsklage, auch wenn die Beklagte den Roggen von der Gesellschaft in Dresden in Verwahrung erhalten, zwar zulässig, aber unbegründet sei, da der Nachweis des Eigentums an dem Roggen nicht erbracht sei; 2. als Klage aus dem Verwahrungsvertrag aber unbegründet sei, da die Beklagte den Roggen im Auftrag der Gesellschaft in Dresden auf Lager genommen und sich dem Kläger gegenüber zur Herausgabe des Roggens ohne Einwilligung der Gesellschaft nicht verpflichtet habe.

Der Begründung zu 2 ist beizutreten. Denn aus der vorgetragenen Korrespondenz erhellt unzweideutig, daß die Beklagte den Roggen im Auftrage der Gesellschaft in Dresden als Frachtführerin am 25. April 1892 auf Lager genommen hat, nachdem der Empfänger des Gutes sich nicht gemeldet und die Annahme schließlich verweigert hatte. Wäre dies im Namen und für Rechnung des Klägers als Absenders oder Befrachters geschehen, so würde in Verbindung mit dem weiteren Verhalten des Klägers dadurch ein Verwahrungsvertrag zwischen der Beklagten und dem Kläger zustande gekommen sein. Aber die festgestellte Sachlage schließt diese Annahme aus. Die Beklagte hat dem Kläger auf dessen Anfrage vom 26. April sofort mitgeteilt, daß sie den Roggen im Auftrage der Gesellschaft auf Lager genommen und dieser ihre Spesen aufgegeben habe, am 2. Mai diese Mitteilung mit dem Zusatz wiederholt, daß sie bei der Gesellschaft angefragt habe, ob sie den Roggen nach Begleichung der Rechnung zur Verfügung des Klägers halten könne, am 10. Mai dem Kläger mitgeteilt, daß die Direktion der Gesellschaft sie angewiesen habe, 700 Zentner zur Deckung der Gesellschaft zurückzuhalten, und am 13. und 15. Mai dem Kläger erklärt, sie könne nur auf Order der Gesellschaft handeln. Aus der Korrespondenz ergibt sich, daß die Gesellschaft die Beklagte angewiesen hat, 700 Zentner zu ihrer, der Gesellschaft, Deckung zurückzuhalten, und daß die Gesellschaft am 14. Mai dem Kläger selbst ihre Forderung, für die sie Deckung zurückbehalten, angezeigt hat. Dafür, daß zwischen dem Kläger und der Beklagten ein Vertrag zustande gekommen, durch den die Beklagte dem Kläger gegenüber die Verpflichtung übernommen, die Ladung aufzubehalten und künftig an ihn zurückzugeben (§ 9 ALR. I. 14), liegt nichts vor. Ein solcher Vertragsschluß folgt bei der konkreten Sachlage weder aus der am 1. Mai erfolgten Übersendung eines Lagerscheines an den Kläger, welche die Beklagte durch ein Versehen ihres Lagerpersonals erklärt, noch daraus, daß die Beklagte den Dispositionen des Klägers bis auf den Rest von 700 Zentnern Folge geleistet hat, da dies ersichtlich mit Genehmigung ihrer Auftraggeberin, der Gesellschaft in Dresden, geschehen ist.

Insoweit ist die Beschwerde der Revision unbegründet. Dagegen beruht die Begründung der Abweisung der Eigentumsklage, wie die Revision mit Recht rügt, auf Verletzung des Gesetzes.

Unter den Parteien ist unstreitig, daß der Kläger den Roggen durch Vermittlung des A. Z. in Hamburg hat verladen lassen. Die Beklagte hat dies zugestanden, und die Nebenintervenientin hat sich dem angeschlossen. Aus der vorgetragenen Korrespondenz geht auch hervor, daß der Kläger im Besitz des an seine Order girierten Ladescheines gewesen ist. Denn nachdem der Kläger der Beklagten mitgeteilt hatte, daß er den Roggen an C. in L. frei Aken verkauft habe, und die Beklagte ersucht hatte, nach dessen Dispositionen zu verladen, die Beklagte am 6. Mai um Übersendung des Ladescheines gebeten, und der Kläger mit Schreiben am 10. Mai den Ladeschein übersendet hat, bestätigt die Beklagte auf Ersuchen des Klägers vom 12. Mai am 13. Mai den Empfang dieses Ladescheines. Die Beklagte hat dann auch nach Übersendung des Ladescheines auf Order des Klägers oder des C. den Roggen bis auf die 700 Zentner verladen, die sie auf Order der Gesellschaft in Dresden zu deren Deckung zurückbehalten hat. Inzwischen sind auch diese 700 Zentner, wie sich aus dem Schreiben der Beklagten vom 24. September ergibt, auf Order des Klägers verladen, nachdem der Kläger die 5000 M, um die es sich jetzt handelt, hinterlegt hat.

Daraus ergibt sich, daß der Kläger im Besitz des ihn legitimierenden Ladescheines gewesen ist. Im ganzen Lauf der dem Prozeß vorangegangenen Verhandlungen zwischen dem Kläger, der Beklagten und der Direktion der Gesellschaft in Dresden ist die Legitimation des Klägers zur Verfügung über die Ladung auf Grund des von ihm der Beklagten eingesandten Ladescheines auch nie in Zweifel gezogen worden; vielmehr hat die Beklagte auf Grund des Ladescheines auf Order des Klägers mit Genehmigung der Gesellschaft in Dresden mit der Ladung verfahren, und die Direktion der Gesellschaft in Dresden hat gerade den Kläger als den Befrachter und Besitzer der Ladung wegen ihrer Ansprüche auf Deckung durch die Ladung haftbar gemacht.

Das Bedenken, welches der Berufungsrichter gegen die Legitimation des Klägers daraus ableitet, daß er sein Eigentum nicht dargetan habe, ist bei dieser Sachlage ebenso rechtsirrig wie seine Ausführung, daß es auch an einem Nachweise des Rechts des Klägers zum Besitz fehle, welches gegen die Beklagte geltend gemacht werden könne.

Nach dem auch auf Ladescheine anwendbaren Art. 649 HGB. galt der Kläger durch die Übernahme des auf ihn indossierten Ladescheines als Besitzer des Gutes,

vgl. Entsch. des RG.'s in Zivils. Bd. 5 S. 79,

und nach Art. 417 HGB. dem Frachtführer gegenüber als zum Empfang des Gutes legitimiert. Nach Art. 303—305 HGB. und Art. 74 WO., der nach Art. 305 HGB. für den indossierten Ladeschein gilt, macht der Inhaber der Ladescheines alle Rechte aus dem indossierten Ladeschein auf das Gut sowohl gegen den für ihn detinierenden Frachtführer wie gegen den Dritten geltend, gegen letzteren mindestens da, wo derselbe, wie hier die Beklagte, nur für den Frachtführer detiniert. Er gilt dem

Detentor gegenüber bis zum Nachweis seines bösen Glaubens oder mangelnden Rechts als Eigentümer oder doch als der insoweit sowohl nach gemeinem Recht wie nach den §§ 101, 102, 163 flg., 175, 176 ALR. I. 7, § 2 I. 15 dem Eigentümer gleich behandelte redliche Besitzer, ohne daß es eines Nachweises seines Eigentums oder sonstigen besseren Rechts bedarf. Einen solchen besonderen Nachweis fodert der Berufungsrichter im vorliegenden Falle um so mehr ohne jeden Grund, als weder die Beklagte noch die Nebenintervenientin je das Dispositionsrecht des Klägers über die Ladung bestritten, es vielmehr tatsächlich anerkannt haben, indem sie über dieselbe auf seine Disposition verfügt haben.

Darauf, daß der Kläger den indossierten Ladeschein jetzt nicht mehr hat, kommt nichts an. Nachdem die ganze Ladung auf Order des Klägers verladen und ausgehändigt ist, kann er den nach Art. 417 HGB. dem Frachtführer ausgehändigten Ladeschein nicht mehr besitzen. In Streit befangen ist auch nicht mehr das Gut, sondern sind die an Stelle der letzten 700 Zentner vom Kläger hinterlegten 5000 M. Selbst wenn Kläger nicht Eigentümer der Ladung oder der allein streitigen, zurückbehalten gewesenen und inzwischen dem legitimierten Empfänger ausgehändigten 700 Zentner war, ist er durch die Hinterlegung der 5000 M an Stelle der 700 Zentner jedenfalls in die Stelle des Eigentümers getreten und, abgesehen von allem anderen, zur Rückforderung legitimiert.

Das Berufungsurteil mußte deshalb aufgehoben werden. Zur Endentscheidung ist die Sache noch nicht reif. Es handelt sich noch um Entscheidung über den in Wahrheit einzigen Streitpunkt zwischen den Parteien, ob nämlich die Zurückbehaltung der 700 Zentner wegen des für die Gesellschaft als Frachtführerin darauf ruhenden Pfandrechts gerechtfertigt war.

Die von dem Berufungsrichter in den Gründen seines Urteils aufgestellte Ansicht, daß es auf dies Pfandrecht nicht ankomme, weil die Beklagte nicht befugt sei, es aus eigenem Recht geltend zu machen, und die Litisdenunziantin als Nebenintervenientin nur Rechte der Beklagten geltend machen könne, ist irrig.

Die Beklagte hat der Gesellschaft den Streit verkündet, weil diese ihr, der Beklagten, als Aufbewahrerin bei eigener Verantwortung die Herausgabe der 700 Zentner untersagt hat, und weil sie deshalb, wenn sie dem Klageverlangen stattgäbe, den Anspruch der Gesellschaft fürchtet (§ 69 ZPO.). Die Beklagte hat demnächst aber die Litisdenunziation erweitert und ausdrücklich auf den § 73 ZPO. gestützt. Die Litisdenunziation ist der Beklagten beigetreten. Daß in diesem Fall der Nebenintervenient alle seine Rechte geltend zu machen befugt sein muß, versteht sich von selbst. Die Nomination bezweckt gerade, die dem Auktor vielleicht allein mögliche bessere Verteidigung in seinem und des Detentors Interesse nicht abzuschneiden. Wenn der Berufungsrichter vermißt, daß die Litisdenunziatin den Prozeß übernommen hat, so ist das schon um deswillen nicht durchgreifend, weil die Übernahme ohne die nicht erklärte Zustimmung des Klägers unstatthaft war (§ 73 Abs. 3 ZPO.). Denn der Kläger hat die Beklagte nicht nur mit der Eigentumsklage, sondern auch aus dem angeblich mit ihr selbst geschlossenen Verwahrungsvertrag in Anspruch genommen.

Die Sache ist deshalb zur anderweiten Verhandlung und Entscheidung an das Berufungsgericht zurückverwiesen."

RGZ. 33, 67.

**1. Ist der sog. indirekte Kollisionsschaden, welchen der Reeder dadurch erleidet, daß er seinerseits den einem Dritten zugefügten Schaden zu ersetzen hat, ausschließlich von dem Versicherer des Kasko zu ersetzen, oder haftet dieser nur pro rata unter Mitberücksichtigung der Fracht?**

**2. Wird hieran etwas durch den Umstand geändert, daß die Fracht definitiv vorausbezahlt ist und auch im Falle des Verlustes von den Befrachtern nicht zurückgefordert werden kann, oder durch den Umstand, daß der Reeder auf die Fracht keine Versicherung genommen hatte? Inwiefern bleibt definitiv vorausbezahlte Fracht ein versicherbares Interesse?**

**3. Ist die Ersatzpflicht bezüglich des indirekten Kollisionsschadens auf die Versicherer von Schiff und Fracht ganz unabhängig von dem Gesichtspunkt der Haftung von Schiff und Fracht nach Art. 451, 452 HGB. zu verteilen oder nach Verhältnis des Wertes von Schiff und Fracht?**

**4. Ist dabei der Wert des Schiffes beim Antritt der Reise oder nach dem Eintritt der Kollision und die Brutto- oder die Nettofracht maßgebend?**

HGB. Art. 824 Ziff. 7, 451, 452.
Allgemeine Seeversicherungsbedingungen § 69 Ziff. 7.

I. Zivilsenat. Urt. v. 23. September 1893.

I. Landgericht Hamburg. — II. Oberlandesgericht daselbst.

Der mit seinem auf 240 000 M taxierten Kasko bei den Beklagten versicherte deutsche Dampfer der Klägerin, Lydia, ist durch Schuld seines Führers auf der versicherten Seereise mit dem englischen Dampfer Asama zusammengestoßen, hat diesen beschädigt und ist selbst beschädigt worden. Der Schaden der Asama, der ihr von der Klägerin ersetzt ist, betrug 86 778,21 M, der eigene Schaden der Klägerin 55 440,99 M. Von dem Gesamtbetrag mit 142 219,20 M haben die Beklagten der Klägerin 120 000 M ersetzt. Den Rest mit 22 219,20 M, den die Klägerin einklagt, wollen sie nicht ersetzen, weil der Schaden der Asama auf das Kasko der Lydia nach seinem Wert nach der Kollision und auf die der Klägerin unstreitig vorausgezahlte und verbliebene Bruttofracht verhältnismäßig zu verteilen, und nur jener Betrag von ihnen zu ersetzen sei. Der erste Richter hat nach dem Klageantrag erkannt, der Berufungsrichter dagegen auf die Berufung der Beklagten zwar die Mithaftung der Nettofracht angenommen und die Klägerin deshalb mit 2017 M abgewiesen, die Beklagten aber im übrigen verurteilt. Auf die Revision der Beklagten ist das Urteil aufgehoben aus folgenden

Gründen:

..I. . . .

II. Das Berufungsgericht hat ... mit Recht angenommen, daß das Verlangen der Beklagten, auch die Fracht sei zur Tragung des Schadens der „Asama" mit heranzuziehen, gerechtfertigt sei. Wie nämlich vom Berufungsgericht zunächst auf Grund der Entstehungsgeschichte der Bestimmung des Art. 824 Ziff. 7 HGB. (mit welcher die Bestimmung des § 69 der Allgemeinen Seeversicherungsbedingungen unter 7 wörtlich übereinstimmt) durchaus zutreffend ausgeführt wird, stellt sich diese Bestimmung, nach welcher der Versicherer insbesondere auch die Gefahr des Zusammenstoßes von Schiffen trägt, und zwar ohne Unterschied, ob der Versicherte infolge des Zusammenstoßes unmittelbar, oder ob er mittelbar dadurch einen Schaden erleidet, daß er den einem Dritten zugefügten Schaden zu ersetzen hat, als eine aus reinen Zweckmäßigkeitsgründen, namentlich mit Rücksicht auf fremde Rechte (vornehmlich auf englisches Recht) beliebte Ausnahme von dem Grundsatz dar, daß Schäden Dritter, für welche der versicherte Reeder mit seinem Schiffsvermögen haftet, seinem Versicherer nicht zur Last fallen. Mit Recht wird sodann vom Berufungsrichter ausgeführt, der Zweck der hier fraglichen Bestimmung sei kein anderer als der des Schutzes des Versicherten auch gegen die Vermögenseinbuße, welche er erleiden würde, wenn bei einer Kollision seines Schiffes mit einem anderen ihm nur der Schaden seines Schiffes, nicht aber auch der dem Reeder des anderen Schiffes von ihm zu erstattende Schaden ersetzt würde. Daß aber die Abwendung dieser Vermögenseinbuße von dem versicherten Reeder ausschließlich dem Versicherer des Kasko obliegen müsse, lasse sich aus der Erstreckung der regelmäßigen Haftung des Versicherers auch auf diese Gefahr nach ihrem angegebenen Zweck nicht herleiten, da unter dem Ausdruck „Versicherer" im Eingang des Art. 824 HGB. und des § 69 der Allgemeinen Seeversicherungsbedingungen an und für sich jeder Versicherer — sei es auf Schiff, Fracht oder Ladung — zu verstehen sei, und eine Schiffskollision an sich jeden Versicherer, welcher das Interesse jemandes an dem Bestehen der Gefahren der Schiffahrt durch ein Schiff versichert, in die Lage bringen könne, nach Maßgabe des Art. 824 Ziff. 7 auch für den mittelbar durch eine Kollision dem Versicherten erwachsenden Schaden einstehen zu müssen, also den Frachtversicherer ebensogut wie den Kaskoversicherer.

Nicht minder erscheint es auch als zutreffend, wenn das Berufungsgericht ferner erwägt, der Umstand, daß der Versicherer auf behaltene Ankunft des Schiffes für solche Schäden nicht haftet, obwohl auch diese Versicherung das Interesse decken soll, daß das Schiff die Gefahren der Seeschiffahrt besteht, habe in Art. 854 HGB. und § 102 der Allgemeinen Seeversicherungsbedingungen nicht besonders hervorgehoben zu werden brauchen, weil es schon durch die eigentümliche Natur dieser Versicherung ausgeschlossen sei. Dasselbe gilt von der Ausführung, daß der Frachtversicherer die anteilweise Haftung für mittelbaren Kollisionsschaden auch nicht etwa deshalb ablehnen und dem Kaskoversicherer den ganzen Schaden allein aufbürden könne, weil von dem Schiffsvermögen des versicherten Reeders nur das Kasko zur Deckung des dem anderen Schiffe zu ersetzenden Schadens in Anspruch genommen sei; denn in dem Schiffsvermögen des Reeders seien Schiff und Fracht zu einem einheitlichen Wert verschmolzen; und wenn von diesem Wert nur ein Bestandteil zur Befriedigung eines Schiffsgläubigers herangezogen werde, so mindere sich deshalb um den entsprechenden Betrag das Schiffsvermögen, nicht der allein in Angriff genommene Bestandteil dieses Gesamtwertes, was um so mehr gelten müsse, wenn — wie im vorliegenden Fall — der Schiffsgläubiger von dem versicherten Reeder des ersatzpflichtigen Schiffes freiwillig befriedigt ward, so daß er gar nicht in die Lage kam, aus dem einen oder dem anderen Bestandteil des ihm haftenden Schiffsvermögens Befriedigung suchen zu müssen.

III. Auch die fernere Frage, ob hierin durch die definitive Vorausbezahlung der Fracht etwas geändert wird, ist vom Berufungsgericht mit Recht verneint. Denn durch die Vorausbezahlung scheidet, wie dasselbe zutreffend ausführt, die Fracht ebensowenig aus dem Schiffsvermögen aus, wie in dem Fall, wenn der Schiffsgläubiger die nicht vorausbezahlte Fracht deshalb nicht in Beschlag nehmen kann, weil sie nicht mehr aussteht, sondern es wird dadurch nur bewirkt, daß der dingliche Anspruch des Schiffsgläubigers verloren geht, während die persönliche Haftung des Reeders mit der Fracht nach Art. 774 HGB. bestehen bleibt, was aber für die Frage, welcher Wert durch Befriedigung eines Schiffsgläubigers (hier der Reederei der „Asama") seitens der klagenden Reederei der „Lydia" belastet wird, das allein Entscheidende ist.

Ebenso erachtet das Berufungsgericht die Frage, ob die Fracht versichert war, und ob und in welcher Weise auf dieselbe gegen die Gefahr, für mittelbare Kollisionsschäden mit in Anspruch genommen zu werden, Versicherung genommen werden konnte, mit Recht aus dem Grunde für gleichgültig, weil der für Kollisionsschäden eines Dritten ersatzpflichtige Reeder, wenn er für die ihm definitiv vorausgezahlte Fracht nicht versichert war, bei erfolgreicher Inanspruchnahme seines Kaskoversicherers für den ganzen, dem Dritten bezahlten indirekten Kollisionsschaden seinen Frachtverdienst ungeschmälert behalten und zugleich vollen Ersatz seiner, durch den ihm zur Last fallenden indirekten Kollisionsschaden erlittenen Vermögenseinbuße erlangen würde, während doch die letztere seinem, durch die Fracht mitgebildeten Schiffsvermögen, also anteilsweise auch der Fracht als einem Bestandteil dieses Gesamtwertes, mitzubelasten war.

Auch führt das Berufungsgericht auf Grund der Entstehungsgeschichte des Art. 824 Ziff. 7 HGB. richtig aus, daß man den sogenannten indirekten Kollisionsschaden dem Versicherer nicht nur in dem Falle zur Last legen wollte, wenn derselbe von dem versicherten Reeder auf Grund seiner beschränkten Haftung mit Schiff und Fracht in Gemäßheit der Art. 451 und 452 HGB. und nach den Bestimmungen der Art. 736 flg. HGB. zu ersetzen sein würde, sondern auch dann, wenn er nach abweichenden fremden Rechten dafür in Anspruch genommen werden sollte, z. B. nach dem hierbei ins Auge gefaßten englischen Recht, welches damals ebensowenig wie jetzt eine beschränkt unpersönliche Haftung des Reeders gekannt habe, nach welchem vielmehr der Reeder bis zum Belaufe eines bestimmten, per Tonnage seines Schiffes bemessenen Betrages auch dann hafte, wenn sein Schiff bei der Kollision gesunken war, also von Schiff und Fracht, welche für den Schaden hafteten, gar nicht die Rede sein könnte, so daß sich für die Beantwortung der Frage, ob für einen von dem versicherten Reeder dem Dritten gezahlten Kollisionsschaden nur der Kasko oder auch die Fracht hafte, aus dem Umstand, daß dem Dritten sowohl das Schiff wie die Fracht haften, nichts entnehmen lasse, und noch weniger aus dem oft ganz zufälligen Umstand, ob der Dritte sich an das Schiff oder die Fracht gehalten hat. Es ist hierbei mit Recht darauf hingewiesen, daß durch die in zweiter Lesung gewählte Fassung des Art. 827 Ziff. 7 HGB. absichtlich die Annahme hat ausgeschlossen werden sollen, daß der Versicherer nur hafte, soweit ein deutscher Reeder nach deutschem Recht von einem Dritten für Kollisionsschäden in Anspruch genommen werde.

Das Berufungsgericht nimmt ferner ganz richtig an, daß definitiv vorausbezahlte Fracht zwar als solche für den Verfrachter (wie in § 20 Abs. 3 der Allgemeinen Seeversicherungsbestimmungen ausdrücklich bestimmt ist) nicht versicherbar sei, daß aber der Grund dieser Bestimmung nur der sei, daß der Verfrachter diese Fracht definitiv verdient hat, und daß sie daher mit Rücksicht auf die Bestimmung des Art. 824 Ziff. 7 HGB. auch für den Reeder insofern ein versicherbares Interesse bleibe, als die Vermögensminderung, welcher der Reeder infolge seiner Verpflichtung zur Erstattung eines Kollisionsschadens an einen Dritten ausgesetzt ist, eine Gefahr der Seeschifffahrt sei, welche der Versicherer zu tragen habe.

Ist hiernach die Annahme, daß die Beklagten als Versicherer des Kasko den von der Klägerin der „Asama" ersetzten Kollisionsschaden nicht allein zu tragen haben, sondern daß sie eine Heranziehung auch der Fracht, obwohl dieselbe bereits definitiv (ship lost or not lost) vorausbezahlt war, zu verlangen berechtigt sind, durchaus gerechtfertigt, womit die Anschließungsbeschwerde der Klägerin und Revisionsbeklagten, soweit sie hiergegen gerichtet ist, sich ebenfalls als hinfällig erweist, so kann dagegen

IV. die Art der Verteilung dieses Schadens auf Schiff und Fracht, wie das Berufungsgericht sie vornehmen zu müssen geglaubt hat, nicht gebilligt werden.

Den Ausgangspunkt der desfallsigen Ausführungen des Berufungsgerichts bildet die Annahme, das Gesetz wolle, daß in allen Fällen die Ersatzpflicht des Versicherers hinsichtlich des vom Versicherten einem Dritten bezahlten Kollisionsschadens gleich behandelt werden solle, unbeeinflußt von dem Gesichtspunkt der Verhaftung von Schiff und Fracht für den Anspruch des Dritten. Daraus wird dann gefolgert, es bleibe nur die Lösung, daß man, soweit es sich um den einem Dritten zu vergütenden Kollisionsschaden handele, das ganze Vermögen des versicherten Reeders in tantum als der Seegefahr des Schiffes und der durch dasselbe zu verdienenden Fracht ausgesetzt behandele, da dieses Vermögen von den Gefahren der See betroffen werde, gleichviel ob Schiff und Fracht wohlbehalten geblieben sind oder nicht, ob sie dem Dritten haften oder nicht, ob der Versicherte Schiff und/oder Fracht zur Bezahlung des Schadens verwendet oder abandonniert, oder ob er aus seinem sonstigen Vermögen den Schaden bezahlt. Dann fehle es aber aber nicht nur an jedem Grund, weshalb die vom Gesetz dem Versicherer auferlegte Haftung für die allgemeine Vermögensverminderung des Versicherten durch die ihm obliegende Vergütung des Kollisionsschadens eines Dritten nur dem Kaskoversicherer, nicht auch dem Versicherer, bei welchem in gleicher Weise das Interesse des Reeders an dem glücklichen Ausgang des Seeunternehmens durch Versicherung der Fracht gedeckt sei, oder — im Falle der Nichtversicherung der Fracht — dem Reeder selbst als sogenanntem Selbstversicherer zur Last fallen solle, sondern es ergäben sich daraus weiter auch die Grundzüge für die Ermittlung des Wertes, mit welchem Schiff und Fracht an der Tragung des indirekten Kollisionsschadens zu beteiligen seien, was nach den weiteren Ausführungen des Berufungsgerichts dahin führen soll, daß im vorliegenden Falle der von der Klägerin bezahlte Kollisionsschaden der „Asama" von den Beklagten als Kaskoversicherern und von der Klägerin für die ihr vorausbezahlte Fracht im Verhältnis des Wertes der „Lydia" beim Antritt der Reise zu dem Betrag ihrer wirklich verdienten Nettofracht zu tragen sei.

Allein diese ganze Argumentation scheitert daran, daß der Vordersatz, nach dem Willen des Gesetzes sei in allen Fällen die Ersatzpflicht des Versicherers in betreff des vom Reeder einem Dritten bezahlten Kollisionsschadens gleich zu behandeln, in der ihm beigelegten Allgemeinheit nicht als richtig anerkannt werden kann. Denn aus der Entstehungsgeschichte des Art. 824 Ziff. 7 HGB.,

vgl. Protokolle S. 3224 u. S. 4332,

folgt zwar, daß der Versicherer den indirekten Kollisionsschaden auch dann zu tragen haben soll, wenn ein fremdes Schiff, dessen Reeder nicht nach den in Art. 736 flg. des deutschen Handelsgesetzbuches aufgestellten Grundsätzen mit Schiff und Fracht, sondern nach anderen Normen dem Dritten haftet, und ebenso dann, wenn der Reeder eines deutschen Schiffes etwa (im Ausland) in die Lage kommen sollte, Dritten einen Kollisionsschaden nach den Grundsätzen eines fremden Rechts vergüten zu müssen, während er dazu nach deutschem Recht überhaupt nicht oder doch nur in geringem Umfang verpflichtet gewesen sein würde. Daraus ergibt sich aber gerade umgekehrt, daß die Verfasser des Handelsgesetzbuches sich sehr wohl bewußt waren, die in Art. 824 Ziff. 7 dem Versicherer von Schiff oder Fracht auferlegte Gefahr des indirekten Kollisionsschadens habe nicht nur von vornherein je nach der Nationalität des Schiffes rechtlich einen materiell ganz verschiedenen Inhalt, sondern sie könne sich auch tatsächlich insofern verschieden gestalten, als z. B. einem versicherten deutschen Reeder ein Kollisionsschaden könne ersetzt werden müssen, obgleich der Reeder nach deutschem Recht und nach dem Grundsatz der Haftung nur mit Schiff und Fracht für diesen Schaden dem Dritten überall nicht oder doch nur zu einem geringeren Betrag haften würde. Daß die Ersatzpflicht des Versicherers für indirekten Kollisionsschaden inhaltlich immer die gleiche sei und tatsächlich immer zu demselben Ergebnis führen müsse, kann mithin das Gesetz gar nicht angenommen und gewollt haben. Es geht vielmehr davon aus, daß dieselbe sich schon von vornherein je nach der Nationalität des Schiffes verschieden gestalten kann, und für die Annahme des Berufungsgerichts, daß wegen der Möglichkeit einer den Versicherer im einzelnen Falle (z. B. wegen der persönlichen Haftung des Reeders auch mit seinem übrigen Vermögen nach englichem Recht) unabhängig von dem deutschrechtlichen Gesichtspunkt der Haftung des Reeders nur mit Schiff und Fracht treffenden Ersatzpflicht bei der Frage der Repartierung des indirekten Kollisionsschadens auf Schiff und Fracht von diesem Grundsatz abgesehen werden müsse, und vielmehr das ganze Vermögen des versicherten Reeders in tantum als der Seegefahr des Schiffes und der durch dasselbe zu verdienenden Fracht ausgesetzt zu behandeln sei, liegt am allerwenigsten ein Grund vor in dem hier vorliegenden, den Verfassern des Gesetzes als dem regelmäßigen vorschwebenden Falle, wo es sich um die Versicherung eines deutschen Schiffes und um die von einem deutschen Gericht anzuwendenden Grundsätze über die Haftung des Reeders dem Dritten gegenüber sowie über die Ersatzpflicht des Versicherers handelt. Es ist vielmehr diese Frage in dem vorliegenden

Falle lediglich nach den Grundsätzen des deutschen Rechts, nach welchen der Reeder dem Dritten nur mit Schiff und Fracht haftet, und nach den damit in Verbindung stehenden Bestimmungen des Handelsgesetzbuches in dem Titel von den Schiffsgläubigern zu beurteilen, womit die Konsequenzen, welche das Berufungsgericht aus dem von ihm aufgestellten Vordersatz für die Ermittlung des Wertes, mit welchem Schiff und Fracht an der Tragung des indirekten Kollisionsschadens zu beteiligen sind, sich ohne weiteres als hinfällig erweisen.

Hiernach gelangt man aber zu folgendem Ergebnis. Es ist davon auszugehen, daß die Bestandteile des Schiffsvermögens, mit welchem der Reeder Dritten für Kollisionsschaden haftet, — das Schiff und die Fracht — eine Einheit bilden, und daß daher der Dritte, welchem nach Art. 757 Ziff. 10 verglichen mit Art. 758 und 759 HGB. ein gesetzliches Pfandrecht an Schiff und Fracht zusteht, sich an jeden dieser Bestandteile des Schiffsvermögens für seine ganze Forderung halten kann, daß beide Bestandteile dem Dritten mithin solidarisch haften. Es ist also allerdings nicht zutreffend, wenn Voigt (Deutsches Seeversicherungsrecht S. 436) die Verteilung des indirekten Kollisionsschadens auf die von dem Schiff und der Fracht erhaltengebliebenen Wertbeträge nach Maßgabe der Größe derselben damit zu rechtfertigen sucht, daß die zu zahlende Entschädigungssumme pro rata auf den beiden obligierten Werften hafte. Die Verteilung auf beide Werte überhaupt — abgesehen von der Frage, nach welchem Maßstab dieselbe zu geschehen hat, — rechtfertigt sich aber schon durch das oben unter II Bemerkte sowie aus den Grundsätzen über die negotiorum gestio und aus der analogen Anwendung der Grundsätze über die Solidarhaft, nach welchen demjenigen, der mit einem anderen zusammen aus fremdem Verschulden haftet, die Einrede der Teilung und, wenn er mehr geleistet hat, als er eigentlich zu leisten brauchte, gegen den Mitschuldner der Rückgriff sowie gegen den befriedigten Gläubiger der Anspruch auf Abtretung der Forderung desselben zusteht.

Vgl. Windscheid, Pandekten § 298.

Was nun den für die Verteilung des indirekten Kollisionsschadens auf Schiff und Fracht anzuwendenden Maßstab anlangt, so ist auch hierin der Ausführung von Voigt (a. a. S. S. 435 flg.) beizutreten. Es kann hierbei nur das Interesse zugrunde gelegt werden, welches der Reeder daran hat, dadurch, daß er Dritten einen diesen durch die

Kollision mit seinem Schiff zugefügten Schaden ersetzen muß, keinen Verlust zu erleiden. Denn dieses Interesse ist im Falle der Versicherungssumme – soweit es sich um die hier in Frage stehende Ersatzpflicht des Versicherers handelt – auch zugleich das versicherte Interesse. Dasselbe besteht aber, da der Reeder dem Dritten nach Art. 736 in Verbindung mit Art. 541 und 452 HGB. nur mit Schiff und Fracht haftet, da er mithin über deren derzeitigen Wert hinaus durch die Inanspruchnahme wegen eines Kollisionsschadens nicht benachteiligt wird und daher auch kein versicherbares Interesse darüber hinaus hat, in dem Wert, welchen Schiff und Fracht zur Zeit, d.h. nach der Kollision, noch besitzen. Nach demselben Maßstab ist dann der indirekte Kollisionsschaden selbstverständlich auch zwischen dem Versicherer des Schiffes und dem Versicherer der Fracht (bzw. dem Reeder als Selbstversicherer derselben) zu verteilen, da jeder von ihnen Anspruch auf gleichmäßige Behandlung hat.

Tatsächlich kann dieses Prinzip allerdings zu sehr verschiedenen Gestaltungen des Beitragsverhältnisses führen.

Hat das versicherte Schiff selbst weder vor noch bei der Kollision Beschädigungen erlitten, und ist auch die volle Fracht verdient, so wird der indirekte Kollisionsschaden einfach nach dem ursprünglichen Wertverhältnis zwischen Schiff und Fracht beim Antritt der Reise verteilt, wobei aber selbstverständlich, falls der dem Dritten zu ersetzende Schaden den Wert von Schiff und Fracht übersteigt, von dem Reeder nur bis zu diesem Wert gehaftet wird, und (wie in dem in § 69 der Allgemeinen Seeversicherungsbedingungen in bezug genommenen § 92 Abs. 4 daselbst ausdrücklich hervorgehoben ist) auch der Versicherer immer nur bis zur Höhe der Versicherungssumme haftet.

Hat dagegen auch das eigene Schiff des Reeders (vor oder bei der Kollision) einem dem Versicherer zur Last fallenden Schaden erlitten, oder ist die Fracht teilweise (vor oder bei der Kollision) verlorengegangen, oder ist beides der Fall, so kann sich dadurch das ursprüngliche Beitragsverhältnis in der verschiedensten Weise ändern, wobei es gleichgültig ist, ob der Reeder auch für die Fracht Versicherung genommen hat oder nicht, da die Sache auch in letzterem Falle so zu behandeln ist, als ständen sich der Versicherer des Kasko und der Versicherer der Fracht gegenüber. In allen diesen Fällen haftet der Versicherer des Kasko für den von diesem selbst erlittenen (direkten) Schaden allein und zum vollen, und ebenso haftet der Versicherer der Fracht allein und voll für den entstandenen Frachtverlust, während beide gemeinschaftlich, und zwar pro rata der erhalten gebliebenen Werte der von ihnen versicherten Gegenstände, für den indirekten Kollisionsschaden aufzukommen haben. Eine gleichmäßige, das Interesse beider Versicherer ins Auge fassende Verteilung des indirekten Kollisionsschadens ist nur in dieser Weise möglich.

Die Verteilung desselben nach dem Verhältnis der erhalten gebliebenen Werte hat daher namentlich auch in einem Falle der vorliegenden Art einzutreten, wo der dem Reeder aus der Kollision erwachsene Gesamtschaden die Versicherungssumme, bis zu deren Höhe die Versicherer des Kasko ihm an sich für beide Schäden — den direkten und den indirekten Kollisionsschaden — haften, noch nicht erreicht. Denn man kann für die gegenteilige Ansicht nicht etwa geltend machen, der Kollisionsfall, durch welchen der doppelte Schaden verursacht ist, sei ein einheitlicher Akt, und es dürfe daher nicht zuerst berechnet werden, wofür der Versicherer des Kasko allein haftet, und sodann, wofür er neben dem Versicherer der Fracht (oder dem Reeder als Selbstversicherer derselben) haftet. Es ist vielmehr ein ganz zufälliger Umstand, ob bei der Kollision auch das versicherte Schiff selbst Schaden erlitten hat; und der Umstand, daß der Versicherer des Kasko auch einen direkten Schaden des versicherten Schiffes zu erstatten hat, kommt hier nur insofern in Betracht, als der Versicherer für den direkten und indirekten Kollisionsschaden zusammen immer nur bis zum Belaufe der Versicherungssumme zu haften hat, während es für seine Beitragspflicht bezüglich des indirekten Schadens im übrigen nur darauf ankommen kann, in welchem Wertverhältnis das Schiff in seinem beschädigten Zustand zu der erhalten gebliebenen Fracht steht. Dabei erscheint es auch als gleichgültig, ob die Beschädigung und die daraus entstandene Wertverminderung des versicherten Schiffes ebenfalls durch die Kollision oder aber durch ein anderes (früheres oder späteres) Ereignis herbeigeführt wurde; es ist auch nicht einmal erheblich, ob der direkte Schaden, welcher dem Reeder durch die Wertverminderung seines Schiffes erwachsen ist, dem Kaskoversicherer überhaupt zur Last fällt oder nicht. Nicht minder unzutreffend würde auch der Gesichtspunkt sein, daß dem Reeder des durch die Kollision beschädigten fremden Schiffes das versicherte Schiff und die Fracht überhaupt nicht in einem bestimmten Verhältnis, sondern daß ihm beide Bestandteile des Schiffsvermögens bis zu ihrem ganzen Werte haften, und daß deshalb, sofern der Wert des versicherten Schiffes auch nach seiner eigenen Schädigung zur Deckung der dem Dritten zu ersetzenden Summe ausreicht, die eingetretene Wertverminderung des Schiffes für das Beitragsverhältnis nicht in Betracht komme. Denn dieser Gesichtspunkt würde zu dem, auch vom Berufungsgericht als unrichtig abgelehnten Ergebnis führen, daß den Versicherern von Schiff und Fracht einander gegenüber ein Anspruch auf Verteilung des indirekten Kollisionsschadens überhaupt zu versagen sei, soweit sie wegen Ersatzes desselben und des sie treffenden direkten Schadens nicht — unzulässigerweise — über die Versicherungssumme hinaus in Anspruch genommen worden sind.

Es ist hiernach als erster Faktor bei der streitigen Verteilung des im vorliegenden Falle der „Asama" ersetzten Kollisionsschadens von 86 778,21 M nicht, wie vom Berufungsgericht geschehen, der Wert der „Lydia" beim Antritt der Reise, sondern vielmehr deren Wert nach der Kollision zugrunde zu legen.

Nach dem vorstehend Ausgeführten ist es aber auch nicht richtig, daß das Berufungsgericht als den zweiten Faktor für diese Verteilung der Nettofracht der „Lydia" angenommen hat, wozu es ebenfalls nur durch die Ansicht gelangt ist, daß es von dem Gesichtspunkt der Verhaftung von Schiff und Fracht ganz abzusehen, und vielmehr das ganze Vermögen des Reeders als der Seegefahr ausgesetzt zu behandeln sei. Vielmehr ist hier nach der ausdrücklichen Bestimmung des Art. 759 HGB. der Betrag der vollen Bruttofracht entscheidend, was auch sachlich und wirtschaftlich als gerechtfertigt erscheint, da zu der der Seegefahr ausgesetzten fortune de mer des Reeders nicht nur der nach Deckung der Auslagen übrigbleibende reine Gewinn (die Nettofracht) gehört, sondern auch derjenige Betrag, der dazu bestimmt ist, die gemachten Auslagen wieder zu ersetzen.

Die Revision der Beklagten erscheint hiernach als begründet.

Über die Höhe dieser Bruttofracht sowie darüber, daß sie der Klägerin definitiv vorausbezahlt, also von ihr verdient war und mithin ungeachtet der Beschädigung auch der „Lydia" durch die Kollision ungeschmälert geblieben ist, herrscht nun freilich kein Streit. Angesichts des Umstandes, daß der andere Faktor für die Verteilung des indirekten Kollisionsschadens (der Wert der „Lydia" nach der Kollision) noch nicht feststeht, kann jedoch ein Endurteil noch nicht erfolgen; es war vielmehr die Sache zur anderweiten Verhandlung und Entscheidung in Gemäßheit der vorstehend unter IV entwickelten Grundsätze in die Berufungsinstanz zurückzuverweisen.

Aus obigem ergibt sich zugleich, daß die Anschließung der Klägerin auch im übrigen unbegründet ist, und daß vielmehr für die Klägerin bereits zu günstig erkannt war."...

## RGZ. 34, 72.

**Haftet der Reeder eines ausländischen, aber nach einem deutschen Hafen bestimmten und dort eingetroffenen Schiffes dem legitimierten Inhaber eines von dem Schiffer im Ausland ausgestellten, an Order lautenden Konnossements auch dann nach den Grundsätzen des deutschen Rechts, wenn nach dem Recht des betreffenden Auslandes die Haftung des Reeders wegen Überschreitung der gesetzlichen Vollmacht des Schiffers zur Konnossementszeichnung oder aus sonstigen Gründen ausgeschlossen sein würde? Macht es einen Unterschied, ob der Empfänger ein Deutscher oder ebenfalls Angehöriger des betreffenden Auslandes ist, oder ob der deutsche Empfänger die Ansprüche aus dem Konnossement für eigene Rechnung oder für Rechnung eines Ausländers verfolgt?**

HGB. Art. 644 flg. 302, 303, 305 vgl. mit Art. 11—13, 36, 74 WO.

I. Zivilsenat. Urt. v. 2. Mai 1894.

I. Landgericht Hamburg. — II. Oberlandesgericht daselbst.

Die in Hamburg domizilierte klagende Firma ist Inhaberin von acht Konnossementen, in welchen W. D., der Kapitän des englischen Dampfschiffes „Minna Craig", bekennt, daß durch B., Cr. & Co. in Bombay an Bord seines, damals im Hafen von Bombay liegenden und nach Hamburg bestimmten Schiffes 8000 Sack Weizen, 1334 Sack Leinsaat, 4002 Sack Kastorsaat und 2668 Sack Rapssaat verladen sind, um in Hamburg „an Order" ausgeliefert zu werden. Sämtliche Konnossemente tragen das Blankogiro der Ablader.

Bei Ankunft des Schiffes in Hamburg befanden sich die Güter, auf welche diese Konnossemente lauten, nicht an Bord. Die Klägerin machte deshalb Schiffsgläubigerrechte zum Belaufe des Wertes der Güter bei Beginn der Entlöschung geltend und hat auch in Verfolgung ihres Pfandrechtes einen Arrest auf das Schiff erwirkt, welches inzwischen zwangsweise verkauft worden ist. Mit der Behauptung, daß der Wert der Güter 228 000 M betragen habe, beantragt Klägerin mittels einer gegen den Kapitän W. D. als Führer der „Minna Craig" erhobenen

Klage, den Beklagten zur Zahlung dieser Summe nebst Zinsen und Kosten zu verurteilen mit der Maßgabe, daß die Vollstreckung nur in Schiff und Fracht zulässig sei.

Der Beklagte hat Abweisung der Klage beantragt. Er behauptet, die Güter, über welche die hier fraglichen Konnossemente lauten, seien tatsächlich gar nicht verladen worden. Der Kapitän des Schiffes sei durch Betrug der Firma B., Cr. & Co. in Bombay veranlaßt, die Konnossemente zu zeichnen, indem einer der Mitinhaber der Firma ihm gefälschte Empfangsbekenntnisse des Steuermannes vorgelegt habe, wegen welcher Betrügerei die Beteiligten auch zu mehrjährigem Zuchthaus verurteilt seien. Außerdem machte Beklagter geltend, B., Cr. & Co. hätten die Konnossemente an die Chartered Mercantile Bank of India, London & China begeben, um darauf Vorschüsse zu nehmen, die Klägerin habe die Konnossemente niemals erworben und handele nur in Vertretung dieser Bank, müsse sich daher auch die der Reederei des Schiffes gegen diese zustehenden Einreden gefallen lassen. Nach dem hier maßgebenden englischen Recht hafte aber die verklagte Reederei aus Konnossementen, die der Kapitän gezeichnet, nur dann, wenn die Güter wirklich verladen waren, und die Ablader könnten weitere Rechte, als sie aus den Konnossementen erworben haben, durch Girierung der Konnossemente nicht auf einen anderen übertragen. Die gedachte Bank sei aber beim Erwerb der Konnossemente auch mit großer Nachlässigkeit verfahren, indem sie auf dieselben Vorschüsse gegeben habe, ohne sich davon zu überzeugen, ob die Güter wirklich verladen seien, und auch aus diesem Grunde könnten nach englischem Recht aus den Konnossementen keine Ansprüche erhoben werden. ...

Klägerin hat hiergegen geltend gemacht, die Haftung aus den Konnossementen sei nach deutschem Recht zu beurteilen. ... Der Klägerin stehe als Konnossementsinhaberin ein selbständiger Anspruch zu, und es gehe den Beklagten nichts an, ob sie denselben für eigene oder fremde Rechnung geltend mache; daß sie den Prozeß für Rechnung der gedachten Bank führe, gestehe sie zu. ... Das Landgericht hat unter Abweisung des weitergehenden Anspruches den Beklagten in seiner vorstehend angegebenen Eigenschaft, und soweit der Wert des Schiffes „Minna Craig" und die von demselben verdiente Fracht reichen, zur Zahlung von 219500 M nebst Zinsen und Kosten verurteilt. Die Berufung des Beklagten ist zurückgewiesen und seine Revision verworfen worden aus folgenden

Gründen:

„Das angefochtene Urteil beruht in erster Linie darauf, daß das Berufungsgericht in Übereinstimmung mit dem Landgericht die zwischen den Parteien streitige Frage, ob für die Haftung der von dem Beklagten vertretenen Reederei des Schiffes „Minna Craig" aus den hier fraglichen, von dem Führer dieses Schiffes gezeichneten Konnossementen das deutsche oder das englische Recht maßgebend sei, zugunsten der Anwendung des deutschen Rechtes entschieden hat. Ungeachtet der nicht zu verkennenden Zweifelhaftigkeit dieser Frage und der von der Revision im einzelnen hervorgehobenen Bedenken ist dem Berufungsgericht hierin im Endergebnis beizutreten, so daß den dagegen erhobenen Revisionsangriffen der Erfolg zu versagen ist.

Es handelt sich hier um Ansprüche des durch Blankoindossament legitimierten Inhabers von „an Order" lautenden Konnossementen über Güter, welche inhalts derselben in Bombay von einem dortigen Haus mit einem englischen Schiff nach dem Bestimmungshafen Hamburg verladen waren, und es ist bei Beurteilung der Revision davon auszugehen, daß diese Güter, welche sich bei der Ankunft des Schiffes in Hamburg nicht an Bord vorgefunden haben, in Wirklichkeit überhaupt niemals verladen worden sind, und daß vielmehr der Kapitän des Schiffes von den angeblichen Abladern B., Cr. & Co. durch ihm vorgelegte gefälschte Empfangsbekenntnisse seines Steuermannes betrügerischerweise zur Zeichnung dieser Konnossemente veranlaßt ist. Der Beklagte, welcher geltend macht, daß die Rechtswirkungen dieser Konnossemente nach englischem Recht zu beurteilen und hiernach für seine Reederei unverbindlich seien, hat unter Berufung auf die Gutachten und das Zeugnis von Rechtskundigen als den Inhalt dieses Rechtes bezeichnet:

1. daß die Zeichnung von Konnossementen durch den Schiffer über nicht verladene Waren eine für den Reeder nicht verbindliche Überschreitung der gesetzlichen Vollmacht enthalte,

2. daß dem legitimierten Inhaber selbst des „an Order" gestellten Konnossementes die Einreden aus der Person seines Rechtsvorgängers entgegenstehen,

3. daß der Inhaber eines über nicht abgeladene Güter gezeichneten Konnossementes auch im Falle einer Nachlässigkeit beim Erwerb desselben keine Rechte aus dem Konnossement geltend machen kann, und

4. daß von den englischen Gerichten in einem dem vorliegenden entsprechenden umgekehrten Falle deutsches Recht würde angewendet werden.

Er erscheint nun allerdings im allgemeinen als das natürlichste und rationellste Prinzip, die Frage der Existenz und des Umfanges der Haftung des Reeders aus Rechtsgeschäften und Rechtshandlungen des Schiffers da, wo die Anwendung eines anderen Rechtes nicht als geboten erscheint, nach dem Recht des Heimathafens des Schiffes (dem sog. Recht der Flagge) zu beurteilen. Denn an sich läßt sich diese Haftung des Reeders nur auf die in der Anstellung des Schiffers enthaltene Legalvollmacht zurückführen, die nach dem Heimatrecht des Schiffers zu beurteilen ist. Dies ist auch die in der Literatur des internationalen Privatrechtes sowie in der Rechtsprechung vorwiegend vertretene Ansicht. Ob dieses Prinzip, wie in der Entscheidung des Reichsoberhandelsgerichts Bd. 24 S. 83 flg. angenommen ist, auch auf die Haftung des Reeders aus Delikten und außerkontraktlichem Verschulden des Schiffers anzuwenden ist, kann für den vorliegenden Fall dahingestellt bleiben.

Man könnte nun annehmen, nach diesem als Regel zu befolgenden Prinzip müsse auch insbesondere die Haftung des Reeders aus Frachtverträgen und aus den vom Schiffer gezeichneten Konnossementen nach dem Recht der Flagge des Schiffes beurteilt werden, und in betreff des Frachtvertrages im allgemeinen scheint dies auch die Meinung verschiedener englischer Schriftsteller zu sein. So heißt es bei Abbott, Merchands Ships and Seamen (XIII. edit.) S. 174/75:

> If cargo is shipped in a foreign ship ... the owner of the cargo authorises the master, to deal with it according to the law of the country, to which the ship belongs or the contract of affreightment is governed by the law of the flag.

Ähnlich äußern sich Westlake (Holtzendorff), Lehrbuch des internationalen Privatrechtes § 208, und Scrutton, The contract of affreightment (III. edit.) S. 12 flg.

Nach deutschem Recht ist dies aber jedenfalls bezüglich des hier allein in Frage kommenden Rechtsverhältnisses zwischen dem Reeder, welcher sein Schiff nach einem deutschen Hafen verfrachtet hat, um dem durch ein an Order gestelltes Konnossement legitimierten Empfänger nicht zu billigen.

Schon das Reichsoberhandelsgericht hat in der vom Berufungsgericht angezogenen Entscheidung (Bd. 25 S. 192 flg.) es als keinem Zweifel unterliegend bezeichnet, daß die Bestimmungen des deutschen Rechtes über die Verantwortlichkeit der Schiffer und Reeder aus dem Verhalten der ersteren, sowie die Vorschriften desselben über die Rechtsfolgen, welche einheimische Konnossementsinhaber den Schiffern gegenüber aus dem Besitz von Konnossementen abzuleiten befugt sind, auf alle Fälle, in welchen es in deutschen Häfen der Erledigung derartiger Rechtsangelegenheiten, gleichviel ob einheimischer oder ausländischer Schiffe, bedarf, zur Anwendung zu bringen sind. Der konkrete Fall lag damals freilich insofern anders, als die betreffenden Güter wirklich verladen waren, und es sich nur um die Frage handelte, ob der Reeder dem Empfänger für den ihm aus der Vordatierung des Konnossements — der Ausstellung desselben an einem Tag, wo die Abladung noch nicht stattgefunden hatte — entstandenen Schaden verantwortlich sei, wogegen hier auch noch die Vorfrage zu entscheiden ist, ob ein vom Schiffer mit Überschreitung der Grenzen seiner gesetzlichen Vollmacht gezeichnetes Konnossement für den Reeder nach dem Recht der Flagge überhaupt verbindlich ist. Allein der Entscheidungsgrund des Reichsoberhandelsgerichts trifft auch für die Vorfrage zu, und diese Konsequenz hat denn auch das Reichsgericht bereits in einem früheren Falle,

vgl. Entsch. desselben Zivils. Bd. 20 S. 52 flg.,

gezogen, indem es — allerdings nur beiläufig, und ohne daß dies nach Lage des Falles notwendig gewesen wäre — unter Bezugnahme auf die gedachte Entscheidung die Behauptung der Revision, daß der Reeder selbst dann, wenn nicht (wie es damals geschehen war) ein Agent des Reeders, sondern der Schiffer ein Konnossement über noch nicht wirklich an Bord gelangte Güter gezeichnet hätte, nach englischem Recht durch ein solches Konnossement nicht gebunden sei, als unerheblich in erster Linie aus dem Grunde zurückwies, daß nur das deutsche Recht als das am Bestimmungsort Bremen, wo die Verpflichtung aus dem Konnossement zu erfüllen war, geltende entscheidend sein könne. Daß in diesem Falle nach der, übrigens seitens der Empfänger nicht zugestandenen Behauptung des Reeders die überhaupt nicht an Bord gekommenen Güter dem Schiffer doch bereits durch Lagerung am Kai von den Abladern behufs der Verladung übergeben waren, wurde hierbei nicht in Betracht gezogen, und es wurde also, wie die Revision meint, keineswegs bloß ein voreiliges, fehlerhaftes Handeln des Schiffers in Ausübung seiner Dienstverrichtungen, sondern eine Überschreitung der Grenzen seiner Vollmacht angenommen.

Bei diesen Entscheidungen ist auch stehen zu bleiben, wenngleich der Revision zuzugeben ist, daß die nähere Begründung der erstgedachten Entscheidung nicht überall zutrifft. Denn aus der allgemeinen Fassung der die Konnossemente betreffenden Bestimmungen des Handelsgesetzbuches in Art. 644 flg. läßt sich angesichts der voraufgehenden Art. 432 flg. noch kein sicherer Schluß dahin ziehen, daß dieselben auch für fremde Schiffe maßgebend sein sollen, und es folgt dies auch nicht aus dem Umstand, daß man nach den Beratungsprotokollen auch diejenigen Fälle in Betracht gezogen hat, in welchen Abladungen vom Ausland nach Deutschland stattfänden, zumal dort, wie die Revision zutreffend bemerkt, auf S. 2205/6 andererseits ausgeführt ist: das Konnossement sei wesentlich dazu bestimmt, auch im Ausland in Verkehr gebracht zu werden; da es nun weder in der Macht noch in der Aufgabe der Versammlung liege, Fragen des internationalen Rechtes zu entscheiden und dafür Vorsorge zu treffen, daß die deutschen Konnossemente im Ausland auch immer nach deutschem Recht beurteilt würden..., und da zu befürchten stehe, daß die Indossabilität der deutschen Konnossemente hier und da im Ausland beanstandet werde, wenn sie nicht die Worte „an Order" enthielten..., so empfehle es sich, im Gesetz deren Beifügung anzuordnen. Auch die weiteren Ausführungen, daß nach der täglichen Praxis der deutschen Gerichtshöfe auf ausländische Konnossemente ausnahmslos das deutsche Recht angewandt werde, wie dies auch vice versa in England und Frankreich geschehe, und daß auch die allgemeinen Rechtsgrundsätze auf diese Behandlung führten, indem der Schiffer durch die Zeichnung des Konnossements dem Recht des Bestimmungsortes sich unterwerfe, dürften für sich allein zur Begründung der Entscheidung nicht genügen; insbesondere hat der letztgedachte Grund dem Reeder gegenüber einen selbständigen Wert nur dann, wenn man von vornherein unterstellt, daß der Schiffer bei der Zeichnung des Konnossements innerhalb seiner gesetzlichen Vollmacht gehandelt habe.

Als durchschlagend erscheint aber folgender Gesichtspunkt. Es ist zunächst daran festzuhalten, daß — wie bereits vielfach ausgesprochen ist — für die am Bestimmungsort zu erfüllenden Verpflichtungen des Verfrachters aus dem Seefrachtvertrag und aus Konnossementen nach deutschen Rechtsgrundsätzen das Recht des Bestimmungsortes als des Ortes der Erfüllung und des Ortes, wo die Obligation ihre wesentliche Wirkung äußert, als maßgebend anzusehen ist.

Vgl. Entsch. d. RG.'s in Zivils. Bd. 6 S. 130 flg. und Bd. 25 S. 107. Auch der Reeder eines fremden Schiffes, welcher sein Schiff nach *einem deutschen Hafen verfrachtet,* hat hiernach die Rechtsfolgen anzuerkennen, die sich nach deutschem Recht für das Verhältnis zwischen ihm als Verfrachter und den Empfängern der Güter auf Grund der ausgestellten Konnossemente ergeben. Durch die Verfrachtung seines Schiffes nach einem fremden Hafen unterwirft er sich stillschweigend dem dort in dieser Beziehung geltenden Rechte. Hieraus folgt aber:

1. Nach deutschem Recht (Art. 644 HGB.) gehört die Ausstellung der Konnossemente zu den Dienstobliegenheiten des Schiffers, ist der Schiffer der zur Zeichnung der Konnossemente ohne jede Einschränkung legitimierte Vertreter des Reeders. Mithin ist auch der ausländische Reeder, welcher sein Schiff nach Deutschland verfrachtet hat, nicht berechtigt, dem auf ein von seinem Schiffer ausgestelltes Konnossement gestützten Anspruch des Empfängers auf Erfüllung der sich aus dem Konnossement ergebenden Verpflichtung des Verfrachters mit dem Einwand zu begegnen, daß der Schiffer nach dem Recht der Flagge des Schiffes in dem vorliegenden Falle aus irgendeinem Grunde nicht befugt gewesen sei, den Reeder durch die Zeichnung des Konnossementes zu verpflichten.

2. Nach deutschem Recht (Art. 653 flg. HGB.) ist für die Rechtsverhältnisse zwischen dem Verfrachter und dem Empfänger der Güter, insbesondere für die Ablieferung derselben am Bestimmungsort, das Konnossement entscheidend. Es wird durch dasselbe dem Empfänger gegenüber eine selbständige, von dem Frachtvertrag an sich unabhängige und aus dem letzteren ausgeschiedene, vom Verfrachter unbedingt zu vertretende Verpflichtung begründet; der Reeder darf sich daher auch nicht darauf berufen, daß die in dem Konnossement bezeichneten Güter nicht abgeladen seien. Auch der Reeder eines ausländischen Schiffes ist mithin mit dem letztgedachten Einwand nicht zu hören.

3. Nach deutschem Recht (Art. 302, 303, 305 HGB. in Verbindung mit Art. 11—13, 36, 74 WO.) ist das „an Order" gestellte Konnossement eine durch Indossament übertragbare Urkunde, deren

legitimiertem Inhaber gegenüber der Verpflichtete sich nur solcher Einreden bedienen kann, welche ihm nach Maßgabe der Urkunde selbst oder unmittelbar gegen den jedesmaligen Kläger zustehen, während er Einreden aus der Person der Vormänner und Indossanten nicht erheben darf. Mithin kann sich auch die beklagte Reederei nicht darauf berufen, daß die Ablader und Indossanten B., C. & Co. den Schiffer durch Betrug zur Zeichnung der Konnossemente veranlaßt haben.

Gegen diese Argumentation macht die Revision nun zwar geltend, ihr Ausgangspunkt, daß die Beteiligten sich dem deutschen Recht unterworfen hätten, sei nicht zu billigen, da dies doch nur auf den Willen derselben zurückgeführt werden könne; dieser Wille sei aber im vorliegenden Falle nicht anzunehmen, da alle zunächst Beteiligten — Reeder, Schiffer und Ablader sowie die erste Erwerberin der Konnossemente, die Mercantile Bank of India, London & China — Engländer gewesen seien, und schon deshalb davon auszugehen sei, daß sie bei ihren Rechtshandlungen englisches Gesetz und englische Gewohnheiten vor Augen gehabt hätten, nach welchen das Konnossement dem Reeder gegenüber nur die Bedeutung eines durch den einfachen Gegenbeweis, daß die Güter nicht verladen seien, entkräftbaren Beweismittels besitze und auch gegenüber einem „indorsee for value" keinen neuen selbständigen Verpflichtungsgrund enthalte. Allein auch bei Unterstellung der Richtigkeit der letztgedachten Behauptung nach der jetzt geltenden englischen Bill of Lading Act vom 14. August 1855, welche vom Berufungsgericht — allerdings unter Nichtbeachtung des von der Klägerin dafür angetretenen Beweises — verneint wird, verdient dieser Einwand keine Beachtung. Denn es kommt bei der Frage der Unterwerfung der Beteiligten unter ein bestimmtes örtliches Recht nicht darauf an, ob jede einzelne Rechtswirkung desselben wirklich gewollt ist. Vielmehr kann diese Unterwerfung schon in der Wahl eines bestimmten Erfüllungsorts für die betreffende Obligation gefunden werden. Es genügt, bei der Interpretation des Geschäfts unter Ergänzung eines in dieser Beziehung mangelhaften Parteiwillens auf Grund objektiver Kriterien die sich aus der Natur der Sache als die vernünftiger- und billigerweise anzuwendende Rechtsnorm zu ermitteln.

Vgl. Entsch. des RG.'s in Zivils. Bd. 6 S. 130 flg.

Übrigens ist es auch sehr wohl möglich, daß im vorliegenden Falle die Mercantile Bank, für deren Rechnung Klägerin zugestandenermaßen den Prozeß führt, gerade auch mit Rücksicht auf den Bestimmungsort des Schiffes und in Kenntnis des dort geltenden deutschen Rechts zur Erwerbung der Konossemente veranlaßt worden ist.

Schon aus diesem letzteren Grunde würde es als nicht gerechtfertigt erscheinen, bezüglich der Frage des anzuwendenden örtlichen Rechts dem Umstand Bedeutung beizulegen, daß die Klägerin als Inhaberin der in blanco indossierten Konnossemente zwar zur Klage legitimiert ist, den Rechtsstreit aber für Rechnung der *englischen Mercantile Bank und (nach der Behauptung des* Beklagten) auch in deren Auftrag führt. Die von der Revision vertretene Auffassung, daß zwar eventuell der einheimische Konnossementserwerber (welchen allein allerdings das Reichsoberhandelsgericht bei seiner Entscheidung in Bd. 25 S. 192 flg. vor Augen gehabt zu haben scheint) sich für die Anwendung des deutschen Rechts auf die bona fides im Handelsverkehr möge berufen können, daß aber, solange das Konnossement noch im Ausland zirkuliere, das Recht des Auslands anzuwenden sei, verdient aber auch aus einem anderen Grund keine Billigung. Denn die Anwendung des deutschen Rechts auf alle über Güter, die in einem deutschen Hafen auszuliefern sind, gezeichneten Konnossemente ohne Rücksicht auf die Flagge des betreffenden Schiffes, auf den Ort der Abladung und auf den Wohnsitz und die Staatsangehörigkeit der jedesmaligen Konnossementsinhaber erscheint im Interesse der Sicherheit des Verkehrs mit Konnossementen als so dringend geboten, daß es unbedenklich als der Wille des deutschen Gesetzgebers angesehen werden darf, die Rechtswirkungen der in Deutschland zu erfüllenden Konnossemente ohne alle derartigen weiteren Unterscheidungen nur nach dem Recht des Inlands beurteilt zu sehen, so daß dieses für den deutschen Richter insoweit als ein zwingendes angesehen werden muß. In der Tat verträgt auch insbesondere das an Order lautende, indossable und dem Zweck der Negotiabilität und Zirkulation dienende Konnossement solche Unterscheidungen nach deutschem Recht gar nicht. Die Nationalität der Inhaber, der Ort der Indossierung und des Erwerbs solcher Orderpapiere erscheint nach den Bestimmungen des deutschen Rechts über das Verhältnis des Inhabers zu dem Verpflichteten als völlig unerheblich, läßt sich auch aus den Papieren selbst, wenigstens in dem hier vorliegenden Falle einer Blankogirierung, nicht entnehmen, während der auf Grund eines Blankoindossaments legitimierte Inhaber jede Erörterung darüber, von wem er das Papier erworben, und ob dasselbe zur Zeit des Erwerbs schon im Inland oder noch im

Ausland zirkuliert hat, abzulehnen berechtigt ist. Auch liegt der Gedanke einer Bevorzugung des inländischen Konnossementsinhabers von dem ausländischen dem deutschen Recht ohne Zweifel ganz fern, wie denn auch die Beschränkung der Anwendung des deutschen Rechts auf diejenigen Fälle, in welchen es sich um Ansprüche eines Inländers aus Konnossementen handelt, sehr leicht illusorisch gemacht werden könnte.

Daß angeblich die englischen Gerichte in einem umgekehrt liegenden Falle nicht das englische, sondern das deutsche Recht anwenden würden, erscheint als unerheblich, da im allgemeinen die Gegenseitigkeit für die Frage, ob inländisches oder ausländisches Recht zur Anwendung zu kommen hat, gleichgültig ist.

Vgl. Bolze, Praxis Bd. 15 Nr. 8.

Da hiernach das Berufungsgericht seiner Entscheidung ganz richtig das deutsche Recht zugrunde gelegt hat, braucht auf den Inhalt des englischen Rechts nicht näher eingegangen zu werden.

Daß nach deutschem Recht im übrigen die angefochtene Entscheidung gerechtfertigt ist, war von dem Beklagten schon in zweiter Instanz nicht mehr bestritten, und es genügt in dieser Beziehung auf die zutreffenden Gründe der Vorderrichter Bezug zu nehmen."...

## RGZ. 36, 116.

### Zur Auslegung des Art. 907 HGB.

I. Zivilsenat. Urt. v. 22. Januar 1896.

I. Landgericht Stettin. — II. Oberlandesgericht daselbst.

Der Beklagte hat im Juni 1889 in Stralsund als Schiffer eines Schraubendampfers, dessen Heimathafen Stettin war, den Kläger außer anderen Arbeitern zum Löschen der Ladung gegen Stundenlohn engagiert. Beim Löschen hat der Kläger einen Unfall erlitten, den er auf mangelhafte Beschaffenheit der beim Löschen verwendeten Dampfwinde zurückführt. Mit einem Anspruch auf Schadensersatz auf Grund des Unfallversicherungsgesetzes ist Kläger durch Urteil des Schiedsgerichts abgewiesen worden. In der am 19. November 1890 erhobenen Klage beansprucht der Kläger von dem Beklagten auf Grund der Art. 478, 479. 481 HGB. und aus aquilischem Verschulden Ersatz des ihm zugefügten Schadens. Die Klage war auf Grund des Art. 451 HGB. auch gegen die Reederei, Firma St. & R., erhoben, ist aber insoweit im Februar 1891 zurückgenommen worden. Das Landgericht hat den Beklagten verurteilt, an den Kläger monatlich 25 M Unterhaltungsgelder zu zahlen; auf die Berufung des Beklagten aber ist auf Grund der nunmehr von ihm aus den Art. 906, 907 HGB. erhobenen Einrede der Verjährung die Klage abgewiesen worden. Auf die Revision des Klägers ist das Urteil aufgehoben und die Sache zur Verhandlung und Entscheidung an das Berufungsgericht zurückgewiesen worden aus folgenden

Gründen:

„Gegen die Einrede der Verjährung hat Kläger eingewendet, daß die Verjährung des Anspruchs gegen die Reederei durch verschiedene in die Zeit vom 14. August 1889 bis September 1890 fallende ausdrückliche und stillschweigende Anerkenntnisse der Reederei unterbrochen worden sei, und daher der persönliche Anspruch gegen den Beklagten nicht verjährt sein könne, weil zur Zeit der Klageerhebung (am 19. November 1890) der Anspruch gegen die Reederei noch unverjährt gewesen sei. Diesen Einwand hat das Berufungsgericht als unzutreffend erachtet. Es geht davon aus, daß, insoweit für den durch ein Verschulden des Schiffers entstandenen Schaden der Reeder neben dem Schiffer hafte, beide im Verhältnis von einfachen Solidar- (nicht Korreal-) Schuldnern zu einander ständen. Unter Verwertung der Protokolle der Kommission zur Beratung des Handelsgesetzbuchs wird sodann darzulegen versucht, daß, wie der Art. 906 HGB. die im Art. 757 aufgeführten Forderungen, so der Art. 907 die darin bezeichneten persönlichen Ansprüche einer kurzen Verjährung unterwerfe, und daneben der Art. 907 die Verjährung der persönlichen Ansprüche nur insofern von der Verjährung des Pfandrechts abhängig mache, als der persönliche Anspruch ohne Rücksicht auf seine Entstehungszeit und seine frühere oder spätere Fälligkeit immer zugleich mit dem dinglichen verjähren solle, wogegen es im übrigen und namentlich hinsichtlich der Verjährungsunterbrechungen, deren bei den Beratungen der Kommission mit keinem Wort Erwähnung getan worden, bei der Regel belassen sei, daß jeder Anspruch sein eigenes Schicksal habe, daß aber, wenn der Art. 907 diesen Sinn nicht habe, er dann nur dahin verstanden werden könne, daß der persönliche Anspruch nie früher als der dingliche verjähre, andererseits aber auch mit der Verjährung des dinglichen unter allen Umständen die Verjährung des persönlichen Anspruchs verknüpft sein solle. – Hieraus wird gefolgert, daß der Anspruch gegen den Beklagten in jedem Falle verjährt sei. Unterliege der persönliche Anspruch einer selbständigen Verjährung im Sinne der vom Oberlandesgericht vertretenen Auslegung des Art. 907, so sei die Verjährung eingetreten, weil zwischen dem Tag des vom Kläger erlittenen Unfalls (dem 19. Juni 1889) und dem Tag der Klageeerhebung ein Zeitraum von mehr als einem Jahr liege; folge man der zweiten als möglich hingestellten Auslegung, so sei das Ergebnis dasselbe, weil für den Anspruch gegen die Reederei, möge er auch zur Zeit der Klageerhebung noch unverjährt sein, doch im Laufe des gegenwärtigen Prozesses die Verjährung eingetreten und damit dann auch der persönliche Anspruch verjährt sei.

Diesen Ausführungen liegt indes eine Auffassung des Art. 907 HGB. zugrunde, die nicht für richtig gehalten werden kann. — Allerdings wurde in der Kommission zur Beratung des Handelsgesetzbuchs beschlossen, „daß die persönlichen Ansprüche der Schiffsgläubiger in derselben Zeit, wie ihr Pfandrecht, verjähren sollten". Vorher war darauf hingewiesen worden, daß es nicht angemessen sei, die persönlichen Forderungen länger fortbestehen zu lassen, als die dinglichen Ansprüche der betreffenden Gläubiger, auf der anderen Seite aber auch kein Grund dafür bestehe, die Verjährung der ersteren früher als die der letzteren eintreten zu lassen, was an und für sich nicht unmöglich sei und z. B. bei der Bodmerei dann statthaben würde, wenn der Schiffer oder der Reeder sich eine das Bodmereiobjekt gefährdende Handlung vor dem Fälligwerden der Bodmereischuld beigehen ließen, weil die Entschädigungsforderung in einem solchen Falle an und für sich mit dem Eintritt der beschädigenden Handlung entstehe und fällig werde. Der Verjährungsunterbrechungen ist keine Erwähnung geschehen. Allein daraus, wie überhaupt aus der Entstehungsgeschichte des Art. 907 (Prot. S. 2958—2967 und S. 4202), ist für dessen Auslegung nichts Entscheidendes zu entnehmen, und es kann namentlich darauf nicht ankommen, ob man sich in der Kommission die Tragweite der beschlossenen und zum Gesetz gewordenen Bestimmung in allen Beziehungen vergegenwärtigt hat. Ist der Wortlaut klar und ergibt er einen verständigen Sinn, so ist dieser allein maßgebend. In beiden Richtungen aber lassen sich begründete Zweifel nicht erheben.

Der Art. 906, auf den zunächst zurückzugehen ist, enthält die allgemein lautende Vorschrift, daß die im Art. 757 aufgeführten Forderungen in näher bestimmten kurzen Fristen verjähren sollen. Wesentlich davon verschieden ist die Fassung des Art. 907. Wenn hier bestimmt wird, daß die nach dem vorstehenden Artikel eintretende Verjährung sich zugleich auf die persönlichen Ansprüche, welche dem Gläubiger etwa gegen den Reeder oder eine Person der Schiffsbesatzung zustehen, beziehe, so werden damit nicht auch allgemein die bezeichneten persönlichen Ansprüche der kurzen Verjährung unterworfen, sondern es wird — dies lassen die hervorgehobenen Worte deutlich erkennen — nur ausgesprochen, daß in jedem Falle der Verjährung eines dinglichen Anspruchs eine Begleitwirkung derselben die Verjährung auch des etwa bestehenden persönlichen Anspruchs sein soll. Der dingliche Anspruch wird als der bedeutsamere angesehen; ist dieser verjährt, so soll auch der etwaige persönliche der gleichen Verjährung unterliegen, während abgesehen davon die für den letzteren bestehenden Verjährungsvorschriften des bürgerlichen Rechts unberührt bleiben. Ist dies der aus dem Wortlaut sich ergebende und vom Standpunkt der Zweckmäßigkeit aus nicht zu beanstandende Sinn des Art 907, so folgt daraus negativ, daß, solange der dingliche Anspruch noch nicht verjährt ist, es auch der persönliche nicht ist, vorausgesetzt, daß er dies nicht etwa nach den Vorschriften des bürgerlichen Rechts sein sollte. Nicht zuzugeben aber ist, daß dem persönlichen Anspruch die eingetretene Verjährung des dinglichen unter allen Umständen entgegenstehen muß. Denn es ist eine Verjährung des persönlichen Anspruchs, die als sekundäre Folge mit der Verjährung des dinglichen verknüpft sein soll, und danach erscheint es als selbstverständlich, daß ein bereits rechtshängiger persönlicher Anspruch von der Verjährung des dinglichen Anspruchs nicht ergriffen werden kann. Ist er infolge der Rechtshängigkeit gegen die für ihn geltende selbständige Verjährung unempfindlich, so muß er es umsomehr sein gegen eine bloß abgeleitete Verjährung.

Die Anwendung dieser Grundsätze auf den streitigen Fall führt dann aber zu dem Ergebnis, daß der Einrede der Verjährung nicht ohne weiteres stattgegeben werden durfte. Daß hinsichtlich der Unterbrechung der im Art. 906 vorgesehenen Verjährung die Bestimmungen des bürgerlichen Rechts Platz greifen, läßt sich mangels einer sie ausschließenden Vorschrift des Handelsgesetzbuchs mit Grund nicht bezweifeln. Liegen daher die vom Kläger behaupteten Unterbrechungen vor, dann war zur Zeit der Klageerhebung der Anspruch gegen die Reederei noch nicht verjährt, die hinterher eingetretene Verjährung dieses Anspruchs aber ohne Einfluß auf den Anspruch gegen den Beklagten." . . .

**RGZ. 38, 1.**

**Nach dem Recht welchen Orts sind die Voraussetzungen der großen Haverei zu beurteilen? Anwendbarkeit der Bestimmungen**

**des deutschen Handelsgesetzbuchs über große Haverei auf die Flußschiffahrt? Gewohnheitsrecht für die Rheinschiffahrt. Begriff der Gefahr im Sinne der Vorschriften über große Haverei. Verschulden des Versicherten.**

I. Zivilsenat. Urt. v. 3. Oktober 1896.

I. Landgericht I Berlin, Kammer für Handelssachen. — II. Kammergericht daselbst.

Die in Rotterdam domilizierte Klägerin hat durch Vertrag vom 4. Januar 1890 ihren Schleppkahn „Neuwied" bei der Beklagten und einer anderen Gesellschaft, und ferner durch Vertrag vom 19. April 1890 ihren Schleppkahn „Niederwald" bei der Beklagten und zwei anderen Gesellschaften gegen Flußunfälle auf Fahrten von und nach allen Häfen, Orten, Flüssen, Strömen, Kanälen, Seen usw. in den Niederlanden, in Belgien und in Deutschland versichert. Die Versicherungspolicen sind in holländischer Sprache ausgefertigt und enthalten u. a. die Klauseln: „met vergoeding van alle avarijgros of daarmede gelijkstaande kosten, hoe gering ook", und: „vrij van onkosten, van ligdagen en van overwintering".

Am 12. Dezember 1890 mußten beide Kähne, auf der Bergreise von Rotterdam nach Mannheim vom Eisgang überrascht, den Ruhrorter Hafen anlaufen. Der Schiffer L. hat in betreff des „Neuwied", der Schiffer Sch. in betreff des „Niederwald" am 16. Dezember 1890 vor einem Notar in Ruhrort Verklarung abgelegt. Während des Aufenthalts in Ruhrort fiel das Wasser im Hafen derart, daß das Aufsitzen der Kähne zu befürchten war, und es mußte, wie Klägerin behauptet, zur Errettung von Kahn und Ladung aus gemeinsamer Gefahr eine Leichterung vorgenommen werden. Über diesen Tatbestand legte der Schiffer L. am 16. März 1891, der Schiffer Sch. am 4. März 1891 vor einem Notar in Mannheim eine zweite Verklarung ab. Das Amtsgericht in Mannheim verfügte für beide Kähne die Aufnahme der Dispache. Nach der aufgenommenen Dispache beträgt der freiwillige Aufwand der Klägerin an Kosten (der Leichterung), soweit sie der „Neuwied" zu tragen hat, 720,83 M, und soweit sie der „Niederwald" zu tragen hat, 1218,31 M.

Die Klägerin ist der Meinung, daß, weil große Haverei vorliege, die Beklagte diese Kosten nach Verhältnis ihrer Beteiligung an der Versicherung zu ersetzen habe, und fordert daher in der erhobenen Klage Zahlung von 1605,26 M (700,23 + 905,03 M) nebst 6 Prozent Zinsen. Die Beklagte bestreitet, daß die für den Seeverkehr geltenden

Vorschriften hier Anwendung finden, und daß große Haverei vorliege. Sie ist der Ansicht, daß es sich nur um Kosten der Überwinterung handle. Der erste Richter hat die Beklagte der Klage gemäß verurteilt, der zweite dagegen die Klage abgewiesen, nachdem die Beklagte in der Berufungsinstanz auch den Einwand eigenen Verschuldens der Klägerin erhoben hatte.

Auf die Revision der Klägerin ist das Berufungsurteil aufgehoben, und die Sache zur anderweiten Verhandlung und Entscheidung zurückverwiesen worden aus folgenden

Gründen:

„Das Berufungsgericht hat angenommen, daß das Rechtsverhältnis der Parteien nach holländischem Recht zu beurteilen sei, und ferner, daß nach ausdrücklicher Anordnung des Handelsgesetzbuchs der Niederlande dessen Vorschriften über Haverei neben anderen seerechtlichen Vorschriften auch auf die Flußschiffahrt anzuwenden seien. Diese letztere Annahme ist nach § 525 ZPO. für das Revisionsgericht maßgebend, übrigens aber auch zutreffend. . . .

Seine zuerst erwähnte Annahme begründet das Berufungsgericht durch den Hinweis darauf, daß die klagende Firma in Rotterdam ihr Domizil hat, die Versicherung durch den dort wohnhaften Makler H. abgeschlossen ist, die Policen in Rotterdam, und zwar in holländischer Sprache, ausgefertigt, den Versicherungen die Börsenbedingungen von Rotterdam zugrunde gelegt sind, und in den Policen ausdrücklich auf mehrere Artikel des niederländischen Handelsgesetzbuchs verwiesen wird. Die hervorgehobenen Momente rechtfertigen es indes nur, davon auszugehen, daß im allgemeinen das Rechtsverhältnis der Parteien vom holländischen Recht beherrscht wird.

Außer acht gelassen hat das Berufungsgericht den auch für das Gebiet des Allgemeinen Landrechts anzuerkennenden Grundsatz des internationalen Privatrechts, daß darüber, welche Opfer und Kosten als Havariegrosse anzusehen sind, auch für das Verhältnis des Versicherers zum Versicherten das Recht des Dispachierungsorts entscheidet, vorausgesetzt, daß die Dispache am gehörigen Ort aufgenommen ist, als welcher (regelmäßig) derjenige Ort gilt, wohin das Schiff bestimmt war. Ohne Frage hätten die Parteien vereinbaren können, daß unter der mitversicherten Havariegrosse nur eine Havariegrosse im Sinne des holländischen Rechts verstanden sein solle. An einer solchen Vereinbarung fehlt es aber. Allerdings folgert das Berufungsgericht aus den für die Anwendbarkeit des holländischen Rechts angeführten Momenten, daß die Parteien sich diesem Recht hätten unterwerfen wollen. Von Bedeutung würde das jedoch nur dann sein, wenn das holländische Recht für die unter seiner Herrschaft stehenden Versicherungsverträge die Bestimmung enthielte, daß bei Versicherung von Havariegrosse der Umfang der Ersatzpflicht des Versicherers sich nach den einheimischen Vorschriften über die Voraussetzungen der Havariegrosse richte. Eine solche Bestimmung enthält aber das holländische Recht nicht. Aus den Art. 711, 721 des niederländischen Handelsgesetzbuchs ergibt sich vielmehr, daß die Vorschriften dieses Gesetzbuchs über Havariegrosse dann nicht anzuwenden sind, sondern dem fremden Recht weichen, wenn die Dispachierung im Ausland erfolgen muß.

Ist daher der angeführte Grundsatz des internationalen Privatrechts durch Nichtbeachtung vom Berufungsgericht verletzt worden, so wird nunmehr nach Maßgabe des in Befolgung dieses Grundsatzes anzuwendenden, mithin des in Mannheim geltenden Rechts die Entscheidung des Berufungsgerichts, daß ein zur großen Haverei gehörender Schaden nicht vorliege, einer Nachprüfung zu unterziehen sein. Das dafür maßgebende Recht ist nicht das Havereirecht des deutschen Handelsgesetzbuchs als solches; denn dessen Vorschriften über den Seehandel finden auf die Flußschiffahrt keine entsprechende Anwendung.

Vgl. Entsch. des RG.'s in Zivils. Bd. 5 Nr. 23.

Es hat aber kein Bedenken, anzuerkennen, daß in verschiedenen deutschen Gebieten am Rhein, insbesondere in Mannheim, für die Rheinschiffahrt im Wege der Gewohnheit ein Havereirecht zur Geltung gelangt war, das im wesentlichen mit demjenigen des Handelsgesetzbuchs übereinstimmte.

Vgl. Landgraf, Entwurf eines Binnenschiffahrtsgesetzes mit besonderer Beziehung auf den Rhein Tl. 2 S. 166 flg.; derselbe, Reichsgesetze, betreffend die privatrechtlichen Verhältnisse der Binnenschiffahrt und Flößerei, vom 15. Juni 1895 S. 232.

Materiell sind es daher doch die Bestimmungen der Art. 702 flg. des deutschen Handelsgesetzbuchs, die zu entsprechender Anwendung kommen, und mit ihnen ist die erwähnte Entscheidung des Berufungsgerichts nicht vereinbar. Begründet wird sie damit, daß die Gefahr einer Beschädigung von Schiff und Ladung durch das Aufdengrundgeraten der Schiffe im Ruhrorter Hafen eine sehr entfernte gewesen sei. Aus den vorhergehenden Ausführungen in den Entscheidungsgründen des Berufungsurteils ergibt sich aber, daß die Annahme auf eine irrige Auffassung des Begriffs der Gefahr zurückzuführen ist. Es sind mehrere ortskundige Sachverständige vernommen worden. Diese haben sich gutachtlich darüber geäußert, in welchem Maße mit Rücksicht auf die Bodenbeschaffenheit des Ruhrorter Hafens zur fraglichen Zeit von dem Aufdengrundgeraten eines Schiffes eine Beschädigung von Schiff und Ladung zu befürchten war, und im Anschluß daran ihre Ansicht dahin ausgesprochen, daß sie es für durchaus geraten hielten, Schiff und Ladung durch Leichterung zu retten, wenn ersteres Gefahr laufe, auf den Boden zu sinken, und daß den Schiffer ein Verschulden treffe, wenn er das unterlasse. In den Entscheidungsgründen des Berufungsurteils wird dazu bemerkt, daß es darauf nicht ankomme. Damit wird aber gerade das für unerheblich erklärt, was hinsichtlich der Frage, ob eine gegenwärtige Gefahr vorlag, als das Entscheidende angesehen werden muß. Allerdings darf die Gefahr keine eingebildete, sie muß eine wirklich vorhandene gewesen sein. Die Grenzen menschlicher Voraussicht verbieten es aber, hier einen rein objektiven Maßstab anzulegen. Es genügt, wenn eine die sofortige Anwendung von Rettungsmaßregeln rechtfertigende Gefahr „verständigerweise vom Schiffer als vorhanden angenommen werden durfte".

Vgl. Entsch. des ROHG.'s Bd. 23 S. 344.

Konnten daher im gegebenen Falle die Schiffer, ohne ihre Pflicht zu verletzen, es mit Rücksicht auf die Möglichkeit einer Beschädigung von Schiff und Ladung nicht darauf ankommen lassen, daß die Schiffe auf den Grund gerieten, dann war die Gefahr eine wirklich und gegenwärtig vorhandene. Eine „sehr entfernte" würde sie nur dann gewesen sein, wenn es als eine übertriebene Ängstlichkeit hätte angesehen werden müssen, daß vorbeugende Maßregeln getroffen wurden.

Das Berufungsgericht hat nun aber noch aus einem zweiten, selbständigen Grund die Klage abgewiesen, nämlich deshalb, weil die Gefahr des Aufdengrundgeratens der Schiffe, und daher auch der Schaden, für den Ersatz verlangt werde, durch Verschulden der Klägerin entstanden sei. Wäre diese Entscheidung aus Vorschriften des hier Anwendung findenden holländischen Rechts abgeleitet, so würde sie und damit das Berufungsurteil überhaupt der Revision nicht zugänglich sein.

In den Entscheidungsgründen wird aber hinsichtlich der rechtlichen Begründung lediglich auf den Fundamentalsatz des Seeversicherungsrechts, daß ein durch Verschulden des Versicherten verursachter Schaden vom Versicherer nicht zu ersetzen sei, und auf ein die

Bestimmung im Art. 825 Nr. 4 des deutschen Handelsgesetzbuchs zur Anwendung bringendes Urteil des Reichsgerichts,

vgl. Ensch. des RG.'s in Zivils. Bd. 14 S. 120,

verwiesen, und damit klargestellt, daß der Klägerin ein Verschulden im Sinne dieser Gesetzesvorschrift vorgeworfen wird. Die Revision muß daher Erfolg haben, wenn der Vorwurf ein rechtsirrtümlicher ist. Für rechtsirrtümlich ist er aber zu erachten. Das Berufungsgericht stellt den Satz auf, ein Reeder, der ihm gehörige Schiffe zur Winterzeit eine Reise auf dem Rhein antreten lasse, müsse damit rechnen, daß Frost eintrete, infolgedessen das Wasser sinke, der Schiffer einen Nothafen anlaufen müsse, und dort beim Sinken des Wassers tief abgeladene Schiffe auf den Grund geraten könnten; er dürfe deshalb das Schiff nur halb, jedenfalls aber nicht mehr beladen lassen, als nötig sei, um dieses bei dem niedrigsten Wasserstand flott zu halten. Zieht man in Betracht, daß bis jetzt nichts weiter feststeht, als die Tatsache, daß die Schiffe in Gefahr gewesen sind, auf den Grund zu geraten, so laufen die Entscheidungsgründe des Berufungsgerichts darauf hinaus, daß die Klägerin unter allen Umständen für die eingetretene Gefahr dem Versicherer gegenüber verantwortlich sein soll. Das ist unhaltbar. Es kommt vielmehr darauf an, ob die Klägerin das, was eingetreten ist, als im Bereich der Wahrscheinlichkeit liegend voraussehen konnte. Entferntere Möglichkeiten brauche sie nicht zu berücksichtigen. Wie aber in dieser Beziehung hier die Sache gelegen hat, ist in keiner Weise aufgeklärt. Es fehlt an jeder Feststellung darüber, wie tief die Schiffe der Klägerin beladen waren, in welchem Maße das Wasser des Rheins zur fraglichen Zeit gefallen war, und ob bei Beginn der Reise erwartet werden mußte, daß es so tief fallen würde, wie es tatsächlich gefallen ist.

Das angefochtene Urteil ist daher aufzuheben. Die Sache ist aber noch nicht zur Entscheidung reif. Von selbst ergibt sich dies aus dem eben Ausgeführten bezüglich der Frage der Verschuldung. Dasselbe gilt aber auch von der zuerst erörterten Frage. Denn das Berufungsgericht hat sich noch nicht darüber ausgesprochen, ob es der Meinung der Sachverständigen beitritt, daß die Schiffer es ohne Verschulden nicht unterlassen konnten, die Leichterung vorzunehmen, und es ist ferner im Berufungsurteil noch nicht das Erforderliche festgestellt, um darüber befinden zu können, ob die Gefahr, der vorgebeugt wurde, eine außergewöhnliche war, oder ob etwa die der Klägerin erwachsenen Kosten zu den von der Versicherung ausgenommenen Kosten der Überwinterung zu rechnen sind." . . .

RGZ. 38, 85.

**Ist die Geltendmachung des Anspruchs auf Entschädigung für Hilfe in Seenot in allen Fällen an die vorgängige Anrufung des Strandamts gebunden?**

Strandungsordnung vom 17. Mai 1874 §§ 36 flg.

I. Zivilsenat. Urt. v. 9. Dezember 1896.

I. Landgericht Flensburg. — II. Oberlandesgericht Kiel.

Die Klägerin verlangt Entschädigung für Hilfe in Seenot, die sie am 14. und 15. Februar 1895 der „Eider", einem dem Beklagten gehörigen Schiff, das lediglich als Feuerschiff dient, durch zwei ihrer Dampfer geleistet hat. Sie hat zunächst ihren Anspruch bei dem Strandamt zu G. angemeldet, das Verfahren aber nicht fortgesetzt, sondern aufgegeben und bei dem Landgericht Fl. Klage auf Zahlung erhoben.

Der Beklagte hat die Einrede der Unzulässigkeit des Rechtsweges auf Grund der §§ 36 flg. der Strandungsordnung erhoben, und das Landgericht hat die Klage auf Grund dieser Einrede abgewiesen. Auf die Berufung der Klägerin ist dagegen die Einrede verworfen. Die Revision des Beklagten ist zurückgewiesen worden aus folgenden

Gründen:

Die §§ 36 flg. der Strandungsordnung schreiben die vorgängige Anrufung des Strandamts und die Vorentscheidung der Aufsichtsbehörde nur bei Ansprüchen auf Berge- oder Hilfslohn im Sinne der Art. 742 flg. HGB. oder auf Bergungs- oder Hilfskosten im Sinne der §§ 4, 5, 9, 10, 20, 21 der Strandungsordnung vor. Die §§ 4 flg., die allerdings auch auf Nichtseeschiffe anzuwenden sind, setzen den Fall voraus, daß ein Schiff auf Strand geraten ist oder unweit desselben in Seenot sich befindet. Die §§ 20, 21 beziehen sich auf Bergung von Seeauswurf und strandtriftigen, versunkenen und seetriftigen Gegenständen und den durch die Strandungsordnung dafür normierten Bergelohn. Keiner dieser Fälle liegt hier vor. Die „Eider" ist bei Helgoland durch Eis in Seenot geraten und aus dem Eis durch die Dampfer der Klägerin nach G. geschleppt. Die „Eider" ist kein Seeschiff im Sinne der Vorschriften des 5. Buchs des Handelsgesetzbuchs vom Seehandel, weil es nicht zum Erwerb durch Seeschiffahrt dient (Art. 432 HGB.), sondern ein Feuerschiff ist, das öffentlichen Interessen im Dienst das Staats dient. Die Art. 742 flg. HGB. finden deshalb auf den vorliegenden Fall keine Anwendung, und ein Fall der §§ 4 flg. 20, 21 der Strandungsordnung liegt nicht vor.

Vgl. Entsch. des RG.'s in Zivils. Bd. 5 S. 89, 91.

Der Anspruch der Klägerin kann hiernach weder auf die Art. 742 flg. HGB., noch auf die Strandungsordnung gestützt werden, sondern nur auf nützliche Geschäftsführung. Als solcher unterliegt er den Vorschriften der Strandungsordnung nicht.

Die Einrede der Unzulässigkeit des Rechtswegs ist danach mit Recht verworfen." . . .

RGZ. 39, 9.

**Kommen Heuer und Kost der Mannschaft während des Aufenthalts im Nothafen nach Anlaufen desselben wegen Eisgefahr als große Haverei auch dann in Rechnung, wenn das Schiff im Nothafen eingefroren ist?**

HGB. Art. 708 Ziff. 4.

I. Zivilsenat. Urt. v. 6. März 1897.

I. Landgericht Altona. — II. Oberlandesgericht Kiel.

Der Dampfer „Mira", dessen Korrespondentreeder die Beklagte war, geriet im Februar 1895 auf der Fahrt von Grangemouth nach Flensburg im großen Belt in Eisgefahr und mußte am 17. Februar havariert zur Rettung von Schiff und Ladung Kjerteminde als Nothafen anlaufen. In demselben hat das Schiff vom 18. Februar bis zum 14. März gelegen. Bei Aufmachung der Dispache entstand Streit darüber, ob die Heuer und das Kostgeld der Schiffsmannschaft während dieser Zeit als große Haverei anzusehen sei. Der Kläger verlangte als Vertreter der beteiligten Versicherungsgesellschaften Streichung dieses Betrags aus der Dispache. Beide Instanzgerichte wiesen die Klage ab. Auf die Revision des Klägers ist das Berufungsurteil aufgehoben worden aus folgenden

Gründen:

„Unstreitig ist die „Mira" auf dem Wege von Grangemouth nach Flensburg im großen Belt durch Treibeis und Packeis in Gefahr geraten und hat zur Rettung von Schiff und Ladung aus dieser Gefahr Kjerteminde als Nothafen havariert anlaufen müssen. Danach liegt der Fall des Art. 708 Ziff. 4 HGB. vor. Nach Abs. 2, 3 daselbst gehören zur großen Haverei nicht nur die Kosten des Ein- und Auslaufens, sondern auch die Heuer und Kost der Schiffsmannschaft für die Zeit des Aufenthalts, in der die Gefahr bestanden, die das Einlaufen in den Nothafen herbeigeführt hat. Nach Abs. 3 würden, da das Schiff havariert eingelaufen ist, die Aufenthaltskosten jedenfalls für die Zeit in Rechnung kommen, die zur Ausbesserung des Schiffes nötig war.

Die „Mira" hat unstreitig vom 18. Februar bis 14. März im Nothafen gelegen. Streitig ist, ob dieser Aufenthalt seinen Grund in der andauernden Eisgefahr hatte. Der Kläger behauptet, daß die Eisverhältnisse im Belt und im Flensburger Hafen, wohin das Schiff bestimmt war, *der „Mira" die Fortsetzung der Reise unmöglich gemacht hätten, die* Kosten des Aufenthalts unter allen Umständen a u c h o h n e d a s A n l a u f e n d e s N o t h a f e n s entstanden wären. In erster Instanz ist . . . behauptet, der Aufenthalt in Kjerteminde sein dadurch herbeigeführt, d a ß d i e E i n f a h r t i n d i e F l e n s b u r g e r F ö h r d e d u r c h E i s v e r s c h l o s s e n g e w e s e n s e i. In der Klage ist noch behauptet, die „Mira" habe in Kjerteminde so lange gewartet, bis die Beklagte ihr Nachricht gegeben habe, daß die Einfahrt in die Föhrde durch Zerbrechen des Eises möglich sei.

Der Berufungsrichter stellt auf Grund der Aussagen der Zeugen . . . fest, daß der Aufenthalt durch dieselbe Eisgefahr herbeigeführt sei, durch die das Anlaufen des Nothafens notwendig wurde, und ist der Meinung, d a ß d a r a n n i c h t s g e ä n d e r t w e r d e, a u c h w e n n d i e B e h a u p t u n g e n d e s K l ä g e r s i m v o l l e n U m f a n g e r w i e s e n w ü r d e n.

Die Revision greift dies mit Recht als Verletzung des Art. 708 Ziff. 4 HGB. an.

Der Kapitän des Schiffes . . . hat eidlich bekundet, daß er nach dem Anlaufen des Nothafens am 17. Februar bis zum 14. März daselbst verblieben sei, w e i l s i c h s c h o n v o r h e r v o r K j e r t e m i n d e e i n e f e s t e E i s d e c k e g e b i l d e t, d i e e s i h m u n m ö g l i c h g e m a c h t h a b e, d e n H a f e n o h n e G e f ä h r d u n g d e s S c h i f f e s z u v e r l a s s e n. Am 14. März habe er die Eisdecke vor Kjerteminde durchbrechen können. Er habe bestimmt geglaubt, daß er die Flensburger Föhrde passieren könne, wenn er Kjerteminde verlassen könnte. Der Schiffsreeder Br. zu Flensburg hat eidlich bekundet, daß die „Mira" am 17. März in Flensburg als eines der ersten Schiffe eingelaufen sei, welche die Föhrde n a c h d e r E i s s p e r r e p a s s i e r t e n, d i e i m a l l g e m e i n e n v o m 6. F e b r u a r b i s z u m 21. M ä r z g e d a u e r t h a b e. Das . . . Schreiben der Kreisbauinspektion zu Flensburg vom 1. Oktober 1895 bestätigt, d a ß v o m 6. F e b r u a r a b f ü r d i e F l e n s b u r g e r

Föhrde, Sonderburg, Alsensund und den ganzen Norden die völlige Eissperre eingetreten sei, das schwere Eis erst am 16. März in der äußeren Föhrde durchbrochen und die ersten Frachtdampfer angekommen seien.

Daraus läßt sich entnehmen, daß die „Mira", wie der Kläger behauptet hat, in der Zeit vom 18. Februar bis zum 14. März durch die völlige Eissperre in der Flensburger Föhrde nach Flensburg, ihrem Bestimmungsort, nicht hätte gelangen können, den Aufenthalt also auch ohne die Eisgefahr gehabt hätte, die sie in den Nothafen trieb. Zugleich ergibt sich aber daraus für die Aussage des Kapitäns . . . : „die feste Eisdecke vor Kjerteminde habe es ihm bis zum 14. März unmöglich gemacht, den Nothafen ohne Gefährdung des Schiffes zu verlassen", das Verständnis, daß er den Nothafen nicht verlassen hat, weil der Nothafen zugefroren war.

Einfrieren im Nothafen ist aber kein Havereigrund, sondern ein gewöhnlicher Zufall der Seefahrt, wie widrige Winde und ähnliche Zufälle.

Vgl. Entsch. des ROHG.'s Bd. 23 S. 343, 347.

Konnte die „Mira", weil sie eingefroren war, den Nothafen nicht verlassen, so kommt es darauf, ob die Eisgefahr im offenen Wasser auch bestand, nicht an. Nicht weil diese Gefahr für das eingefrorene Schiff nicht mehr bestand (denn das liegt immer vor, wenn der schützende Nothafen erreicht ist), sondern weil mit dem Einfrieren der im Art. 708 Ziff. 4 HGB. vorausgesetzte ursächliche Zusammenhang zwischen dem Havereifall und dem Aufenthalt und dessen Kosten aufgehoben wird. Das ist ganz klar, wenn erwogen wird, daß die Kosten des Aufenthalts infolge der Eissperre und der Unmöglichkeit, in den Bestimmungshafen Flensburg einzulaufen, auch ohne die Eisgefahr entstanden wären." . . .

RGZ. 44, 136.†

**1. Sind die im Falle der unabsichtlichen Strandung eines Seeschiffes auf dessen Abbringung verwendeten Kosten und die zu diesem Zwecke dem Schiffe oder der Ladung absichtlich zugefügten Schäden gemäß Art. 708 Ziff. 3 Abs. 4 HGB. nach den Grundsätzen der großen Haverei zu verteilen, wenn keine gemeinsame Gefahr von Schiff und Ladung vorgelegen hat?**

**2.—5. . . .**

I. Zivilsenat. Urt. v. 3. Juli 1899.

I. Landgericht Hamburg, Kammer für Handelssachen. — II. Oberlandesgericht daselbst.

Am 20. August 1896 fuhr sich der der Sp. M. St. Sh. Co. Lim. gehörende Dampfer A. auf der Reise von Kronstadt nach Brake am Südufer des Kaiser-Wilhelm-Kanals fest, als er einem ihm entgegenkommenden Dampfer ausweichen wollte. In der Annahme, daß er zur Vermeidung einer Kollision absichtlich auf Strand gesetzt worden sei, wurde unter Berücksichtigung der nach den Konnossementen maßgebenden York and Antwerp Rules von 1890 behufs Feststellung und Verteilung der Schäden, die er erlitten hatte, in Bremen eine Dispache aufgemacht, wonach auf die vier verschiedenen Ladungsempfänger Beiträge von im ganzen 11 906,06 M entfielen. Drei Empfänger übermittelten die Dispache und die ihnen zugegangene Zahlungsaufforderung an ihre Versicherer die beiden klagenden Versicherungsgesellschaften, von denen alsdann auch die sie angehenden Beträge mit zusammen 7543,53 M bezahlt wurden. Der Mitkläger Th. Br. berichtigte die ihm in Rechnung gestellten 4362,53 M persönlich und bemühte sich vergeblich, von seinem Versicherer, dem Russischen Lloyd, Ersatz zu erhalten. Obgleich in der am 26. August 1896 vor dem Amtsgericht zu Brake abgelegten Verklarung angegeben war, daß man das Schiff freiwillig habe auffahren lassen, und obgleich sich die nämliche Bemerkung in der Dispache wiederfand, wurde vom Russischen Lloyd bestritten, daß ein Fall der großen Haverei vorliege. Die Klage, die von Th. Br. angestrengt wurde, blieb ohne Erfolg; vielmehr nahm das Landgericht zu Hamburg auf Grund einer umfassenden Beweisaufnahme in dem rechtskräftig gewordenen Urteil an, daß eine absichtliche Strandung nicht stattgefunden habe.

Die Kläger verlangten nun von der Reederei des A. die Rückzahlung der bezahlten Beträge und klagten, da dieselbe verweigert wurde, gegen die als selbstschuldige Bürgin für die Reederei eingetretene Firma Kn. & B. Nfl. Die Ansprüche wurden darauf gestützt, daß die Zahlungen in entschuldbarem Irrtum geleistet worden seien. Es liege überhaupt keine Strandung, geschweige denn eine absichtliche Strandung vor. Die Kläger hätten die Dispache für richtig gehalten, und um so mehr für richtig halten dürfen, als jede in Bremen aufgemachte Dispache von dem Verein der Bremer Seeversicherunggesellschaften nachgeprüft werde, die hier fragliche Dispache aber weder prinzipiell, noch rechnerisch beanstandet worden sei.

Demgegenüber wurde von der Beklagten geltend gemacht, daß eine absichtliche Strandung angenommen werden könne. Der Lotse, unter dessen Führung das Schiff gestanden habe, sei sich bewußt gewesen, daß er möglicherweise auf die Böschung des Kanals laufen werde. Eine solche eventuelle Absicht genüge zur Annahme der Absichtlichkeit. Jedenfalls hätten die Kläger sofort erkennen müssen, daß in dieser Hinsicht Zweifel beständen, und deshalb nicht, oder doch nicht ohne Vorbehalt zahlen dürfen. *Die Reederei habe sich inzwischen* die auf der Reise am Schiff entstandenen Schäden von ihren Kaskoversicherern vergüten lassen und dabei die von den Klägern bezahlten Beträge in Absatz gebracht. Müsse sie diese jetzt zurückerstatten, so gerate sie in Verlust, da ihre Versicherer keinenfalls auf Nachzahlungen eingehen würden. Eventuell seien immer die Abbringungskosten nach Art. 708 Ziff. 3 Abs. 4 HGB. mit Recht in großer Haverei verteilt.

Die Kläger bestritten nicht, daß die Reederei eine Kaskoversicherung gehabt habe. Daß die Reederei A. bei einer Taxe von 13 000 £ unter Kaskoversicherung von nur 10 600 £ gestanden hat, ward unstreitig.

Das Landgericht erkannte nach den Klageanträgen. Das Oberlandesgericht änderte insoweit ab, als die Beklagte verurteilt worden war, den beiden Versicherungsgesellschaften mehr als 1392,65 M nebst Zinsen seit dem 21. Oktober 1896 und dem Th. Br. mehr als 805,39 M nebst Zinsen seit dem 21. Oktober 1896 zu bezahlen; mit den weitergehenden Beträgen wies es die Kläger ab, weil die Reederei nur um denjenigen Betrag bereichert worden sei, den sie von ihren Kaskoversicherern nicht erhalten haben würde, von den Klägern aber erhalten habe. Hiervon abgesehen, sei ihr bezahlt, was ihr zukomme. Da sie keine Vollversicherung gehabt habe, sondern bloß für den Betrag von 10 600 £ bei einer Taxe von 13 000 £ versichert gewesen sei, so würde sie von ihren Kaskoversicherern auch nur zu $^{106}/_{130}$ Befriedigung erhalten haben. Mit $^{24}/_{130}$ der Forderungen müßten die Kläger daher durchdringen.

Die Kläger legten Revision ein; die Beklagte schloß sich derselben an. Die Anschließung ist zurückgewiesen, der Revision aber stattgegeben, aus folgenden

Gründen:

... „Das Urteil des Berufungsgerichts kann nicht aufrecht erhalten werden, soweit dadurch die Klage verworfen ist. Das die Beklagte im ganzen Umfang verurteilende Erkenntnis des Landgerichts wird vielmehr der Sachlage besser gerecht.

Die Norm der Entscheidung ist ohne Zweifel dem deutschen Recht zu entlehnen, wenn nach der Entstehung des verfolgten Kondiktionsanspruchs gefragt wird. Denn der Unfall, durch den die Kläger zu der angeblich ohne Grund geschehenen Leistung veranlaßt worden sind, hat sich in einem deutschen Gewässer ereignet. Der Dampfer war nach einem deutschen Hafen bestimmt und hat ihn demnächst auch erreicht. Die Dispache, auf Grund deren die Kläger gezahlt haben, ist in Bremen aufgemacht, und die Zahlung selbst ist in Bremen geleistet. Nach den Satzungen des deutschen Rechtes haben die Kläger aber in der Tat ein Rückforderungsrecht erworben.

Daß es an dessen objektiver Grundlage insofern nicht fehlt, als jene der Beklagten oder der Gesellschaft, für die sie selbstschuldnerisch haften, eine Leistung zugewandt haben, die sie nicht schuldig waren, hat das Berufungsgericht ohne prozessualen oder materiellen Rechtsverstoß angenommen. Die Kläger waren nur beitragspflichtig, wenn ein Fall der großen Haverei vorlag, und ein Fall der großen Haverei lag nur vor, wenn das Schiff absichtlich auf den Strand gesetzt oder festgefahren war. Davon kann nun aber in der Tat nach Maßgabe des ermittelten Sachverhaltes nicht die Rede sein. Als der Lotse mit Hartbackbordruder dem entgegenkommenden Dampfer aus dem Wege ging, wollte er den Zusammenstoß vermeiden, nicht aber die Kanalböschung anlaufen, wenn er auch immerhin die Möglichkeit, daß dies eine Folge seines Ausweichmanövers sein könne, in den Kreis der Erwägung gezogen haben mag. Das Schiff hat sich dann aber tatsächlich an dem Nordufer, gegen das es gestoßen ist und bei seiner Fahrtrichtung allein stoßen konnte, gar nicht festgerannt. Vielmehr ist es zurückgeprallt und hierauf trotz der Bemühung des Lotsen, das Fahrwasser zu behalten, an der Südböschung auf Grund geraten. Die Strandung oder das Festfahren ist sonach ganz unfreiwillig geschehen, und der Schaden, der dadurch verursacht wurde, war nicht in Havariegrosse zu vergüten. Das gilt auch rücksichtlich der Kosten der Abbringung und der zu diesem Zweck dem Schiff oder der Ladung absichtlich zugefügten Schäden. Derjenige Tatbestand ist hier nicht gegeben, der gemäß Art. 708 Ziff. 3 Abs. 4 HGB. die Verteilung solcher Beträge nach den Grundsätzen der großen Haverei auch dann, wenn die Strandung unabsichtlich geschehen ist, nach sich zieht. Da ein auf einer Seefahrt begriffenes Seeschiff in dem zwei Meere verbindenden, als Seeschiffahrtskanal dienenden Kaiser-Wilhelm-Kanal festgefahren war, so werden allerdings die entscheidenden Rechtsvorschriften nicht aus dem § 82 Ziff. 3 des Binnenschiffahrtsgesetzes, sondern aus dem Seerecht gewonnen werden müssen. Bei den im Art. 708 HGB. ausgezeichneten Tatbeständen soll aber von den begrifflichen Erfordernissen der großen Haverei nur insoweit abgesehen werden, als dies besonders bestimmt worden ist. Hiernach tritt freilich im Falle der Ziff. 3 Abs. 4 die Veränderung ein, daß nicht, wie sonst, eine Vorsätzlichkeit der Strandung vorausgesetzt wird. Im übrigen werden aber die Begriffsmomente der großen Haverei festgehalten. Die Lage, in die das Schiff zufolge der Strandung geraten ist, muß daher eine gemeinsame Gefahr für Schiff und Ladung bedeuten, die Abbringung sich als eine Maßregel charakterisieren, die zum Zweck der Errettung beider aus einer gemeinsamen Gefahr ergriffen wurde. Dementsprechend wird denn auch in Rule VII der York and Antwerp Rules von 1890, die nach den Konnossementen für das Verhältnis zwischen dem Verfrachter und den Ladungsempfängern maßgebend sind, besonders hervorgehoben, daß Schäden, die bei der Abbringung eines aufgelaufenen „and in a position of peril" befindlichen Seeschiffs entstehen, nur dann als große Haverei gelten sollen, „when shown to have arisen from an actual intention to float the ship for the common safety at the risk of such damage". Und die Begründung zum § 82 (im Entwurf § 81) des Binnenschiffahrtsgesetzes führt auf S. 108 aus, daß Abbringungskosten, die durch das unfreiwillige Festfahren verursacht werden, regelmäßig nicht den Bestimmungen über große Haverei zu unterstellen seien, weil dazu nur Anlaß vorliege, wenn es sich um eine Gefährdung von Schiff und Ladung handle, „die gemeinsame Abbringung als eine Rettungsmaßregel bezüglich beider" zu betrachten, und „aus diesem Grunde die Havereiverteilung der Kosten und Schäden des Abbringens gerechtfertigt" sei; eine Voraussetzung, die zwar bei der Seeschiffahrt im Falle der Strandung, nicht aber bei der Binnenschiffahrt im Falle des Festfahrens erfüllt zu sein pflege. Daß bei dem Auflaufen des A. das Schiff selber sowohl als auch die Ladung gefährdet gewesen sei, ist aber nicht näher dargetan und bewiesen. Nach der Lage der Verhältnisse wird eine solche Gefährdung keineswegs ohne weiteres unterstellt werden dürfen; sie scheint im Gegenteil kaum denkbar zu sein und würde deshalb um so nötiger einer genauen Begründung bedurft haben. Sie ist danach mit Fug und Recht vom Berufungsgericht verneint.

. . .

**RGZ. 46, 3.**

**1. Darf der Verfrachter, wenn er nicht die im Konnossement bezeichneten, sondern nur andersartige Güter abliefern kann, dem Empfänger gegenüber geltend machen, daß dieser die Güter von den Abladern gekauft habe, und von den letzteren keine anderen als die tatsächlich vorhandenen abgeladen worden seien?**

**2. Hat die unbeanstandete Übernahme von auf Grund eines Konnossementes ausgelieferten Gütern und die Unterlassung der nachträglichen, zur Wahrung der Ansprüche wegen Beschädigung oder teilweisen Verlustes noch statthaften Besichtigung zur Folge, daß auch diejenigen Ansprüche erlöschen, die daraus hergeleitet werden könnten, daß nicht die im Konnossement bezeichneten, sondern Güter anderer Art ausgeliefert wurden?**

HGB. Art. 653–655, 609, 610.

I. Zivilsenat. Urt. v. 10. Februar 1900.

I. Landgericht Stade. — II. Oberlandesgericht Celle.

Zufolge einer zu Riga am 21./22. November 1897 zwischen der Klägerin als Verfrachterin und dem Kaufmann A. Sch. in Riga als Befrachter geschlossenen Chartepartie hatte Klägerin den Transport kieferner Plattschwellen von Riga nach Harburg mit dem Dampfschiff „Günther" übernommen und sollte dort auf Grund von sechs seitens des Schiffers gezeichneten Konnossementen eine größere Anzahl solcher Schwellen — in den Konnossementen als „Schwellen-Ficht", „Rotholz-Schwellen", „redwood Sleepers" bezeichnet — an Beklagte abliefern. Das Schiff langte in Harburg an und wurde dort bis zum 13. Dezember 1897 von der Firma R. & H. als Spediteurin entlöscht, worauf die Ladung von derselben sofort weiter nach Northeim befördert ward, ohne daß eine Besichtigung oder Beanstandung stattgefunden hätte. Die Fracht belief sich auf 13 795,20 M. Hierauf wurden abschläglich 12 530,19 M gezahlt; der Restbetrag von 1265,01 M wurde jedoch nicht entrichtet. Klägerin schritt deshalb zur Klage. Beklagte entgegnete, es seien in der Ladung, wie sich demnächst in Northeim herausgestellt habe, mehr als 1600 Stück Espenschwellen enthalten gewesen, die gegen die nach den Konnossementen auszuliefernden Fichtenschwellen je 2 M weniger wert seien, so daß sie wegen dieses Minderwertes einen Schaden von 3200 M erlitten habe. Sie forderte Ersatz, brachte den genannten Betrag zunächst zur Aufrechnung, erhob wegen des überschießenden Betrages Widerklage und beantragte, die Klägerin unter Abweisung ihrer Klage zur Zahlung von 1934,99 M zu verurteilen. In erster Instanz wurde diesen Anträgen der Beklagten stattgegeben, auf die Berufung der Klägerin dagegen unter Abweisung der Widerklage die Beklagte schuldig erkannt, jene 1265,01 M zu bezahlen. Die Revision der Beklagten wurde zurückgewiesen aus folgenden

Gründen:

„Nach den Parteiverhandlungen herrscht Einverständnis darüber, daß in der Ladung *nachträglich 1600 Stück Espenschwellen gefunden* worden sind, daß diese schon in Riga eingeladen waren, und daß dieselben um 3200 M weniger wert sind, als Fichtenschwellen. Endlich ist es als unstreitig hingestellt worden, daß Beklagte die ganze Ladung von den Abladern gekauft hatte. Dieser Sachverhalt ist deshalb zugrunde zu legen.

Bei der Entscheidung sind beide Instanzgerichte davon ausgegangen, daß das Allgemeine Deutsche Handelsgesetzbuch, als das in Harburg, dem Erfüllungsort, geltende Recht, maßgebend sei. Dies ist zweifellos zutreffend;

vgl. u. a. Entsch. des RG.'s in Zivils. Bd. 20 S. 56, Bd. 34 S. 72.

Die Klageforderung ist in Ansehung der Fracht der Höhe nach nicht bestritten. Der Einwand der Beklagten stützt sich auf Art. 654 HGB. und findet hierin seine Begründung.

Behufs Widerlegung desselben hatte Klägerin in erster Instanz sich darauf berufen, daß zwei der Konnossemente die Klausel „quality unknown" enthalten, und daß der Verfrachter sich in der Chartepartie, was nach den Konnossementen auch den Konnossementsinhabern gegenüber gelte, von der Haftung für Versehen des Schiffers freigezeichnet habe. Diese Schutzbehauptungen sind vom Landgericht verworfen und dann nicht wieder erörtert worden. In zweiter Instanz wurde dagegen von der Klägerin geltend gemacht, daß Beklagte aus dem Empfang von Espenschwellen überhaupt keine Ansprüche herleiten dürfe, weil sie selbst der Befrachter gewesen, und die Ladung von den (fünf) Abladern als Vertretern der Beklagten geliefert worden sei. Klägerin behauptete, daß Sch. zwar die Chartepartie gezeichnet, den Frachtvertrag aber im Auftrag und für Rechnung der Beklagten geschlossen habe. Beklagte stellte dies in Abrede und behauptete, daß Sch. den „Günther" im Auftrag und für Rechnung der Firma W. H. in Wesel gechartert habe. Jede dieser Behauptungen wurde unter Beweis gestellt, das Sachverhältnis aber im übrigen nicht weiter aufgeklärt. Das Oberlandesgericht ließ unentschieden, wer als Befrachter anzusehen sei, und nahm unter Berufung auf das Urteil des erkennenden Senates vom 24. Oktober 1891 zur S. I. 180/91,

Seuffert, Archiv Bd. 49 Nr. 36,

an, daß der Beklagten in jedem der beiden möglichen Fälle die exceptio doli entgegenstehe. Denn entweder sei Beklagte Befrachterin gewesen, und dann sei die Abladung für sie bewirkt; oder die Ablader seien Befrachter gewesen, und auch dann müsse sie deren Handlungen gegen sich gelten lassen, weil sie die in Rede stehende Ladung von diesen fünf Abladern gekauft habe, letztere also in Erfüllung der ihnen als Verkäufern gegen die Beklagte als Käuferin obliegenden Vertragspflicht die Versendung besorgt hätten.

Diese Erwägungen beruhen auf Rechtsirrtum, entsprechen auch nicht dem vorerwähnten Urteil. Dort wird gesagt, daß der Konnossementsinhaber, wenn er erhält, was eingeladen war, und wenn er es so erhält, wie es abgeladen war, also nicht verschlechtert durch Schuld des Schiffers, nicht sagen darf, daß er nach dem Konnossement Güter besserer Art zu beanspruchen habe, wenn er selbst der Befrachter ist. Denn in solchem Falle haben die Ablader die Ladung als seine Vertreter geliefert; mithin hat eigentlich er selbst abgeladen, und dann darf er nicht die Forderung erheben, daß ihm bessere Güter auszuliefern seien, als er selbst abgeladen hat. Völlig anders verhält es sich dagegen, wenn der Konnossementsinhaber an dem Frachtvertrag unbeteiligt ist. Aus dem Abschluß des Frachtvertrages und aus der Zeichnung des Konnossementes entstehen Verpflichtungen, die nichts miteinander gemein haben,

vgl. Entsch. des RG.'s in Zivils. Bd. 4 S. 91,

und deshalb kommt, wenn der Empfänger dem Schiffer nur als Konnossementsinhaber gegenübersteht, lediglich das Konnossement in Betracht. Ob die Ablader die Verkäufer des Empfängers sind, ist ohne Belang, und es fehlt an jedem Grund für die Annahme, daß der Konnossementsinhaber, der mit dem Frachtvertrag nichts zu tun hat, als daß er gegen Auslieferung der Güter die Fracht zu zahlen hat, ihre Handlungsweise gegen sich gelten lassen muß. Haben sie ihm nicht zugesandt, was sie ihm verkauften, so folgt hieraus nur, daß sie ihm gegenüber ihren Vertrag nicht erfüllt haben, und daß der Konnossementsinhaber seine Vertragsrechte aus dem Kauf gegen sie geltend machen kann. Dagegen kann derselbe, wenn der Schiffer ihm nicht liefert, was das Konnossement besagt, sich an diesen auch halten.

Vgl. Entsch. des ROHG.'s Bd. 2 S. 330.

Gleichwohl ist das angefochtene Urteil aufrechtzuerhalten. Klägerin hatte noch geltend gemacht, daß jeder Ersatzanspruch der Beklagten durch Art. 610 HGB. ausgeschlossen sei, weil die Schwellen in Harburg unbeanstandet abgenommen worden seien, und die erste Mängelanzeige erst nach mehreren Wochen erfolgt sei. Beklagte hatte letzteres zugegeben, jedoch entgegnet, daß die Schwellen, ohne daß Beklagte sie in Harburg abgenommen habe, sofort nach Northeim verladen worden seien, daß dort die Eisenbahnverwaltung, für die sie bestimmt gewesen, das Vorhandensein von Espenschwellen festgestellt, und dann Beklagte der Klägerin sofort Anzeige gemacht habe. Diese Tatsachen, auf die das Berufungsgericht nicht eingegangen ist, reichen aus, um sein Urteil zu tragen.

Der Verfrachter haftet aus dem receptum, und seine Haftung wird an sich, d.h. rechtlich, nicht geändert, wenn ein Konnossement ausgestellt wird: er soll auch in diesem Falle immer nur restituere. Aber im Interesse des Verkehrs,

vgl. Kommissionsprotokolle Bd. 5 S. 2260,

sind durch Art. 653 HGB. die Angaben des Konnossements für das Rechtsverhältnis zwischen Verfrachter und Empfänger für entscheidend erklärt, und zwar nach Art. 654, 655 Abs. 3 in dem Maße (abweichend von den Bestimmungen in den Art. 413 flg. über den Ladeschein, vgl. Entsch. des RG.'s in Zivils. Bd. 5 S. 81), daß der Verfrachter die Richtigkeit der im Konnossement enthaltenen Bezeichnung der abgeladenen Güter dem Empfänger gegenüber vertreten muß und nicht mit dem Einwand gehört werden darf, daß er nichts anderes erhalten habe, als was er ausliefern könne. Sodann haftet er nach Art. 607 für Verlust und Beschädigung. Dagegen erlöschen nach Art. 610 die Ansprüche des Empfängers, wenn die Übernahme ohne Rüge erfolgt, und nicht binnen 48 Stunden nach der Übernahme die Besichtigung der Güter nach Maßgabe des Art. 609 erwirkt wird.

Vgl. Protokolle Bd. 5 S. 2304 flg. S. 2502, Bd. 8 S. 3916 flg.

Etwas Ähnliches gilt für den Landfrachtvertrag nach Art. 408 Abs. 1, jedoch mit der Abweichung, daß Annahme des Gutes und Bezahlung nötig ist,

vgl. Entsch. des RG.'s in Zivils. Bd. 25 S. 32; Bolze, Praxis Bd. 11 Nr. 364, Bd. 14 Nr. 403,

und daß alsdann „jeder Anspruch" erlischt. Für die Seefracht ist in Art. 610 die Übernahme für entscheidend erklärt, und der Untergang „aller Ansprüche wegen Beschädigung oder teilweisen Verlustes" angedroht. Der Umstand, daß nicht die ganze Fracht bezahlt war, kommt deshalb hier nicht in Betracht. Im übrigen entsprechen beide Bestimmungen einander. Der Art. 610 beruht darauf, daß es unbillig gegen den Verfrachter sei, seine weitgehenden Verpflichtungen lange in der Schwebe zu lassen, und daß die vorbehaltlose Übernahme als Genehmigung zu gelten habe.

Vgl. Entsch. des ROHG.'s Bd. 14 S. 297.

Dann aber muß der hier vorliegende Fall, daß nicht das im Konnossement bezeichnete, sondern nur ein andersartiges Gut (aliud) ausgeliefert werden kann, dem „teilweisen Verlust" gleichgestellt werden, und zwar trotz der Bestimmung, daß der Empfänger dieses andersartige Gut nicht zurückweisen darf, sondern nehmen muß (Art. 654). Denn wenn der Schiffer das im Konnossement bezeichnete Gut nicht ausliefern kann, weil er nichts erhalten hat, so wird der Verfrachter so behandelt, als ob die Güter verloren wären;

vgl. Entsch. des RG.'s in Zivils. Bd. 34 S. 79;

wenn also ein Teil nicht geliefert werden kann, weil um so viel weniger abgeladen wurde, so würde „teilweiser Verlust" im Sinne des Art. 610 vorliegen. Dies muß deshalb auch dann rechtens sein, wenn der Schiffer die im Konnossement bezeichneten Güter nicht liefern kann, weil er andere empfangen hat, und zwar muß dies angenommen werden, weil der Schiffer auf die Abladung anderer Güter sich ebenfalls nicht berufen darf, und es kann keinen Unterschied bedingen, daß in Art. 654 aus Billigkeitsgründen,

vgl. Protokolle Bd. 5 S. 2378 flg., Bd. 8 S. 4132,

bestimmt ist, der Empfänger müsse diese anderen Güter nehmen und sich mit dem Ersatz des Minderwertes begnügen.

Alsdann kann es sich nur noch fragen, ob Beklagte die Schwellen übernommen hat. Hierunter ist zwar die Empfangnahme durch einen solchen Beauftragten zu verstehen, der befugt erscheint, sich über den Zustand der Güter zu vergewissern und darüber eine entsprechende Erklärung abzugeben. Solche Übernahme hat aber in Harburg nach dem festgestellten Sachverhalt stattgefunden. Dort endete die im Frachtvertrag bedungene Reise; dort waren die Schwellen abzuliefern, und dort wurden sie an die Spediteurin R. & H. abgeliefert. Daß diese Firma sie übernommen hat, und zwar für Beklagte, wird dadurch bestätigt, daß Klägerin die von R. & H. abgestempelten Konnossemente in Händen hat. In Harburg hätten also etwaige Rechte vorbehalten werden müssen; hier wäre die Besichtigung, die selbstverständlich das Vorhandensein der Espenschwellen sofort ergeben haben würde, zu erwirken gewesen. Ob die Schwellen für Northeim „bestimmt", d. h. von der Beklagten an die Eisenbahndirektion in Hannover verkauft und nach Northeim zu liefern, waren, ist ohne Bedeutung. Die erst nach einigen Wochen, wie zugestanden, erfolgte Mängelanzeige ist daher verspätet, und der Ersatzanspruch der Beklagten ausgeschlossen." . . .

RGZ. 48, 89.

**1. Ist die Zeitfracht stets eine Werkverdingung?**

**2. Ist derjenige, welcher ein Schiff auf Grund eines Mietvertrages zum Erwerb durch die Seefahrt für seine Rechnung verwendet, im Verhältnis zu Dritten als der Reeder anzusehen?**

**3. Hat der Vermieter eines Schiffes keinen Anspruch auf Miete für die Zeit, wo das Schiff infolge eines Arrestes gepfändet ist, und zwar auch dann nicht, wenn der Mieter selbst den Arrest erwirkt hat?**

HGB. Art. 477, 623, 639, 640. L. 27 pr. l. 30 Dig. loc. 19, 2. L. 9 pr. l. 33 in f. eod. BGB. §§ 537, 541.

I. Zivils. Urt. v. 27. März 1901.

I. Landgericht Bremen. — II. Oberlandesgericht Hamburg.

Laut Chartepartie d. d. Bremen, 12. Oktober 1897 hatte die Beklagte dem Kläger ihren Dampfer „Trio" mit voller Besatzung gegen eine Monatsmiete von 4500 M auf 3 Monate zur Verwendung im Verkehr zwischen großbritannischen und kontinentalen Häfen in Nord- und Ostsee überlassen. Aus diesem Rechtsverhältnis leitete Kläger eine Reihe von Ansprüchen gegen die Beklagte her.

Hier handelt es sich um folgenden Streitpunkt.

Während der Kontraktszeit, nämlich am 24. Dezember 1897, als der Dampfer „Trio" im Bremer Freihafen lag, erwirkte der Kläger wegen gewisser, zum Teil ihm schon rechtskräftig zuerkannter Ansprüche gegen die Beklagte beim Amtsgericht Bremen einen Arrestbefehl, worin die Pfändung des Dampfers angeordnet wurde. Die Pfändung wurde noch an demselben Tage durch Anlegen des Schiffes an die Kette vollzogen. Dieser Zustand dauerte bis zum 5. Januar 1898, wo der Arrestbefehl auf Grund einer Verständigung der Parteien aufgehoben wurde. Auf Grund dieses Sachverhaltes verlangte der Kläger sodann von der Beklagten Rückerstattung der im voraus bezahlten Miete für die 12 Tage, während deren ihm infolge des Arrestes die Benutzung des Schiffes entzogen gewesen sei, mit 1800 M, nebst Zinsen. Beklagte bestritt dem Kläger das Recht, wegen des von ihm selbst erwirkten Arrestes Miete einzubehalten oder zurückzuverlangen.

Die vorderen Instanzen erkannten dem Kläger die streitigen 1800 M nebst Zinsen zu. Auf seine Revision ist die Klage insoweit abgewiesen worden aus folgenden

Gründen:

„Das angefochtene Urteil beruht in mehrfacher Beziehung auf Rechtsirrtum.

Richtig ist zwar, daß der Kläger nach der vorstehenden Charte-partie nicht als Ausrüster im Sinne des Art. 477 HGB. — temporary owner nach englischem Recht — angesehen werden kann, weil die Schiffsbesatzung im Dienst der verklagten Reederei verblieb. Daraus folgt aber nicht ohne weiteres, daß die Chartepartie nach den Grundsätzen der Werkverbindung, nicht nach denen der Sachmiete zu beurteilen ist. Richtig ist nur soviel, daß, wenn dem Ausrüsterverhältnis ein entgeltlicher Überlassungsvertrag zugrunde liegt, dies nur Sachmiete, und nicht Werkvertrag sein kann, weil der Eigentümer, welcher dem Ausrüster das Schiff zur völlig freien Verfügung und Bemannung überlassen hat, sich nicht mehr zur Herbeiführung eines wirtschaftlichen Erfolges mittels Verwendung des Schiffes verpflichten kann. Dagegen hängt es im anderen Falle von den besonderen Vereinbarungen und Umständen ab, ob Miet- oder Werkvertrag vorliegt. Die englische Rechtswissenschaft unterscheidet:

1. locatio navis, mit Übertragung der possession (lease), wodurch der Mieter zum Ausrüster (temporary owner) wird;
2. locatio navis et operarum magistri et nauticorum, wo die possession dem Eigentümer durch den in s e i n e n Diensten stehenden Schiffer erhalten wird, das Schiff und die Dienste der Schiffsmannschaft aber dem freien Gebrauch des Mieters überlassen werden;
3. locatio operis vehendarum mercium, den gewöhnlichen Frachtvertrag.

Der zweite, hier vorliegende Fall wird also der B e z e i c h n u n g nach unter den Begriff einer kombinierten Sach- und Dienstmiete gebracht. Dies schließt nicht aus, daß derartige Verträge in gewisser Beziehung wieder r e g e l m ä ß i g als Werkverträge behandelt werden, wie sich dies aus den bei C a r v e r, Carriage by sea Sect. 570, 571, angeführten Rechtsfällen ergibt. Es handelte sich dabei um time charters, bei denen das Schiff auf einer Reise verloren ging, und es wurde dort die Fracht, in Ermangelung gegenteiliger Abrede, nur für die Zeit der vorher vollendeten Reisen, nicht auch für die Unfallreise bis zur Zeit des Verlustes zugesprochen. Auch wird anerkannt, daß jene Klassifizierung keine vollständige und überall zutreffende ist, daß es vielmehr Zwischenarten gibt, die sich unbedingt weder der einen, noch der anderen Klasse zurechnen lassen, und daß der Wortlaut jeder charter für sich zu prüfen ist.

Vgl. Maclachlan, *Merchant Shipping* S. 355; Abbott, *Merchant Ships* S. 57 flg.

Ebenso verhält es sich im deutschen Recht, nur daß anerkannt werden kann, daß das Frachtgeschäft im allgemeinen, und somit auch das Zeitfrachtgeschäft (Art. 623 HGB.) im Zweifel als Werkvertrag aufzufassen ist. Es wurde aber andererseits bei der Beratung des Art. 623 ohne Widerspruch erklärt, daß bei der Zeitfracht der Gesichtspunkt der locatio navis vorzuherrschen pflege (Lutz, Protokolle S. 2345), und es steht nichts im Wege, daß die Parteien bei ihrer Vereinbarung zum Ausdruck bringen, daß sie die Grundsätze der Sachmiete, sei es allgemein, sei es in gewissen Beziehungen, angewandt wissen wollen. Unzutreffend ist es, wenn das Berufungsgericht den auf Grund des Werkvertrages von der Beklagten zu bewirkenden „ökonomischen Effekt" darin finden will, daß dem Kläger das Schiff und die Dienste der Besatzung für 3 Monate zur Verfügung stehen mußten. Gerade dies wäre keine dem Werkvertrag eigentümliche Verpflichtung, sondern eine solche, die für Sach- und Dienstmiete sprechen würde, da nach gemeinem Recht unter den letzteren Begriff auch der Vertrag über die Verschaffung fremder Dienste fällt.

Vgl. Motive zu dem Entwurf eines Bürgerlichen Gesetzbuches Bd. 2 S. 456.

In der Tat läßt nun aber auch der Wortlaut der vorliegenden Chartepartie vom 12. Oktober 1897 keinen Zweifel darüber, daß die Parteien bezüglich des Schiffes eine Sachmiete im Auge gehabt haben. Im Eingang heißt es:

„That the said steamship shall be let, and the said Charterers agree to hire the said st. sh. for the term of 3 calendar months ..., to be employed ... as charterers or their agents shall direct ...

That the Charterers shall pay for the use and hire of the said vessel at the rate of M 4500 per calendar month ... and at and after the same rates for any part of a month."

Diese Sätze begründen an sich das Verhältnis der Sachmiete. Der übrige Inhalt der Chartepartie steht damit nicht in Widerspruch; insbesondere wird nirgends angedeutet, daß die Beklagte sich zur Herbeiführung eines wirtschaftlichen Erfolges verpflichtet hat. Dagegen sprechen für die Annahme der Sachmiete ferner folgende Sätze:

„The charterers hereby indemnify the owners from all consequences and liabilities that may arise from the captain doing so" (i. e. signing bills of lading), womit die Garantie für die Ausführung der Unterfrachtverträge auch Dritten gegenüber im Verhältnis der Parteien dem Kläger zugeschoben wird.

„That he Charterers shall pay for any coal in Steamer's bunkers at the time this charter begins, and the owners shall on expiry of charter pay for any coal left in bunkers."

Hiernach hatte Kläger auf seine Kosten den Bedarf des Schiffes an Kohlen während der Kontraktzeit zu bestreiten; auch dieser Faktor zur Herbeiführung des vom Kläger bezweckten wirtschaftlichen Erfolges war also lediglich von ihm herzustellen.

„That, should the Vessel be lost, any Freight paid in advance and not earned (reckoning from the date of her loss and, if missing, from the date when last heard of) shall be returned to the Charterers."

Besonders hierdurch wird klar zum Ausdruck gebracht, daß die Fracht nicht die Gegenleistung für einen erzielten Erfolg (Vollendung einer Reise, wie in den bei Carver a. a. O. erwähnten Fällen), sondern lediglich für die Benutzung des Schiffes innerhalb einer gewissen Zeit darstellen sollte.

Es ist nun aber ferner rechtsirrtümlich, wenn der Vorderrichter annimmt, daß „bei der Sachmiete der Mieter im Falle Entziehung der vermieteten Sache während der Mietzeit die Miete bezahlen muß, sofern die Entziehung ohne Verschuldung des Vermieters stattgefunden hat". Vielmehr braucht der Mieter für die Zeit, wo ihm ohne sein Verschulden der Gebrauch der gemieteten Sache entzogen ist, Miete nicht zu bezahlen.

L. 27 pr. l. 30 § 1. Dig. loc. 19, 2; vgl. Bürgerliches Gesetzbuch §§ 537, 541; Code civil Art. 1722; Story, On bailments §§ 417 bis 418 a.

Dieselbe Folgerung ist übrigens auch unmittelbar aus der hier vorliegenden Chartepartie, und zwar, neben der vorerwähnten, von dem Verlust des Schiffes handelnden, aus der folgenden Klausel, herzuleiten:

„That in the event of loss of time from deficiency of men or stores, breakdown of machinery, or damage, preventing the working of the vessel for more than twenty-four consecutive hours, the payment of hire shall cease, until she be again in an efficient state to resume her voyage; but should the vessel be driven into port or to anchorage by stress of weather or from any accident to the cargo, such detention or loss of time shall be at the Charterers' risk and expense."

Es werden sich hier zwei Gruppen von Fällen gegenübergestellt, von denen die eine zu Lasten des Reeders, die andere zu Lasten des Mieters sein soll. Da hiermit keineswegs alle Möglichkeiten erschöpft sind, müssen die einzelnen Fälle als Beispiele behandelt werden. Es ergibt sich danach als das zugrunde liegende Prinzip, daß ein Zeitverlust von mehr als 24 Stunden, der in der Person des Reeders oder in dem Zustand des Schiffes seinen Grund hat, zu Lasten des Reeders, ein Zeitverlust anderer Art aber, insbesondere ein solcher, der auf der Schwierigkeit der unternommenen Reise beruht, zu Lasten des Befrachters ist. Diese Regelung entspricht den auch sonst in England üblichen time-charter-Formularen, von denen sich ein Abdruck, der im großen und ganzen wortgetreu mit der vorliegenden Chartepartie übereinstimmt, bei Carver, Carriage by Sea, Appendix B S. 768, findet. In dem erwähnten Abdruck kommt das Prinzip noch klarer zum Ausdruck, indem dort den „deficiency of men or stores, want of repairs" etc. noch angereiht worden: „other causes appertaining to the duties of the owners."

Zu demselben Ergebnis würde die Anwendung des Art. 623 Abs. 4 HGB. in Verbindung mit Art. 639, 640 daselbst führen. Die in letzteren Artikeln erwähnten Fälle des Reparaturbedürfnisses und der Verfügung von hoher Hand sind gleichfalls nicht als strikt zu interpretierende Ausnahmen, sondern als Anhaltspunkte für die Gewinnung des beherrschenden Prinzips zu behandeln. Wenn nun aber selbst ein absoluter Zufall, als welchen sich Verfügungen von hoher Hand, die weder in der Person des einen, noch des anderen Kontrahenten ihren Grund haben, darstellen, zu Lasten des Reeders sein soll, so muß dies um so mehr von Umständen gelten, die seine Verpflichtung zur Lieferung und Instandhaltung des Schiffes berühren.

Im vorliegenden Fall ist dem Kläger der Gebrauch des Schiffes durch einen Arrest entzogen worden.

Wäre dieser Arrest auf Veranlassung dritter Personen ausgebracht worden, so könnte es nach vorstehenden Erörterungen nicht zweifelhaft sein, daß Kläger für die Zeit der Beschlagnahme Miete nicht zu bezahlen brauchte, weil der Arrestschlag die Verpflichtung des Vermieters, das Schiff frei zur Verfügung zu stellen, berührt und außerdem, wenn er, wie vorliegend, auf einer Forderung gegen den Reeder beruht, in dessen Verhältnissen begründet ist.

Vgl. L. 9 pr. l. 33 in f. Dig. loc. 19, 2, und Story, On bailments § 386:

„The like remark applies to the doing of any act which will deprive the hirer of the thing; as if the letter sells the thing bailed, or suffers it to be rightfully attached, so that the hirer is thereby deprived of the use of it. In such cases there is a clear violation of his implied obligation."

Im hier zur Entscheidung stehenden Fall verbietet sich jedoch die Anwendung dieses Grundsatzes durch den Umstand, daß dei Arrest auf Antrag des Klägers selbst angeordnet ist. Die Vorinstanzen übersehen bei ihrer abweichenden Entscheidung, daß der Kläger durch den von ihm eingegangenen Kontrakt verpflichtet war, dem Beklagten die Erfüllung desselben nicht ohne zwingenden Grund unmöglich zu machen, widrigenfalls er aus der Nichterfüllung Rechte nicht herleiten kann. Das formale Prozeßrecht genügt keineswegs, den Mieter zu befugen, die ihm von einem Ausländer vermietete Sache wegen Ansprüchen aus dem Mietverhältnis mit Arrest zu belegen und alsdann wegen durch den Arrest verursachter Nichterfüllung des Kontraktes sich der Mietezahlung zu entziehen. Kläger wußte, daß er mit einem Ausländer kontrahiert hatte; wie es augenscheinlich gegen Treue und Glauben verstoßen hätte, wenn er wegen des Anspruches auf Erfüllung das vermietete Schiff auf Grund der Ausländerqualität des Vermieters während der Kontraktzeit mit Arrest belegt und dadurch die Erfüllung des Kontraktes vereitelt hätte, so muß es auch als Kontraktbruch angesehen werden, wenn gleiches wegen anderer Ansprüche aus dem Mietverhältnis ohne zwingenden Grund geschehen ist. Als ein zwingender Grund kann aber die Möglichkeit, daß Kläger seine Ansprüche in Schweden zu verfolgen hatte, schon um deswillen nicht angesehen werden, weil er mit dieser Möglichkeit von vornherein infolge des Kontraktabschlusses mit einer schwedischen Reederei zu rechnen hatte. Andere Umstände, welche die Beschlagnahme geboten erscheinen ließen, sind aber nicht geltend gemacht worden. Hiernach müssen die durch den Arrest verursachten Schäden, insoweit sie auf Nichterfüllung des Kontraktes von seiten der Beklagten während der Zeit und infolge der Beschlagnahme des Schiffes beruhen, dem Kläger zur Last gelegt werden, und damit entfällt dessen hier in Rede stehender Anspruch auf Rückzahlung der für diese Zeit im voraus entrichteten Miete. Anders würde die Sache liegen, wenn Kläger den in dem Arrestgesuch eingenommenen Standpunkt, vorausgesetzt daß derselbe, was unentschieden bleiben kann, ein berechtigter war, beibehalten hätte. Damals verlangte er sofortige Auflösung des Vertrages, und es hätte, wenn es hierzu gekommen wäre, allerdings weder durch die Arrestanlegung die Erfüllung des Kontraktes von seiten der Beklagten vereitelt werden, noch hätte diese für die Zeit nach der Auflösung Miete verlangen können. Jenen Standpunkt hat Kläger aber in dem nach dem Schreiben vom 31. Dezember 1897 unter den Parteien abgeschlossenen Vergleich aufgegeben, indem vereinbart wurde, daß das Mietverhältnis fortbestehen sollte." . . .

RGZ. 51, 235.

**1. Unzuständigkeit der deutschen Strandbehörden zur Festsetzung des Hilfslohnes in Rettungsfällen, welche mit den deutschen Küsten in keiner räumlichen Beziehung stehen.**

**2. Hat die Anfechtung eines noch während der Gefahr über die Höhe des Hilfslohnes geschlossenen Vertrages wegen erheblichen Übermaßes der zugesicherten Vergütung (§ 741 HGB.) Nichtigkeit des Vertrages gemäß § 142 BGB. zur Folge?**

**3. Berechnung des den Umständen entsprechenden Maßes der Vergütung. Sind dabei, wenn die Hilfe eines Bergungsdampfers in Anspruch genommen worden ist, auch die aus dem Gewerbebetriebe eines solchen Dampfers sich ergebenden Generalunkosten zu berücksichtigen?**

I. Zivilsenat. Urt. v. 26. April 1902.

I. Landgericht Hamburg. — II. Oberlandesgericht daselbst.

Der der Beklagten gehörige Dampfer „Ellewoutsdijk" wurde am 23. August 1900, während er in der Bucht von H. an der marokkanischen Küste mit Erz beladen wurde, infolge Bruches der Ankerkette an den Strand getrieben, wo er festgeriet. Nachdem ein von dem aus Oran herbeigerufenen Dampfer „Georges et Henri" unternommener Versuch, das gestrandete Schiff abzuschleppen, erfolglos geblieben war, erschien am 29. August auf telegraphisches Ansuchen der in Gilbraltar stationierte Bergungsdampfer des Klägers „Newa" in der Bucht von H. Dessen Kapitän schloß nach vorausgegangenen Verhandlungen mit dem Kapitän des „Ellewoutsdijk" einen Vertrag, inhalts dessen er es unternahm, gegen einen Bergungs-(Hilfs-)Lohn von 3600 £ den „Ellewoutsdijk" flottzumachen und in einen der nächsten Häfen (Oran oder Gibraltar) zu bringen. Mit Hilfe der in den nächsten Tagen von der „Newa" und deren Besatzung ausgeführten Arbeiten gelang es am 1. September 1900, den „Ellewoutsdijk" vom Grund abzubringen, welcher dann am folgenden Tag unter eigenem Dampf in Begleitung der „Newa" in Gibraltar eintraf.

Der Kläger klagte auf Grund des Vertrages vom 29. August 1900 in dem vereinbarten Gerichtsstand zu Hamburg auf Zahlung des bedungenen, nach seiner Behauptung nach angemessenen Lohnes von 3600 £ nebst Zinsen. Die Beklagten machten dagegen geltend: der Vertrag vom 29. August 1900 könne, als noch während der Gefahr geschlossen, wegen erheblichen Übermaßes der zugesicherten Vergütung angefochten werden (§ 741 HGB.) und werde von ihnen aus dem Grunde angefochten, weil dem Kläger nur ein Hilfslohn von 12 000 bis 15 000 M gebühre. Diese Anfechtung habe nach § 142 BGB. völlige Nichtigkeit des Vertrages zur Folge. Deshalb könne der Kläger sich auf den Vertrag nicht berufen, sondern müsse, bevor er an die Gerichte gehen könne, gemäß §§ 36 flg. der Strandungsordnung vom 14. Mai 1874 zunächst die Entscheidung des Strandamtes über den ihm zustehenden Hilfslohn nachsuchen.

Das Landgericht verurteilte die Beklagten, unter Abweisung der Mehrforderung des Klägers, zur Zahlung von 45 000 M nebst Zinsen. Das Oberlandesgericht erkannte unter Zurückweisung der Berufung der Beklagten auf die Anschlußberufung des Klägers dahin, daß die Beklagten dem Kläger noch weitere 13 000 M nebst Zinsen zu zahlen haben.

Die Revision der Beklagten ist zurückgewiesen worden aus folgenden

Gründen:

„Die Beklagten haben gegen das Berufungsurteil zunächst geltend gemacht, daß trotz des über die Höhe des Hilfslohnes geschlossenen Vertrages der Rechtsweg hierüber erst zulässig gewesen wäre, nachdem zunächst das Strandamt auf Antrag des Klägers einen Bescheid über den Betrag des dem Kläger gebührenden Hilfslohnes erlassen hätte (§§ 36, 39 Abs. 2 der Strandungsordnung vom 17. Mai 1874). Die

Beklagten gehen hierbei davon aus, daß der auf Grund des § 741 HGB. angefochtene Vertrag nach § 142 BGB. als von Anfang an nichtig zu behandeln sei, so daß die Voraussetzung des § 36 der Strandungsordnung, der Mangel einer gütlichen Einigung, vorliege. Dieser Revisionsangriff ist aus doppeltem Grunde verfehlt. Aus den §§ 1, 2 der Strandungsordnung geht klar hervor, daß der Bereich der Tätigkeit der auf Grund diese Gesetzes eingesetzten Strandämter sich auf solche Angelegenheiten beschränkt, welche mit den deutschen Küsten in räumlicher Beziehung stehen. Das gilt insbesondere auch von Fällen der Bergung und Hilfsleistung in Seenot, auf welche sich der zweite Abschnitt der Strandungsordnung bezieht. Eine an der marokkanischen Küste vorgenommene Hilfsleistung, vermöge deren es dem in Seenot geratenen Schiff gelungen ist, den englischen Hafen Gibraltar zu erreichen, vermag die Zuständigkeit irgendeines deutschen Strandamtes zur Begutachtung oder Festsetzung der dem Hilfeleistenden zukommenden Vergütung nicht zu begründen. Der Kläger war deshalb gar nicht in der Lage, eine Festsetzung seines Hilfslohnes durch eine deutsche Strandbehörde herbeizuführen. Außerdem glauben die Beklagten mit Unrecht aus § 142 BGB. herleiten zu können, daß die erfolgreiche Anfechtung des Vertrages vom 29. August 1900 dieselbe Rechtslage herstelle, wie wenn gar kein Vertrag unter den Beteiligten geschlossen sei. In dem von beiden Vorinstanzen in bezug genommenen Urteil des Reichsgerichts vom 14. Februar 1891 (abgedruckt in der Hanseat. Ger-Z. von 1891 Hauptbl. S. 145 flg.) ist eingehend dargelegt, daß der Art. 743 des alten Handelsgesetzbuches (welcher mit § 741 des jetzigen Handelsgesetzbuches bis auf geringe, lediglich redaktionelle Änderungen übereinstimmt) die Anfechtung des während der Gefahr geschlossenen Vertrages nicht mit der Wirkung gestatte, daß nunmehr die Sache so zu beurteilen sei, als ob gar kein Vertrag über die Höhe des Hilfslohnes geschlossen sei, sondern daß die erfolgreiche Anfechtung nur die Herabsetzung der vereinbarten Vergütung auf das den Umständen entsprechende Maß ermögliche. An dieser Auffassung der gesetzlichen Vorschrift ist festzuhalten. Daraus ergibt sich, daß die Anfechtung wegen Übermaßes nach § 741 HGB. nicht die Nichtigkeit des angefochtenen Vertrages zur Folge hat, wie sie der § 142 BGB. für diejenigen Fälle der Anfechtung, die er im Auge hat, verordnet. Wollte man der Anfechtung aus § 741 HGB. die letztere Wirkung beilegen, so müßte man nicht nur davon absehen, daß die Fassung der Gesetzesvorschrift selbst auf die beschränkte Wirkung der Anfechtung hinweist, sondern auch die in dem Urteil des Reichsgerichts vom 1. April 1873 (Entsch. dess. in Zivils. Bd. 9 S. 359 flg.) mitgeteilte Entstehungsgeschichte der Vorschrift völlig beiseite lassen. In der Hamburger Seerechts-Konferenz ist der Vorschlag des preußischen Entwurfes, Verträge der hier in Rede stehenden Art für nichtig zu erklären, ausdrücklich abgelehnt, und statt dessen die jetzige Fassung des Gesetzes gewählt worden, weil damit den Interessen der Reeder und Ladungsinteressenten besser gedient werde. Ist sonach der während der Gefahr geschlossene Vertrag an sich gültig und nur einer Herabsetzung der darin bedungenen übermäßig hohen Vergütung ausgesetzt, so ist schon aus diesem Grunde eine Entscheidung des Strandamtes über die Höhe des Hilfslohnes nicht zulässig. Die von den Beklagten vertretene Ansicht würde dahin führen, daß der Reeder des geretteten Schiffes sich zunächst an das Gericht wenden müßte mit dem Antrag, den während der Gefahr geschlossenen Vertrag für anfechtbar oder nichtig zu erklären, weil die vereinbarte Vergütung den angemessenen Betrag erheblich übersteige; denn die Strandungsordnung hat dem Strandamt oder der Aufsichtsbehörde die Befugnis zu diesem Ausspruch nicht erteilt. Nach rechtskräftiger Feststellung der Anfechtbarkeit oder der Nichtigkeit des Vertrages müßte dann das Verfahren vor dem Strandamt und der Aufsichtsbehörde beginnen, und gegen deren Bescheid wäre dann wieder der Rechtsweg zulässig. Daß das Gesetz einen so weitläufigen Weg, um zur endgültigen Feststellung des zu zahlenden Hilfslohnes zu gelangen, nicht gewollt haben kann, ist schon in dem erwähnten Urteil vom 14. Februar 1891 dargelegt. Auch hieraus ist zu schließen, daß der § 142 BGB. an der Zuständigkeit der Gerichte zur Entscheidung über die Höhe des als angemessen zuzusprechenden Hilfslohnes in Verbindung mit der Entscheidung über die Anfechtbarkeit des Vertrages nichts geändert hat.

Bei der Prüfung der Frage, ob in dem Vertrag vom 29. August 1900 dem Kläger eine erheblich übermäßige Vergütung zugesichert worden sei, ist das Berufungsgericht so zu Werke gegangen, daß es bei der Bemessung der Vergütung nicht den tatsächlichen Verlauf der Hilfsleistung, sondern die Sachlage zur Zeit des Vertragsschlusses zugrunde gelegt hat. Das entspricht, wie in dem Urteil des Reichsgerichts vom 7. Januar 1885 (Entsch. dess. in Zivils. Bd. 13 S. 135 flg.) näher dargelegt ist, der aleatorischen Natur eines derartigen Rettungsvertrages, welche sich darin ausdrückt, daß es von dem Erfolg des unternommenen Rettungswerkes abhängt, ob der Anspruch auf die bedungene Vergütung entsteht, nicht aber von dem Umfang der wirklich geleisteten Hilfsarbeit und der dabei von dem Hilfeleistenden gelaufenen Gefahr. Gegen diesen Ausgangspunkt der Prüfung hat auch die Revision nichts erinnert." (Es folgt die Zurückweisung eines prozessualen Angriffes; dann wird fortgefahren:)

„Das Berufungsgericht ist nun unter eingehender Würdigung der für das zu unternehmende Rettungswerk in Betracht kommenden Umstände, der örtlichen Umgebung und der sich daraus ergebenden Schwierigkeiten und Gefahren, sowie der mutmaßlich erforderlichen Aufwendungen an Material und Zeit, unter Berücksichtigung der Tatsache, daß es sich um die Hilfsleistung durch einen für solche Zwecke besonders ausgerüsteten, an einer viel befahrenen Schiffahrtsstraße stationierten Bergungsdampfer handelte, auf der einen und der für die Bemessung des Hilfslohnes in den §§ 746, 747 HGB. festgesetzten Grenze auf der anderen Seite dahin gelangt, daß der vereinbarte Betrag von 3600 £ erheblich übermäßig erscheine, der Betrag von 58 000 M dagegen den Umständen entspreche. Es hat hierbei erwogen, daß, wenn der angemessene Betrag lediglich nach dem tatsächlichen Verlauf des Rettungswerkes zu schätzen gewesen wäre, die Summe von 50 000 M angemessen gewesen sein würde, hat jedoch mit Rücksicht darauf, daß zur Zeit des Vertragsschlusses auf einen so günstigen Verlauf nicht zu rechnen gewesen wäre, die um 8000 M höhere Vergütung festgesetzt, welche ein Drittel des sich auf 180 000 M belaufenden Wertes der geretteten Gegenstände noch nicht erreicht, also in den Grenzen des § 747 HGB. bleibt.

Diese Entscheidung und die Erwägungen, auf denen sie beruht, werden von der Revision nach verschiedenen Richtungen angefochten.

Die Revision hat zunächst geltend gemacht, daß das Berufungsgericht unterlassen habe, bei der Würdigung des von der „Newa" übernommenen Risikos zu berücksichtigen, daß der Vertrag vom 29. August 1900 eine Klausel enthalte, welche der „Newa" für den Fall, daß es nicht gelingen sollte, das Schiff abzubringen, gestattete, von der Ladung und dem Schiff und dessen Zubehör so viel zu bergen, wie die Umstände erlauben würden, in welchem Falle 30 Prozent des geborgenen Wertes als Bergelohn vergütet werden sollten. Hierdurch, meint die Revision, werde das Risiko der „Newa" erheblich herabgesetzt, weil mit Sicherheit auf einen erheblichen Gewinn nach Abzug der Aufwendungen hätte gerechnet werden können. Dieser Angriff geht fehl. Richtig ist, daß das Berufungsgericht diese Klausel nicht in den

Bereich seiner Erwägungen gezogen hat. Es hatte dazu aber auch gar keine Veranlassung; denn für die Fragen, ob der für die wirklich ausgeführte Rettung des Schiffes vereinbarte Hilfslohn ein übermäßiger, und auf welchen Betrag derselbe angemessenerweise herabzusetzen ist, kommt nicht in Betracht, daß der Kläger sich für den Fall der Unausführbarkeit der Rettung des Schiffes durch einen Nebenvertrag einen Bergelohn für etwa zu bergende Teile des Schiffes und der Ladung ausbedungen hatte. Von einer solchen Bergung konnte erst die Rede sein, nachdem die Rettung des Schiffes und der Ladung vergeblich versucht war. Alle Bemühungen und Gefahren des Rettungsversuches, sowie die dafür gemachten Aufwendungen jeder Art blieben dann unbelohnt. Es kann also nicht die Rede davon sein, daß durch diesen Nebenvertrag eine Veränderung in den für die Beurteilung des richtigen Maßes für den Hilfslohn in Betracht kommenden Umständen einträte.

Die Revision hat ferner auszuführen gesucht, daß das Berufungsgericht bei Festsetzung des angemessenen Hilfslohnes, nachdem es den vereinbarten Betrag als übermäßig anerkannt habe, mit Unrecht nicht so zu Werke gegangen sei, wie es beim Fehlen einer Vereinbarung hätte geschehen müssen, also (nach §§ 742, 744 HGB.) unter Berücksichtigung auch derjenigen Umstände, welche im Verlauf der Hilfsleistung wirklich eingetreten seien. Diese Rüge verkennt die Bedeutung der Vorschrift des § 741 a. a. O. Wenn diese Gesetzesvorschrift gestattet, daß der während der Gefahr über die Höhe des Hilfslohnes geschlossene Vertrag wegen erheblichen Übermaßes der zugesicherten Vergütung mit der Wirkung angefochten werden kann, daß die Vergütung auf das den Umständen entsprechende Maß herabzusetzen ist, so folgt hieraus ohne weiteres, daß die Prüfung, ob ein erhebliches Übermaß der Vergütung vorliegt, und welches Maß das den Umständen entsprechende ist, eine einheitliche sein und von einem und demselben Standpunkt aus erfolgen muß. Die Feststellung eines Übermaßes setzt die Erkenntnis des richtigen Maßes voraus, und die Herabsetzung auf das richtige Maß kann nur zu demselben Ergebnis führen, von dem aus das Übermaß als solches erkannt ist. Wenn also, wie die Revision als richtig anerkennt, für die Feststellung des Übermaßes diejenigen Umstände maßgebend sind, welche bei Schließung des Vertrages vorlagen, so kann auch der als angemessen zuzubilligende Betrag nur in der Weise gefunden werden, daß geprüft wird, welcher Hilfslohn den damals vorliegenden Umständen entsprochen haben würde. Die Ausführung der Revision, daß von diesem Standpunkt aus ein unbilliges Ergebnis erzielt werden würde, wenn die vereinbarte Vergütung nach den Umständen zur Zeit des Vertragsschlusses als übermäßig erkannt und demgemäß herabgesetzt würde, obgleich bei Ausführung des Rettungswerkes ganz unerwartete Schwierigkeiten hervorgetreten, und nicht vorherzusehende Opfer und Anstrengungen des Hilfeleistenden notwendig geworden seien, läßt die oben bereits hervorgehobene aleatorische Natur eines derartigen Vertrages außer acht. Ebensowohl, wie dem Hilfeleistenden später günstige Umstände, welche seine Gefahr und den Umfang seiner Leistungen gegen die Voraussicht herabmindern, zugute kommen, muß er sich auch spätere nicht erwartete erschwerende Umstände gefallen lassen. In beiden Fällen hat er Anspruch auf das, was nach der Sachlage zur Zeit des Vertragsabschlusses angemessen erschien, nicht auf mehr, auch nicht auf weniger.

Endlich hat die Revision gerügt, daß das Berufungsgericht bei der Schätzung des angemessenen Hilfslohnbetrages auf die Generalunkosten der „Newa" als eines Bergungsdampfers Rücksicht genommen habe; denn unter den im § 744 HGB. erwähnten „geschehenen Aufwendungen" seien nur solche zu verstehen, die gerade mit der konkreten Bergung oder Hilfsleistung in Verbindung ständen, nicht aber die aus dem gewerbsmäßigen Betrieb des Bergungsgeschäftes sich ergebenden Unkosten der müßigen Zwischenzeit zwischen den einzelnen Bergungs- oder Hilfsfällen. Das Berufungsgericht hat zu diesem Punkt erwogen, daß in Ansehung der für eine Bergung oder Hilfsleistung geschehenen Aufwendungen zu unterscheiden sei zwischen dem Falle der Hilfe durch einen zufällig des Weges kommenden Kauffahrer, dem in dem Hilfslohn ein Extraverdienst zufließe, und dem Falle der Hilfsleistung durch einen Bergungsdampfer, der als solcher gehalten und von dem in Seenot befindlichen Schiff zugezogen werde. Der Verdienst eines solchen Bergungsdampfers liege allein in den Vergütungen, welche er für seine Leistungen erhalte. Diese Vergütungen müßten die auf die Erbauung und Ausrüstung des Dampfers verwendeten Kosten, sowie die Kosten seiner Unterhaltung wieder einbringen und sich demgemäß für den einzelnen Rettungsfall hoch gestalten. Der Schiffer des „Ellewoutsdijk" hätte deshalb, als er die „Newa" zur Hilfe herbeirief, sich dessen bewußt sein müssen, daß er von einer zwar für die Schiffahrt außerordentlich förderlichen Einrichtung Gebrauch machte, aber deren Hilfe wegen der außerordentlich hohen Selbstkosten nur gegen hohe Vergütung in Anspruch nehmen konnte.

Im Anschluß hieran untersucht das Berufungsgericht an der Hand der als Kosten der Erbauung, Ausrüstung, Reparatur und Unterhaltung der „Newa" für glaubhaft erachteten Summen die Höhe der sich hieraus ergebenden jährlichen Aufwendungen für diesen Bergungsdampfer und kommt unter Berücksichtigung der von demselben im Laufe eines Jahres etwa auszuführenden Bergungen und Hilfsleistungen zu dem Ergebnis, daß bei dem vorliegendem Falle, in welchem es sich um gerettete Gegenstände von nicht sehr bedeutendem Wert handle, es gerechtfertigt sei, eine nahe an die zulässige Grenze des Hilfslohnes reichende Vergütung als angemessen zuzubilligen, um dieselbe in ein richtiges Verhältnis zu den Aufwendungen des Klägers für die „Newa" zu setzen. Diesen Erwägungen ist lediglich zuzustimmen. Die Unterhaltung von besonderen für Bergungs- und Rettungszwecke eingerichteten und mit einer für diese Zwecke geschulten Mannschaft besetzten Dampfschiffen, welche in Fällen der Seenot bereit sind, ihre Hilfe zu gewähren, liegt im Interesse aller Seeschiffahrtsinteressenten, weil durch ihre Tätigkeit erhebliche Werte gerettet werden können, welche sonst dem sicheren Untergang ausgesetzt sein würden. Man würde aber solchen Unternehmungen die Wurzel abgraben, wenn man ihnen für ihre Leistungen nur Ersatz derjenigen Aufwendungen gewähren wollte, welche unmittelbar dem Rettungswerk gedient haben; denn es liegt auf der Hand, daß auf dieser Grundlage der gewerbliche Betrieb einer derartigen Unternehmung nicht bestehen kann, da derselbe außer jenen unmittelbaren Aufwendungen noch weitere sehr erhebliche Kosten in der Gestalt der Verzinsung und Amortisation des darin angelegten Kapitales, der Instandhaltung der Schiffe und ihrer Ausrüstung, der Unterhaltung der Mannschaft und des Kohlenvorrates in den Zwischenzeiten von einem Rettungsfalle bis zu dem nächsten erfordert. Daraus folgt notwendig, daß derjenige Interessent, der sich der Hilfe eines solchen Dampfers bedient, sich sagen muß, daß ihm diese Hilfe nur gewährt werden kann gegen Vergütung eines den Verhältnissen entsprechenden Anteiles an den Generalunkosten des Betriebes des in Anspruch genommenen Bergungsdampfers."...

**RGZ. 53, 224.**

**1. Was ist unter „gütlicher Einigung" im Sinne des § 36 der Strandungsordnung vom 17. Mai 1874 zu verstehen?**

**2. Darf auf Zahlung von Berge- oder Hilfslohn sofort geklagt werden, wenn die Festsetzung der Höhe einem Dritten überlassen, von**

**diesem jedoch abgelehnt worden ist, oder hat auch in solchem Falle zunächst das in §§ 36 flg. der Strandungsordnung angeordnete Verfahren vor den Verwaltungsbehörden stattzufinden?**

I. Zivilsenat. Urt. v. 31. Dezember 1902.

I. Landgericht Kiel. — II. Oberlandesgericht daselbst.

Am Morgen des 16. Juli 1901 geriet der in Riga beheimatete Schoner „Paul" bei Fehmarn auf Grund und konnte mit eigener Kraft nicht loskommen, sah sich vielmehr veranlaßt, das Notsignal zu geben. Der Kläger begab sich infolgedessen mit seinem Dampfer an die Unfallstelle und bot dem Schiffer des „Paul" seine Hilfe an. Der weitere Verlauf der Sache war nach den Klagebehauptungen folgender. Nach Hin- und Herreden über den Bergelohn wurde der Kläger mit dem Schiffer dahin einig, daß er mit seinem Dampfer den Schoner bergen und in den Nothafen schleppen, dafür aber eine Entschädigung erhalten solle, die von der Kieler Handelskammer festzusetzen sei. Kläger war darauf mit seinem Dampfer und 13 Personen von vormittags ½ 11 bis abends 7 Uhr um die Bergung des Schoners bemüht und hatte denselben schon fast von der Untiefe, auf die er geraten war, abgeschleppt, als zwei größere Dampfer hinzukamen, der Schiffer des Schoners nunmehr deren Hilfe in Anspruch nahm, und der Schoner tatsächlich auch von diesen in den Nothafen gebracht wurde.

Die Festsetzung der Vergütung für die Leistung des Klägers wurde von der Kieler Handelskammer erbeten, von dieser jedoch abgelehnt. Kläger erhob dann gegen den Kapitän K. „als Schiffer des Schoners Paul" Klage auf Zahlung von 5000 M nebst Prozeßzinsen. Er vertrat die Ansicht, daß ihm nach Lage der Sache „Bergelohn" zukomme. Beklagter brachte, unter Verweigerung der Einlassung zur Hauptsache, die Einrede der Unzulässigkeit des Rechtsweges vor, da gemäß § 36 der Strandungsordnung zunächst die Entscheidung der Verwaltungsbehörde herbeigeführt werden müsse. In erster Instanz wurde über diese Einrede besonders verhandelt, und dieselbe verworfen. Auf Berufung des Beklagten wurde dagegen die Klage abgewiesen. Die Revision des Klägers ist zurückgewiesen worden.

Aus den Gründen:

...„Nach der Strandungsordnung ist der regelmäßige Gang der, daß das Strandamt die Sache aufklärt, und daß dann dessen Aufsichtsbehörde entscheidet, ob und wieviel Berge- oder Hilfslohn zu zahlen sei. Gegen den Bescheid der Aufsichtsbehörde findet der Rechtsweg statt; wird Klage erhoben, so verliert der Bescheid seine Kraft. Aufsichtsbehörde ist in Schleswig-Holstein der Regierungspräsident. Diese in §§ 36—39 der Strandungsordnung gegebenen Vorschriften sind öffentlichen Rechts und von Amts wegen zu beachten.

Vgl. Entsch. des RG.'s in Zivils. Bd. 7 S. 64.

Der § 36 macht jedoch eine Ausnahme: im Falle „gütlicher Einigung" tritt eine Mitwirkung der Verwaltungsbehörden nicht ein. Was hierunter zu verstehen sei, ist nicht unbestritten. Burchard, Bergung und Hilfeleistung (S. 212—219), will in einem Vertrag, der noch während der Seenot geschlossen wurde, eine gütliche Einigung nicht finden. Dies ist jedoch nicht zutreffend, vielmehr ist, wie auch in Übereinstimmung mit dem hanseatischen Oberlandesgericht zu Hamburg (Hanseat. Ger.-Z. 1888 S. 282 und 1897 S. 159) das Reichsgericht bereits erkannt hat (ebendaselbst 1891 S. 145), unter der gütlichen Einigung nichts anderes als eine Vereinbarung zu verstehen. Es ist deshalb, falls eine Vereinbarung, sei es auch während der Seenot, getroffen wurde, der Rechtsweg sofort offen, und zwar sowohl darüber, ob die Vereinbarung bindend sei, als auch über die Höhe der Vergütung.

Dies würde auch im vorliegenden Falle gelten. Es fehlt jedoch an einer Vereinbarung, und die gegenteiligen Ausführungen der Revision können nicht für richtig erachtet werden. In erster Instanz sind Zeugen vernommen worden, die Vernehmung ist jedoch insofern ohne Ergebnis geblieben, als die Zeugen zwar gehört haben, es sei eine Einigung erzielt, aber nicht wissen, ob „das Gericht", oder „die Handelskammer" entscheiden solle. Die Revision meint, hierdurch sei die jetzt streitige Frage erledigt, denn jedenfalls sei man einig geworden, das Strandamt auszuschließen. Einen Vertrag solchen Inhalts konnten die Parteien jedoch nicht schließen, da der § 36 der Strandungsordnung im Wege stand. Aber auch wenn die Behauptungen des Klägers als wahr zugrunde gelegt werden, würde eine Einigung nicht angenommen werden können, da nach Angabe des Klägers selbst die Bestimmung der Höhe der Kieler Handelskammer überlassen war, und diese abgelehnt hat. Eine gütliche Einigung oder eine Vereinbarung im Sinne des § 36 der Strandungsordnung liegt vielmehr nur vor, wenn auch über die Höhe der Vergütung Festsetzung getroffen worden ist, sei es — wie in den Fällen der vorhin angeführten Urteile — unmittelbar durch Vereinbarung der Parteien selbst, oder auf ihr Ansuchen durch einen Dritten. Wird jedoch, wie hier geschehen, die durch Vertrag der Parteien in Aussicht genommene Festsetzung durch einen Dritten von diesem abgelehnt, so liegt nichts vor, als ein Vertrag, der den Versuch einer Einigung enthalten, aber nicht zum Ziel geführt hat, und deshalb hinfällig geworden ist. Die in § 319 Abs. 1 BGB. für die dort bezeichneten Fälle vorgesehene Bestimmung durch das Gericht kann alsdann nicht eintreten, weil die Strandungsordnung in § 36 die Sondervorschrift enthält, daß das Gericht die Festsetzung, wenn eine solche überhaupt noch fehlt, erst treffen soll, wenn zuvor die Verwaltungsbehörde angegangen war."...

RGZ. 55, 179.

**Liegt im Falle des Art. 578 HGB. (§ 577 n. F.) Vertragsbruch auf seiten des Befrachters vor, wenn die Ladezeit abläuft, ohne daß dem Verfrachter die Ladung von dem Dritten geliefert wird? In welcher Weise hat der Verfrachter seiner Verpflichtung zur „schleunigen Benachrichtigung" nachzukommen? Findet Art. 571 (§ 570 n. F.), wonach der Verfrachter seinen Willen, nicht länger zu warten, spätestens drei Tage vor Ablauf der Ladezeit oder der Überliegezeit dem Befrachter zu erklären hat, auch im Falle des Art. 578 Anwendung?**

I. Zivilsenat Urt. v. 15. Juni 1903.

I. Landgericht Altona, Kammer für Handelssachen. — II. Oberlandesgericht Kiel.

Laut Chartepartie d. d. Wismar den 14. Juni 1899 verfrachtete der Kapitän M. das von ihm geführte Schiff „Hilma" an T. zu Wismar als hierzu beauftragten Agenten der Beklagten, um in Luleå eine dort am 15. Juli zur Verfügung zu stellende volle Ladung Bretter einzunehmen, sie nach Itzehoe zu bringen und dort zu löschen. Als Ladezeit waren 6 „laufende, trockne Arbeitstage" bedungen. Jeder Überliegetag sollte mit 80 M vergütet werden. Die Fracht war mit 33 M für jeden eingenommenen Petersburger Standard, wovon das Schiff ca. 80 faßte, vereinbart. Wer den Vertrag brach, sollte dem anderen Teil den „kalkulierten Frachtbetrag" zahlen. Als M. in Luleå eintraf, erhielt er dort einen Brief des T. mit der Nachricht, der Ladungsplatz sei Raneå (ca. 80 km von Luleå), und Ablader sei N. daselbst. Er telegraphierte darauf am 7. Juli an T., wenn die Abladung in Raneå erfolgen solle, verlange er Bezahlung der Bugsierungs- sowie der sonstigen Extrakosten. Als Antwort erhielt er das Telegramm der Beklagten: „Meinetwegen frei von Charter." Darauf erwiderte er telegraphisch an T.: „B. telegraphiert: Meinetwegen frei Charter; Hilma liegt folglich hier für ihre Rechnung." Am 13. Juli zeigte M. dem N. seine Ladebereitschaft für den 15. Juli an; da dieser aber an die Beklagte eine in Raneå abzuladende Holzladung verkauft hatte, antwortete er dem M., er sei nicht verpflichtet, Holz in Luleå abzuladen, die Lieferung in Raneå habe übrigens erst später zu erfolgen. Demgemäß telegraphierte M. am 13. Juli an T.: „Hilma ladefertig, N. mitteilt, Ladung nicht fertig, ehe letzten Juli, beanspruche kontraktliche Überliegegelder." Sodann telegraphierte er am 15. Juli an T.: „Telegraphiere Bescheid, Hilma heute erster Liegetag." T. antwortete am 16. Juli: „Der Ablader hat Auftrag, die Sache mit Dir zu ordnen.". Am 21. Juli erhielt Beklagte eine Depesche N.'s: „Kapitän fordert 80 M jeden Wartetag nebst 150 Kronen Dampferhilfe von Luleå. Mir ist unmöglich, bevor ultimo *Juli* abzuladen." Beklagte antwortete: „Können Sie nicht ab Luleå anbieten Weißholz 1 × 4 oder ähnliches?" Da N. hierauf nichts entgegnete, depeschierte ihm Beklagte am 24. Juli: „Kapitäns Forderung viel zu hoch. Brief B.", und schrieb am selben Tag, N. möge auf eine Verständigung mit M. verzichten und ihn ausschließlich an Beklagte verweisen; wenn er wolle, könne er ja unter Protest segeln. Bevor dieser Brief eintraf, war M. in der Tat am 24. Juli von Luleå nach Protesterhebung abgesegelt. Die Rechte aus dem Frachtvertrag hatte er an den Kläger cediert. Dieser verlangte mit der Klage

| | | |
|---|---|---|
| 1. die kalkulierte Fracht . . . . . . . . | M | 2640,– |
| 2. für 3 Tage Überliegegeld . . . . . | „ | 240,– |
| zusammen | M | 2880,– |

nebst Zinsen.

Die Beklagte beantragte Klageabweisung, indem sie neben anderen Einreden besonders geltend machte, M. habe versäumt, ihr gemäß Art. 571 HGB. drei Tage vor Ablauf der Ladezeit, bzw. vor seiner Abfahrt seinen Willen zu erklären, nicht länger zu warten. Danach sei gemäß Art. 571 Abs. 2 HGB. die Ladezeit am 24. Juli noch nicht für abgelaufen zu erachten gewesen, und somit habe nicht sie, sondern M. den Frachtvertrag gebrochen. Das Landgericht verurteilte die Beklagte nach der Klage. Ihre Berufung hatte nur wegen des geforderten Überliegegeldes Erfolg. Ihre Revision wurde zurückgewiesen aus folgenden

G r ü n d e n :

„Den Ausführungen der Revision konnte nicht beigetreten werden.

Sie bezweifelt zunächst, ob selbst für den Fall, daß Art. 578 HGB. im Sinne der Vorinstanzen auszulegen sei, daß der Verfrachter somit die in Art. 571 Abs. 1 Satz 2 vorgesehene Erklärung nicht habe abzugeben brauchen, nach Lage des Falles ein Bruch des Frachtkontraktes auf seiten der Beklagten für vorliegend erachtet werden könne, weil der Verfrachter M. doch nicht g e z w u n g e n gewesen sei, nach

Ablauf der Ladezeit abzusegeln, sondern sehr wohl noch länger habe warten können. Hierbei wird übersehen, daß Art. 578 es dem Verfrachter geradezu zur Pflicht macht, „nur bis zum Ablauf der Ladezeit, nicht auch während der etwa vereinbarten Überliegezeit auf die Abladung zu warten, es sei denn, daß er von dem Befrachter oder einem Bevollmächtigten desselben noch innerhalb der Ladezeit eine entgegengesetzte Anweisung erhält." Allerdings besteht diese Pflicht nur unter dem Rechtsnachteil, daß der Verfrachter, wenn er trotzdem über die Ladezeit hinaus liegenbleibt, keinen Anspruch auf das vereinbarte Überliegegeld hat. Gerade hierin aber kommt zum Ausdruck, daß der Vertrag mit dem fruchtlosen Ablauf der Ladezeit hinfällig wird, und da dieser Umstand die Folge davon ist, daß dem Verfrachter innerhalb der Ladezeit keine Ladung geliefert wurde, was selbstverständlich von dem Befrachter zu vertreten ist, so muß darin ein Bruch des Kontraktes auf seiten des letzteren erblickt werden.

Zweitens bezweifelt die Revision, ob der Verfrachter M. der ihm nach Art. 578 obliegenden Pflicht, der Beklagten von der Weigerung des Abladers N., die Ladung zu liefern, schleunigst zu benachrichtigen, nachgekommen sei. Aber auch diese Frage ist unbedenklich zu bejahen. Daß N. nicht in Luleå, wo die Ladung nach dem Frachtvertrag zu liefern war, sondern in dem 80 km davon entfernten Raneå abladen wollte, war der Beklagten bekannt und von ihr selbst dem M. mitgeteilt worden. Es genügte daher zur völligen Klarstellung der Sachlage, wenn M. der Beklagten anzeigte, daß er ohne Vergütung der entstehenden Extrakosten nicht nach Raneå segeln würde. Er tat noch ein übriges, wenn er am 13. Juli ferner telegraphierte, daß N. auch nicht imstande und willens sei, vor dem letzten Juli zu liefern, obwohl die Ladung im Frachtvertrag für den 15. Juli zugesagt war. Da beiden Teilen die Vorschrift des Art. 578 HGB. gegenwärtig sein mußte, so kann in den beigefügten Worten: „beanspruche kontraktliche Überliegegelder", keineswegs die Erklärung gefunden werden, daß M. auch ohne Anweisung die Überliegezeit hindurch warten werde, sondern nur die, daß er eine Anweisung gewärtige, trotz Ablaufs der Ladezeit gegen Überliegegeld weiter auf Abladung zu warten.

Ihren letzten und Hauptangriff richtet die Revision gegen die obenerwähnte, vom Vorderrichter dem Art. 578 HGB. im Gegensatz zu Schaps, Seerecht § 577 Anm. 3, gegebene Auslegung. Aber auch hierin kann dem Vorderrichter nur beigetreten werden.

Der Art. 578 HGB. setzt regelmäßig Abwesenheit des Befrachters voraus.

Vgl. Protokolle S. 2497 zu § 4.

Für diesen Fall ist aber die Vorschrift des Art. 571 Abs. 1 Satz 2, wie auch Art. 572 zeigt, nicht berechnet. Die dreitägige Frist würde laufen von dem Zeitpunkt, wo dem Befrachter die Erklärung, daß der Verfrachter nicht über die Ladezeit hinaus warten wolle, zugeht. Bei weiter Entfernung vom Wohnsitz des Abladers könnte der Verfrachter aber gar nicht kontrollieren, ob und wann dem Befrachter die Erklärung zugegangen ist, und er würde alsdann über den Ablauf der Ladezeit im ungewissen sein. Die Erklärung ist hauptsächlich dazu bestimmt, dem Befrachter Gelegenheit zu geben, eine begonnene Beladung noch möglichst zu Ende zu führen oder andere Vereinbarungen mit dem Verfrachter zu treffen und eine unvermutete Abreise des letzteren auszuschließen.

Vgl. Protokolle S. 2472, 2486 flg.

Diese Gesichtspunkte treffen für den Fall des Art. 578 teils nicht zu, teils wird ihnen durch die dort vorgeschriebene schleunige Benachrichtigung und das Recht des Befrachters, den Verfrachter durch Anweisung zur Einhaltung der Überliegezeit anzuhalten, genügend Rechnung getragen. Erfolgt eine solche Anweisung nicht, so steht der Fall des Art. 578 auf einer Stufe mit einer Gestaltung der im übrigen dem Art. 571 entsprechenden Sachlage, bei der der Befrachter sich ausdrücklich weigerte, Ladung zu liefern. Bei diesem Tatbestand hat die Rechtsprechung wiederholt mit Recht angenommen, daß ein weiteres Zuwarten des Schiffers nicht geboten sei.

Vgl. Boyens, Seerecht § 570 Bem. 5, und Zitate.

Die hier vertretene Auslegung entspricht auch der Entstehungsgeschichte des Gesetzes. Zu Art. 509 des Entwurfes erster Lesung (Art. 578 des Gesetzes) war beantragt worden, die Erklärungspflicht des Art. 505 (Art. 571 des Gesetzes) für anwendbar zu erklären. Dieser Antrag wurde jedoch nach ausführlichen Gegenbemerkungen von der Kommission abgelehnt.

Vgl. Protokolle S. 3858."

**RGZ. 56, 391.**

**Ist die Aktiv- und Passivlegitimation in einem Rechtsstreit über Berge- oder Hilfslohn nach dem Zeitpunkt der Erhebung der im § 39 der Strandungsordnung vorgesehenen Klage zu beurteilen? Werden die Ladungseigentümer im Verfahren vor dem Strandamt rechtswirksam durch den Schiffer vertreten, und genügt die Zustellung des Bescheides**

**an diesen, um gegen erstere die Ausschlußfrist des § 39 der Strandungsordnung in Lauf zu setzen?**

I. Zivilsenat. Urt. v. 3. Februar 1904.

I. Landgericht Aurich. — II. Oberlandesgericht Celle.

Am 27. November 1899 strandete das auf der Reise von Altona nach Wilhelmshaven befindliche Schiff „Margarethe", Schiffer H., an der Mellumplate, zwischen Weser- und Jademündung. Die Beklagten leisteten in der Seenot Bergungs- und Hilfsdienste, übernahmen einen Teil der Ladung in ihre Kähne und wirkten dabei mit, das Schiff am 30. November abzubringen und nach Wilhelmshaven zu schleppen. Von der Ladung waren für die Klägerin 1 200 Sack Weizenmehl, für die Klägerin 2 100 Sack Weizenmehl, für die Klägerin 3 350 Sack Weizenmehl und 100 Sack Roggenmehl, für die Klägerin 4 18 Faß Kupfer bestimmt. Sämtliche Waren waren versichert.

Die Beklagten meldeten am 1. Dezember 1899 Anspruch auf Bergelohn beim Strandamt in Wilhelmshaven an, worüber am 2. Dezember vor dieser Behörde verhandelt wurde. An der Verhandlung nahmen außer den Beklagten teil: 1. der Schiffer H., 2. J. G., als „Vertreter" des Schiffers und der Kaskoversicherung, 3. B. D., als „Vertreter" des Vereins Bremer Seeversicherungsgesellschaften, 4. H. St., als Inspektor dieses Vereins. Durch Bescheid des hierfür gemäß § 40 der Strandungsordnung vom 17. Mai 1874 für zuständig erklärten Strandamtes vom 21. Dezember 1899 wurde den Beklagten ein Bergelohn von 10 500 M zugesprochen. Dieser Bescheid wurde dem Schiffer H. und dem J. G. am 24. Dezember 1899, dem B. D. am 27. Dezember 1899 zugestellt. Auf besondere Verfügung der Aufsichtsbehörde wurde er nochmals den Klägerinnen, und zwar den Klägerinnen zu 1 bis 3 am 23. April und der Klägerin zu 4 am 3. Mai 1900, zugestellt. Die Klägerinnen erhoben nun in Gemäßheit der Strandungsordnung § 39 Klage gegen den strandamtlichen Bescheid vom 21. Dezember 1899, und zwar die Klägerinnen 1 bis 3 am 23. April, die Klägerin 4 am 15. Mai 1900, indem sie beantragten, die den Beklagten zukommende Vergütung, die nur als Hilfslohn in Betracht komme, niedriger als 10 500 M festzusetzen. Das Landgericht wies die Klägerinnen ab, da sie in dem strandamtlichen Verfahren nicht als Beteiligte zugezogen wären und deswegen die gegenwärtige Klage nicht erheben könnten, eventuell aber durch H. und G. vertreten gewesen seien und daher die an diese Personen bewirkte Zustellung gegen sich gelten lassen müßten. Ihre Berufung wurde verworfen. Das Berufungsgericht mißbilligte die Entscheidungsgründe des ersten Richters. Es hielt aber für erforderlich, daß die Klägerinnen bei Erhebung ihrer Klage sich noch im Besitz der bergungs- oder hilfslohnpflichtigen Waren befanden. Ihre Behauptung, sie seien auf Grund der in ihrem Besitz befindlichen Konnossemente die berechtigten Empfänger von zusammen 750 Sack Mehl und 18 Tonnen Kupfer gewesen, möge dahingestellt bleiben; jedenfalls sei bewiesen, daß sie die angeblich für sie bestimmte Ladung nicht empfangen hätten, sondern daß sie den beteiligten Versicherungsgesellschaften ausgehändigt sei, nachdem diese den Berge- oder Hilfslohn sichergestellt hätten. Es liege kein zwingender Grund vor, anzunehmen, daß die Versicherungsgesellschaften hierbei in Vollmacht der Klägerinnen oder unter deren nachträglicher Genehmigung für diese gehandelt hätten. So wenig daher die Beklagten zur Zeit der Erhebung der gegenwärtigen Klage ihre Ansprüche gegen die Klägerinnen hätten verfolgen können (Art. 753 Abs. 2, 697 Abs. 2 HGB.), so wenig seien die Klägerinnen berechtigt, die nach § 39 der Strandungsordnung gegebene Klage zu erheben.

Die klägerische Revision ist zurückgewiesen worden aus folgenden

Gründen:

„Die Begründung des Berufungsurteils ist unhaltbar. Ihr liegt zunächst die irrige Anschauung zugrunde, als ob die in § 39 der Strandungsordnung gegebene „Klage" überhaupt und insbesondere auch dann, wenn sie von den Berge- und Hilfslohn**schuldnern** erhoben wird, eine gewöhnliche Klage im Sinne der Zivilprozeßordnung wäre, so daß sich Aktiv- und Passivlegitimation dabei nach dem Zeitpunkt ihrer Erhebung zu bestimmen hätten. Dies ist der Fall; auch handelt es sich bei dieser „Klage" nicht um die nach Art. 735 Abs. 2. 697 Abs. 2 HGB. gegebene Pfandklage, sondern um eine Art von Rechtsmittel, das in der Form der Klagerhebung einzulegen ist, und welches in der Wirkung dem Einspruch der Zivilprozeßordnung entspricht. „Durch rechtzeitige Erhebung der Klage verliert der Bescheid zwischen den Prozeßparteien seine Kraft" (Strandungsordnung § 39 Abs. 2), ebenso wie nach § 342 ZPO. durch den zulässigen Einspruch der Prozeß in die Lage zurückversetzt wird, in welcher er sich vor Eintritt der Versäumnis befand. Das nach § 36 der Strandungsordnung vor dem Strandamt eröffnete Verfahren über den Berge- oder Hilfslohn wird alsdann vor dem Gericht fortgesetzt. Die §§ 36 flg. der Strandungsordnung enthalten eine Ausführung des Art. 756 Abs. 2 HGB., wonach bestimmt werden kann, daß über die Verpflichtung zur Zahlung eines Berge- oder Hilfslohnes von einer anderen als einer richterlichen Behörde unter Vorbehalt des

Rechtsweges zu entscheiden sei. Für diesen Fall besteht die „Geltendmachung des Pfandrechts" im Sinne des Art. 753 Abs. 2 in der im § 36 der Strandungsordnung vorgesehenen „Anmeldung der Ansprüche" beim Strandamt. Diese Anmeldung steht somit der Klageerhebung gleich, und der Zeitpunkt derselben entscheidet über die Frage der Passivlegitimation und folgeweise der Berechtigung zur Erhebung der in der Strandungsordnung § 39 vorgesehenen Klage auf seiten des in Anspruch Genommenen. Passiv legitimiert ist, wenn, wie hier, die Güter bei Anmeldung der Ansprüche noch nicht ausgeliefert waren, der Ladungsinteressent, d. h. der zum Empfang Berechtigte. Der Berufungsrichter unterstellt nun aber, daß die Klägerinnen zur Zeit der Anmeldung der streitigen Ansprüche durch Konnossemente zum Empfang der Güter aus dem Schiff legimitiert waren. Waren sie aber einmal Prozeßpartei geworden, so blieben sie es, unbeschadet einer etwaigen Rechtsnachfolge, gemäß § 265 Abs. 2 ZPO. auch für die ganze Dauer des Rechtsstreits und waren insbesondere berechtigt, gegen den Bescheid des Strandamts mit der in der Strandungsordnung § 39 gegebenen Klage die Berufung auf den Rechtsweg einzulegen. Nur dann könnte ihnen allenfalls die Legitimation zu dieser Klage abgesprochen werden, wenn sie etwa auf ihr Recht an den Gütern verzichtet, solche derelinquiert hätten. Davon kann aber im vorliegenden Falle nicht die Rede sein. ... Der Berufungsrichter nimmt auch ohne zureichenden Grund an, daß die Versicherungsgesellschaften im vorliegenden Falle in anderer Eigenschaft, wie als Vertreter oder Rechtsnachfolger der versicherten Ladungsempfänger, aufgetreten seien. In anderer Eigenschaft konnten sie berechtigterweise gar nicht handeln, und ihre darauf gerichtete Absicht wird nicht im mindesten dadurch ausgeschlossen, daß sie zugleich ihre eigenen Interessen dabei verfolgten. ...

Trotz dieser rechtsirrigen Begründung mußte die Entscheidung selbst gemäß § 563 ZPO. aufrechterhalten werden.

Denn es ist ferner rechtsirrtümlich, wenn der Berufungsrichter annimmt, die vier Klägerinnen seien vor dem Strandamt nicht rechtsgültig durch den Schiffer H. vertreten gewesen, weil das Schiff bereits den Bestimmungshafen erreicht hatte. Zunächst faßt der Vorderrichter den Begriff der Reise in Art. 504 HGB. zu eng auf. In bezug auf die Güter beginnt die Reise, sobald sie in die Gewalt des Schiffers gelangen, und endigt erst mit ihrer Ablieferung durch denselben. Solange er die Ware nicht ausgeliefert hat, ist er somit gesetzlicher Vertreter der Ladungsinteressenten auch noch im Bestimmungshafen, soweit diese Vollmacht nicht durch die Natur der Sache oder besondere Umstände eine Beschränkung erfährt. Die Ausführungen in der Entsch. des ROHG.'s Bd. 4 S. 442, 443, welche den die gesetzliche Vertretung des Reeders durch den Schiffer im Heimathafen ausschließenden Art. 495 hier analog anwenden wollen, sind nicht zutreffend, da die Ladungsinteressenten keineswegs regelmäßig im Bestimmungshafen anwesend sind und häufig Dritten, die Rechte auf die Ladung geltend machen wollen, nicht bekannt sind.

Vgl. Ehrenberg, Beschränkte Haftung S. 37, 38, 52, 53, 62, 63; Boyens, Seerecht, Art. 504 Note 2; Entsch. des RG.'s in Zivils. Bd. 11 S. 100 flg.

Für den vorliegenden Fall ist indessen der vorstehende Grundsatz und die gesetzliche Vertretung der Ladungsinteressenten durch den Schiffer außer Zweifel gestellt durch Art. 753 Abs. 2 und 697 Abs. 2 HGB. Danach hatten die Beklagten am 1. Dezember 1899 ihre Pfandklage in Ansehung der damals noch nicht ausgelieferten Ladung gegen den Schiffer zu richten. Die Erhebung der Pfandklage aber hatte nach den §§ 36 flg. der Strandungsordnung durch Anmeldung beim Strandamt zu erfolgen. In der Begründung zu § 38 des Entwurfs der Strandungsordnung (Stenographische Protokolle des Reichstags 1874 Bd. 3 S. 21) heißt es: „Die nächsten Entscheidungsnormen bilden das Handelsgesetzbuch Art. 742 bis 755 und die Strandungsordnung." Anzuwenden ist also unter anderm auch Art. 753 Abs. 2 und der dort in bezug genommene Art. 697 Abs. 2 HGB., und daher war der Schiffer in dem Verfahren vor dem Strandamt der gesetzliche Vertreter der Ladungsinteressenten, solange diese nicht selbst in das Verfahren eintraten. Eine etwaige Verpflichtung des Schiffers, sie zu benachrichtigen und zu dem Verfahren heranzuziehen, betraf nur das Verhältnis zwischen ihm und den Vertretenen, ohne die Beklagten oder das Strandamt zu berühren.

Vgl. Ehrenberg, a. a. O. S. 62, 63, 112, 113.

Da keine der Klägerinnen sich an dem Verfahren vor dem Strandamt beteiligt hatte, konnte der Bescheid hinsichtlich ihrer auch nur dem Schiffer als ihrem gesetzlichen Vertreter zugestellt werden, und die an diesen am 24. Dezember 1899 erfolgte Zustellung müssen die Klägerinnen gegen sich gelten lassen. Es begründet keinen Unterschied, daß das der Klägerin zu 4 gehörige Kupfer schon vor Erlaß des Bescheids ausgehändigt worden war, da die zur Zeit der Anmeldung der Ansprüche nach Art. 697 Abs. 2 HGB. begründete Vollmacht des Schiffers so lange fortbestand, als nicht die genannte Klägerin selbst in das Verfahren eintrat.

Hiernach lief die Frist zur Erhebung der Klage aus der Strandungsordnung § 39 für sämtliche Klägerinnen mit dem 7. Januar 1900 ab, und der Bescheid des Strandamts vom 21. Dezember 1899 wurde damit auch ihnen gegenüber rechtskräftig. Die nachträglich auf Anordnung der Aufsichtsbehörde wiederholte Zustellung des Bescheids vermag an diesem Ergebnis nichts zu ändern." . . .

RGZ. 57, 62.

**1. Rechtliche Bedeutung der Verpflichtungserklärung im Konnossement.**

**2. Genügt in den Fällen des § 364 HGB. zur Begründnug der sog. exceptio doli generalis, daß der Erwerber des Konnossements von dem Bestehen von Einwendungen des Schuldners gegenüber seinem Vormann Kenntnis hatte?**

I. Zivilsenat. Urt. v. 13. Februar 1904.

I. Landgericht Hamburg, Kammer für Handelssachen. — II. Oberlandesgericht daselbst.

Kläger waren die konnossementmäßigen Empfänger von drei Partien Apfelsinen, welche im April 1902 auf dem Dampfer „Campeador" von Gandia nach Hamburg verschifft worden, und von denen 528 Kisten bei ihrem Eintreffen in seebeschädigtem Zustand, fünf weitere Kisten aber ganz in Verlust geraten waren. Die Kläger erblickten die Ursache des eingetretenen Schadens bzw. Verlustes darin, daß die Apfelsinen ordnungswidrigerweise auf Deck geladen worden waren, und machten die Beklagten, welche die Makler des Schiffes waren und für dessen Reederei die Haftung bezüglich der fraglichen Sendung übernommen hatten, für den entstandenen Schaden verantwortlich. Kläger hatten die geschuldete Fracht im Betrag von 1073,10 M hinterlegt und beantragten, die Beklagten zur Gestattung der Zurückerhebung dieses Betrags sowie zur Zahlung von weiteren 824,90 M und 45,50 M nebst Zinsen, nach Maßgabe der mit der Klage vorgelegten Schadensaufmachung zu verurteilen. Die Beklagten beantragten, die Klage abzuweisen, und widerklagend, die Kläger zur Gestattung der Erhebung der von ihnen hinterlegten 1073,10 M durch Beklagte und zur Zahlung von Zinsen aus diesem Betrag zu verurteilen.

Das Landgericht erkannte nach den Anträgen der Beklagten, wogegen das Oberlandesgericht im wesentlichen den Anträgen der Kläger entsprach.

Die Revision ist zurückgewiesen worden.

Aus den Gründen:

„Es ist der Revision zuzugeben, daß, wenn es für die Entscheidung auf die Einwilligung der Ablader und des spanischen Bankiers der Kläger zur Deckverladung und weiter die Kenntnis der Kläger von der Erteilung dieser Einwilligung ankäme, das Urteil des Oberlandesgerichts nicht aufrecht erhalten werden könnte, da die in dieser Hinsicht von den Beklagten gestellten Beweisanträge nicht erledigt sind, und die Annahme des Oberlandesgerichts, der spanische Bankier habe bei Bevorschussung der Ware von der Deckverladung noch keine Kenntnis gehabt, mit dem Parteivorbringen nicht vereinbar ist.

Allein dieser Mangel der Begründung kann deshalb nicht zu einer Aufhebung des Urteils führen, weil die Entscheidung auf einer zutreffenden Beurteilung der Rechte der konnossementmäßigen Empfänger beruht und durch die hierauf gestützten Erwägungen getragen wird. Die Rechte der Kläger als Konnossementsempfänger können durch Vereinbarungen, welche die Ablader, oder welche ein von den Klägern nicht bevollmächtigter Dritter mit dem Verfrachter getroffen hat, nicht beeinflußt werden, sofern sie nicht Aufnahme in das Konnossement gefunden haben. Das Konnossement ist für das Verhältnis zwischen dem Verfrachter und dem Empfänger der Güter maßgebend (vgl. § 651 HGB.). Allerdings wird durch die Ausstellung eines Konnossements nicht, wie durch die Ausstellung eines Wechsels, ein abstraktes Schuldverhältnis geschaffen; vielmehr bleibt der Frachtvertrag die rechtliche Grundlage der Verpflichtung des Verfrachters. Aber durch das Konnossement wird der Inhalt dieser Verpflichtung in selbständiger und für die Rechte des Empfängers maßgeblicher Weise begrenzt. Das Konnossement ist insofern Skripturobligation. Die nicht in dasselbe aufgenommenen Bestimmungen des Frachtvertrags sind dem Empfänger gegenüber unwirksam, sofern nicht das Konnossement ausdrüslich auf sie Bezug nimmt (vgl. § 651 Abs. 2 HGB.). Vereinbarungen zwischen dem Verfrachter und dem Ablader berühren den Empfänger nicht, wenn sie nicht in das Konnossement aufgenommen werden.

Vgl. Cosack, Lehrbuch des Handelsrechts § 93 6. Aufl. S. 427. Makower-Löwe, Kommentar zum HGB. § 651; Lewis-Boyens, Seerecht Bd. 2 S. 341, 342, 345; Entsch. des RG.'s in Zivils. Bd. 14 S. 7 flg.

Die Vereinbarung über Deckverladung, welche die Reederei im vorliegenden Falle mit den Abladern getroffen haben will, ist hiernach für die Kläger nicht maßgebend. Eine abweichende Beurteilung würde nur dann Platz zu greifen haben, wenn die Kläger, obwohl Besitzer der Konnossemente, materiell nur als Vertreter der Ablader deren Rechte geltend machten.

Vgl. Entsch. des RG.'s in Zivils. Bd. 20 S. 67 flg.; Lewis-Boyens, a. a. O. S. 345.

Das Oberlandesgericht hat jedoch auf Grund tatsächlicher Würdigung des Streitverhältnisses mit einwandfreier Begründung festgestellt, daß die Kläger im vorliegenden Prozeß ihre eigenen Rechte verfolgen.

Ebensowenig wie die Zustimmung der Ablader zur Deckverladung kommt die angebliche Zustimmung des spanischen Bankiers ihres Indossanten gegenüber den Rechten der Kläger aus dem Konnossement in Betracht. Insbesondere ist die Ansicht abzulehnen, daß die Kenntnis der Kläger von dieser Zustimmung beim Erwerb der Konnossemente für die Beklagte gegenüber dem konnossementmäßigen Anspruch die sog. exceptio doli generalis begründen würde. Durch das Indossament haben die Kläger die Rechte aus dem Konnossement gegen die Reederei erworben, und zwar nicht die Rechte ihres Vormannes (Indossanten) als solche, sondern die Rechte aus der Urkunde. Die Rechte „aus dem indossierten Papier" sind auf sie übergegangen (vgl. § 364 HGB.). Lediglich solche Einwendungen, welche die Gültigkeit der Verpflichtungserklärung im Konnossement betreffen, sich aus dem Inhalt desselben ergeben oder unmittelbar gegen den legitimierten Besitzer der Konnossemente begründet sind, können gegenüber diesen Rechten geltend gemacht werden. Der Umstand, daß die Kläger bei dem Erwerb der Konnossemente von dem Bestehen anderer Einwendungen Kenntnis hatten, ist unerheblich. Nur ein arglistiges Verhalten findet den Schutz des Gesetzes nicht. Zur Annahme eines solchen kann es jedoch nicht genügen, daß der legitimierte Inhaber des Konnossements zu der Zeit, als er die Rechte aus der Urkunde erwarb, davon unterrichtet war, daß dem nach Inhalt derselben Verpflichteten seinem Vormann gegenüber Einwendungen zustehen, die ihm (dem Konnossementsinhaber) nicht entgegengesetzt werden können. Zur Annahme eines arglistigen Verhaltens ist vielmehr erforderlich, daß die durch das Indossament bewirkte formale Legitimation gerade zu dem Zwecke benutzt wird, um dem Verpflichteten seine aus der Urkunde nicht ersichtlichen Einwendungen abzuschneiden und ihn dadurch zu benachteiligen. Die gegenteilige, von Staub (§ 364 HGB. Anm. 14, Art. 82 WO. Anm. 16) vertretene Ansicht kann nicht gebilligt werden. Sie wird dem Zwecke und der Bedeutung der hier in Betracht kommenden Urkunden, welche Träger des in ihnen verkörperten Rechts sind, und deren Inhalt daher im Verkehr als unbedingt maßgeblich angesehen wird, nicht gerecht. Wer daher, wie im vorliegenden Falle die Kläger, eine solche Urkunde im Vertrauen auf ihren Inhalt gegen Valuta erwirbt und die daraus sich ergebenden Rechte verfolgt, handelt nicht deshalb schon arglistig oder unredlich, weil er weiß, daß dem Verpflichteten gegenüber bestimmten anderen Personen Einwendungen zustehen, die ihm nicht entgegengesetzt werden können. Diese vom Senat gebilligte Auffassung entspricht dem Standpunkt der bisherigen Judikatur und der auch in der Literatur vorherrschenden Ansicht.

Vgl. Entsch. des ROHG.'s Bd. 7 S. 253, Bd. 8 S. 357, Bd. 10 S. 388, Bd. 13 S. 262, Bd. 23 S. 339, Bd. 25 S. 302; Entsch. des RG.'s in Zivils. Bd. 4 S. 100, Bd. 11 S. 9; Bolze, Praxis des RG.'s Bd. 4 Nr. 442, Bd. 10 Nr. 362; die Kommentare zum HGB. von Lehmann u. Ring § 364 Bem. 9, Makower § 364 III. 4, Düringer u. Hachenburg Bd. 2 § 364 S. 451; ferner für das Wechselrecht Grünhut Bd. 2 § 88, Rehbein Art. 82 Anm. 8.

Hiernach erscheint der von den Beklagten angetretene Beweis dafür, daß der Indossant der Kläger, der spanische Bankier, der Deckverladung zugestimmt und die Kläger hiervon sofort oder wenigstens vor Einlösung der Konnossemente in Kenntnis gesetzt habe, als unerheblich." . . .

## RGZ. 58, 195.

**Abandonerklärung des Mitreeders, wenn nach der Beendigung einer Reise die Reparatur des Schiffes beschlossen worden ist. Ist für den Beschluß eine bestimmte Fassung vorgeschrieben? Wirkung der vor Mitteilung des Beschlusses abgegebenen Abandonerklärung für die Beitragspflicht zu den Reparaturkosten.**

HGB. § 501.

I. Zivilsenat. Urt. v. 30. Mai 1904.

I. Landgericht Danzig. — II. Oberlandesgericht Marienwerder.

Der Kläger war Korrespondentreeder des in D. heimatberechtigten Dampfers „Annie". Zu der Reederei gehörten die Beklagten zu 1 und 2 mit $^{1}/_{64}$, der Beklagte zu 3 mit $^{1}/_{64}$ und die D.'er Reederei-Aktiengesellschaft mit $^{48}/_{64}$ Schiffsparten. Durch Schreiben vom 17. Juni 1899 teilte der Kläger nach Beendigung einer Reise des Schiffes dem Beklagten zu 3 mit, daß der Hauptkessel des Dampfers in Verbindung mit einer Umänderung der Maschine erneuert werden müsse, und die Firma

J. W. Kl. sich erboten habe, die erforderlichen (in dem Schreiben bezeichneten) Arbeiten zum Preis von 52 100 M auszuführen, und ersuchte den Beklagten zu 3 um Zustimmung mit dem Bemerken, daß die D.'er Reederei-Aktiengesellschaft mit der Annahme jenes Angebots einverstanden sei. Dieses Schreiben wurde von den Beklagten nicht beantwortet. In dem nach der Behauptung des Klägers den Beklagten spätestens am 8. Februar 1901 zugegangenen Reedereibericht über das Jahr 1900 hieß es:

> „Der Gewinn muß ... zum nächsten Jahr reserviert werden, da bereits größere Zahlungen auf die Reparatur geleistet sind, welche gegenwärtig ausgeführt wird. Leider hat sie sich als umfangreicher herausgestellt, als erwartet werden durfte; und dazu kommt, daß alles, was nicht vorher fest abgemacht werden konnte, durch die gestiegenen Löhne sehr verteuert wird.

In dem Reedereibericht über das Jahr 1901, den die Beklagten am 15. März 1902 empfangen haben wollten, während der Kläger behauptete, daß sie ihn länger als eine Woche von diesem Tage erhalten hätten, waren die Kosten der Reparatur des Dampfers „Annie" auf 165 145,19 M angegeben. Mittels einer dem Kläger am 17. März 1902 zugegangenen notariellen Erklärung gaben die Beklagten ihre Schiffsparten ohne Entgelt auf. Der Kläger berechnete den auf sie fallenden Anteil an den durch die in dem Schreiben vom 17. Juni 1899 bezeichneten Arbeiten entstandenen Kosten von 137 226,65 M auf die Summe von 4288,33 M, brachte hiervon den Gewinnanteil der Beklagten aus dem Betriebsjahr 1900 mit 722,41 M in Abzug und beantragte, sie zur Zahlung des Restbetrags von 3565,92 M nebst Zinsen zu verurteilen.

Die Beklagten trugen auf Abweisung der Klage an, indem sie einwendeten, daß ein ordnungsmäßiger Reedereibeschluß, jedenfalls aber ein Beschluß, Reparaturen an der „Annie" in Höhe von 137 226,65 M auszuführen, nicht gefaßt und ihnen nicht mitgeteilt sei, und forderten von dem Kläger ihren Gewinnanteil für das Jahr 1900 im Wege der Widerklage.

Das Landgericht verurteilte die Beklagten zur Zahlung von 870,96 M nebst Zinsen und wies die Widerklage ab. Es nahm an, daß die Beklagten den im Juni 1899 gefaßten Reedereibeschluß als rechtsverbindlich anzuerkennen und zu den danach in Höhe von 52 100 M gebilligten Reparaturkosten nach Verhältnis ihrer Schiffsparten mit 1628,12 M unter Anrechnung des Gewinanteils für das Jahr 1900 im Betrag von 722,41 M beizutragen, dagegen für die Mehrkosten, bezüglich deren Kläger unterlassen habe, einen Reedereibeschluß zu erwirken, nicht aufzukommen hätten.

Die Beklagten legten Berufung ein, und der Kläger schloß sich der Berufung an.

Das Oberlandesgericht wies die Klage ab und verurteilte den Kläger nach der Widerklage. Die Revision des Klägers ist zurückgewiesen aus folgenden

Gründen:

„Das Oberlandesgericht ist ohne Rechtsirrtum davon ausgegangen, daß es sich bei den an dem Dampfer „Annie" vorgenommenen Arbeiten um eine Reparatur im Sinne des Art. 468 HGB. a. F. (§ 501 HGB. n. F.) gehandelt hat. Hiermit stimmen die Reedereiberichte für die Jahre 1900 und 1901 überein. Unstreitig fand diese Reparatur nach Beendigung einer Reise des Schiffes statt. Auch darin ist dem Oberlandesgericht beizutreten, daß der die Reparaturarbeiten betreffende, durch Stimmenmehrheit ordnungsmäßig ergangene Reedereibeschluß (vgl. Entsch. des ROHG.'s Bd. 16 S. 383) dadurch für die Beklagten bindend wurde, daß sie auf die ihnen durch den Brief des Klägers vom 17. Juni 1899 gewordene Mitteilung des Beschlusses schwiegen. Allein dieser ging nicht, wie die Revision geltend macht, schlechthin auf die Reparatur des Schiffes, sondern auf die Annahme des Angebots der Firma Kl., die in jenem Brief bezeichneten Arbeiten zum Preise von 52 100 M auszuführen. Nur hiermit hatte sich die D.'er Reederei-Aktiengesellschaft als Eigner von $^{48}/_{64}$ Schiffsparten einverstanden erklärt. Auch das stillschweigend erklärte Einverständnis der Beklagten betraf daher lediglich die im Rahmen des Angebots auszuführenden Arbeiten. Daß aber ein in dieser Weise begrenzter Beschluß unter die Vorschrift des Art. 468 HGB. a. F. fällt, ist nicht zu bezweifeln. Die Worte: „Wenn nach Beendigung einer Reise die Reparatur des Schiffes . . . beschlossen worden ist", wollen nicht eine bestimmte Fassung für den Beschluß als Voraussetzung für die Anwendung des Gesetzes vorschreiben, sondern nur im allgemeinen den Gegenstand des Beschlusses bezeichnen. Das Gesetz bezweckt, dem Mitreeder Schutz gegeen neu Einzahlungen und die Möglichkeit zu geben, von der Sache loszukommen (vgl. Protokolle der Kommission zur Beratung eines allgemeinen deutschen Handelsgesetzbuches Teil IV S. 1512). Zur Erreichung dieses Zwecks erscheint es daher wünschenswert, daß der Inhalt des Beschlusses die zur Reparatur des Schiffes erforderlichen Arbeiten und deren Kosten angibt. Dies ist nach dem Brief des Klägers vom 17. Juni 1899 geschehen. Wenn sich demnächst herausstellte, daß die Arbeiten oder die veranschlagten Kosten zur Reparatur des Schiffes nicht ausreichten, sondern Mehrarbeiten und Mehrkosten erforderlich wurden, die den Anschlag von 52 100 M fast um das Dreifache überstiegen, so durfte der Kläger diese Überschreitung ohne Beschluß der Reederei nicht genehmigen (Art. 463 Abs. 2 HGB. a. F.) [§ 496 Abs. 2 HGB. n. F.], während den Beklagen, wenn sie dem neuen Beschluß nicht zugestimmt hatten, wiederum das Abandonrecht des Art. 468 (§ 501) zustand. Hieran ändert auch der Umstand nichts, daß der Kläger in anderen Fällen Überschreitungen der Anschläge selbständig vorgenommen hatte. Denn es waren Mehrkosten in solchem Umfang bis dahin nicht vorgekommen. Selbst wenn sie aber vorgekommen und bei den Beklagten auf Widerspruch nicht gestoßen wären, so würde hieraus noch nicht gefolgert werden können, daß dem Kläger für die Zukunft Vollmacht zu Aufwendungen im gleichen Umfang habe erteilt werden sollen. Das Berufungsgericht läßt nun dahingestellt sein, ob den zur Ausführung gelangten Reparaturen ein neuer Beschluß der Mehrheit der Reeder, oder eine Eigenmächtigkeit des Klägers zugrunde gelegen habe, weil der Beschluß, wenn er ergangen, den Beklagten vor Anstrengung des Prozesses nicht ordnungsmäßig mitgeteilt sei. Die Revision rügt mit Unrecht, daß dieser Annahme des Berufungsgerichts die genügende Begründung fehle. Es fordert zutreffend bei der erheblichen Wichtigkeit der Mitteilung des Beschlusses im Sinne des Art. 468 (§ 501) HGB. eine verständliche Erklärung und vermißt sie in den Reedereiberichten für die Jahre 1900 und 1901. Jener Bericht enthielt in betreff der unvorhergesehenen Kosten und Arbeiten keine näheren Angaben. In beiden Berichten fehlte -- worauf es gerade ankam — die Mitteilung, daß die Mehrheit der Reeder mit der Überschreitung des Anschlags einverstanden sei. Die Beklagten hatten daher an sich keine Veranlassung, auf die Empfangnahme des einen oder des anderen Berichts mit der Abandonerklärung zu antworten. In jedem Falle lief für sie die dreitägige Frist des Art. 468 (§ 501) Abs. 2 erst von der Mitteilung des Beschlusses, und da sie bis zur Abgabe jener Erklärung diese Mitteilung nicht erhalten hatten, so lief die Frist überhaupt nicht. Hieraus folgt aber nicht die Unwirksamkeit der gleichwohl abgegebenen Erklärung. Nach der eigenen Behauptung des Klägers, die er gegen sich gelten lassen muß, hat sich die Mehrheit der Reederei — die D.'er Reederei-Aktiengesellschaft — mit der Schiffsreparatur im Kostenaufwand von 137 226,56 M einverstanden erklärt. Mag diese Zustimmung vor, oder nach der Abandonerklärung der Beklagten erteilt worden sein, so erhielten sie erst Kenntnis davon nach Abgabe ihrer Erklärung. Da die Reparatur aber von der Mehrheit der Reeder genehmigt war, und der Kostenaufwand für die Reederei zu Recht bestand, so würde es zwecklos sein, wenn die Beklagten zur Wiederholung der Erklärung für verpflichtet erachtet würden. Dieselbe bleibt abgegeben, ist daher rechtzeitig und wirkt auf den Zeitpunkt der Vornahme der Arbeiten mit der Folge zurück, daß die Beklagten für die entstandenen Kosten nicht aufzukommen haben, weil sie als schon zu jener Zeit aus der Reederei ausgeschieden gelten.

Vgl. Entsch. des RG.'s in Zivils. Bd. 40 S. 4.

Bei dieser Sachlage hatte das Berufungsgericht keine Veranlassung, Beweis darüber zu erheben, ob die D.'er Reederei-Aktiengesellschaft mit der Überschreitung des Kostenanschlags einverstanden gewesen, und ob der Reedereibericht für das Jahr 1901 den Beklagten länger als eine Woche vor dem 15. März 1902 zugegangen sei.

Die Beklagten haben endlich (auch darin ist dem Oberlandesgericht beizupflichten) selbst in Höhe der ursprünglich genehmigten Summe von 52 100 M zu den Reparaturkosten nicht beizutragen. Diese Genehmigung war unter der selbstverständlichen Voraussetzung erteilt, daß jene Summe ausreichen würde, die Reparaturarbeiten herzustellen, die Seetüchtigkeit des Schiffes zu erhöhen und damit die Gewinnaussichten für die Beklagten zu vermehren. Wurden diese dagegen in die Lage gebracht, auf ihre Eigentumsrechte am Schiff und auf jeden zukünftigen Gewinn ohne Entgelt zu verzichten, so fiel sür sie jede Verpflichtung hinweg, zu den Reparaturkosten beizutragen, welche die Abandonerklärung verursacht hatten." . . .

## RGZ. 59, 305.

**Ist der Schleppvertrag Werkvertrag oder Dienstvertrag? Wem liegt die nautische Leitung des Schleppzuges ob?**

**Rechtsfolgen, wenn das geschleppte Schiff durch Schuld der Besatzung des Schleppers einen Schiffsunfall erleidet, und wenn dabei der Besatzung des geschleppten Schiffes ein mitwirkendes Verschulden zur Last fällt.**

**Hat der Schlepper einen Hilfslohn zu beanspruchen, wenn er in einem solchen Falle das geschleppte Schiff aus der durch den Unfall herbeigeführten Seenot rettet?**

I. Zivilsenat. Urt. v. 17. Dezember 1904.

I. Landgericht Hamburg, Kammer für Handelssachen. — II. Oberlandesgericht daselbst.

Die der Klägerin gehörige Bark „Steinbeck", mit einer Ladung von 2600 Tonnen Salpeter von Caleta Buene nach Hamburg unterwegs, war am 27. Februar 1902 in die Nähe von Norderney gekommen und nahm hier den der Beklagten gehörigen Schlepper „Unterweser X" an, um sie für einen Lohn von £ 55 in den Hamburger Hafen zu schleppen. Mit einem Seelotsen an Bord der Bark erreichte der Schleppzug am Nachmittag des folgenden Tages Brunsbüttel, wo an Stelle des Seelotsen der Elblotse W. an Bord kam. Gegen 6½ Uhr wurde Brunshausen passiert. Das Wetter war klar wenn auch am Horizont etwas dunstig; auf der Elbe ging Treibeis. Etwa ¼ Stunde später lief die Bark dicht vor der Spierentonne J. K. auf den hier steil abfallenden Julssand, wobei die Schlepptrosse brach. Es war eine Stunde vor Hochwasser. Der Schlepper versuchte vergeblich unter Benutzung einer anderen Trosse die Bark wieder ins Fahrwasser zu bringen. Auch in der nächsten Tide am anderen Morgen gelang dies nicht. Am 1. März traf ein Angestellter der Klägerin mit dem Schleppdampfer „Fairplay V" und zwei Leichtern an der Unfallstelle ein, und es wurden von der Ladung 70 Tonnen geleichtert. Am Nachmittag gelang es alsdann den erneuten Anstrengungen beider Schlepper, die Bark von der Sandbank frei zu bekommen. Das Abschleppen erfolgte bei dichtem Nebel, so daß die Bark zunächst bei Brunshausen vor Anker ging. Am Morgen des 3. März erreichte die Bark alsdann im Tau beider Schlepper den Hafen von Hamburg.

Die Beklagte wollte es als Hilfeleistung in Seenot angesehen wissen, daß die „Unterweser X" die „Steinbeck" aus ihrer gefährlichen Lage auf Julssand in Sicherheit gebracht habe, und hatte beim Strandamt zu Hamburg die Festsetzung eines Hilfslohns beantragt. Durch Bescheid der Aufsichtsbehörde vom 12. Juni 1902 wurde der Hilfslohn auf 3200 M festgesetzt. Die Klägerin hatte darauf den Rechtsweg beschritten und den Antrag gestellt, festzustellen, daß der Beklagten ein Anspruch auf Hilfslohn nicht zustehe, während die Beklagte Widerklage auf Zahlung des festgesetzten Betrags nebst Zinsen erhoben hatte.

Die Klägerin machte geltend, die Bark habe sich überall nicht in Seenot befunden, da sie in der Lage gewesen sei, sich durch Ableichterung wieder flott zu machen. Eventuell sei die Gefahr darauf zurückzuführen, daß der Führer der „Unterweser X", Kapitän B., das An-Grund-Geraten der Bark schuldhaft verursacht habe, indem er zu dicht an dem rechtsliegenden Tonnenstrich entlang gefahren sei. Für Befreiung aus einer durch den Hilfeleistenden selbst schuldhaft herbeigeführten

Seenot aber könne eine Vergütung nicht gefordert werden. Mindestens aber liege eine bedeutende Übersetzung des zuzubilligenden Betrags vor.

Die Beklagte war dem entgegengetreten und hatte dargelegt, daß die Schuld an dem Auflaufen der Bark lediglich den Lotsen W. treffe, der den richtigen Kurs nicht rechtzeitig angegeben habe.

Mit dieser den Hilfslohn betreffenden Klage und Widerklage hatten beide Teile noch andere Ansprüche verbunden, von denen hier nur der folgende interessiert.

Die Klägerin forderte, gestützt auf die erwähnte Behauptung, daß Kapitän B. das Festgeraten verschuldet habe, Verurteilung der Beklagten zur Zahlung von 3825,60 M nebst Zinsen als Ersatz des ihr dadurch zugefügten Schadens (Zeitverlust, Entlohnung des Schleppers „Fairplay V", Leichterkosten usw.).

Das Oberlandesgericht erkannte, indem es das Urteil der ersten Instanz zum Teil abänderte, dahin, daß der Beklagten ein Hilfslohnanspruch von 500 M zustehe, und daß der Klageanspruch auf Ersatz des durch das Auflaufen der Steinbeck verursachten Schadens zur Hälfte dem Grunde nach berechtigt sei.

Die Revisionen beider Parteien gegen dieses Urteil sind vom Reichsgericht zurückgewiesen worden.

Gründe:

„1. Das Oberlandesgericht nimmt an, daß die nautische Leitung des Schleppzuges in erster Linie dem Führer des Schleppers Kapitän B., obgelegen habe, daß es daneben aber auch Pflicht des an Bord der Bark befindlichen Lotsen W. gewesen sei, die Kurshaltung des Schleppers ständig zu beaufsichtigen und bei Fehlern einzugreifen. Abgeleitet wird das aus der Art und Natur der vereinbarten Schleppreise, aus den Anschauungen, die in den beteiligten Schiffahrtskreisen herrschen, und aus einer Unterhaltung, die einige Zeit vor dem Unfall zwischen dem Lotsen W. und dem Kapitän B. stattgefunden hat.

Die Revision der Beklagten greift diesen Ausgangspunkt des Berufungsgerichts an. Sie sucht darzulegen, daß der Schleppvertrag, weil er sich auf die Bugsierung eines großen Seeschiffes durch einen kleinen Dampfer bezogen habe, nur auf die Leistung von Vorspanndiensten gerichtet gewesen und daher nicht als Werkvertrag im Sinne von §§ 631 flg. BGB., sondern als Dienstvertrag im Sinne von §§ 611 flg. aufzufassen sei. Daraus folge, daß die nautische Leitung des Schleppzuges nicht dem Schlepper, sondern dem geschleppten Schiff oblegen habe, an dessen Bord sich auch der mit dem Fahrwasser am besten vertraute Lotse befunden habe.

Der Angriff ist nicht berechtigt. Unrichtig ist zunächst, wenn die Revision schon aus dem Umstand, daß es sich um die Bugsierung eines großen, zur Seefahrt bestimmten Segelschiffs durch einen Schlepper, der im Vergleich zu den Größenverhältnissen des Seglers klein genannt werden kann, gehandelt hat, ohne weiteres schließen will, der Schleppvertrag sei als *ein auf die Leistung von sog. Vorspanndiensten gerichteter* Dienstvertrag aufzufassen. Die Vereinbarung, die der Führer der Bark, Kapitän R., mit B. getroffen hatte, ging dahin, daß die „Unterweser X" die Bark gegen einen Lohn von £ 55 nach Hamburg schleppen solle. Es wurden demnach nicht Dienste schlechthin zugesagt (§ 611), sondern ein durch Dienstleistung herbeizuführender Erfolg (§ 631 Abs. 2). Es lag also im vorliegenden Falle unzweifelhaft Werkvertrag vor. Hieraus allein kann allerdings noch nicht gefolgert werden, daß die nautische Leitung des Schleppzuges, insbesondere, worauf es hier ankommt, die genauere Bestimmung des bei der Flußfahrt einzuschlagenden Kurses, dem Schlepper, als dem „Unternehmer des Werks" obgelegen habe. Es ist sehr wohl möglich und mit dem Begriff des Werkvertrags keineswegs unvereinbar, daß in dieser Hinsicht dem „Besteller" oder dessen Leuten, in vorliegendem Falle also der Besatzung der Bark, die Pflicht oblag, die Kurshaltung derart zu leiten, daß auf dem Schlepper im einzelnen nur nach Weisung gesteuert werden sollte. Dies wäre dann im Sinne des Gesetzes eine Handlung des Bestellers gewesen, die bei der Herstellung des Werkes erforderlich war (§ 642).

Allgemeine Regeln darüber aber, wem die nautische Führung des Schleppzuges in bezug auf den einzuschlagenden Kurs obliegt, lassen sich nicht aufstellen. In einem Falle wird dies ausschließlich Sache des Schleppers sein, und das geschleppte Schiff nichts zu tun haben, als dem Schlepper aufmerksam nachzusteuern; in einem anderen Falle wird die Leitung ausschließlich dem geschleppten Schiff obliegen, und der Schlepper nichts zu tun haben, als die ihm von diesem anbefohlenen Bewegungen auszuführen. Ein Beispiel für den ersteren Fall ist der aus einer größeren Zahl von Anhangsfahrzeugen bestehende Binnenschleppzug, ein Beispiel der zweiten Art das große Seeschiff im Hafen, das zu seiner Fortbewegung zwei oder drei kleine, an verschiedene Stellen dicht bei ihm vertaute Schlepper angenommen hat, die gewissermaßen nach außen verlegte Maschinen des Seeschiffs darstellen und nur einheitlich von dessen Bord aus geleitet werden können und sollen. Zwischen diesen beiden äußersten Grenzfällen aber sind mannigfache Abstufungen denkbar, wo eine verschieden geartete Teilung der Navigierung vorkommen kann. Es ist Auslegung des Einzelvertrags, was nach Lage der Umstände als gewollt anzunehmen ist.

Von diesem rechtlich zutreffenden Standpunkt aus hat das Berufungsgericht die Besonderheiten des vorliegenden Vertrags geprüft und das vorhin erwähnte Ergebnis gewonnen. Im einzelnen bewegen sich die Ausführungen auf dem der Revision verschlossenen tatsächlichen Gebiete. Prozessuale Verstöße liegen nicht vor. Daß „Unterweser X" nicht ein im eigentlichen Sinne auf der Elbe beheimateter Schlepper war, hat das Berufungsgericht nicht übersehen. Wenn es ihn trotzdem einem solchen gleichstellt, weil er bereits sehr häufig Seeschiffe nach Hamburg gebracht, und Kapitän B. als Zeuge ausgesagt hatte, er glaube das Fahrwasser der Elbe genügend zu kennen, um Schiffe von nicht allzu großem Tiefgang sicher aufschleppen zu können, so ist das eine rein tatsächliche Betrachtung, deren Richtigkeit das Revisionsgericht nicht nachzuprüfen hat. Unzutreffend ist es auch, wenn die Revision gegenüber der Verwertung des Gesprächs zwischen W. und B. dem Berufungsgericht den Vorwurf macht, übersehen zu haben, daß der Lotse für die Bark keine verbindlichen Verträge habe schließen können. Es handelt sich bei dem Gespräch nicht um die Abschließung eines Vertrags. Der Schleppvertrag war längst geschlossen, ehe der Lotse W. an Bord kam. Verwertet wird die Unterredung nur als eine Bestätigung des ohnehin gewonnenen Ergebnisses aus der eigenen Erklärung des Kapitäns B. heraus, die seine persönliche Auffassung von den Pflichten, die er übernommen hatte, klarstelle.

2. In Übereinstimmung mit der Vorinstanz und den beiden nautischen Sachverständigen mißt das Oberlandesgericht die Schuld an der Strandung der Bark dem Führer des Schleppers und dem Lotsen W. gleichmäßig zu. Kapitän B. habe versäumt, auf die Tonnen genügend Obacht zu geben. Daß er die Tonne J. K., die auf 1400 m sichtbar gewesen sei, erst unmittelbar vor der Strandung wahrgenommen habe, gereiche ihm zur Schuld. Hätte er sie rechtzeitig gesehen, so würde er über die Unrichtigkeit des eingeschlagenen Weges — selbst ohne nähere Kenntnis des Elbreviers — nicht im Zweifel gewesen sein können. Der Lotse W. aber habe dadurch gefehlt, daß er nach der Durchkreuzung des dunklen Sektors von Brunshausen-Feuer geduldet habe, daß der Schleppzug einen Kurs verfolgte, der viel zu

dicht bei den Steuerbord-Tonnen lag, und der mit der Gefahr der Strandung verknüpft war. Er habe viel früher, als es tatsächlich geschah, eingreifen müssen, um zu erreichen, daß der Schlepper mehr nach Backbord hinüber hielte.

Diese Beurteilung der Schuldfrage ist im wesentlichen tatsächlicher Natur und gibt zu rechtlichen Bedenken keinen Anlaß." . . . (Folgt die Zurückweisung der hiergegen gerichteten Angriffe der Beklagten.)

„Auch die weitere Annahme des Oberlandesgerichts, daß das Verschulden des Kapitäns B. und das des Lotsen W. sowohl nach dem Grad der Schuld, als auch nach dem Gesichtspunkt der Verursachung des Schadens gleich zu bewerten seien, gibt zu rechtlichen Bedenken keinen Anlaß.

3. Ist hiernach die Schuldfrage einwandfrei beantwortet, so ergibt sich bezüglich des Schadenersatzanspruchs der Klägerin von 3825,60 M die von den Vorinstanzen gezogene Folgerung, daß dieser Anspruch zur Hälfte abzuweisen, zur Hälfte aber dem Grunde nach berechtigt ist, aus § 254 BGB. Mit Unrecht sucht die Revision der Klägerin die Abweisung des Schadenanspruchs zur Hälfte als rechtlich unbegündet in Zweifel zu ziehen.

Die Klägerin als Reeder der „Steinbeck" hat an und für sich allerdings zwei Schuldner, die ihr solidarisch für den ganzen Schaden haften: den Lotsen W. wegen der mangelhaften Erfüllung der ihm vertragsmäßig obliegenden Lotsenpflichten, und die Beklagte, die als Reeder des Schleppers „Unterweser X" für das Verschulden des Kapitäns B. in der Ausführung des Schleppvertrags nach §§ 485, 486 HGB. mit Schiff und Fracht einzustehen hat. Die Beklagte aber kann sich, wie jeder Schuldner, des Einwands aus § 254 BGB. bedienen, daß bei der Entstehung des Schadens, den er ersetzen soll, ein Verschulden des Beschädigten mitgewirkt habe. Nun steht hier freilich nicht ein Mitverschulden der Klägerin selbst in Frage, sondern ein Mitverschulden der Besatzung ihrer Bark, zu der nach § 481 HGB. auch der Lotse gehört (Entsch. des RG.'s in Zivils. Bd. 13 S. 117). Für die Schuld der Besatzung ihres Schiffes aber hat die Klägerin nach §§ 485, 486 HGB. einzustehen, und der Senat hat bereits früher ausgesprochen (Entsch. a. a. O. Bd. 55 S. 321), daß diese dem Seerecht eigentümliche Haftung des Reeders für die Schiffsbesatzung auch im Rahmen des § 254 BGB. Anwendung finden muß, daß, mit anderen Worten, der Reeder, der wegen eines seinem Schiffsvermögen zugefügten Schadens gegen einen anderen Reeder Ersatzansprüche erhebt, sich den Einwand gefallen lassen muß, seine eigene Schiffsbesatzung habe durch ein Verschulden in der Ausführung ihrer Dienstverrichtungen den Schaden mitverursacht. Damals handelte es sich um einen aus einer unerlaubten Handlung hergeleiteten Schadenersatzanspruch. Im vorliegenden Falle, wo der Anspruch aus der mangelhaften Erfüllung eines Vertrags hergeleitet wird, muß der Grundsatz erst recht zur Anwendung kommen. Die Besatzung der Bark, insbesondere der Lotse, hatte die Pflicht, zur ordnungsmäßigen Vollführung der Schleppreise mitzuwirken, und der Schlepper hatte auf diese Mitarbeit ein vertragsmäßiges Recht.

4. Was sodann den Anspruch der Beklagten auf einen Hilfslohn nach § 740 HGB. anlangt, so sind die gesetzlichen Voraussetzungen dieses Anspruchs an und für sich vom Oberlandesgericht in bedenkenfreier Weise festgestellt. Die Bark befand sich, als sie auf dem Strand festsaß, zumal mit Rücksicht auf den Eisgang und den bald einsetzenden Nebel, in einer gefährlichen Lage, aus der sie sich, nachdem die ersten beiden Versuche des Kapitäns B., sie mit der „Unterweser X" flott zu machen, gescheitert waren, ohne fremde Hilfe nicht befreien konnte. „Unterweser X" hat diese Hilfe gemeinsam mit dem Schlepper „Fairplay" geleistet und die Bark in der Nähe von Brunshausen auf einen sicheren Ankerplatz gebracht.

Das Reichsgericht hat bereits früher (Entsch. a. a. O. Bd. 46 S. 205) ausgesprochen, daß der Schlepplohn nur Gegenleistung für den eigentlichen normalen Schleppdienst, nicht Vergütung für außerordentliche Hilfsleistungen ist, und daß der Schlepper, wenn er auch verpflichtet ist, bei einem Unfall, der die Fortsetzung der Reise unmöglich macht, das geschleppte Schiff nicht einfach seinem Schicksal zu überlassen, doch für eine Hilfsleistung, die andere Dienste als die ausbedungenen umfaßt, den gesetzlichen Lohn beanspruchen kann.

In jenem Urteil ist aber auch ausgesprochen, daß ein Schiff, das nach einem Unfall einem anderen Beistand leistet, dann einen Hilfs- oder Bergelohn nicht fordern kann, wenn es dessen Hilfsbedürftigkeit durch eigene Verschuldung herbeigeführt hat. Daran ist auch jetzt festzuhalten. Wer zum Schadenersatz verpflichtet ist, hat nach § 249 BGB. den Zustand herzustellen, der bestehen würde, wenn der zum Ersatz verpflichtende Umstand nicht eingetreten wäre. Hat der Schlepper durch eigene Schuld das geschleppte Schiff in den Zustand der Hilfsbedürftigkeit versetzt, so ist er kraft seiner Schadenersatzpflicht gehalten, es aus diesem Zustand wieder zu befreien. Wäre die Hilfe in einem solchen Falle von einem dritten Schiff geleistet, so würde der diesem zu gewährende Hilfslohn den vom Schlepper zu ersetzenden Schaden bilden oder vermehren.

Im vorliegenden Falle ist indes die Hilfsbedürftigkeit des geschleppten Schiffes nicht ausschließlich auf ein Verschulden des Schleppers, sondern auf die gleichmäßige schuldhafte Verursachung beider Teile zurückzuführen, sowohl auf ein Verschulden der Besatzung des Schleppers, als auch auf ein Verschulden der Besatzung des geschleppten Schiffes in bezug auf die ordnungsmäßige Mitarbeit bei der Schleppreise. Die Revision der Klägerin macht geltend, daß auch für diesen Fall immerhin der obige Grundsatz Platz greifen müsse, und dem Schlepper ein Anspruch auf Hilfslohn zu versagen sei, weil er selbst die Hilfsbedürftigkeit des anderen Schiffes mindestens mitverursacht habe. Dem kann indes nicht beigetreten werden. Der Grundsatz der Schadenteilung, der in der Vorschrift des § 254 BGB. seinen Ausdruck gefunden hat, muß zu einem anderen, der Billigkeit allein entsprechenden Ergebnis führen. Es ist demnach als richtig anzuerkennen, wenn das Oberlandesgericht in sinngemäßer Anwendung des § 254 angenommen hat, daß der Hilfslohn in einem solchen Falle nach dem Maßstab als zu Recht bestehend anzuerkennen sei, der für die Verteilung des Schadens entscheidet, hier also, bei gleichwiegendem Verschulden, zur Hälfte. Wäre in einem solchen Falle die Hilfe von einem dritten Schiff geleistet worden, so würde das gerettete Schiff nach dem vorhin unter 3 Ausgeführten den Lohn, den es dem Dritten bezahlt hat, von dem Schlepper auch nur zur Hälfte ersetzt erhalten, zur Hälfte aber selbst tragen müssen.

5. Den Betrag des der Beklagten zuzubilligenden Hilfslohns hat das Oberlandesgericht im ganzen auf 1000 M bemessen und hiervon der Beklagten nach dem soeben erörterten Grundsatz die Hälfte mit 500 M zugesprochen. Die Festsetzung des Lohns ist unter Beobachtung der in den §§ 742 bis 747 HGB. aufgestellten Regeln erfolgt." . . . (Es folgt die Zurückweisung der hiergegen gerichteten Angriffe der Beklagten.)

**RGZ. 60, 401.**

**Große Haverei. Einrede aus § 702 Abs. 3 HGB. Steht diese Einrede dem Reeder, welcher von dem Ladungsempfänger den Beitrag zur großen Haverei einfordert, dann entgegen, wenn der Frachtvertrag die Freizeichnung von der Haftung für nautisches Verschulden des Schiffers enthält?**

I. Zivilsenat. Urt. v. 29. April 1905.

I. Landgericht Hamburg, Kammer für Handelssachen. — II. Oberlandesgericht daselbst.

Aus den Gründen:

. . . „Daß bei der in Rede stehenden Strandung des Dampfers „Rossija" im Kanal von Kertsch eine gemeinsame, unmittelbare und erhebliche Gefahr für Schiff und Ladung im Sinne des Art. 702 ADHB., jetzt § 700 HGB. gegeben war, ist vom Berufungsgericht zutreffend dargelegt und von der Revisionsklägerin in der Revisionsinstanz nicht mehr in Zweifel gezogen worden. Die Aufwendungen, welche zur Errettung des Schiffes und der Ladung aus der gemeinsamen Gefahr gemacht wurden, sind nach Abs. 2 der erwähnten Gesetzesstelle als große Haverei von Schiff, Fracht und Ladung gemeinsam zu tragen, und zugleich ist durch Art. 704 Abs. 1 AGHG., jetzt § 702 Abs. 1 HGB., für das deutsche Recht außer Zweifel gestellt, daß die Anwendung der Bestimmungen über große Haverei dadurch nicht ausgeschlossen wird, daß die Gefahr infolge des Verschuldens eines Dritten oder eines Beteiligten herbeigeführt wurde. Über die Tragweite dieser Bestimmungen und der an dieselben sich anschließenden Absätze 2 und 3 des Art. 704 ADHB. geben die Protokolle der Kommission zur Beratung eines Allgemeinen Deutschen Handelsgesetzbuchs (Lutz, Protokolle Bd. 6 S. 2687 flg.) genügende Auskunft. Bei Erörterung der Frage, ob und inwieweit es auf die Anwendung der Grundsätze der großen Haverei von Einfluß sei, wenn die Gefahr eine verschuldete gewesen, wurde hervorgehoben: im allgemeinen scheine es gerechtfertigt, von der Ansicht auszugehen, es würden durch den Umstand, daß die Gefahr schuldhaft herbeigeführt sei, weder die Existenz noch die Wirkungen der großen Haverei aufgehoben. Gleichwohl könne ein solches Verschulden nicht unter allen Umständen ohne Einfluß bleiben; seine Wirkungen würden vielmehr nach allgemeinen Rechtsgrundsätzen folgende sein. Wenn einer derjenigen, welcher von der Gefahr oder dem zur Errettung aus derselben gebrachten Opfer betroffen worden sei, die Gefahr schuldhaft herbeigeführt habe, so könne er für den Nachteil, der ihm widerfahren sei, keinen Ersatz fordern, müsse vielmehr noch den anderen Betroffenen den ihnen entstandenen Schaden ersetzen. Sei die Gefahr durch den Schiffer oder die Mannschaft veranlaßt gewesen, so werde es sich fragen, ob der Reeder im Hinblick auf die entsprechenden Beschlüsse der Versammlung zu Art. 407 des preußischen Entwurfs nach den obwaltenden Umständen für dieses Verschulden aufzukommen habe, oder nicht. Wo dies der Fall sei, werde die Sache sich ebenso verhalten, als wenn der Reeder selbst das Verschulden begangen hätte; er werde somit seinen eigenen Schaden tragen und die anderen Beteiligten schadlos halten müssen. Habe endlich ein Dritter, der an Schiff und Ladung gar nicht beteiligt sei, die Gefahr schuldhaft herbeigeführt, so werde dies für das Verhältnis der Interessenten von Schiff und Ladung unter sich nicht anders zu beurteilen sein, als wenn die Gefahr durch Zufall entstanden wäre. Von diesen allgemeinen Rechtsgrundsätzen, die auch dem Entwurf nach Ausweis der Motive zugrunde lägen, im Gesetz abzuweichen, sei kein genügender Grund vorhanden; namentlich fehle es an ausreichenden Motiven dafür, nach dem Beispiel des holländischen Rechts zu bestimmen, daß unter allen Umständen keine große Haverei vorhanden, wenn die Gefahr durch Verschulden des Schiffers oder der Mannschaft herbeigeführt sei. „Um jeden Zweifel darüber auszuschließen, daß die Versammlung es bei der eben dargelegten Anwendung allgemeiner Rechtsgrundsätze belassen wolle, werde beantragt, folgenden dem Entwurf entsprechenden Zusatzartikel anzunehmen." Daraufhin wurde der Artikel, welcher seinem Inhalt nach im wesentlichen dem Art. 704 ADHGB. entsprach, „nach kurzer Diskussion einstimmig zum Beschluß erhoben". Diese Entstehungsgeschichte des Art. 704 liefert den klaren Beweis dafür, daß bei der Einschaltung desselben lediglich beabsichtigt war, die Anwendung der allgemeinen Rechtsgrundsätze auch für den Fall sicherzustellen, daß die Gefahr, welche zur großen Haverei geführt hat, durch ein Verschulden herbeigeführt wurde. Für den vorliegenden Fall kommt lediglich das Verschulden einer Person der Schiffsbesatzung, des Schiffers, in Frage, und in dieser Beziehung ist durch Abs. 3 des Art. 704 bestimmt, daß, wenn die Gefahr durch eine Person der Schiffsbesatzung verschuldet ist, die Folgen dieses Verschuldens auch der Reeder nach Art. 451 und 452 ADHGB., jetzt §§ 485, 486 HGB., trägt. Ist es nun aber hiernach gewiß, daß die Verantwortlichkeit des Reeders im Fall der großen Haverei, verschuldet durch eine Person der Schiffsbesatzung, von welcher der Abs. 3 a. a. O. spricht, keine andere ist, als diejenige Haftung, welche ihm in Art. 451 und 452 ADHGB., jetzt §§ 485, 486 HGB., allgemein auferlegt ist, so ergibt sich daraus die unmittelbare Folgerung, daß der Reeder auch im Falle der großen Haverei überall von der Haftung für das Verschulden des Schiffers, welcher die zur großen Haverei führende Gefahr herbeigeführt hat, frei wird, wo er nach allgemeinen Rechtsgrundsätzen für den Schaden, der durch das Verschulden des Schiffers verursacht wurde, nicht einzustehen hat, weil er durch eine besondere gesetzlich zulässige Verabredung von der Haftung für den Schaden, welcher durch das Verschulden des Schiffers entstand, dem Ladungsempfänger gegenüber sich freigezeichnet hat. So liegt die Sache aber hier gegenüber der Beklagten als Ladungsempfängerin selbst, wie gegenüber allen Ladungsempfängern, welche sie vertritt.

Die in Betracht kommenden Konnossemente enthalten unstreitig sämtlich die Klausel, daß der Schiffer berechtigt ist, ohne Lotsen zu fahren, und daß die Haftung des Reeders ausgeschlossen ist für „Strandungen, Zusammenstöße und alle anderen Unfälle bei der Schiffahrt und alle Verluste und Schäden, die dabei verursacht wurden, sogar wenn sie sich ereignet haben durch Nachlässigkeit, Fehler oder Irrtum in der Beurteilung von seiten des Lotsen, das Kapitäns, der Schiffsmannschaft oder anderer Bediensteter des Schiffseigners". Auf diese vertragsmäßige Befreiung von der Haftung für das Verschulden des Schiffers kann sich der Kläger, wie das Berufungsgericht zutreffend angenommen hat, auch in diesem Strandungsfall berufen, weil es richtig ist, was auf Seite 6 des angefochtenen Urteils des Näheren ausgeführt ist, daß es sich bei den Vorwürfen, welche gegen die Führung des Schiffs unmittelbar vor der Strandung desselben am 28. Mai 1899 erhoben werden, überall um ein nautisches Verschulden des Schiffers handelt, welches er in Ausführung seiner Dienstverrichtungen auf sich geladen haben soll. Da der Klägerin kraft der Vertragsabrede ein derartiges Verschulden als ein solches, für welches sie zu haften hätte, nicht entgegengehalten werden kann, so erscheint die Klage auf Zahlung des Haveriekostenbeitrags, wie das Berufungsgericht zutreffend angenommen hat, als begründet.

Damit ist der Negligenzklausel keineswegs, wie die Revision meint, eine Ausdehnung gegeben, welche ihr nach ihrem Zweck und Inhalt nicht zukäme; sie äußert vielmehr, wie dies nach ihrer Stellung im Frachtvertrag ihre Bestimmung ist, ihre Wirkung auf das ganze Rechtsverhältnis der vereinbarten Güterbeförderung von Anfang bis zu Ende und gewinnt eine besondere Bedeutung gerade dann, wenn der normale Verlauf der Güterbeförderung durch ein Ereignis unterbrochen wird, welches den gewöhnlichen Gang der Beförderung stört und die Frage veranlaßt, ob ein durch diese Störung verursachter Schaden, der an sich in großer Haverei zur Verteilung zu kommen hat, von dem Reeder aus dem Grunde nicht eingefordert werden kann, weil er nach den allgemeinen Grundsätzen für ein Verschulden des Schiffers in Ausführung seiner Dienstverrichtungen nicht zu haften hat. Da nun aber eine Beschränkung der allgemeinen gesetzlichen Haftung des Reeders auf dasjenige Maß der Verantwortung, welches auch nach Vereinbarung der Negligenzklausel noch übrig bleibt, zulässig ist, würde es einer besonderen gesetzlichen Bestimmung bedurft haben, wenn die Wirkung der Vereinbarung bei einem durch nautisches Verschulden des Schiffers herbeigeführten Fall der großen Haverei nicht zur Geltung kommen dürfte. Der Umstand, daß die große Haverei ein selbständiges Rechtsinstitut ist, berechtigt noch keineswegs zu der Schlußfolgerung, daß die verabredeten Bedingungen der Güterbeförderung auf die im Verlauf derselben eintretende Haveriegrosseverteilung ganz ohne Einfluß bleiben müßten.

Im vorliegenden Fall enthalten die Konnossemente aber auch noch eine besondere Bestimmung, welche den Schluß rechtfertigt, daß nach dem ausgesprochenen Willen der Beteiligten die Beschränkung der Haftung des Reeders aus dem Verschulden des Schiffers, die für die Beziehungen aus dem Frachtvertrag vereinbart war, auch im Falle des Eintritts einer großen Haverei, wenn sie durch ein nautisches Verschulden des Schiffers herbeigeführt war, ihre Wirkung beibehalten sollte. Die Konnossemente enthalten übereinstimmend die weitere Festsetzung:

„General Average payable according to York-Antwerp Rules 1890."
Es ist also des Falles, daß eine Verteilung in großer Haverei bei Ausführung des Frachtvertrages eintreten könnte, ausdrücklich gedacht. Und für diesen Fall hat man sich nicht etwa veranlaßt gesehen, die Befreiung des Reeders von der Haftung für nautisches Verschulden des Schiffers, wie sie allgemein für das Vertragsverhältnis vereinbart war, außer Wirksamkeit zu setzen und eine besondere Bestimmung noch beizufügen, sondern man hat sich mit dem ausgesprochenen allgemeinen Grundsatz begnügt und es für angemessen befunden, in bezug auf die Einzelfragen, deren Regelung bei der Verteilung in großer Haverei in Betracht kommt, auf die Regeln zu verweisen, welche in den York-Antwerp Rules von 1890 enthalten sind. Wenn nun trotz dieser Erwähnung der großen Haverei und trotz der Verweisung der York-Antwerpener Regeln von 1890 im Frachtvertrag für den Fall, daß die große Haverei durch ein nautisches Verschulden des Schiffers eintrat, nichts Besonderes festgesetzt worden ist, so rechtfertigt dies den Schluß, daß die im Frachtvertrag vereinbarte Freizeichnung des Reeders für nautisches Verschulden des Schiffers nach dem Willen der Beteiligten auch für den Fall rechtswirksam bleiben sollte, daß die große Haverei durch

ein Verschulden des Schiffers in Ausführung seiner Dienstvorrichtungen herbeigeführt wurde. Die Beklagte ist demnach mit Recht zur Zahlung verurteilt worden." . . .

**RGZ. 62, 420.**

**Zur Auslegung des § 702 HGB. und des § 254 BGB.**

I. Zivilsenat. Urt. v. 24. Februar 1906.

*I. Landgericht Aurich. — II. Oberlandesgericht Celle.*

Die Klägerin hatte die Reeder des Schuners „Minister Camphausen" auf Bezahlung einer hier nicht weiter interessierenden, an sich unstreitigen Forderung verklagt. Die Beklagten machten aufrechnend und widerklagend eine Gegenforderung geltend auf Berichtigung von Beiträgen zu einer großen Haverei, die ihnen die Klägerin als Eigentümerin einer in dem Schuner verfrachteten Ladung leerer Glasflaschen schulden sollte. Der Schuner war nämlich, nachdem er diese Ladung in Oldenburg eingenommen und die Frachtreise nach London angetreten hatte, schon auf der Hunte mit einem Schleppzug in Kollision geraten und dann, um die erlittenen Schäden ausbessern zu können, nach Oldenburg als Nothafen zurückgekehrt. Die Kosten, die durch das Anlaufen des Nothafens und den Aufenthalt daselbst erwuchsen, waren in der Haverierechnung auf Schiff, Fracht und Ladung verteilt. Die Klägerin wandte ein, daß der Führer des Schuners, Kapitän Br., den Zusammenstoß durch Vernachlässigung seiner Dienstpflichten schuldhaft herbeigeführt habe, so daß die Beklagte nach § 702 HGB. von ihr eine Vergütung für die zur Abwendung der gemeinsamen Gefahr aufgewendeten Kosten nicht fordern könne. Das Oberlandesgericht erachtete diesen Einwand für bewiesen und für rechtlich durchgreifend. Es wurde hierauf in der Revisionsinstanz an sich nicht zurückgegriffen.

Die Revision erstreckte sich ausschließlich auf die Beurteilung einer Replik, die die Beklagten der auf § 702 HGB. gestützten Einrede der Klägerin entgegengesetzt hatten. Diese Replik war darauf gegründet, daß der Schlepper „Bremerhaven", mit dessen Anhang der Schuner den Zusammenstoß gehabt hatte, der die gemeinsame Gefahr für Schiff und Ladung herbeiführte, im Eigentum der Klägerin gestanden habe, und daß den Führer des Schleppers ebenfalls eine Schuld an dem Zusammenstoß treffe, die die Schuld des Kapitän Br. mindestens aufwiege.

Das Weitere ergibt sich aus den

Gründen:

. . . „Das Berufungsgericht erklärt diesen Einwand" (d. h. die soeben erwähnte Replik) „für unerheblich. Nach § 702 Abs. 2 und 3 werde der Vergütungsanspruch der Reeder durch die Schuld des Schiffers Br. hinfällig. Sollte auch den Führer des „Bremerhaven" eine Mitschuld an dem Zusammenstoß treffen, so stehe doch den Beklagten nicht etwa die Vorschrift des § 735 Abs. 2 HGB. zur Seite, da es sich hier nicht um einen Anspruch auf Ersatz des dem Schiff und seiner Ladung durch den Zusammenstoß zugefügten Schadens handle. Ebensowenig könne von einer Anwendbarkeit des § 254 BGB. die Rede sein. Diese Bestimmung habe zur Voraussetzung, daß dem Beschädigten eine ersatzpflichtige Partei gegenüberstehe, die den Einwand eines mitwirkenden Verschuldens des Beschädigten erhebe. Im vorliegenden Fall fehle es an einer Ersatzpflicht der Klägerin (§ 702 Abs. 2), und der Einwand der Mitschuld werde nicht dem Geschädigten entgegengesetzt, sondern von ihm selbst gegenüber dem anderen Teil erhoben. Auch ergebe sich daraus, daß zwar der § 735 HGB. gegenüber dem früheren Art. 737 eine abweichende Fassung erhalten habe, nicht aber auch der § 702 gegenüber dem früheren Art. 704, daß der Gesetzgeber den im § 254 BGB. aufgestellten Grundsatz der Schadensteilung zwar auf die Schadenersatzansprüche aus Schiffszusammenstößen, nicht aber auf die Vergütungsansprüche aus großer Haverei angewendet wissen wolle.

Die Revision hält diese Ausführung für rechtsirrig. Der Bestimmung des § 254 BGB. komme allgemeine Bedeutung zu. Die Nichtaufnahme einer dem § 254 entsprechenden Regel in den Titel über die große Haverei stehe nicht entgegen. Der § 735 Abs. 2 HGB. sei von der Reichstagskommission eingefügt und bestimme nur, was aus § 254 BGB. ohnehin folgen würde.

Der Angriff kann keinen Erfolg haben.

Das Oberlandesgericht und die Revision unterstellen als selbstverständlich, daß die angebliche Mitschuld der Besatzung des Schleppers „Bremerhaven" an dem Zusammenstoß des Leichters „Tertia" mit dem „Minister Camphausen" sich als Verschulden eines „Beteiligten" im Sinne des § 702 HGB., d. h. eines an der großen Haverei Beteiligten, darstellen würde. Gegen diesen Ausgangspunkt der beklagtischen Replik bestehen jedoch bereits Bedenken. Denn wenn man auch die Schuld der Besatzung des „Bremerhaven" nach Maßgabe der §§ 485, 486 HGB. der Klägerin als dem Reeder dieses Schiffes ohne weiteres zurechnen wollte, so käme doch immer noch in Betracht, daß der Reeder des „Bremerhaven" als solcher an der großen Haverei des „Ministers Camphausen" ganz unbeteiligt ist. Beteiligt an dieser Haverei ist die Klägerin nur, weil sie Verfrachter und Eigentümer der Ladung war, die der „Minister Camphausen" nach England bringen sollte. An sich erscheint es für die große Haverei als ein rein zufälliger Umstand, daß der Ladungseigentümer zugleich Reeder des fremden Schiffes ist, dem eine Mitschuld an dem Zusammenstoß, der die gemeinsame Gefahr für das befrachtete Schiff und dessen Ladung herbeigeführt hat, beigemessen wird. Zunächst würde daher die Frage eine Beantwortung erheischen, ob als Schuld des beteiligen Ladungseigentümers im Sinne des § 702 nicht nur eine Pflichtversäumnis in bezug auf die Obliegenheiten aus dem Frachtvertrag, die ihn mit Rücksicht auf die bestehende Gefahrengemeinschaft treffen, also z. B. ein Verstoß gegen § 563 HGB., in Betracht kommen kann.

Die Lage des Falles läßt es indes nicht als erforderlich erscheinen, zu dieser Frage Stellung zu nehmen. Denn die Replik der Beklagten erscheint auch in dem Falle als unbegründet, wenn man davon ausgeht, daß die Schuld der Besatzung des Schleppers an dem Zusammenstoß rechtlich als Schuld des Befrachters des „Ministers Camphausen" zu gelten hat.

Nach § 702 Abs. 1 HGB. soll die Anwendung der Vorschriften über die große Haverei dadurch nicht ausgeschlossen werden, daß die Gefahr infolge des Verschuldens eines Dritten oder auch eines Beteiligten herbeigeführt ist. Abs. 2 setzt aber zwei Rechtsnachteile gegen den Beteiligten fest, dem ein solches Verschulden zur Last fällt, wobei dann nach Abs. 3 der Reeder die Folgen des Verschuldens der Schiffsbesatzung zu tragen hat. Erstens soll dieser Beteiligte wegen des ihm entstandenen Schadens keine Vergütung fordern können, und zweitens soll er den Beitragspflichtigen für den Verlust verantwortlich sein, den sie dadurch erleiden, daß der Schaden als große Haverei zur Verteilung kommt. Der zweite Satz kommt im vorliegenden Fall nicht in Betracht. Die Beklagten haben die Schäden und Unkosten, die durch die Rettungsmaßregeln erwachsen sind, allein getragen und fordern hierfür von der Klägerin einen Beitrag. Sie erleiden durch die Verteilung des Schadens als großer Haverei also keinen Verlust, sondern würden davon nur Vorteil haben. Demnach steht jetzt auch nicht zur Erörterung, ob auf dem Boden des zweiten Satzes Raum für die Anwendung der Regel des § 254 BGB. wäre.

Auf dem Boden des ersten Satzes aber muß mit dem Oberlandesgericht unbedenklich angenommen werden, daß in der Tat kein Raum für die Anwendung dieser Regel ist. Das Gesetz spricht dem Beteiligten, der die gemeinsame Gefahr schuldhaft herbeigeführt hat, den Anspruch auf die Vergütung nach dem eigentümlich ausgestalteten Verteilungsgrundsatz der großen Haverei unbedingt ab. Die Vorteile des Verteilungsrechtes sollen nur einem Beteiligten zugute kommen, der an der gemeinsamen Gefahr schuldlos ist. Der Gedanke, daß diese Vorteile deswegen zu seinen Gunsten ganz oder teilweise wieder aufleben sollten, weil auch einen anderen Beteiligten eine Schuld an der Herbeiführung der Gefahr trifft, liegt dem Gesetz völlig fern. Er kann auch aus dem § 254 BGB. nicht abgeleitet werden. Mit Recht hebt das Oberlandesgericht hervor, daß hier von einer Mitschuld „des Beschädigten" gar nicht die Rede sein kann. Beschädigt sind die Beklagten selbst; sie wollen aber eine Mitschuld des Ersatzpflichtigen beweisen. Daher liegt auch eine Analogie mit dem Satz, den der Senat am Schluß der Entscheidung vom 26. September 1903 (Entsch. Bd. 55 S. 321) anerkannt hat, nicht vor. Zu einem anderen Ergebnis ließe sich nur gelangen, wenn man den Rechtssatz aufstellen wollte, daß jedes Verschulden, woraus Rechtsfolgen für einen anderen abgeleitet werden, durch ein mitwirkendes Verschulden des anderen entkräftet oder gemindert wird. Ein solcher Rechtssatz aber besteht nicht und kann auch aus § 254 BGB. nicht abgeleitet werden.

Auch Billigkeitsgründe stehen der Auffassung der Revision nicht zur Seite. Es besteht kein Bedürfnis, dem Reeder oder dem Ladungsbeteiligten, der unter Voraussetzungen, die einen Fall gemeinschaftlicher Haverei darstellen, Schäden erlitten hat, wenn er oder Personen, für die er zu haften hat, die Gefahr schuldhaft herbeigeführt haben, wenigstens dann den Vergütungsanspruch zuzugestehen, wenn der andere Beteiligte auch in Schuld ist. Denn wenn diese Voraussetzung zutreffen sollte, werden dem Geschädigten regelmäßig andere und weitergehende Ansprüche zu Gebote stehen, mit denen er — außerhalb des Rechts der großen Haverei und unabhängig von dem durch sie begründeten Verteilungsmaßstab — einen dem Grad des beiderseitigen Verschuldens entsprechenden Ausgleich seiner Schäden von dem anderen Teil erzielen kann. Im vorliegenden Fall hätten die Beklagten, wenn der Zusammenstoß sowohl durch Verschulden der Besatzung ihres Schiffes, wie durch Verschulden der Besatzung des „Bremerhaven" verursacht war, mittels einer Klage aus § 375 Abs. 2 HGB. sich für die Schäden, die sie in die Havereirechnung eingestellt haben, weil sie sich zugleich als durch den Zusammenstoß verursachte Schäden darstellen, nach dem Maßstab von der Klägerin Ersatz verlangen können, der der Regel des § 254 BGB. entsprochen hätte.

Das letztere verkennt die Revision nicht. Sie gründet darauf sogar den weiteren Angriff, daß dieser Gesichtspunkt eventuell vom Berufungsgericht zugunsten des streitigen Gegenanspruchs der Beklagten hätte verwertet werden müssen. Diese Beschwerde aber ist aus prozessualen Gründen verfehlt. Einen Anspruch auf Schadenersatz aus einem Schiffszusammenstoß haben die Beklagten in den Instanzen weder aufrechnend, noch widerklagend geltend gemacht. Geltend gemacht ist ausschließlich ein rechtlich und tatsächlich von ganz anderen Voraussetzungen abhängiger Anspruch auf Vergütung verteilungsfähiger Schäden und Unkosten in großer Haverei. Und die angebliche Schuld des Schleppers „Bremerhaven" an der Beschädigung des Schuners haben die Beklagten lediglich in dem Zusammenhang verwertet, daß damit die von ihnen zu vertretende Schuld ihres Schiffers wettgemacht und ausgeglichen werde, so daß ihr Anspruch auf Vergütung nach den Regeln der großen Haverei trotz § 702 Bestand behalte. Es lag daher außerhalb der Aufgabe des Berufungsgerichts, darüber zu befinden, ob die Beklagten die in der Havereirechnung gebrachten Kosten unter dem Gesichtspunkt des Schadenersatzes für den Schiffszusammenstoß von der Klägerin ganz oder teilweise erstattet verlangen können. Ein solcher Anspruch ist von den Beklagten nicht erhoben und ihnen durch das Berufungsurteil daher auch nicht aberkannt." . . .

## RGZ. 67, 10.

**Rechtliche Natur des Schleppvertrages. Kann ein ganzes Schiff Frachtgut sein?**

I. Zivilsenat. Urt. v. 16. Oktober 1907.

I. Landgericht Hamburg, Kammer für Handelssachen. — II. Oberlandesgericht daselbst.

Durch Vertrag vom 29. Januar 1904 hatte die Klägerin es übernommen, den Kabeldampfer „Chiltern", den die Beklagte auf Abbruch gekauft hatte, von Plymouth nach Harburg zu verholen, und zwar zum Preise von £ 135 einschließlich Schlepptrossen und Gestellung der Bemannung und unter der Klausel „no cure no pay". Sie ließ den „Chiltern" von ihrem Schlepper „Diomedes" ins Tau nehmen. Da der „Chiltern" aber auf der Fahrt sehr viel Wasser machte und zu sinken drohte, wurde Portland als Nothafen angelaufen, dort der „Chiltern" repariert, und auf Rat der Experten nach der Reparatur eine Extrapumpe mit Donkeykessel für ihn gemietet, und ein zweiter Schlepper, „Gladiator", zur Begleitung und Assistenz des Schleppzuges zugezogen.

Die Klägerin, die den Schlepplohn nach Ausführung der Reise bezahlt erhalten hatte, beanspruchte mit der Klage weitere 4468,80 M für Miete der Extrapumpe, für deren Rückfracht, für die Begleitung durch den „Gladiator" und für Extraunkosten in Portland. Die Beklagte beantragte, die Klage abzuweisen und erhob Widerklage auf Zahlung von 3200 M. Nach ihrer Auffassung lag ein Frachtvertrag vor, der die Klägerin zu den gemachten Aufwendungen ohne weiteres verpflichtet habe. Sie behauptete überdies, daß ein Verschulden der Besatzung des „Chiltern" vorliege: diese habe den Donkeykessel ohne Wasser geheizt. Die Besatzung gehöre nach dem Vertrag zu den Leuten der Klägerin. Der „Chiltern" sei vor der Abfahrt von Plymouth seetüchtig gewesen, und der Kessel habe einen Wert von 3600 M gehabt. Nach der Ankunft in Harburg sei er nur noch 400 M wert gewesen. Nach § 606 HGB. hafte die Klägerin für den entstandenen Schaden. Die Klägerin bestritt, daß sie als Frachtführerin hafte und für ein Verschulden der Besatzung des „Chiltern" verantwortlich sei.

Das Landgericht erklärte die Klage und die Widerklage dem Grunde nach für berechtigt. Das Oberlandesgericht wies die Berufung der Beklagten zurück, hob aber auf die Berufung der Klägerin das Urteil des Landgerichts insoweit auf, als dieses die Widerklage dem Grunde nach für berechtigt erklärt hatte, und wies die Widerklage ab.

Auf die Revision der Beklagten hat das Reichsgericht das Berufungsurteil aufgehoben und die Sache zurückverwiesen.

Aus den Gründen:

„Die Revision wendet sich zunächst gegen die Auffassung des Oberlandesgerichts, daß der am 29. Januar 1904 zwischen den Parteien abgeschlossene Vertrag über die Verholung des Dampfers „Chiltern" kein Frachtvertrag sei. Der Angriff ist unbegründet. Der Vertrag ist in der Tat ein Frachtvertrag, weil er dessen wesentliche Kriterien — Übergabe eines Gutes in die Custodia des Transportunternehmers zum Zweck der Beförderung — in sich trägt. Man hat mehrfach versucht, Schleppvertrag und Frachtvertrag begrifflich in einen Gegensatz zu stellen.

Vgl. Entsch. des ROHG.'s Bd. 23 S. 320; Seufferts Archiv Bd. 46 Nr. 50; Hanseatische Gerichtszeitung Hauptblatt 1900 Nr. 103; ferner Lewis-Boyens, Seerecht Bd. 2 S. 93; Mittelstein, Binnenschiffahrtsgesetz (2. Aufl.) Bd. 1 S. 53.

Der Sprachgebrauch ist dieser Unterscheidung nicht gefolgt, und es ist richtiger, davon auszugehen, daß der Ausdruck „Schleppvertrag" überhaupt keine juristisch-technische, sondern eine rein tatsächliche Bezeichnung ist, die sinngemäß auf alle Verträge Anwendung findet, welche die Benutzung der Schleppkräfte eines Transportunternehmers zum Gegenstand haben.

Vgl. Entsch. des RG.'s in Zivils. Bd. 6 S. 99.

Der Schleppvertrag wird in der Regel ein gewöhnlicher Werkvertrag, er kann aber auch ein Dienstvertrag oder ein Frachtvertrag sein. Frachtvertrag ist er dann, wenn der Transportunternehmer nicht nur die bewegende Kraft zum Zweck der Beförderung zur Verfügung stellt, sondern wenn ihm der zu befördernde Gegenstand außerdem zum Zweck der Beförderung in seine Obhut übergeben wird. Ist dieser ein Schiff, so wird es damit Frachtgut und fährt unter ausschließlicher Leitung, Obhut und Verantwortlichkeit des Transportunternehmers.

Vgl. Schaps, Seerecht, Vorbem. zum IV. Abschn. Anm. 29 S. 297; Förtsch, Binnenschiffahrtsgesetz (2. Aufl.) S. 96; Staub, Kommentar zum HGB. (8. Aufl.) § 425 Anm. 4; Makower (13. Aufl.), § 425 Bem. II c, 4; Düringer-Hachenburg, Bd. 3 S. 534.

Mit Unrecht legt das Oberlandesgericht für seine gegenteilige Annahme entscheidendes Gewicht darauf, daß ein großes Schiff nicht, wie sonstiges Frachtgut, ein- und abgeladen werden kann, und daß eine Reihe von hiermit in Zusammenhang stehenden Bestimmungen des Handelsgesetzbuchs keine Anwendung finden können, wenn ein ganzes Schiff Gegenstand der Beförderung ist. Daraus folgt, wie die Revision zutreffend ausführt, nicht die Exemtion dieses Falles aus dem Frachtrecht überhaupt, und das Oberlandesgericht hat selbst nicht verkannt, daß seine Auffassung mit der bisherigen Judikatur, die bei Übergabe des Schiffes in die Custodia des Schleppschiffahrtsunternehmers gleichfalls Frachtvertrag annahm,

vgl. die oben angeführten Urteile, insbesondere Entsch. in Zivils. Bd. 6 S. 99,

nicht im Einklang steht.

Die rechtsirrtümliche Annahme, daß der Vertrag vom 29. Januar 1904 kein Frachtvertrag sei, obwohl der „Chiltern" der Klägerin zum Transport „übergeben" war, und sie Schlepptrosse und Bemannung zu stellen hatte, hat aber die Entscheidung des Oberlandesgerichts in allen wesentlichen Punkten beeinflußt. Die mit der Klage beanspruchten Kosten können von der Klägerin neben der Fracht nur unter dem Gesichtspunkt gefordert werden, daß sie Auslagen sind, die zur Erhaltung des Frachtgutes notwendig waren (vgl. §§ 535, 621 Abs. 3 HGB.). Für die Ersatzpflicht der Beklagten ist aber die Verteidigung erheblich, daß die Beschädigung des Kessels des „Chiltern" auf ein Verschulden seiner Besatzung zurückzuführen sei. Für dieses Verschulden würde die Klägerin haften, da sie sich der Besatzung zur Erfüllung ihrer Verpflichtungen aus dem Frachtvertrag bediente (§ 278 BGB., eventuell §§ 485, 486 HGB.). *Hinsichtlich des Widerklageanspruchs ergibt sich die* gesetzliche Haftung der Klägerin aus § 606 HGB. Wird nachgewiesen, daß der „Chiltern" während der Zeit, in der er sich unter der Custodia der Klägerin befand, eine Beschädigung erlitten hat, die durch die in Portland vorgenommene Reparatur nicht ausgeglichen wurde, so ist die Klägerin hierfür verantwortlich, sofern ihr nicht der in § 606 nachgelassene Exkulpationsbeweis gelingt. In allen diesen Beziehungen bedarf das Streitverhältnis noch weiterer Erörterung und Feststellung, da Behauptung und Gegenbehauptung sich gegenüberstehen." . . .

**RGZ. 67, 300.**

**Was hat der Verfrachter darzulegen, um sich der Haftung für mangelnde Seetüchtigkeit gemäß § 559 Abs. 2 HGB. zu entziehen?**

I. Zivilsenat. Urt. v. 4. Januar 1908.

I. Landgericht Hamburg, Kammer für Handelssachen. –
II. Oberlandesgericht daselbst.

Die Klägerin war Inhaberin von vier Konnossementen über im ganzen 1335 Bürden Sohlleder, die im August 1905 in Hamburg auf dem der Beklagten gehörigen Dampfer „Borussia" zur Beförderung nach Yokohama abgeladen und dort stark seebeschädigt ausgeliefert worden waren. Der Schaden war dadurch entstanden, daß der Verschlußkasten eines Klosettrohres, worin sich die zur Abschließung des Rohres gegen hereinschlagendes Seewasser bestimmte Ventilklappe befand (das sog. Sturmventil), undicht gewesen war. Dieser Kasten war nach oben durch einen die Ventilklappe tragenden Deckel mit Dichtung verschlossen, der ordnungsmäßig durch zwei Schraubbolzen mit dem Kasten verbunden sein mußte. Nachdem der Dampfer am 12. August mittags die Reise angetreten hatte, stellte sich am 14. August früh heraus, daß durch einen Ventilator Wasser aus dem Zwischendeck, wo sich der Verschlußkasten befand, in den Laderaum hinunterlief und sich dort schon in so großer Menge angesammelt hatte, daß das Schiff dadurch

Schlagseite nach Backbord erhielt. Bei näherer Untersuchung ergab sich, daß das Wasser aus dem Verschlußkasten einströmte, weil an dem Deckel der eine Bolzen fehlte und so der Deckel an der betreffenden Seite durch das von See eindringende Wasser gehoben wurde. Nach der tatsächlichen Feststellung des Berufungsgerichtes hat schon bei der Abreise dieser Bolzen entweder gänzlich gefehlt, oder es hat ein zu kleiner Bolzen, an dem zugleich die Schraubenmutter fehlte, in dem Gewinde gesteckt und ist dann vor der Untersuchung vom 14. August herausgefallen. Der Kapitän ließ den Schaden sofort ausbessern, das Wasser im Schiffsraum beseitigen und die beschädigte Ladung, soweit sie im Zwischendeck zur Hand lag, an Deck trocknen. Die Klägerin bezifferte den ihr an dem Sohlleder entstandenen Schaden auf mehr als 200 000 M, wovon sie mit der Klage einen Teilbetrag von 20 000 M nebst Prozeßzinsen ersetzt verlangte. Die Beklagte bestritt nicht, daß mindestens in dieser Höhe ein Schade entstanden sei.

Zur Begründung der Klage berief sich die Klägerin auf die Klausel I der Konnossemente:

„Der Verfrachter haftet dem Befrachter für jeden Schaden, der aus dem mangelhaften Zustand des Schiffes entsteht, es sei denn, daß der Mangel bei Anwendung der Sorgfalt eines ordentlichen Verfrachters nicht zu entdecken war; ebenso für Fehler oder Nachlässigkeiten seiner Angestellten in betreff der ordnungsmäßigen Stauung, Verwahrung, Behandlung und Ablieferung der Ladung. Alle Vereinbarungen und Klauseln, welche dem entgegenstehen, sollen nichtig sein."

Sie behauptete, das Schiff sei wegen des fehlenden Bolzens bei Antritt der Reise nicht seetüchtig gewesen; bei ordnungsmäßiger Untersuchung vor der Abreise hätte der Fehler entdeckt werden müssen.

Die Beklagte beantragte Klageabweisung und berief sich auf den Satz der Klausel II der Konnossemente:

„Desgleichen ist der Reeder nicht verantwortlich für Schäden oder Verluste durch . . . irgendeinen verborgenen Fehler am Schiff . . ."

Um einen solchen Fehler handle es sich hier. Das Schiff sei erst im Juli 1905 der Beklagten von der Werft geliefert, und von dieser seien insbesondere die Klosettanlagen vor der Lieferung auf das genaueste untersucht und für gut befunden worden. Sodann habe bei der Probefahrt am 15. Juli 1905 „eine rigorose Inspektion des gesamten Schiffes bis in die kleinsten Details" durch die Ingenieure und Inspektoren der Beklagten sowie durch ihren Schiffszimmermann M. stattgefunden, bei der sich, wie das darüber aufgenommene Protokoll ergab, ein Mangel an den Sturmventilen nicht herausgestellt habe. Hiernach habe keine Veranlassung vorgelegen, auch noch bei Beginn der Beladung (am 9. August) eine Prüfung der vollständig montierten und verpackten Ventile vorzunehmen.

In den Vorinstanzen ist die Beklagte nach der Klage verurteilt. Ihre Revision ist zurückgewiesen aus folgenden

Gründen:

„Die Revision konnte keinen Erfolg haben, wenngleich der Begründung des angefochtenen Urteiles nicht überall beizutreten ist.

Daß nach der tatsächlichen Feststellung des Oberlandesgerichts Seeuntüchtigkeit des Schiffes bei der Abreise angenommen werden muß, unterliegt keinem Bedenken. Es hat entweder der eine Bolzen des Klosettverschlusses gänzlich gefehlt, oder es hat wenigstens die Schraubenmutter gefehlt, und es ist zugleich der Bolzen zu dünn gewesen, so daß er herausfallen mußte. Dies hat zur Folge gehabt, daß sich das Seewasser in großen Mengen in das Zwischendeck und von dort in den Laderaum ergoß, wodurch nicht nur die Ladung stark beschädigt wurde, sondern das Schiff selbst eine Schlagseite nach Backbord erhielt. Bei dieser Sachlage war das Schiff nicht imstande, „die beabsichtigte Reise ohne einen durch unmittelbare Einwirkung der See oder des Seewassers auf Schiff oder Ladung entstehenden ungewöhnlichen Schaden an Schiff oder Ladung auszuführen".

Vgl. Wittmaack, Die Seetüchtigkeit des Schiffes beim Frachtvertrage, in der Zeitschr. f. d. ges. Handelsr. Bd. 53 S. 348.

Das Berufungsgericht erwägt, es komme nach dem in die Konnossementsklausel I wörtlich aufgenommenen Abs. 2 des § 559 HGB. nicht darauf an, ob dieser Mangel trotz Untersuchung durch geeignete Sachverständige tatsächlich unentdeckt geblieben ist, sondern ob es unmöglich war, ihn bei solcher Sachkundigenprüfung zu entdecken. Diese Unmöglichkeit müsse verneint werden. Dies liege auf der Hand, wenn die Schraube gefehlt hätte. Schwieriger sei die Entdeckung gewesen, wenn die Schraube nur zu klein gewesen sein sollte; indessen müsse alsdann zugleich die Schraubenmutter gefehlt haben. Jedenfalls sei der Beklagten der Beweis, daß der Mangel unmöglich bei entsprechender Sorgfalt zu entdecken war, mißlungen. Es sei nicht erforderlich, festzustellen, wann zuletzt ein Seeschiff vor der Abreise auf Seetüchtigkeit untersucht werden müsse; eine Untersuchung nach erfolgter Beladung sei allerdings untulich. Ungenügend sei indessen die im gegenwärtigen

Fall gelegentlich der Probefahrt veranstaltete Untersuchung gewesen, da nicht feststehe, daß sie sich auf die Klosettrohre und ihre Verschlußkästen erstreckt habe.

Die Revision rügt, daß diese Begründung einerseits die Bedeutung des § 559 Abs. 2 HGB verkenne, anderseits tatbestandswidrig sei, weil die Beklagte unter Beweisantretung behauptet habe, „daß bei der Probefahrt eine rigorose Inspektion des Schiffes bis in die kleinsten Details von seiten der Ingenieure und Inspektoren der Beklagten stattgefunden habe", ohne daß dabei ein Mangel an den Sturmventilen ermittelt sei.

Bekanntlich ist im neuen Handelsgesetzbuch die Fassung des § 559 gegenüber dem früheren Art. 560 in der Weise geändert worden, daß statt der Schlußworte:

„es sei denn, daß die Mängel aller Sorgfalt ungeachtet nicht zu entdecken waren",

gesagt ist:

„es sei denn, daß der Mangel bei Anwendung der Sorgfalt eines ordentlichen Verfrachters nicht zu entdecken war".

Hierüber bemerkt die Denkschrift zum Entwurf eines Handelsgesetzbuches (Reichstags-Drucksachen IX. Legislaturperiode 4. Session 1895/97 zu Nr. 632 S. 280, 281), nachdem ausgeführt ist, daß und aus welchen Gründen die §§ 598, 599 des Entwurfes (§§ 606, 607 HGB.) in Abänderung des alten Art. 607 „die Haftung des Verfrachters für Verlust oder Beschädigung von Frachtgütern in genauer Übereinstimmung mit den auf den Frachtführer bezüglichen Vorschriften des § 421 (§ 429 HGB.) regeln":

„Damit wird zugleich eine Änderung der Vorschrift des Art. 560 Abs. 2 erforderlich, wonach der Verfrachter für jeden aus dem mangelhaften Zustand des Schiffes entstehenden Schaden haftbar ist, es sei denn, daß die Mängel aller Sorgfalt ungeachtet nicht zu entdecken waren. Diese Vorschrift, welche bisher eine Milderung der im Art. 607 aufgestellten Regel enthielt, ist nunmehr mit dem durch § 598 anerkannten Haftungsgrundsatz in Einklang zu bringen. Der § 551 Abs. 2 des Entwurfes bestimmt deshalb, daß den Verfrachter eine Schadenersatzpflicht nicht trifft, wenn der mangelhafte Zustand des Schiffes bei Anwendung der Sorgfalt eines ordentlichen Verfrachters nicht zu entdecken war."

Hiernach ist es allerdings ungerechtfertigt, wenn das Berufungsgericht, den Wortlaut des § 559 Abs. 2 besonders betonend, einen Gegensatz zu konstruieren sucht zwischen Fällen, wo der Mangel trotz angewandter Sorgfalt nicht entdeckt worden i s t, und solchen, wo er nicht entdeckt werden k o n n t e. Wie sich das Berufungsgericht diesen Gegensatz in bezug auf praktische Anwendungsfälle vorgestellt hat, ist nicht erkennbar. Jedenfalls wäre es unrichtig, dann, wenn die Ursache der Nichtentdeckung v ö l l i g a u f g e k l ä r t i s t, und der Verfrachter nachgewiesen hat, daß ihm und den Leuten, für die er verantwortlich ist, in dieser Hinsicht keinerlei Verschulden zur Last fällt, dennoch die Exkulpation für nicht genügend zu erachten, etwa weil bei der Nichtentdeckung besondere Zufälligkeiten mitgespielt haben, oder die Entdeckung bei außergewöhnlicher, nicht allgemein vorauszusetzender Sachkunde oder bei Kenntnis besonderer Umstände gelungen wäre. Vielmehr sind dieselben Grundsätze analog anzuwenden, die für die Auslegung des § 429 HGB. gelten. In bezug auf § 429 HGB. aber sagt die oben erwähnte Denkschrift S. 257 zutreffend:

„der Frachtführer kann sich danach nicht schon durch eine allgemeine Berufung auf sorgsames Verhalten von seiner Verantwortlichkeit entlasten; er hat vielmehr die Umstände darzutun, welche den Verlust oder die Beschädigung des Frachtgutes verursacht haben, und mit Bezug auf diese Umstände den Nachweis zu führen, daß ihm ein Verschulden nicht zur Last fällt."

Vgl. Entsch. des RG.'s in Zivils. Bd. 66 S. 41.

Der § 559 Abs. 2 HGB. spricht aus, daß der Verfrachter gegenüber dem Nachweis, daß die von ihm zu gewährende Seetüchtigkeit nicht vorhanden war, den Exkulpationsbeweis dahin zu führen hat, daß der Mangel bei Anwendung der Sorgfalt eines ordentlichen Verfrachters nicht zu entdecken war. Die analoge Anwendung obigen Grundsatzes bedeutet also, daß der Verfrachter d i e U r s a c h e d e r N i c h t e n t d e c k u n g d e s M a n g e l s a u f z u k l ä r e n und in bezug auf den hieraus sich ergebenden Tatbestand darzutun, daß ihm und den Personen, für die er verantwortlich ist, ein Verschulden nicht zur Last fällt.

Geht man von diesem Standpunkt aus an die Beurteilung des vorliegenden Falles heran, so ergibt sich, daß diee Beklagte zur Führung des Entschuldigungsbeweises ausreichende Behauptungen nicht aufgestellt hat. Ihre Darstellung läuft, wenn man sie im Sinne der Revision verstehen will, lediglich darauf hinaus, daß das in Rede stehende Sturmventil noch bei der Probefahrt vom 15. Juli 1905 völlig in Ordnung gewesen sei. Es fehlt aber dann an jeder Aufklärung darüber, nicht nur, wie der spätere Mangel entstanden sein kann, sondern vor allem auch, aus welchen Gründen er nicht vor der Abreise entdeckt worden ist. Daher gebricht es an der erforderlichen Grundlage für die Feststellung, daß der Mangel trotz pflichtmäßiger Sorgfalt, für die die Beklagte haftet, insbesondere des Schiffers, der nach § 513 HGB. besonders verpflichtet ist, vor der Abreise des Schiffes für dessen Seetüchtigkeit zu sorgen, nicht entdeckt werden konnte. Hätte es sich um einen geheimen Baufehler gehandelt, dessen Vorhandensein seiner Natur nach erst auf Grund der schädlichen Folgen erkannt werden konnte, so würde darin die Exkulpation zu erblicken sein; denn die das Schiff auf Grund eines Kaufvertrages liefernde Werft ist keine Erfüllungsgehilfin des Reeders im Sinne des § 278 BGB. in Beziehung auf den Frachtvertrag. Hier handelt es sich aber nach der Feststellung des Oberlandesgerichts um einen offensichtlichen Mangel, weil entweder der ganze Bolzen mit Schraubenmutter, oder wenigstens die Schraubenmutter gefehlt hat. Die Exkulpation hätte vielleicht auch dann für genügend erachtet werden können, wenn eine Untersuchung des Verschlußkastens unmittelbar vor der Beladung stattgefunden, und sich hierbei ein ordnungsmäßiger Verschluß ergeben hätte, weil nach der Feststellung des Berufungsgerichts eine spätere Untersuchung untunlich gewesen ist. Es wäre nämlich dann kaum eine andere Möglichkeit offengeblieben, als daß der Bolzen noch nachträglich von frevelhafter Hand entfernt worden wäre, und es hätte daraufhin dem Reeder und den von ihm mit Prüfung der Seetüchtigkeit beauftragten Personen wohl nicht der Vorwurf gemacht werden können, daß sie die Entwendung bei gehöriger Aufmerksamkeit hätten bemerken müssen. Im vorliegenden Falle ist aber nur behauptet, daß das Sturmventil noch bei der Probefahrt vom 15. Juli in Ordnung gewesen sei. Inzwischen ist das Schiff nach Hamburg übergeführt worden, und es erhellt nicht, wie es bei dieser Überführung und später behandelt worden ist, welche Personen Zutritt zu dem Verschlußkasten hatten, und wie sich die Entfernung des Bolzens oder der Schraubenmutter erklären läßt. Es erscheint nicht ausgeschlossen, daß mit Rücksicht auf die unbekannten Umstände eine nochmalige Untersuchung des Sturmventils unmittelbar vor der Beladung geboten war, und daß in ihrer Unterlassung ein Mangel an Sorgfalt zu finden wäre.

Der Vorderrichter hat daher mit Recht angenommen, daß die Beklagte den ihr obliegenden Entschuldigungsbeweis nicht geführt hat. Der gerügte prozessuale Mangel erscheint hiernach unerheblich, denn es ist im vorstehenden unterstellt, daß die Untersuchung vom 15. Juli auch das Sturmventil betroffen hat und mit aller Sorgfalt vorgenommen ist.

Die Berufung der Beklagten auf die Klausel II des Konnossementes ist ebenfalls mit Recht zurückgewiesen. Im Beihalte mit Klausel I ist sie entweder dahin zu verstehen, daß sie sich überhaupt nicht auf einen die Seeuntüchtigkeit begründenden Mangel bezieht, so auch die englisch-amerikanische Rechtsprechung,

vgl. Carver, Carriage by Sea Sect. 102 a,

oder daß sie einen Mangel im Auge hat, der gemäß Klausel I „auch bei Anwendung der Sorgfalt eines ordentlichen Verfrachters nicht zu entdecken war". Ein offenbarer Widerspruch in beiden Klauseln kann nicht als gewollt angenommen werden. Jedenfalls würde aber bei Vorliegen eines solchen nach dem Schlußsatz der Klausel I die Klausel II insoweit keine Geltung haben."...

RGZ. 68, 65.

**Ist die ohne die Zustimmung aller Mitreeder erfolgte Veräußerung einer Schiffspart, durch die das Schiff das Recht, die Reichsflagge zu führen, verlieren würde, nur unwirksam, oder nichtig?**

I. Zivilsenat. Urt. v. 19. Februar 1908.

I. Landgericht Hamburg, Kammer für Handelssachen. —
II. Oberlandesgericht daselbst.

Aus den Gründen:

... „Nach § 503 Abs. 2 HGB. kann die Veräußerung einer Schiffspart, infolge deren das Schiff das Recht, die Reichsflagge zu führen, verlieren würde, nur mit Zustimmung aller Mitreeder erfolgen. Durch eine wirksame Veräußerung von Schiffsparten an den Kläger hätten, da dieser Ausländer war und ist, die Schiffe „Anemone" und „Alanda" dieses Recht verlieren müssen (vgl. §§ 2, 3, 18, 19 des Reichsflaggengesetzes). An und für sich sind nach dem System des Bürgerlichen Gesetzbuches Rechtsgeschäfte, deren Wirksamkeit an die Zustimmung eines Dritten geknüpft ist, keineswegs nichtig. Sie sind zunächst „schwebende" Geschäfte: solange die Zustimmung fehlt, sind sie unwirksam, und werden es definitiv, wenn das Ausbleiben der Zustimmung feststeht. Für die Veräußerung einer Schiffspart an einen Ausländer hat aber bereits das Reichsoberhandelsgericht (vgl. Bd. 24 S. 46) angenommen, daß die vom Gesetzgeber gewollte Verhinderung der Veräußerung an einen Ausländer nur dann erreicht werden kann, wenn die Gültigkeit der Veräußerung durch die Zustimmung aller Mitreeder gesetzlich bedingt ist, und hat weiter ausgesprochen, daß vermöge jenes Zweckes die gleichwohl ohne Zustimmung sämtlicher Mitreeder vorgenommene Veräußerung an einen Ausländer als nichtig anzusehen sei. Von dieser Rechtsauffassung abzuweichen, liegt für den Senat kein Anlaß vor."...

RGZ. 68, 203.

**1. Entspricht es im internationalen Verkehr dem mutmaßlichen, vernünftigen Willen der Kontrahenten eines gegenseitigen Vertrages, daß die Verpflichtungen jedes Kontrahenten nach seinem heimischen Recht beurteilt werden?**

**2. Gesichtspunkte für die Frage, nach welchem Recht Seefrachtverträge im internationalen Verkehr zu beurteilen sind.**

**3. Wann gelten Güter im Sinne des § 617 HGB. als verlorengegangen?**

I. Zivilsenat. Urt. v. 4. April 1908.

I. Landgericht Hamburg, Kammer für Handelssachen. — II. Oberlandesgericht daselbst.

Laut Chartepartie mit dem Datum London 28. August 1903 hatten die Kläger ihren Dampfer „Cassia" an die Beklagten zum Transport einer Ladung Erzkies von Huelva (Spanien) nach Granville und Dünkirchen (Frankreich) zu dem Satz von 10 sh 6 d die Tonne (englisch) verfrachtet. Ausweise der Konnossemente waren 600 Tonnen nach Granville und 701 Tonnen nach Dünkirchen bestimmt.

Als der Dampfer am 11. Oktober bei Sturm ins Hafendock von Granville einlief, beschädigte er sich durch Aufstoßen auf das Stufenfundament der Kaimauer, wurde leck und sank. Die Ladung wurde vom Seewasser durchnäßt. Man legte darauf das Dock trocken und löschte die Ladung am Kai. Nachdem die Beklagten durch den Vertreter des Reeders von der Sachlage in Kenntnis gesetzt und um Verfügung ersucht waren, erklärten sie am 19. Oktober, daß sie die Ladung abandonnierten. Die Kläger erwiderten am 31. Oktober, daß ein Recht der Beklagten, die Ladung für die Fracht zu abandonnieren, nicht anerkannt werde, daß der Frachtvertrag infolge des Seeunfalles als beendet anzusehen sei und daß die Beklagten die auf dem Kai gelöschte Ladung gegen Zahlung der vollen Fracht abzunehmen hätten. Die Beklagten gingen hierauf nicht ein. Der Dampfer wurde in Granville vorläufig ausgebessert und dann zur gründlichen Reparatur nach Southampton gebracht. Für die Ladung wurde auf Antrag der Kläger in Granville ein Sequester bestellt, worauf sie für Rechnung, wen es angeht, zu Lager gebracht wurde. Im Juli 1904 wurden die Kläger vom

Gericht zum öffentlichen Verkauf ermächtigt; im Auktionstermin erfolgte jedoch kein Gebot. Im September 1904 verkauften die Kläger die Ladung unter der Hand zu einem Preis, der die inzwischen entstandenen Unkosten nicht deckte.

In der Revisionsinstanz handelte sich lediglich um die Frage, ob die Beklagten für die nach Dünkirchen bestimmte Teilladung Fracht zu bezahlen hätten. Das Landgericht hatte den Klägern hierfür die volle Fracht zugesprochen. Das Oberlandesgericht hatte durch Zwischenurteil erkannt, die Frage sei nach deutschem Recht zu beurteilen, die Kläger hätten demnach Distanzfracht zu verlangen. Nach weiterer Beweiserhebung wurde jedoch im Endurteil in Anwendung des § 630 Abs. 2 HGB. jeder Frachtanspruch aberkannt. Die Revision der Kläger wurde zurückgewiesen aus folgenden

Gründen:

„Was die Frage des anzuwendenden Rechts anlangt, so handelt es sich um das Vertragsverhältnis, das durch die in London am 28. August 1903 abgeschlossene Chartepartie unter den Parteien begründet ist.

Das Berufungsgericht geht davon aus, daß der vernünftige Wille der Parteien bezüglich des maßgebenden Rechts zu erforschen sei und daß hiernach angenommen werden müsse, daß jede Partei die sich aus den Grundsätzen ihres heimischen Rechts ergebenden Verpflichtungen habe übernehmen wollen. Es bestehe kein Grund, anzunehmen, daß die Parteien das ihnen beiden fremde Recht des in der Charter vereinbarten französischen Bestimmungshafens hätten zugrunde legen wollen. Danach entscheide sich die Frage, ob und in welcher Höhe die Beklagte verpflichtet sei, Fracht für die in Granville entlöschten, nach Dünkirchen bestimmten Güter zu zahlen, nach ihrem heimischen, also dem deutschen Recht.

Diese Begründung wird den Umständen des Falles nicht gerecht.

Richtig ist zwar der Ausgangspunkt, daß bei gegenseitigen Verträgen, insbesondere bei Seefrachtverträgen, über das anzuwendende Recht in erster Linie der aus den Umständen zu entnehmende, mutmaßliche, vernünftige Wille der Kontrahenten entscheidet, wobei zu beachten ist, daß es sich in Ermangelung einer Vertragsbestimmung nicht sowohl um die Feststellung des konkreten Willens der Parteien, als um die Ermittlung dessen handelt, was die Parteien bei vernünftiger und billiger Berücksichtigung aller Umstände, wäre ihnen die

Frage entgegengetreten, mutmaßlich über das anzuwendende Recht bestimmt haben würden.

Vgl. Entsch. des RG.'s in Zivils. Bd. 38 S. 144, Bd. 40 S. 197, Bd. 44 S. 154, Bd. 58 S. 367; Wagner, Seerecht S. 135 flg., 141; Boyens, Seerecht Bd. 1 S. 46 flg.; Schaps, Seerecht S. 294 Anm. 17; Windscheid-Kipp, Pandekten Bd. 1 § 35 zu Anm. 7 bis 9; v. Bar, Intern. Priv.-R. Bd. 2 S. 1 flg., 19, 219; Zitelmann, Intern. Priv.-R. Bd. 2 S. 373 flg.; Niemeyer, Vorschläge S. 234 flg.; Carver, Carriage of Goods Sektion 210.

Bei Stellung der Frage, ob die Kontrahenten mutmaßlich oder vernünftigerweise ihr Vertragsverhältnis einem bestimmten Recht haben unterstellen wollen oder unterstellt haben würden, gilt es aber den Versuch, ein Recht zu ermitteln, nach dem das Verhältnis einheitlich bezüglich der beiderseitigen Verpflichtungen zu beurteilen ist. Eine Antwort dahin, wie sie das Berufungsgericht gibt, daß jede Partei mutmaßlich die ihr nach ihrem heimischen Recht obliegenden Verpflichtungen habe übernehmen wollen, enthält in Wahrheit den Verzicht auf die Feststellung eines nach dem Parteiwillen maßgeblichen Rechts und die Erklärung, daß diese Feststellung nicht möglich sei. Das Ergebnis entspricht auch weder dem Parteiinteresse, noch dem mutmaßlichen Willen der Kontrahenten. Beim Abschluß eines gegenseitigen Vertrages übernimmt jede Partei die ihr obliegenden Pflichten als Gegenleistung gegen die von der anderen Seite übernommenen Pflichten und stellt sich regelmäßig den Inhalt der beiderseitigen Rechte und Pflichten so vor, wie er sich unter Zugrundelegung eines bestimmten Rechtssystems ergibt. Nur ausnahmsweise wird das Bewußtsein obwalten, daß das Vertragsverhältnis von zwei verschiedenen Rechtssystemen beherrscht sein könnte und daß den Verpflichtungen der einen Seite nicht solche der andern entsprächen, wie sie nach dem jene bebestimmenden Rechtssysteme vorauszusetzen wären. Wenn also trotzdem der Schluß gezogen werden muß, daß bei Kontrahenten mit verschiedenen Personalstatuten eine Einigung über ein bestimmtes Recht, nach dem das Vertragsverhältnis zu beurteilen ist, nicht stattgefunden hat, so wird häufig die mißliche Folgerung nicht abzuweisen sein, daß die Verpflichtungen der einen Partei andere sind, als die, von denen die Gegenpartei die Übernahme der Gegenverpflichtungen nach dem ihr vorschwebenden Rechtssystem abhängig zu machen glaubte. Das Ergebnis wird aber auch nicht selten ein unbilliges sein, weil jedes einzelne Rechtssystem zwar mutmaßlich bei der Regelung der Vertragsverhältnisse einen billigen Ausgleich in der Weise anstreben wird, daß es den der einen Partei zugewiesenen Befugnissen und Lasten annähernd gleiche auf der anderen Seite entsprechen läßt. Greifen aber zwei verschiedene Rechtssysteme ein, so ist bei einiger Verschiedenheit der Regelung des betreffenden Rechtsverhältnisses ein solcher billiger Ausgleich keineswegs vorauszusetzen. Dafür, daß ein solches Ergebnis den mutmaßlichen Voraussetzungen der Kontrahenten bezüglich der Vertragsfolgen nicht selten widersprechen wird, bietet gerade der vorliegende Fall einen Beleg; der englische Reeder wird mutmaßlich vom Standpunkt seines heimischen Rechts aus angenommen haben, daß ihm eventuell ein Anspruch auf Distanzfracht nicht zustehe, daß er vielmehr Fracht nur beanspruchen könne, wenn er die Ware nach Dünkirchen schaffe. Danach wird er auch seine Maßnahmen in bezug auf die Höhe der Frachtforderung und die Versicherung getroffen haben. Er tritt also mit seinen eigenen Voraussetzungen bei Abschluß des Vertrages mutmaßlich in Widerspruch, wenn er nachträglich Fracht für den Teiltransport nach Granville verlangt.

Hiernach ist es in der Regel ein wenig befriedigender Ausweg, ein einheitliches Vertragsverhältnis nach zwei verschiedenen Rechtssystemen zu beurteilen, je nachdem es sich um die Verpflichtungen der einen oder um die Verpflichtungen der andern Partei handelt, und es entspricht daher im allgemeinen dem Interesse der Kontrahenten und damit ihrem mutmaßlichen vernünftigen Willen mehr, ein Rechtssystem zu finden, nach dem das Verhältnis einheitlich zu beurteilen ist. Diesem wohlverstandenen Interesse hat sich auch die Rechtsprechung stets bemüht entgegenzukommen. So ist häufig ausgesprochen, daß, wenn auch im allgemeinen der Erfüllungsort über das anzuwendende Recht entscheiden möge, doch bei gegenseitigen Verträgen unter Deutschen, wenngleich der Erfüllungsort für den einen Kontrahenten im Ausland liege, regelmäßig das ganze Vertragsverhältnis dem deutschen Recht zu unterstellen sei, da dies der mutmaßlichen Absicht der Kontrahenten entsprechen werde.

Vgl. Entsch. des RG.'s in Zivils. Bd. 13 S. 122, Bd. 40 S. 197, Bd. 59 S. 114; Urteil v. 3. Mai 1905, Rep. I. 630/05.

Ebenso ist ausgesprochen, daß ein von dem Agenten der Versicherungsgesellschaft am Wohnort des Veersicherten abgeschlossener Versicherungsvertrag einheitlich von dem Recht dieses Wohnortes beherrscht werde.

Vgl. Urteil des RG.'s, III. Zivilsenat, in Seuffert's Archiv Bd. 47 Nr. 2.

Englisches Recht ist für maßgeblich erklärt worden für Verpflichtungen aus Vertragsbruch bei einem für ein englisches Schiff mit einem deutschen Ablader in Hamburg nach englischen Bedingungen abgeschlossenen Seefrachtvertrag, obwohl die Reise in einem deutschen Bestimmungshafen endete.

Vgl. Entsch. des RG.'s in Zivils. Bd. 39 S. 67.

Eine ähnliche Entscheidung enthält das Urteil in den Entsch. des RG.'s in Zivils. Bd. 19 S. 33, wo zwei englische Schiffsmakler in London nach englischen Bedingungen eine Charter über ein deutsches Schiff für die in Braila gelegene Zweigniederlassung eines deutschen Abladers über einen Transport von Braila oder Galatz nach Stettin abgeschlossen hatten. In der Vereinbarung eines gemeinschaftlichen Erfüllungsortes unter Kontrahenten mit verschiedenen Personalstatuten ist die Unterwerfung unter das Recht des Erfüllungsortes erblickt worden.

Vgl. Entsch. des RG.'s in Zivils. Bd. 58 S. 367.

Soweit sich anderweit eine Absicht der Parteien über das anzuwendende Recht nicht feststellen ließ, ist für den Seevertrag, insbesondere für Konnossemente, angenommen, daß für die im Bestimmungshafen zu erfüllenden Verpflichtungen das dort geltende Recht nach dem mutmaßlichen Willen der Kontrahenten anzuwenden sei.

Vgl. Entsch. des RG.'s in Zivils. Bd. 34 S. 78 u. 80.

In einem anderen Falle, wo ebenfalls eine allgemeinere Absicht über das für den Frachtvertrag anzuwendende Recht nicht zu ermitteln war — es handelte sich um ein deutsches Schiff, um einen Vertragsschluß in New York nach dortigen Bedingungen und um einen englischen Bestimmungshafen —, ist für die Frage, ob Distanzfracht zu zahlen sei, das Recht des portugiesischen Nothafens, wo die Reise endete, für maßgeblich erachtet.

Vgl. Entsch. des RG.'s in Zivils. Bd. 38 S. 140; Wagner, Seerecht S. 141.

Es werden freilich zahlreiche Fälle übrigbleiben, wo bei gegenseitigen Verträgen die Kontrahenten verschiedenen Rechtsgebieten angehören und irgendein Anhalt für die einheitliche Anwendung eines der in Betracht kommenden Rechte nicht gegeben ist.

Vgl. z. B. Entsch. des RG.'s. in Zivils. Bd. 44 S. 156, Bd. 51 S. 218, Bd. 54 S. 316.

Auf die streitige Frage, ob alsdann die in Reede stehende Einzelverpflichtung nach dem Recht des Erfüllungsortes oder nach dem Personalstatut des Schuldners zu beurteilen sei, braucht hier nicht eingegangen zu werden.

Vgl. Entsch. des RG.'s in Zivils. Bd. 61 S. 343 und Bd. 62 S. 379; anderseits Jurist. Wochenschr. 1907 S. 359 Nr. 7 und S. 386 Nr. 1.

Im vorliegenden Falle sind nämlich genügende Anhaltspunkte für die Anwendung eines bestimmten Rechts gegeben.

Das Berufungsgericht erörtert die Frage, ob sich die Parteien mit Rücksicht auf den französischen Bestimmungshafen mutmaßlich dem französischen Recht hätten unterwerfen wollen, und verneint sie. Ohne Zweifel mit Recht, soweit es sich um das Vertragsverhältnis im allgemeinen handelt; denn es ist nicht ersichtlich, weshalb sich die Parteien insoweit einem für sie beide fremden Rechte hätten unterwerfen wollen. Höchstens könnte in Betracht kommen, ob nicht für den hier unerwarteter Weise eingetretenen Fall in bezug auf die Frage, ob Distanzfracht gefordert werden kann, nach den in den Entsch. des RG.'s in Zivils. Bd. 38 S. 140 entwickelten Grundsätzen das Recht des Ortes, wo sich Schiff und Ladung getrennt haben, also Granvilles, maßgebend sei. Dieser Zweifel wäre jedoch auch nach der dort ausgesprochenen Ansicht des Reichsgerichts nur dann erheblich, wenn Anhaltspunkte für den vernünftigen Parteiwillen, das Vertragsverhältnis a l l g e m e i n einem bestimmten Recht zu unterwerfen, nicht gegeben

Es handelt sich hier um eine von zwei englischen Schiffsmaklern in London für ein englisches Schiff abgeschlossene Charter. Diese ist nicht nur in englischer Sprache abgefaßt, sondern enthält auch spezifisch englischrechtliche Klauseln, z. B. „The Act of God ... excepted, even when occasioned by negligence...". Benutzt ist das Formular einer in London domizilierten Gesellschaft, der Rio Tinto Company Limited, für deren gewöhnliche Erzabladungen von Huelva. Die Beklagte hat sich also an einen Londoner Makler gewandt mit dem Auftrag, ihr auf dem dortigen Frachtmarkt die erforderlichen Schiffsräume zu besorgen. Dieser hat sich des Auftrags entledigt, indem er mit einer englischen Reederei nicht nur in englischer Sprache, sondern nach durchweg von englischer Rechtsauffassung beeinflußten Bedingungen und nach einem Formular kontrahierte, das sonst von einem bekannten englischen Ablader im regelmäßigen Geschäftsverkehr zu genau derselben Transportart benutzt wird. Damit kommt zu zweifellosem Ausdruck, daß dieser Vertrag in derselben Weise und nach denselben Rechtsgrundsätzen auszuführen war, wie derartige Verträge stets ausgeführt werden, nämlich nach den Grundsätzen des englischen Rechts. Weder können dabei nach vernünftigem Ermessen die unmittelbaren Kontrahenten, die englischen Makler, ein anderes Recht zugrunde gelegt haben, noch kann die Beklagte der Meinung gewesen sein, daß sie unter solchen Umständen auf dem englischen Markt nach deutschem Recht kontrahiere. Sie könnte sich gutgläubig etwaigen nach englischem Recht für sie begründeten Verpflichtungen unter Berufung auf ihr Heimatsrecht nicht entziehen.

Umgekehrt verstößt es aber auch gegen die bona fides, wenn der englische Reeder nunmehr versucht, Ansprüche unter Berufung auf deutsches oder französisches Recht geltend zu machen, die ihm nach seinem Heimatsrecht nicht zustehen. Das englische Recht ist um so mehr als maßgeblich zu erachten, weil nach englischer Rechtsauffassung im Zweifel das Recht der Flagge für Seefrachtverträge zugrunde gelegt wird, und sich die deutsche Beklagte, die in England kontrahieren ließ, sagen mußte, daß ihr Vertreter, wie ihr Gegenkontrahent, von der gleichen Auffassung ausgehen werde. Auch das internationale Privatrecht der vereinbarten Bestimmungshäfen, das entscheidendes Gewicht auf den Ort des Vertragsschlusses legt,

vgl. Niemeyer, Vorschläge S. 240,

würde zu demselben Ergebnis führen.

Der gegenwärtige Fall bietet somit noch mehr Anhalt für die Anwendung des englischen Rechts, als die in den Entsch. des RG.'s in Zivils. Bd. 19 S. 33 und Bd. 39 S. 67 erörterten, wo es aus ähnlichen Erwägungen zugrunde gelegt ist. Ist aber englisches Recht anzuwenden, so entfällt der Anspruch auf Distanzfracht für die hier in Rede stehende, nach Dünkirchen bestimmte Ladung ohne weiteres, weil nach diesem Recht ein Anspruch auf Distanzfracht nur unter besonderen Voraussetzungen, die nicht gegeben sind, begründet ist.

Vgl. Carver, a. a. O. Sekt 307, 357 flg.

Übrigens würde die Revision auch dann nicht durchdringen können, wenn französisches Recht anzuwenden wäre, weil nach der Feststellung des Oberlandesgerichts ... das Gut durch den Seeunfall gänzlich entwertet ist und seine handelsmäßige Beschaffenheit als Material für die Schwefelsäurefabrikation eingebüßt hat.

Vgl. Entsch. des RG.'s in Zivils. Bd. 13 S. 125; Entsch. des ROHG.'s Bd. 25 S. 12.

In einem solchen Falle ist nach allen hier in Betracht kommenden Rechten für die Ware keinerlei Fracht zu bezahlen.

Vgl. HGB. § 617; Code de comm. Art. 302; Valroger, Droit maritime Anm. 894; Carver, a. a. O. Sekt. 549." ...

RGZ. 69, 23.

**1. Nach welchem örtlichen Recht sind im Zweifel die in einem Konnossement übernommenen Verpflichtungen zu beurteilen?**

**2. Zum Begriff der Baratterie.**

**3. Auslegung von Konnossementsbedingungen.**

I. Zivilsenat. Urt. v. 1. Juni 1908.

I. Landgericht Hamburg, Kammer für Handelssachen. — II. Oberlandesgericht daselbst.

Gegenüber der Frachtforderung der Klägerin machte die Beklagte eine größere Schadensersatzforderung geltend wegen Beschädigung der auf dem klägerischen Dampfer „Manchester Spinner" transportierten Leinsaat. Der Schaden sollte dadurch entstanden sein, daß die in gutem Zustand verladenen Säcke zerschnitten und ausgeleert worden, und dadurch die Leinsaat beschmutzt worden sei. Auch habe man beim Entlöschen die Ware auf die schmutzige Kairampe laufen lassen. Die Klägerin berief sich auf Freizeichnung von Baratterie und die sogen. negligence clause im Konnossement.

Der Gegenanspruch der Beklagten wurde in den Vorinstanzen zurückgewiesen. Auf ihre Revision wurde das Berufungsurteil aufgehoben, und die Sache an das Oberlandesgericht zurückverwiesen.

Gründe:

„I. Die Vorinstanzen gehen zutreffend davon aus, daß für die rechtliche Beurteilung der aus den Konnossementen sich ergebenden Verpflichtungen der Klägerin das Recht des Bestimmungshafens Hamburg maßgebend sei. Denn das Konnossement ist selbständiger Wertträger; der Aussteller verpflichtet sich durch dasselbe nach Maßgabe seines Inhalts. Wenn die Verpflichtung der Klägerin konnossementmäßig in Hamburg zu erfüllen ist, so ist in Ermangelung anderer Anhaltspunkte anzunehmen und kann namentlich von jedem gutgläubigen Konnossementsempfänger davon ausgegangen werden, daß sich die Klägerin damit dem Recht des Bestimmungsortes unterworfen hat. Es liegt durchaus im Rahmen dieser Auffassung, wenn speziell hinsichtlich der Entlöschung der Güter in den Konnossementen hervorgehoben wird: „discharge as per custom of the port; other printed conditions notwithstanding." Mit dieser Beurteilung tritt der Senat nicht mit dem in der Entscheidung vom 4. April 1908, Rep. I 274/07[1], eingenommenen Standpunkt in Widerspruch. Dort handelte es sich um

[1]) Abgedruckt weiter oben in diesem Abschnitt.

die Verpflichtungen aus einem gegenseitigen Vertrag, einem Seefrachtvertrag, den eine deutsche Firma mit der englischen Verfrachterin durch Londoner Makler und auf Grund der in London eingeführten Vertragsformulare abgeschlossen hatte. Hier steht die Verpflichtung aus einer einseitigen Willenserklärung in Frage, deren Erfüllung der Erklärung gemäß in Hamburg stattzufinden hat.

II. Den Vorinstanzen kann jedoch in der Auslegung, die sie dem Ausdruck „barratry of masters and mariners" in Nr. 1 der Konnossementsbedingungen gegeben haben, nicht beigetreten werden. Nach dem eigenen Vortrag der Klägerin ist die Beschädigung der Güter darauf zurückzuführen, daß der Kapitän zum Zweck der Stauung die in gutem Zustand empfangenen Säcke Leinsaat zum Teil hat ausleeren, zum Teil hat zerschneiden lassen. Er hat also, wohl um Platz zu gewinnen, das Frachtgut roh verstaut. Ein solches Verfahren fällt nicht notwendig unter den Begriff der barratry, und zwar weder nach englischem, noch nach deutschem Recht. Inwieweit die englische und die deutsche Auffassung von Baratterie voneinander abweichen, kann hier dahingestellt bleiben. Namhafte englische Autoren geben dem Begriff der barratry nach englischem Recht eine so weite Auslegung, daß er sich von der deutschen Auffassung der Baratterie wohl kaum unterscheiden würde.

Vgl. Scrutton, Charter parties and bills of lading 5. Aufl. London 1904 S. 198; Arnould, On the law of marine insurance 7. Aufl. London 1901 Bd. 2 S. 838 flg.; Carver, Carriage of goods by sea 4. Aufl. London 1905 S. 120 flg. und die dort angeführten Beispiele, ferner Hanseatische Gerichtszeitung Hauptbl. 1893 Nr. 27.

Immer kommt es dabei auf deliktisches, weder für den Reeder voraussehbares, noch von ihm zu verhütendes Verhalten von Schiffer oder Mannschaft an, das unabhängig von ihren dienstlichen Aufgaben, und nicht, wie im vorliegenden Falle, gerade in Erfüllung oder zum Zweck der Erfüllung von Dienstobliegenheiten beobachtet wird. Nach der historischen Entwicklung des Begriffs ist dabei in erster Reihe an ohne Vorwissen des Reeders (wenn auch in seinem Interesse) vorgenommene unredliche, dolose Handlungen zu denken, mit denen Untreue, Betrug, gesetzwidriger Eigennutz im weitesten Sinne betätigt wird. Die schlechte Erfüllung dienstlicher Verpflichtungen, zumal wenn sie, wie die Verstauung, vom Reeder kontrolliert oder durch Anweisungen geregelt werden kann, fällt als solche nicht darunter, wenn in ihr nicht zugleich eine verbrecherische, oder in dem oben bezeichneten Sinne eigennützige Handlungsweise zum Ausdruck gelangt. In dieser Beziehung lassen aber die Klagebehauptungen die erforderlichen Anhaltspunkte für Annahme einer Baratterie vermissen.

III. Auch die Auslegung, die der Nr. 3 der Konnossementsbedingungen in dem angefochtenen Urteil gegeben wird, kann der Senat nicht für richtig halten. Das Oberlandesgericht erblickt hierin eine allgemeine negligence clause und stützt sich dabei auf die Ablehnung jeder Haftung für Schaden

„occasioned by or from any act or omission, negligence, default or error in judgment of the pilot, master, mariners, engineers or other persons in the service of the shipowners, whether on board of the said ship ... or otherwise howsoever, for whose acts they would otherwise be liable".

Das Oberlandesgericht läßt jedoch dabei die unmittelbar vorausgehenden Worte der Konnossementsbedingungen

„wheter any of the perils, causes or things above mentioned, or the loss or injury arising therefrom"

unberücksichtigt. Die vorher erwähnten Gefahren und Schadensursachen sind aber ganz speziell bezeichnet, und es ist keine darunter, unter die eine leichtfertige, übereilte Entlöschung durch Ausschütten des Gutes auf den Kai gebracht werden könnte. Gerade weil die Konnossementsbedingungen im einzelnen eine große Zahl von bestimmten Schadensursachen anführen, für welche die Freizeichnung erfolgt, ist es in Ermangelung einer dahin gehenden Bestimmung nicht möglich, eine allgemeine Freizeichnung der Klägerin für Nachlässigkeit anzunehmen."...

## RGZ. 71, 26

**Ist der Korrespondentreeder befugt, im Namen der Reederei gegen einzelne Mitreeder auf Zahlung der von ihnen zur Reedereikasse geschuldeten Beiträge zu klagen? Folgen eines von dem Korrespondentreeder unbefugt vorgenommenen freihändigen Verkaufs des Schiffes in bezug auf die Reedereirechnung.**

I. Zivilsenat. Urt. v. 17. April 1909.

I. Landgericht Flensburg, Kammer für Handelssachen. —
II. Oberlandesgericht Kiel.

Die Firma Z. & Co. und die Beklagten waren Mitreeder, erstere zugleich Korrespondentreederin des Dampfers „Käthe". Nachdem der Dampfer freihändig verkauft war, klagte die Firma Z. & Co. im Namen der Reederei auf Grund der von ihr aufgestellten Liquidationsrechnung, die mit einem Verlustsaldo abschloß, gemäß der §§ 500, 502 HGB. auf Leistung der danach von den Beklagten nach Maßgabe ihrer Schiffsparten geschuldeten Beiträge. Die Beklagten erhoben unter anderem den Einwand, die Korrespondentreederin sei nicht berechtigt, in diesem Prozeß die Reederei zu vertreten. Ferner wurde geltend gemacht, der freihändige Verkauf des Schiffes, dem die Beklagten nicht zugestimmt hätten, dürfe nicht zur Grundlage der Liquidationsrechnung gemacht werden. Übrigens wäre das Schiff weit unter seinem Wert verkauft worden; bei einem ordnungsmäßigen Verkauf würde nicht nur kein Verlustsaldo entstanden, sondern noch ein kleiner Überschuß verblieben sein. Mit dem hierauf beruhenden Schadensersatzanspruch werde aufgerechnet.

Über diese Einwendungen äußert sich das Revisionsurteil, wie folgt.

„1 ... Es herrscht Einverständnis darüber, daß die Reederei keine juristische Persönlichkeit hat, sondern eine auf dem Miteigentum am Schiff beruhende Erwerbsgesellschaft nach bürgerlichem Recht darstellt. Vgl. Entsch. des RG.'s in Zivils. Bd. 11 S. 195. Nichtsdestoweniger folgt aus § 493 Abs. 3 HGB., daß die Reederei, ähnlich wie die offene Handelsgesellschaft nach § 124 HGB., vor Gericht klagen und verklagt werden kann und hierbei innerhalb der Vertretungsbefugnis des Korrespondentreeders von diesem vertreten wird. Daß diese Vertretungsbefugnis durch den Untergang oder Verkauf des Schiffes und die Auflösung der Reederei nicht ohne weiteres erlischt, sondern auch für die Liquidation fortdauert, hat das Reichsgericht mit eingehender Begründung in den Entsch. in Zivils. Bd. 42 S. 69 festgestellt.

Der § 493 spricht jedoch nur von einer Vertretungsbefugnis des Korrespondentreeders im Verhältnis zu Dritten, und es könnte daher bezweifelt werden, ob er Rechte der Reederei auch gegenüber den Reedern wahrnehmen kann. Der § 500 regelt die Beitragspflicht der Mitreeder zu den Ausgaben der Reederei, und § 502 die Verteilung von Gewinn und Verlust auf die Mitreeder. Daraus ergibt sich eine eventuelle Verpflichtung der Mitreeder, zur Reedereikasse Beiträge zu leisten. Es ist schon aus praktischen Gründen anzunehmen, daß sie bezüglich dieser Verpflichtung der Reederei als Dritte im Sinne des § 493 gegenüberstehen. Zwar eröffnet § 500 Abs. 2 für den Mitreeder, der für einen anderen Mitreeder in Vorschuß getreten ist, einen besonderen Weg, zur Erstattung des Vorschusses zu gelangen. Dies genügt aber nicht für alle Fälle. Sehr häufig werden es die Verhältnisse erfordern, von dem beitragspflichtigen Mitreeder Zahlung zu verlangen, ohne daß andere für ihn in Vorschuß gegangen sind, wofür eine Verpflichtung selbstverständlich nicht besteht. Wenn der Korrespondentreeder Mitreeder ist, so könnte er allerdings in eigenem Namen kraft des Gesellschaftsverhältnisses auf Zahlung der geschuldeten Beiträge zur Reedereikasse klagen. Indes ist dieser Ausweg unsicher, weil der Korrespondentreeder nicht verpflichtet ist, die Lasten und das Risiko eines Prozesses für die übrigen Mitreeder zu tragen. Er versagt aber dann gänzlich, wenn der Korrespondentreeder gar nicht an der Reederei beteiligt ist (§ 492 Abs. 1 Satz 2). Einem Mitreeder aber, der nicht die Korrespondenz hat, ist es regelmäßig nicht zuzumuten, die gar nicht von ihm aufgestellte Beitragsrechnung vor Gericht zu vertreten und die geschuldeten Beiträge im Interesse der Gesamtreederei einzuklagen. Noch weniger denkbar ist es, daß bei den oft sehr verwickelten Reedereiverhältnissen und der häufig sehr großen Zahl der Schiffsparten jeder einzelne Mitreeder die Beitragspflicht der anderen, soweit seine Part davon berührt wird, gerichtlich geltend macht. Das praktische Bedürfnis erfordert daher, daß der beitragspflichtige Mitreeder im Sinne des § 493 HGB. als ein Dritter behandelt wird und daß der Korrespondentreeder — selbstverständlich unter Vorbehalt abweichender Reedereibeschlüsse — die Beitragspflicht im Namen der Reederei gerichtlich gegen ihn geltend machen kann.

Diese Auffassung findet auch im Gesetz einen Anhalt, und zwar in § 496. Dort wird der Korrespondentreeder für verpflichtet erklärt, der Reederei gegenüber die Beschränkungen einzuhalten, die von ihr für den Umfang seiner Befugnisse festgesetzt sind, und sich nach den Reedereibeschlüssen zu richten. Im übrigen soll aber der Umfang seiner Befugnisse auch der Reederei gegenüber nach den Vorschriften des § 493 mit der Maßgabe beurteilt werden, daß er zu neuen Reisen und Unternehmungen, zu außergewöhnlichen Reparaturen, sowie zur Anstellung oder zur Entlassung des Schiffers vorher die Beschlüsse der Reederei einzuholen hat. Es steht nichts im Weg, hieraus zu folgern, daß der Korrespondentreeder auch die Beitragspflicht der einzelnen Mitreeder im Namen der Gemeinschaft der Reeder gemäß § 493 geltend machen kann. Insbesondere steht die Zuständigkeitsvorschrift des § 508 nicht entgegen, wenn man berücksichtigt, daß auch der Korrespondentreeder stets nur als Vertreter der Reeder, also wenn die Klage gegen einen Mitreeder gerichtet ist, als Vertreter der übrigen Mitreeder klagt. Es kommt endlich in Betracht, daß der Mitreeder, der seine Part veräußert, nach § 504 nach wie vor für die bis dahin verfallenen Beiträge (und eventuell noch weiter) haftet. Diese Beitragsverpflichtung kann somit jederzeit durch Partveräußerung die Schuld eines Dritten werden und würde dann nach der Regel des § 493 vom Korrespondentreeder beizutreiben sein. Es ist aber nicht abzusehen, weshalb dieser zur Beitreibung derselben Schuld dann nicht legitimiert sein sollte, wenn sie noch den Mitreeder als solchen trifft.

Die Aktivlegitimation der Klägerin und die Vertretungsbefugnis ihres Korrespondentreeders ist daher auch im vorliegenden Falle nicht zu beanstanden.

Selbstverständlich kann der verklagte Mitreeder einwenden, daß die Abrechnung unrichtig aufgestellt sei und daß er nach Richtigstellung einen Beitrag nicht schulde, und es kann dieser Einwand auch in der Weise begründet werden, daß gesagt wird, der Korrespondentreeder habe die Geschäfte ohne die ihm obliegende Sorgfalt geführt, dadurch sei der Reederei ein Schaden, für den der Korrespondentreeder aufzukommen habe, erwachsen und bei Einstellung der entsprechenden Schadensersatzforderung in die Abrechnung als Aktivum der Reederei entfalle eine Beitragspflicht. Hierauf laufen die weiteren Einreden der Beklagten hinaus, die daher an sich zulässig erscheinen und weiter zu prüfen sind. ...

2. ...

3. Der Vorderrichter geht zugunsten der Beklagten davon aus, daß der freihändige Verkauf des Schiffes gemäß § 506 Abs. 2 ungesetzlich war. Der Einwand, daß die auf dieser Grundlage aufgestellte Abrechnung unter keinen Umständen für die Beklagten verbindlich sei, auf dessen Anerkennung das landgerichtliche Urteil beruht, ist schon in zweiter Instanz von den Beklagten aufgegeben und wird auch von der Revision nicht weiter verfolgt. Mit Recht. Die Tatsache, daß das Schiff einmal verkauft ist, läßt sich im Verhältnis der Mitreeder zueinander nicht wieder rückgängig machen. Es kann nur in Frage kommen, ob der Reederei gegen den Korrespondent- und Mitreeder, der den gesetzwidrigen Verkauf vorgenommen hat, ein Schadensersatzanspruch zusteht. Auf diesen Standpunkt haben sich denn auch die Beklagten in der Berufungsinstanz gestellt, indem sie behaupten, das Schiff sei weit unter seinem Wert verkauft worden. ... Was nun den in der Vorinstanz geltend gemachten Schadensersatzanspruch anlangt, so kann allerdings nicht gebilligt werden, daß der Vorderrichter die

Beklagten als beweispflichtig dafür erklärt, daß die Klägerin durch den freihändigen Verkauf einen geringeren Preis erzielt habe. Es kommt aber hierauf nicht an, weil das Berufungsgericht feststellt, daß die Klägerin das Gegenteil bewiesen habe." ...

## RGZ. 71, 330.

**Haftet der Charterer für eine Beschädigung, welche das Schiff bei der nach Beendigung der Reise vorgenommenen Entlöschung durch Unvorsichtigkeit der damit betrauten Leute erlitten hat? Sind diese dem Reeder gegenüber als Erfüllungsgehilfen des Charterers anzusehen?**

1. Zivilsenat. Urt. v. 7. Juni 1909.

I. Landgericht Bremen, Kammer für Handelssachen. — II. Oberlandesgericht Hamburg.

Durch Charter-Party vom 30. Oktober 1906 hatte der Kläger den ihm gehörigen Dampfer „Rygja" für eine Reise von Java nach der Weser oder Elbe nach Charterers Wahl an den Beklagten verfrachtet. Das Schiff hatte seine Reise in Bremerhaven beendet, wo es am 4. März 1907 ankam. Noch an demselben Tage wurde mit der Entlöschung begonnen, welche die Leute des vom Beklagten damit beauftragten Stauers H. vornahmen. Bei der Entladung von Kopraballen, die in der Nacht unter Benutzung von Lampen geschah, entstand ein Brand, der erst am anderen Tag gelöscht werden konnte und dem Schiff schweren Schaden zufügte.

Der Kläger behauptete, daß der Brand durch unvorsichtiges Umgehen der Stauarbeiter mit den Lampen verursacht worden sei. Für diese Fahrlässigkeit hielt er den Beklagten, dem er in bezug auf die Auswahl des Stauers H. keinen Vorwurf machte, nach § 278 BGB. für haftbar, weil die Stauarbeiter als seine Erfüllungsgehilfen anzusehen seien. Er berechnete den Schaden am Schiff auf wenigstens 50 000 M und hatte diesen Betrag mit Zinsen gegen den Beklagten eingeklagt.

Die erste Instanz erklärte den Klageanspruch dem Grunde nach für berechtigt. Auf die Berufung des Beklagten wurde jedoch diese Entscheidung aufgehoben und die Klage abgewiesen. Das Reichsgericht hat das Urteil der ersten Instanz wiederhergestellt aus folgenden

Gründen:

„Das Berufungsgericht nimmt mit der ersten Instanz an, daß der Brand durch Umfallen einer von den Stauarbeitern bei der Entlöschung benutzten, auf einen Kopraballen hingestellten Lampe entstanden sei, und erklärt, wie jene, die Art, wie die Stauarbeiter mit den Lampen umgegangen, für fahrlässig. Es hält auch, wie das Landgericht, den Beklagten für haftbar für diese Fahrlässigkeit. Zur Abweisung der Klage kommt es lediglich aus dem Grunde, weil vorliegend die Löschung sich „unter den Augen" des Kapitäns der „Rygja" vollzogen habe. Der Kapitän habe bei pflichtmäßiger Sorgfalt nicht dulden dürfen, daß sich die Löschung in einer Weise vollziehe, die feuergefährlich und für das Schiff gefahrdrohend gewesen sei. Lasse er diese Art der Löschung dennoch zu, so könne man dem Beklagten keinen Vorwurf daraus machen, daß er nicht sorgfältiger sei, als der befugte Vertreter des Reeders es für erforderlich erachte. Es ist nicht klar, ob damit nur das eigene Verschulden des Beklagten verneint werden sollte, was unerheblich wäre, da der Beklagte aus Haftung für fremdes Verschulden in Anspruch genommen wird, oder ob an eine auf das Verhalten des Hilfspersonals bezogene Anwendung des § 254 Abs. 2 BGB. gedacht ist. Das kann dahingestellt bleiben, da die Begründung überhaupt nicht haltbar erscheint.

Die Begründung läßt verschiedene Auslegungen zu. Was ist die feuergefährliche und gefahrdrohende Weise der Löschung, die der Kapitän hätte verbieten müssen? Löschung zur Nachtzeit? Löschung mit Lampen? Da das Berufungsgericht weder das eine noch das andere für fahrlässig erklärt, sondern die Fahrlässigkeit nur in der besonderen Art erblickt, wie die Stauarbeiter mit den Lampen umgegangen sind — was sich nach dem über den Hergang Ermittelten bloß auf das Abstellen der Lampen auf die Kopraballen beziehen kann —, so wird man die Meinung des Berufungsgerichts, wenn sie konsequent sein soll, dahin verstehen müssen, daß dem Kapitän zum Vorwurf gemacht werde, dieses Hinstellen der Lampen während der Entlöschungsarbeiten in den Kopraräumen nicht verhindert oder wenigstens verboten zu haben. Bedeutete nun die Feststellung, es habe sich die Löschung unter den Augen des Kapitäns vollzogen, daß der Kapitän die fahrlässige Manipulation mit den Lampen selbst wahrgenommen habe, so wäre gegen die Schlüssigkeit der Begründung nichts einzuwenden. Aber gegen eine Feststellung in diesem Sinne würde der Prozeßangriff der Revision durchdringen müssen. Die Feststellung würde ohne jeden Anhalt im Parteivorbringen, im Widerspruch mit den nicht bestrittenen Klagebehauptungen — wonach die Schiffsbesatzung mit der Löschung nicht das Geringste zu tun gehabt hat und der Ausbruch des Feuers gegen 10 Uhr abends dem Kapitän in seiner Kajüte gemeldet worden ist —

und ohne Stütze in den Beweisergebnissen getroffen sein. Es bleibt nur übrig, die Meinung des Berufungsgerichts dahin zu verstehen, daß der Kapitän zwar das Hinstellen der Lampen nicht selbst gesehen, aber bei pflichtmäßiger Ausübung seiner Sorgfaltspflicht das fahrlässige Umgehen mit den Lampen hätte bemerken müssen. In dieser Richtung läßt jedoch das angefochtene Urteil jede Darlegung vermissen. Auch der Beklagte selbst hat eine solche Behauptung nicht aufgestellt, und aus der Tatsache allein, daß das unzulässige Hinstellen von Lampen auf die Koprabalien bei der Löscharbeit überhaupt vorgekommen ist, ohne weiteres auf eine Nachlässigkeit des Kapitäns zu schließen, wäre willkürlich. Wenn man daher nicht annimmt, daß der Kapitän schon das Löschen zur Nachtzeit unter Verwendung von Lampen nicht dulden durfte, was entschieden zu weit gegangen wäre und auch von der Partei selbst nicht geltend gemacht wird, so kann der Entscheidungsgrund des Berufungsgerichts nicht durchgreifen.

Dies führt zur Aufhebung des angefochtenen Urteils. Es bedarf aber der Zurückverweisung nicht, da die Sache spruchreif ist. Wenn der Abweisungsgrund des Berufungsgerichts wegfällt, so ist nach dessen eigener Ansicht die Entscheidung des Landgerichts, welche den Klageanspruch dem Grunde nach feststellt, gerechtfertigt. Dem schließt sich das Revisionsgericht an.

Ohne jedes Bedenken ist zunächst die Feststellung, daß der Brand durch die Fahrlässigkeit der Stauarbeiter verursacht worden ist. Aber auch die Haftung des Beklagten für diese Fahrlässigkeit muß mit den Vorinstanzen bejaht werden. Das Landgericht begründet diese Haftung damit: nach der Charter-Party habe es sich um einen sog. uneigentlichen Zeitfrachtvertrag in Gestalt einer Sachmiete des Schiffes gehandelt. Dem Beklagten als Mieter habe die Pflicht obgelegen, die Mietsache schonend zu behandeln und alles Beschädigende zu vermeiden (Obhutspflicht). Zur Erfüllung dieser Pflicht habe er sich der durch Vermittlung des Stauereiunternehmers H. zur Entlöschung verwendeten Stauarbeiter bedient; diese seien seine Erfüllungsgehilfen gewesen, und daher seine Haftung nach § 278 BGB. gegeben.

Gegen die Annahme einer Sachmiete mit Obhutspflicht hat die Berufung des Beklagten angekämpft unter Hervorhebung des Gesichtspunktes, daß das Schiff im Besitz des Reeders bleibe und den Kapitän für den Reeder die Obhut über das Schiff und die Sorge für dessen Sicherheit und Unversehrtheit treffe. Auch gegen die Anwendung des § 278 hat sie Widerspruch erhoben, da die Entlöschung gleichfalls Sache des Kapitäns sei. Das Berufungsgericht lehnt als unerheblich die Prüfung ab, ob Frachtvertrag, Mietvertrag, locatio conductio navis, eventuell verbunden mit locatio conductio operarum der Schiffsbesatzung, anzunehmen wäre. In allen Fällen folge die Haftbarkeit aus dem Inhalt der Charter, da nach allen diesen Gesichtspunkten der Beklagte verpflichtet gewesen sei, das Schiff nach Ablauf der Vertragszeit unversehrt zurückzugeben — vorbehaltlich casus und vis major — und bei Benutzung während des Vertrages die im Verkehr erforderliche Sorgfalt zu prästieren. Ebenso aber ergebe sich aus der Charter auch die Vertragspflicht, das Schiff leer zurückzugeben, so daß die Löschung nicht nur den Ladungsinteressenten, sondern auch dem Kläger gegenüber Erfüllungshandlung, die Stauarbeiter Erfüllungsgehilfen gewesen seien.

Eine Haftung des Beklagten bis zur Grenze von casus und vis major darf freilich nicht anerkannt werden. Dagegen trifft § 278 BGB. zu, wonach der Beklagte für das Verschulden der Stauarbeiter als seiner Erfüllungsgehilfen haftbar ist. Der Senat nimmt keinen Anstand, entsprechend den Ausführungen in seinem Urteil vom 27. März 1901 (Entsch. in Zivils. Bd. 48 S. 90) auch im vorliegenden Falle das Rechtsverhältnis zwischen den Parteien nicht als Werkvertrag, sondern in bezug auf das Schiff im wesentlichen als Sachmiete aufzufassen. Die damals für entscheidend gehaltenen Vertragsbestimmungen kehren auch in der jetzigen Charter-Party wieder. Der Umstand, daß der Kapitän den Besitz des Schiffes für den Reeder behält, steht jetzt, sowenig wie in dem früheren Falle, einem Mietverhältnis entgegen; denn dadurch wird nicht ausgeschlossen, daß das Schiff zum vertragmäßigen Gebrauch überlassen werden konnte und worden ist. Freilich darf man mit Rücksicht hierauf nicht wohl sagen, daß der Beklagte nach Ablauf der Vertragszeit verpflichtet war, das S c h i f f zurückzugeben. Aber darauf kommt es nicht entscheidend an. Vertragspflicht des Beklagten war es jedenfalls, am Ende der Reise für die Entleerung der Schiffsladeräume zu sorgen.

Nicht begründet ist der Einwand, daß die Entlöschung vielmehr Sache des Kapitäns gewesen sei. Nach Inhalt der Charter-Party ist nur vorgesehen, daß der Kapitän „shall render all costumary assistance with any cranes and/or winches the Steamer has, also with her crew and boats", nicht, daß ihm Löschung oder Ladung obliegen solle. Wenn im Auftrag des Beklagten die Löschung durch die Stauerleute des Unternehmers H. ausgeführt worden ist, so ist es weder rechtlich noch tatsächlich der Kapitän gewesen, der sie hat bewirken lassen, sondern der

Beklagte, der damit, wie das Berufungsgericht zutreffend geltend macht, nicht nur den Ladungsinteressenten, sondern auch dem Kläger gegenüber eine Vertragsverpflichtung erfüllt und sich zur Erfüllung dieser seiner Verbindlichkeit der Stauarbeiter bedient hat. Die Haftung für das Verschulden seiner Erfüllungsgehilfen kann der Beklagte auch nicht deshalb ablehnen, weil der Kapitän dem Reeder gegenüber verpflichtet gewesen sei, für die Sicherheit und Unversehrtheit des Schiffes zu sorgen. Denn einerseits würde durch diese Verpflichtung des Kapitäns nichts an den Kontraktspflichten des Beklagten geändert sein, anderseits ist, nach dem oben Ausgeführten, davon auszugehen, daß sich der Kapitän keine Verletzung seiner Sorgfaltspflicht hat zuschulden kommen lassen."...

## RGZ. 74, 46.

**Welches Recht ist bei Klagen auf Schadensersatz aus einem Schiffszusammenstoß auf hoher See anzuwenden?**

I. Zivilsenat. Urt. v. 6. Juli 1910.

I. Landgericht Hamburg, Kammer für Handelssachen. — II. Oberlandesgericht daselbst.

Im Oktober 1905 fand im Ärmelkanal ein Zusammenstoß zwischen dem schwedischen Segler „Svea" und dem französischen Dampfer „Seine" statt, der den Untergang der „Svea" zur Folge hatte. Die Schuld an dem Zusammenstoß traf unstreitig die Besatzung der „Seine". Die Mannschaft der „Svea" machte Ersatzansprüche wegen ihres verlorengegangenen Eigentums geltend und erhob dieserhalb in Hamburg gegen einen Bürgen der „Seine" Klage. Nach französischem Recht (Code de commerce Art. 436) war die Klage verjährt, nach deutschem Recht (§ 901 HGB. Nr. 2) nicht.

Das Landgericht wendete französisches Recht an und wies die Klage ab. Das Oberlandesgericht erklärte deutsches Recht für anwendbar und sprach die Klage dem Grunde nach zu. Das Reichsgericht hat die Entscheidung der ersten Instanz wiederhergestellt.

Gründe:

„Die deutsche Rechtsprechung hat sich nach mehrfachem Schwanken in der Entscheidung des Reichsgerichts (Entsch. in Zivils. Bd. 49 S. 182) zu dem Grundsatz bekannt, daß bei Schiffskollisionen auf hoher See prinzipiell das Recht der Flagge des schuldigen (bzw. beschuldigten) Schiffes anzuwenden ist. Dieser Grundsatz entspricht der Natur der

Sache und wird auch überwiegend in der Literatur und in den Vorschlägen der internationalen Kongresse vertreten (vgl. die Nachweisungen bei Boyens, Seerecht Bd. 1 S 67 flg., und Schaps, § 485 Anm. 14, § 734 Anm. 15). Nur dann ist statt des Rechts der Flagge des schuldigen Schiffes die Lex fori anzuwenden, wenn wegen der besonderen Gestaltung des Falles die Anwendung des ersteren undurchfürbar ist oder eine ungleiche Behandlung der Parteien mit sich bringt. Dieser Fall liegt insbesondere dann vor, wenn bei Zusammenstoß von Schiffen verschiedener Nationalität und verschiedenen Rechts die mehreren beteiligten Reeder Ansprüche gegeneinander erheben (Entsch. d. RG.'s a. a. O. S. 187).

Im vorliegenden Falle werden nur Ansprüche gegen die Reederei des französischen Dampfers „Seine" erhoben. Es liegt daher kein Grund vor, von der Regel abzuweichen und die Ansprüche nicht nach dem Recht der Flagge des Schiffes zu beurteilen, aus dessen Verschulden die Ansprüche hergeleitet werden. Die Entscheidung des Oberlandesgerichts, welche das deutsche Recht zugrunde legt, beruht somit auf Verletzung eines Grundsatzes des deutschen internationalen Privatrechts. Bei Anwendung des französischen Rechts aber ist die Entscheidung des Landgerichts gemäß Art. 436 Code de commerce, wie von keiner Seite bezweifelt wird, richtig."...

RGZ. 74, 193.

**Kann der Reeder gegenüber einem auf einen deutschen Bestimmungshafen lautenden Konnossement, das nicht vom Schiffer, sondern von einem anderen dazu ermächtigten Vertreter gezeichnet ist, einwenden, daß der Vertreter dabei seine Vollmacht durch Nichtbeachtung ihm erteilter beschränkender Anweisungen überschritten habe? Ist dieser Einwand insbesondere dann beachtlich, wenn die Vollmacht unter beschränkender Anweisung nicht vom Reeder selbst, sondern außerhalb des Heimathafens vom Schiffer erteilt ist?**

HGB. §§ 642, 531, 527.

I. Zivilsenat. Urt. v. 24. September 1910.

I. Landgericht Hamburg, Kammer für Handelssachen. —
II. Oberlandesgericht daselbst.

Die Klägerin war bei Ankunft des der Beklagten gehörigen Dampfers „Kingfield" in Hamburg (April 1908) Inhaberin eines Konnossements über 520 000 kg Weizen und dreier Konnossemente über zusammen 408 000 kg Leinsaat. Die Konnossemente waren gezeichnet:

„by authority of the master
p. p. J. R. Williams & Co.
E. A. M. Adamson."

Da sich herausstellte, daß der Dampfer nicht genügend Ladung zur Auslieferung der konnossementmäßigen Mengen hatte, teilte die Beklagte den Empfängern mit, daß sie sich durch die Konnossemente nicht für gebunden erachte, weil ihr Schiffer die Maklerfirma J. R. Williams & Co. schriftlich ausdrücklich instruiert habe, die Konnossemente nur in Übereinstimmung mit den Mate's receipts zu zeichnen, diese aber, soweit sie überhaupt das Gewicht angäben, zugleich den Vermerk trügen: Weigth unknown. Der Schiffer werde daher nur nach der Anzahl der Säcke ausliefern und die etwa im Dampfer befindliche lose Ware zur gemeinsamen Verfügung der verschiedenen Empfänger halten. Die Klägerin erhielt demgemäß 26 000 kg Weizen und 4293 kg Leinsaat weniger, als in den Konnossementen angegeben war. Sie bezifferte den Wert des Mankos auf 4160 M für den Weizen und auf 1202,42 M für die Leinsaat und hielt die Beklagte auf Grund der Konnossemente für verpflichtet, diesen Wert zu ersetzen, da diese für eine etwaige Nachlässigkeit ihres zur Zeichnung der Konnossemente ermächtigten Schiffsmaklers einzustehen habe.

Beide Instanzen erkannten zugunsten der Beklagten. Das Reichsgericht hob das Berufungsurteil auf und verwies die Sache an das Oberlandesgericht zurück.

Gründe:

„Nicht zu billigen ist die Rechtsansicht des Oberlandesgerichts, daß sich der Reeder bei einem auf einen deutschen Bestimmungshafen lautenden Konnossement auf eine besondere dem zur Zeichnung des Konnossements Bevollmächtigten erteilte, von diesem nicht beachtete Instruktion, wie das Konnossement abzufassen sei, berufen kann. Diese Rechtsansicht ist unvereinbar mit den Grundsätzen, die das Reichsgericht u. a. in den Entsch. in Zivils. Bd. 20 S. 52 und Bd. 34 S. 72 aufgestellt hat, wie mit dem Standpunkt, der vom Oberlandesgericht selbst früher, u. a. in der Entscheidung Hans. Ger.-Ztg. Hauptbl. 1895 Nr. 49, eingenommen ist.

Die Verpflichtungen der Beklagten aus den hier in Rede stehenden Konnossementen beurteilen sich, wie auch das Berufungsgericht anerkennt, nach deutschem Recht, weil sie auf Hamburg als Bestimmungshafen lauten. Nach deutschem Recht ist aber für das Rechtsverhältnis zwischen Verfrachter und Empfänger das Konnossement entscheidend; es begründet eine selbständige, von dem Frachtvertrag an sich unabhängige und ausgeschiedene, vom Verfrachter unbedingt zu vertretende Verpflichtung. Daher hat der Verfrachter das im Konnossement angegebene Gewicht zu vertreten, es sei denn, daß er sich auf Befreiungsklauseln berufen kann, die sich direkt oder indirekt aus dem Konnossement ergeben. Nach deutschem Recht ist das an Order gestellte Konnossement eine durch Indossament übertragbare Urkunde, deren legitimiertem Inhaber gegenüber sich der Verpflichtete nur solcher Einreden bedienen kann, die ihm nach Maßgabe der Urkunde selbst oder unmittelbar gegen den jedesmaligen Kläger zustehen. Ferner hat das Reichsgericht angenommen, daß sich der ausländische Reeder im deutschen Bestimmungshafen nicht darauf berufen kann, daß sein Schiffer die ihm nach dem Recht der Flagge zustehende Befugnis zur Zeichnung von Konnossementen in irgendeiner Weise überschritten habe; vielmehr habe er die dem deutschen Recht eigene unbeschränkte Vertretungsbefugnis des Schiffers gegen sich gelten zu lassen.

Ist aber schon eine nach dem an sich maßgebenden ausländischen Recht begründete, im deutschen Recht nicht anerkannte Beschränkung der gesetzlichen Vollmacht des Schiffers ohne Bedeutung für das auf einen deutschen Hafen lautende Konnossement, so muß das gleiche um so mehr gelten für etwaige einschränkende Instruktionen, die dem Schiffer oder anderen zur Ausstellung von Konnossementen ermächtigten Personen bei der Ermächtigung gegeben sind. Für den Schiffer, der gemäß § 642 HGB. in erster Linie zur Ausstellung der Konnossemente für den Reeder befugt ist, ergibt sich dies auch unmittelbar aus § 531 HGB. Das neue Handelsgesetzbuch bestimmt nun aber, übrigens im Einklang mit der bisherigen Praxis, in § 642 Abs. 4, daß die Ausstellung des Konnossements durch einen anderen dazu ermächtigten Vertreter des Reeders an Stelle des Schiffers erfolgen könne. Der Schwerpunkt dieses Satzes liegt, wie Brodmann, Seegesetzgeb. Bem. 3 zu § 642, zutreffend bemerkt, darin, daß der ermächtigte Vertreter an die Stelle des Schiffers tritt, somit durch seine Handlung die beschränkte Haftung des Reeders begründet (vgl. auch Sievers, Dtsch. Jur.-Ztg. 1897 S. 290). Ergänzend ist zu bemerken, daß er in der Weise an die Stelle des Schiffers tritt, daß das von ihm ausgestellte Konnossement dieselben Wirkungen hat, wie das vom Schiffer ausgestellte.

Demnach kann sich der Reeder nicht nur gegenüber dem vom Schiffer, sondern auch gegenüber dem von einem andern von ihm ermächtigten Vertreter ausgestellten Konnossement nicht darauf berufen, daß gewisse der Vollmacht hinzugefügte, diese einschränkende Instruktionen nicht beachtet seien. Er haftet nach Maßgabe des Konnossements, da er sich seiner gesetzlichen Wirkungen bei Erteilung der Vollmacht bewußt sein mußte. Zugleich hatte er zu bedenken, daß die Sicherheit des internationalen Warenverkehrs unbedingt erfordert, daß sich der dritte gutgläubige Empfänger des Konnossements auf dessen Inhalt muß verlassen können, da er nicht in der Lage ist, die dem Bevollmächtigten erteilte besondere Instruktion zu prüfen. Das Oberlandesgericht stimmt denn auch dem Reichsgericht (Entsch. in Zivils. Bd. 20 S. 52) darin bei, daß der Reeder bei einem Konnossement, das von einem ein für allemal hierzu ermächtigten Schiffsmakler ausgestellt wurde, nicht einwenden kann, der Aussteller habe die ihm erteilten besonderen Instruktionen überschritten. Es ist aber nicht einzusehen, weshalb der vorliegende Fall deshalb anders behandelt werden müßte, weil hier die Ermächtigung zur Ausstellung der Konnossemente für eine einzelne Schiffsexpedition erteilt ist. Die Ermächtigung ist an sich unstreitig erteilt, auch macht die Beklagte Frachtansprüche auf Grund der Konnossemente geltend; daher muß sie diese ebenfalls g e g e n s i c h gelten lassen, also auch soweit sie i h r e Verpflichtungen betreffen.

Ein andere gleichfalls unzulässige Unterscheidung wird von B o y e n s, Seerecht Bd. 2 S. 310 Anm. 11a, gemacht. Danach sollen Einschränkungen der Vollmacht zur Unterzeichnung von Konnossementen, z. B. nur gemäß der mate's receipts zu zeichnen, gutgläubigen Dritten gegenüber keine Gültigkeit haben, soweit der Schiffer oder sein gesetzlicher Stellvertreter oder ein vom Reeder ernannter Bevollmächtigter (Expedient) unterzeichnet hat, dagegen wohl, wenn ein durch besondere Untervollmacht vom Schiffer zur Zeichnung von Konnossementen bestellter Spezialbevollmächtigter, k. B. der Schiffsmakler, unterzeichnet hat; daher sei vor dem Ankauf von Konnossementen, die „for the master" von Dritten gezeichnet sind, zu warnen. Diese Warnung würde aber, auch wenn sie beachtet wird, häufig keinen Schutz gewähren, denn der Aussteller des Konnossements braucht nicht zu erklären, von wem er bevollmächtigt ist. Im vorliegenden Falle hätte z. B. die Unterschrift ebensogut lauten können: „by authority J. R. Williams & Co." Jedenfalls wäre es unlogisch, dem Schiffer, der doch seine Befugnis nur vom Reeder ableitet, das Recht zur Erteilung einer

Vollmacht mit Beschränkung zuzuerkennen, das dem Reeder selbst nicht zusteht. Vor allem aber ist es mit dem Verkehrsbedürfnis nicht vereinbar, daß durch eine Handlung des Schiffers Konnossemente minderen Rechts geschaffen werden, die als solche nicht erkennbar sind. Der überseeische Warenverkehr hat sich derart entwickelt, daß es vielfach für den Schiffer zur Unmöglichkeit geworden ist, neben seinen übrigen Obliegenheiten die Ausstellung der Konnossemente zu besorgen.

Vgl. Wüstendörfer, Studien zur modernen Entwicklung des Seefrachtverkehrs S. 76.

Dadurch hat sich die Praxis und hernach auch die Gesetzgebung genötigt gesehen, auch die von andern Reedervertretern gezeichneten Konnossemente als voll rechtswirksam zu behandeln. Zugleich ist mit Recht gemäß § 527 HGB. anerkannt worden, daß auch der Schiffer außerhalb des Heimathafens einen solchen Vertreter bestellen kann.

Vgl. Lewis, Seerecht 2. Aufl. Bd. 1 S. 371 und Zitate; Wüstendörfer a. a. O. S. 232.

Daraus folgt ohne weiteres, daß die von solchen ermächtigten Vertretern gezeichneten Konnossemente in allen Beziehungen wie die vom Schiffer gezeichneten zu behandeln sind. Dieser Standpunkt wird auch, abgesehen von Boyens, durchweg in der seerechtlichen Literatur vertreten; wenigstens wird der von ihm oder der vom Oberlandesgericht gemachte Unterschied sonst nicht aufgestellt.

Vgl. Endemann-Lewis, Seerecht S. 168; Wüstendörfer a. a. O. S. 233; Brodmann, Seegesetzgebung S. 91 Bem. 3; Kötteritzsch, Konnossement S. 8 Anm. 26; Schaps, Seerecht § 642 Anm. 15 a. E.; Leo, Seehandelsrecht § 642 Anm. 4; Entsch. des RG.'s in Zivils. Bd. 2 S. 129; Hans. Ger.-Ztg. Hauptbl. 1895 Nr. 49 (OLG. Hamburg)."

**RGZ. 74, 335.**

**Seefrachtvertrag. Freizeichnung für nautische Fehler („error of navigation"). Inwieweit fallen darunter Fehler des Maschinisten? Verschwenderisches Umgehen mit dem Kohlenvorrat.**

I. Zivilsenat. Urt. v. 9. November 1910.

I. Landgericht Hamburg, Kammer für Handelssachen. —
II. Oberlandesgericht daselbst.

Der Dampfer „Kathleen", der Klägerin gehörig, hatte am 31. Januar 1908 mit einer von der Beklagten abgeladenen, für verschiedene Empfänger in Hamburg bestimmten Getreideladung Bahia Blanca verlassen. Am 22. Februar, als er sich noch auf hoher See befand, stellte sich Kohlenmangel heraus. Man verfeuerte zunächst Holzteile des Schiffes und vom 23. Februar ab auch einen Teil der Ladung. Der Wert der geopferten Ladung, der in großer Haverei verteilt wurde, betrug 9038,13 M, wozu die Ladung selbst 7477,05 M beizutragen hatte. Die Beklagte, die im Einverständnis mit der Klägerin die Rechte der Empfänger dem Schiff gegenüber wahrnahm, hatte diesen Betrag von der Fracht einbehalten und hinterlegt. Die Parteien stritten um die Zuerkennung dieses Betrages.

Die Beklagte behauptete, die große Haverei sei von der Klägerin verschuldet, weil das Schiff ungenügend mit Kohlen versehen, mithin seeuntüchtig gewesen sei. Dies bestritt die Klägerin: der durch widrige Winde stark in Anspruch genommene Kohlenvorrat habe immerhin genügt, die Reise zu vollenden; nur sei die Expansion der Maschine zu verringern gewesen, was der Maschinist trotz entsprechenden Befehls des Kapitäns schuldhaft unterlassen habe. Für dieses Versehen des Maschinisten habe aber die Klägerin nicht einzustehen, weil sie nach den Konnossementen und der Charter nicht verantwortlich sei für

> „collisions, stranding and/or other accidents or errors of navigation, even when occasioned by the negligence, default, or error in judgment of the pilot, master, mariners or other servants of the shipowners."

Die Beklagte erwiderte, ein „error of navigation" würde auch nach der Darstellung der Klägerin nicht anzunehmen sein.

In den Instanzen wurde die Klage abgewiesen. Auf die Revision der Klägerin wurde das Berufungsurteil aufgehoben, aus folgenden

Gründen:

„Daß die Freizeichnung im Konnossement für Verschulden einer Person der Schiffsbesatzung auch dem Anspruch der Ladungsinteressenten aus § 702 Abs. 3 HGB. entgegengehalten werden kann, ist in den Entsch. des RG.'s in Zivils. Bd. 60 S. 401 ausgesprochen und wird auch vom Berufungsgericht stillschweigend anerkannt.

Allerdings liegt kein „accident of navigation" vor; auch enthält die in den Konnossementen in bezug genommene Charter nicht die allgemeine Negligence-Clause. Richtig ist daher die Fragestellung des Oberlandesgerichts, ob das von der Klägerin behauptete Verhalten des Maschinisten unter den Begriff „error of navigation" zu bringen ist. Zutreffend werden ferner diese Worte vom Oberlandesgericht als gleichbedeutend mit „nautischer Fehler" behandelt. Es ist also kein Gewicht zu legen auf die ursprüngliche Bedeutung des Wortes „error" (Irrtum), so daß vorauszusetzen wäre ein Fehler, der auf Verkennen irgendwelcher Umstände beruhte. Eine so enge Auslegung des Wortes wäre nach dem weiteren Inhalt der Klausel, nämlich den Worten „even when occasioned by the negligence, default or error in judgment", nicht gerechtfertigt, da hiernach „Nachlässigkeit" und „Fehler" neben „error in judgment" einbegriffen sein sollen. Es kommt somit darauf an, ob das angeblich verschwenderische Umgehen des Maschinisten mit dem Kohlenvorrat, bei dessen sparsamer Verwendung die vorzeitige Erschöpfung angeblich vermieden worden wäre, als ein Fehler bei der „navigation" im Sinne der Klausel zu bezeichnen ist.

Richtig führt das Berufungsgericht aus, daß auch verkehrte Handhabung der Maschinen als nautischer Fehler angesehen werden kann. Es ist nichts Seltenes, daß in den sogenannten exceptionclauses gesprochen wird von „any act, negligence, or default whatsoever of pilots, master or crew in the navigation of the ship".

Vgl. A b b o t t, Merchant ships (14. Aufl.) S. 601; C a r v e r, Carriage of Goods, Sect. 101; S c r u t t o n, Charterparties (5. Aufl.) S. 201.

Daraus folgt, daß jede Person der Besatzung, also auch der Maschinist, einen Fehler bei der „navigation" begehen kann. Im englischen Recht wird denn auch der Ausdruck „navigation", mit oder ohne den Zusatz „or management of the ship", im weitesten Sinne gebraucht; es wird ihm gegenübergestellt die Behandlung der Güter, insbesondere die Stauung. Streitig ist nur, ob der Begriff nicht die eigentliche Reise voraussetzt, so daß ausgeschlossen ist die Zeit, wo das Schiff zum Beladen oder Löschen im Hafen liegt.

Vgl. außer den angeführten Schriftstellern noch S t e p h e n s, Charterparties S. 25 und Bills of Lading S. 30.

Das Reichsgericht hat in den Entsch. in Zivils. Bd. 11 S. 106 die Beschränkung des Begriffs auf die Zeit, wo das Schiff in der Fortbewegung begriffen ist, mißbilligt und ausgesprochen, man könne perils of navigation nicht anders übersetzen, als: „Gefahren der Seeschiffahrt."

Danach erscheint es nicht gerechtfertigt, wenn das Oberlandesgericht annimmt, eine verkehrte Handhabung der Maschinen sei nur dann ein nautischer Fehler, wenn sie in dem zur L e i t u n g und L e n k u n g des Schiffes gehörigen Betrieb der Maschinen begangen sei. Es ist z. B. nicht einzusehen, weshalb eine Gefährdung des Schiffes durch eine mittels Überheizung bewirkte Kesselexplosion oder durch Unbrauchbarwerden der Maschine infolge falscher Behandlung nicht ein nautischer Fehler des Maschinisten sein soll, auch wenn es sich dabei nicht um „Leitung und Lenkung" des Schiffes, sondern nur um seine Fortbewegung mittels Maschinenkraft handelt. Zur „navigation" eines Dampfschiffes gehört notwendig und allgemein die Bedienung der Maschine, und in deren richtiger Bedienung bestehen die nautischen Dienste, die der Maschinist zu leisten hat. Daher ist jede fehlerhafte Behandlung der Maschine „improper navigation" im Sinne des englischen Rechts und fällt unter den Begriff des „error of navigation" der hier vorliegenden Klausel. Eine fehlerhafte Behandlung der Maschine kann aber auch darin liegen, daß sie in unwirtschaftlicher und verschwenderischer Weise geheizt wird. Auch das gehört zu den technischen und nautischen Diensten des Maschinisten, daß er ein in hinreichender Menge vorhandenes Feuerungsmaterial ordnungsmäßig verwendet und nicht durch Verschwendung und vorzeitige Erschöpfung Schiff und Ladung in Gefahr bringt; ebenso, daß er eine sparsamere Verwendung eintreten läßt, wenn diese durch die Umstände geboten ist.

Gegen diese nautische Obliegenheit soll der Maschinist hier verstoßen haben, und hierdurch allein soll der Kohlenmangel, der Anlaß zu der großen Haverei gegeben hat, entstanden sein. Es ist eine Tatfrage, ob der ursprünglich vorhandene Kohlenvorrat, nach den Regeln guter Seemannschaft, wirklich genügte und ob er nicht nach Lage der Umstände so zu bemessen war, daß er auch bei widrigen Winden für die übliche Bedienung der Maschine ausreichen mußte (vgl. hierzu Entsch. des High Court of Justice, Revue Intern. 14, 700). Diese Frage hat das Berufungsgericht nicht geprüft und entschieden, seine Entscheidung beruht vielmehr auf rechtsirrtümlicher Auslegung des Begriffs „error of navigation". Daher ist das Urteil aufzuheben und die Sache zur anderweitigen Verhandlung und Entscheidung in die Berufungsinstanz zurückzuverweisen.

Auf die Frage, ob das Schiff als seeuntüchtig anzusehen wäre, wenn es von vornherein nicht genügend mit Kohlen ausgestattet gewesen wäre, braucht nicht eingegangen zu werden; denn die Beschaffung des erfahrungsmäßig nötigen Kohlenvorrats ist keine technisch-nautische, sondern eine administrative Obliegenheit des Schiffers, für deren Erfüllung die Reederei nach den vorliegenden Konnossementen jedenfalls haften würde."

RGZ. 76, 85.

**Finden die Ausweichvorschriften der Art. 17—23 der Seestraßenordnung vom 5. Februar 1906 auch auf den Fall des Überholens (Art. 24) Anwendung?**

I. Zivilsenat. Urt. v. 29. März 1911.

I. Landgericht Hamburg, Kammer für Handelssachen. — II. Oberlandesgericht daselbst.

Die klagende Firma war Eigentümerin der Bark „Maria", die durch Zusammenstoß mit dem Dampfer der Beklagten „Goslar" in der Nacht zum 9. Juli 1908 um 1 Uhr 15 Minuten in der Nähe von Cap Finisterre untergegangen war. Mit der Klage wurde Ersatz des Schadens in Höhe von 32 501,51 M verlangt. Die Führung des „Goslar" lag dem auf der Brücke befindlichen II. Offizier L. ob. Dieser bemerkte plötzlich, schon in großer Nähe, ein weißes Licht — es war ein von der Bark gezeigtes Hecklicht — an Steuerbord voraus, worauf er mit Hartsteuerbordruder auszuweichen suchte, um hinter dem Segler herumzugehen. Als der Dampfer infolge dieses Manövers ¾ Strich nach rechts abgefallen war, bemerkte L. das rote Licht des Seglers ¾ Strich an Steuerbord voraus und schloß daraus, daß der Zusammenstoß nicht mehr zu vermeiden sei. Er ließ jetzt das Ruder Hartbackbord legen, in der Hoffnung, dadurch beide Schiffe möglichst parallel zueinander zu bringen und den Stoß abzuschwächen, was die Wirkung hatte, daß der „Goslar" auf dem ihm mit Hartsteuerbordruder gegebenen Kurs verblieb. Der Segler wurde alsdann beim Fockwant an Backbordseite getroffen, nachdem noch der herbeigeeilte Kapitän des Dampfers Sch. im letzten Augenblick ohne Wirkung die Maschinen auf volle Kraft rückwärts hatte setzen lassen. Bis dahin war der Dampfer mit voller Kraft bei einer Geschwindigkeit von 12 Seemeilen vorausgegangen. Der Segler sank alsbald nach dem Zusammenstoß, wobei der Schiffer und zwei andere zur Besatzung gehörige Personen ertranken. Von den der Besatzung des Dampfers gemachten Vorwürfen kommt jetzt nur noch der in Betracht, daß seine Manöver fehlerhaft gewesen seien, und daß er gegen die gesetzlichen Vorschriften es unterlassen habe, sogleich mit voller Kraft rückwärts zu gehen.

Die Instanzen wiesen die Klage ab. In der Revisionsinstanz erkannte die Klägerin an, daß ein Verschulden auch auf seiten der Bark insofern vorliege, als diese ihr Hecklicht nicht rechtzeitig gemäß Art. 10 SStrO. gezeigt habe; sie verlangte nur noch Erstattung des Hälfte des Schadens.

Der Revision wurde stattgegeben und der Klageanspruch zu 1/4 für berechtigt erklärt.

G r ü n d e :

„Das Berufungsgericht legt die Ausweichvorschriften des Abschnitts V der Seestraßenordnung unrichtig aus, wenn es annimmt, daß die Art. 17—23 auf den Fall des Art. 24 (Überholen) keine Anwendung finden könnten. Die Ausweichvorschriften bilden ein zusammenhängendes Ganzes, so daß, wenn darin von „diesen Vorschriften" die Rede ist, die gesamten Vorschriften in Betracht zu ziehen sind, und nicht nur die dem betreffenden Artikel unmittelbar vorhergehenden. Wenn Art. 24 lautet: „ohne Rücksicht auf irgendeine dieser Vorschriften muß jedes Fahrzeug beim Überholen eines anderen dem letzteren aus dem Wege gehen", so ist damit gesagt, daß soweit mit dieser Regel die übrigen Vorschriften nicht in Einklang stehen sollten, diese Regel den Vorzug hat. Damit wird schon vorausgesetzt, daß an sich alle übrigen Ausweichvorschriften auch für den Fall des Überholens anzuwenden sind. Es ist hauptsächlich an den Fall zu denken, daß ein Segelschiff ein Dampfschiff überholt, wo nicht Art. 20, sondern Art. 24 anzuwenden ist (vgl. M a r s d e n zu Art. 24, 6. Aufl., S. 435). Soweit kein Konflikt besteht, sind auch die übrigen Vorschriften zu beachten. Daher sagt S c h a p s , Seerecht S. 685 Note 7 zutreffend: „Die Verpflichtungen des überholten Schiffes ergibt Art. 21 und Art. 10." Ebenso M a r s d e n S. 436: „The overtaking ship must, if circumstances permit, under Art. 22, pass astern and not ahead of the other. The latter must, under Art. 21, not alter her course or speed" — und S. 438: „It is the duty of a steamship overtaking a sailing ship to keep out of the way of the latter both by virtue of Art. 20 and Art. 24." Vgl. auch Entsch. d. ROHG. Bd. 4 S. 121, Bd. 23 S. 188.

Dies hindert selbstverständlich nicht, daß von den Ausweichregeln abgewichen wird, soweit überhaupt keine Kollisionsgefahr besteht — denn nur hierfür sind sie berechnet —, oder wenn durch die Abweichung eine besondere Kollisionsgefahr gemindert wird. Damit erledigen sich die vom Berufungsgericht aus dem von ihm angeführten Beispiel hergeleiteten Bedenken: wenn beide Schiffe parallel nebeneinander fahren und das überholte Schiff seinen Kurs nach der Richtung ändern muß, wo das andere fährt, so wird es regelmäßig unbedenklich sein, wenn es stoppt, um das andere Schiff schnell passieren zu lassen, und dann hinter dessen Heck die Wendung zu machen. Es wird auch häufig möglich sein, daß sich beide Schiffe in derartigen Fällen miteinander verständigen. Auch die englische Rechtsprechung erkennt an, daß das überholte Schiff seinen Kurs zu dem Zweck ändern dürfe, um dem anderen mehr Raum zum Passieren zu geben. Vgl. Marsden S. 437. Andrerseits würde es einen schweren Verstoß gegen Art. 21 bedeuten, wenn das überholte Schiff in dem Beispiel des Oberlandesgerichts ohne Verständigung mit dem anderen vor und nahe dem Bug des letzteren die Wendung nach Westen unternehmen würde. Ähnliche Zweifel der Anwendbarkeit können bei allen Ausweichvorschriften entstehen; vgl. z. B. in bezug auf Art. 19 den Fall des Ausfahrens aus einem Seitengewässer in ein Hauptfahrwasser das Urteil des Reichsgerichts vom 7. Juni 1909, Hans. Ger.-Ztg. 1909 Hauptbl. Nr. 125.

Die unbedingte Anwendbarkeit des Art. 23 kann schon deshalb nicht zweifelhaft sein, weil diese Bestimmung die Voraussetzung enthält „wenn nötig", d. h. wenn die nautische Vorsicht es gebietet. Es wird damit also durch die Ausweichvorschriften die Beobachtung der erforderlichen nautischen Vorsicht in dieser Richtung nur noch besonders eingeschärft, weil die Erfahrung gelehrt hat, daß manche Schiffsführer nicht sehr geneigt sind, sie in dieser Richtung zu betätigen, und dazu regelmäßig eine gewisse Selbstüberwindung gehört. Für den vorliegenden Fall kommt aber außerdem noch, wie die Revision zutreffend bemerkt, hinzu, daß es sich um die Gefahr der Kollision zwischen einem Dampfschiff und einem Segelschiff handelt, so daß das Dampfschiff eventuell gemäß Art. 20 verpflichtet gewesen wäre, aus dem Wege zu gehen.

Das Berufungsgericht stellt fest, daß es im vorliegenden Fall für den Dampfer „Goslar" geboten war, sofort beim Erblicken des Hecklichtes der „Maria" zu stoppen und mit voller Kraft rückwärts zu gehen, daß der ursächliche Zusammenhang zwischen Unterlassung und Schaden gegeben ist, und daß dem Führer des „Goslar" keinerlei Entschuldigung für die Unterlassung zur Seite steht.[1]) Daraus folgt ohne weiteres ein subjektives Verschulden des Schiffsführers an der Kollision und die Mitverantwortlichkeit der Beklagten für die Folgen.

Da der Tatbestand völlig klar ist, besteht kein Hindernis, in der Sache selbst zu erkennen. Es ist dabei in Betracht zu ziehen, daß die Kollisionsgefahr zunächst durch die „Maria" geschaffen ist, weil sie versäumt hat, rechtzeitig ihr Hecklicht zu zeigen. Auf ihrer Seite liegt daher das Hauptverschulden. Hiernach hat der Senat der Revision teil-

---

[1]) Nur das subjektive Verschulden wurde deswegen verneint, weil „Goslar" durch keine gesetzliche Vorschrift gebunden gewesen wäre, zu stoppen und rückwärts zu gehen.

weise stattgegeben und den Klageanspruch unter Abweisung im übrigen zu ¼ dem Grunde nach für berechtigt erklärt."

RGZ. 78, 380.

**Hat der Kahneigner dem Befrachter gegenüber ein Verschulden seines Schleppers zu vertreten?**

HGB. § 431, BGB. § 278.

I. Zivilsenat. Urt. v. 24. Februar 1912.

I. Landgericht Stettin, Kammer für Handelssachen. — II. Oberlandesgericht daselbst.

Der Kahnschiffer S. hatte durch Frachtvertrag übernommen, eine Ladung Zucker von Glogau nach Stettin zu befördern. Er stellte auf einer Strecke des Weges seinen Kahn in einem vom Dampfer „Olga" geführten Schleppzug ein und kam mit Kahn und Ladung dadurch zu Schaden, daß es die „Olga" entgegen polizeilicher Vorschrift unternahm, die Oderbrücke bei Mescherin mit mehr als drei Fahrzeugen hintereinander zu durchfahren. Sein Kahn wurde durch den Nebenkahn gegen einen Eisbrecher gedrängt und erhielt ein Leck. Der Kläger macht als Versicherer der Ladungsinteressenten deren Ansprüche gegen den Reeder und den Kapitän der „Olga" sowie gegen den Kahnschiffer S. geltend. Die Vorinstanzen gaben dem Anspruch statt. Auf die Revision der Beklagten ist das Urteil, soweit es gegen S. gerichtet war, aufgehoben und die Sache insoweit zurückverwiesen worden.

Aus den Gründen:

... „Dagegen nimmt der Vorderrichter zu Unrecht an, daß der Beklagte S. seinem Absender gegenüber das Verschulden des Schlepperkapitäns zu vertreten habe. Nach § 431 HGB. soll freilich der Frachtführer das Verschulden nicht nur seiner Leute wie eigenes zu vertreten haben, sondern auch das anderer Personen, deren er sich bei der Ausführung der Beförderung bedient. Aber in dieser letzteren Beziehung will die Vorschrift inhaltlich nicht mehr bestimmen, als was sich aus § 278 BGB. ohnehin ergibt. Wenn der frühere Art. 400 ADHGB. in der Gestalt des § 431 der neuen Fassung gegenüber dem § 278 BGB. beibehalten worden ist, so geschah das, weil man mit der Haftung des Frachtführers für Verschulden seiner Leute über die Vorschrift des § 278 hinausgehen wollte. So besagt wenigstens die Denkschrift. Ob es in der Fassung genügend zum Ausdruck gekommen ist, interessiert hier nicht. Hier handelt es sich um die Haftung für Verschulden einer Persönlichkeit, die nicht zu den Leuten des Frachtführers gehörte, und die Frage ist, ob unter den Umständen des vorliegenden Falles der Schlepperführer im Sinne des § 278 BGB. eine Person gewesen ist, deren sich der Kahnschiffer zur Erfüllung seiner Verbindlichkeit bediente. Das ist zu verneinen.

Es ist freilich nicht zu bestreiten, daß der Transport der Güter dadurch gefördert wurde, daß sich der Kahnschiffer in den Anhang des Schleppers begab. Aber das allein kann nicht entscheidend sein. Dieser Gesichtspunkt träfe auch zu bei dem Boten, der als Frachtführer die Eisenbahn benutzt und in ihr mitsamt dem anvertrauten Gut zu Schaden kommt. Man wird aber einen solchen Boten ebensowenig für ein Verschulden der Eisenbahnbediensteten verantwortlich machen dürfen, wie etwa einen Fuhrmann für Verschulden eines Fährschiffers, dessen Fähre er auf seinem Weg benutzen muß. Es handelt sich bei dem Schleppvertrag, den S. mit dem Kapitän des Dampfers geschlossen hat, um einen Vertrag mit dem Schiffseigner als einem dem Kahnführer gegenüber selbständigen und unabhängigen Unternehmer. Durch diesen Vertrag ist weder der Schleppereigner K., noch auch der von diesem angestellte Kapitän zum Angestellten des Kahnführers geworden, der unter seine Aufsicht und in seinen Machtbereich getreten wäre. Vielmehr liegt es nach dem Vorbringen der Parteien gerade umgekehrt so, daß sich vertragsmäßig der Kahnführer unter das Kommando des Schleppers begeben hat, unter das er auch nach der geltenden Polizeivorschrift trat.

Es liegt auch nicht so, daß sich hier der Frachtführer verpflichtet hätte, die Beförderung ausschließlich mit eigenen oder seiner Angestellten Kräften auszuführen. Behauptungen in dieser Richtung sind nicht aufgestellt, und im allgemeinen ist in den beteiligten Verkehrskreisen hinreichend bekannt, daß es für den Kahnschiffer oft zweckmäßig, zuweilen geradezu geboten ist, sich zur Durchführung der Reise der Leitung eines Schleppers anzuvertrauen, in welchem Falle mehr nicht im Bereich seiner Macht liegt, als daß er in der Auswahl sorgfältig verfährt. Es kann also darin allein, daß das auch hier geschehen ist, kein Moment dafür erblickt werden, den Kahneigner für die weiter daraus entstandenen Folgen verantwortlich zu machen." . . .

**RGZ. 79, 178.**

**1. Haftet der Reichsfiskus für die Folgen eines von dem Kommandanten eines Kriegsschiffs schuldhaft herbeigeführten Zusammenstoßes**

**mit einem Kauffahrteischiff auch dann, wenn sich der Kommandant in der Ausübung der ihm anvertrauten öffentlichen Gewalt befand?**

**2. Wie gestaltet sich die Beschränkung der Haftung des Fiskus?**

EinfGes. zum HGB. Art. 7.
EinfGes. zum BGB. Art. 77.

I. Zivilsenat. Urt. v. 3. April 1912.

I. Landgericht Kiel. — II. Oberlandesgericht daselbst.

Am 10. Juli 1908 fand vor der Kieler Föhrde ein Zusammenstoß zwischen dem Motorschoner des Klägers „San Antonio" und S. M. Schiff „Lübeck" statt. Das Kriegsschiff befand sich auf einer Übungsfahrt. Unstreitig war beim Zusammenstoß der Motorschoner unter Segel und hielt Kurs. Der Beklagte hat dem Kläger auf den ihm erwachsenen Schaden einen größeren Betrag entrichtet, die weitergehenden Ansprüche aber abgelehnt. Der Kläger stützte seinen Anspruch auf Verschulden des Kommandanten der „Lübeck" und behauptete ferner, daß der Staatssekretär des Reichsmarineamtes den Anspruch anerkannt habe. Das Landgericht stellte fest, daß die Schuld an dem Zusammenstoß die Führung der „Lübeck" treffe, und erklärte durch Zwischenurteil den Anspruch des Klägers dem Grunde nach für berechtigt. Der Berufungsrichter hob das Urteil auf und verwies die Sache zur anderweitigen Verhandlung und Entscheidung an die Vorinstanz zurück. Dem angeblichen Anerkenntnis des Beklagten sprach er Bedeutung ab, weil der Beklagte, wenn er nicht ohnehin schulden sollte, anfechten könnte. Er trat dem Vorderrichter darin bei, daß der Fiskus für den durch Verschulden der Schiffsleitung der „Lübeck" verursachten Kollisionsschaden aufzukommen habe, hob aber das Urteil der ersten Instanz auf, weil nicht feststehe, daß der dem Kläger erwachsene Schaden mit dem bereits Gezahlten nicht voll vergütet sei und somit die Voraussetzung eines Zwischenurteils nach § 304 ZPO. nicht vorliege.

Die Revision des Beklagten wurde zurückgewiesen.

Gründe:

(Es wird zunächst ausgeführt, daß ein die Rechtsfrage erledigendes Anerkenntnis des Beklagten nicht vorliegt. Dann wird fortgefahren):

„Es ist daher auf die Rechtsfrage einzugehen, ob und inwiefern der Fiskus für Kollisionsschäden haftet, welche schuldhafterweise durch ein Kriegsschiff herbeigeführt worden sind. Der erkennende Senat hat in der Sache Rep. I. 49/09, Entsch. des RG.'s in Zivils. Bd. 72 S. 347 für das bis zum 1. Oktober 1909 in Geltung gewesene Recht die Frage – soweit preußisches Recht zur Anwendung zu kommen habe – für den Fall verneint, daß es sich bei dem Kriegsschiff um eine in Ausübung staatlicher Hoheitsrechte unternommene Fahrt handelt. Bei nochmaliger Prüfung der Frage ist der Senat indes nicht in der Lage, an dieser Auffassung festzuhalten.

Es handelt sich um das Verständnis des Art. 7 EinfGes. zum HGB., wonach Vorschriften des Handelsgesetzbuches, insbesondere auch die §§ 734 flg., über die Haftung im Fall des Zusammenstoßes von Schiffen, auch Anwendung finden sollen, wenn die Verwendung eines Schiffes zur Seefahrt nicht des Erwerbes wegen erfolgt. Es fragt sich, ob damit eine positive Bestimmung des Inhalts hat getroffen werden sollen, daß der Fiskus für Kollisionsschäden privatrechtlich aufzukommen hat, die durch staatliche Fahrzeuge in Betätigung öffentlicher Gewalt verursacht werden, ob insbesondere — worauf es im vorliegenden Fall ankommt — damit gesagt ist, daß in Ansehung des Reichsfiskus und für die bezeichnete Materie der allgemeine Satz des preußischen Staatsrechts beseitigt sein soll, wonach der Staat wegen Handlungen seiner Beamten, die in Ausübung der ihnen anvertrauten öffentlichen Gewalt vorgenommen sind, nicht auf Entschädigung in Anspruch genommen werden kann.

In Betracht kommt hierfür zunächst Art. 77 EinfGes. zum BGB., wonach die Regelung der Haftung des Staates für Pflichtversäumnisse der Beamten bei Ausübung der öffentlichen Gewalt wegen ihres Zusammenhangs mit dem öffentlichen Recht von der reichsrechtlichen Kodifikation des bürgerlichen Rechts ausgeschlossen bleiben sollte. Es hat indes Art. 7 EinfGes. zum HGB. nicht bloß seinem Wortlaut nach auch für Kriegsschiffe Geltung, sondern es war besonderer Anlaß vorhanden, die Vorschriften der §§ 734 bis 739 HGB. auch auf die von Kriegsschiffen verschuldeten Fälle eines Zusammenstoßes zu erstrecken. Um die Gefahren der Seefahrt tunlichst zu verringern, sind in der Seestraßenordnung Vorschriften gegeben, die für alle Fahrzeuge auf See Geltung haben. Dagegen galten die Vorschriften des Handelsgesetzbuchs über die Haftung im Fall des Zusammenstoßes von Schiffen nur für solche Schiffe, die des Erwerbes wegen zur Seefahrt verwendet wurden. Diese Beschränkung führte, wie in der Denkschrift zum Entwurf des Handelsgesetzbuches hervorgehoben wird, zu unbefriedigenden Ergebnissen, und gerade deshalb, also um jene Beschränkung zu beseitigen, ist die entsprechende Bestimmung im Art. 7 EinfGes. zum HGB. erlassen worden. Müßte sie gleichwohl dahin eingeschränkt werden, daß sie sich auf Kriegsschiffe nicht beziehe, so würde ihr praktische Bedeutung und damit gesetzgeberischer Wert so gut wie gänzlich genommen werden. Denn es würde die rechtliche Gleichstellung der auf denselben Wasserstraßen unter den gleichen internationalen Regeln verkehrenden Schiffe gerade da versagt sein, wo vor allem die Unterscheidung als ungerecht empfunden wurde. Die Bestimmung im Art. 77 EinfGes. zum BGB. fordert solches nicht und kommt gegenüber der durch Art. 7 EinfGes. zum HGB. getroffenen reichsgesetzlichen Regelung überhaupt nicht in Betracht. Was dessen Tragweite anlangt, so ist übrigens zu beachten, daß Fälle vorkommen können, wo die sonst gegenüber anderen Schiffen gebotenen Regeln der Vorsicht von einem Kriegsschiff nicht befolgt werden dürfen, weil andere und höhere Rücksichten des Staats- oder Völkerrechts in Frage stehen. Alsdann würde der Zusammenstoß nicht verschuldet sein und nur für den Ersatz des Schadens aus einem durch Verschulden einer Person der Besatzung hervorgegangenen Zusammenstoß sind die §§ 734 flg. HGB. gegeben, also für Fälle, in denen eine Kollision Folge davon war, daß die Vorschriften der Seestraßenordnung oder der guten Seemannschaft, obwohl sie hätten befolgt werden müssen, schuldhafterweise nicht befolgt worden sind.

Ebensowenig ist eine Einschränkung des Art. 7 EinfGes. zum HGB. deshalb geboten, weil das zu unhaltbaren Ergebnissen führen würde. Richtig ist es, daß sich für die Anwendung auf Fälle der vorliegenden Art aus seiner Fassung Schwierigkeiten ergeben, da von einem Schiffsgläubigerrecht und einer Haftung nach Maßgabe des § 486 Abs. 1 Nr. 3 HGB., folgeweise also von einer wörtlichen Anwendung des § 734 HGB., in Ansehung von Kriegsschiffen nicht die Rede sein kann. Hieraus ergibt sich indes nur die Notwendigkeit, die Vorschrift des § 734 entsprechend anzuwenden. Und aus der Unmöglichkeit, ein Kriegsschiff zur Zwangsversteigerung zu bringen, folgt, daß der Fiskus persönlich haften muß, während aus der Bestimmung, daß der Reeder im Fall des § 734 nur mit dem Seevermögen haftet, die Folgerung geboten ist, daß der Fiskus für eine von einem Kriegsschiff verschuldete Kollision nur bis zum Belauf desjenigen Wertes zu haften hat, welchen das Kriegsschiff zu der Zeit unmittelbar nach dem Zusammenstoß besaß. Diese Beschränkung hat im vorliegenden Fall keine Bedeutung. Denn der Vertreter des Reichs hat sich dem Kläger gegenüber bereit erklärt, ihn zu befriedigen, soweit seine Ansprüche dem Grunde und dem Umfang nach gerechtfertigt seien. Versteht man unter „Umfang" füglich den Umfang des dem Kläger nachweisbar erwachsenen Schadens, so liegt in dem

Schreiben ein Verzicht auf die Geltendmachung der seerechtlichen Haftungsbeschränkung."

RGZ. 80, 233.

**Wie weit muß bei einem Schiffszusammenstoß der Kläger den prima-facie-Schuldbeweis führen, um den Reeder des unter einem Zwangslotsen fahrenden Schiffes zum Entschuldungsbeweis zu nötigen?**

HGB. § 738.

I. Zivilsenat. Urt. v. 16. Oktober 1912.

I. Landgericht Bremen, Kammer für Handelssachen. — II. Oberlandesgericht Hamburg.

Der Dampfer des Klägers „Mabel" stieß am 2. August 1909 mit dem Dampfer der Beklagten „Ariadne" im Kaiser-Wilhelm-Kanal zusammen. Der Dampfer des Klägers ist durch den Zusammenstoß beschädigt worden. Mit der Klage forderte der Kläger Ersatz des ihm erwachsenen Schadens in Höhe von 7142,90 M. Die Beklagte bestritt den Ersatzanspruch nach Grund und Betrag.

Das Landgericht wies die Klage ab. Dagegen erklärte das Oberlandesgericht den Anspruch dem Grunde nach für berechtigt. Auf die Revision der Beklagten wurde das erste Urteil wiederhergestellt aus folgenden

Gründen:

„Es steht unangefochten, daß der Dampfer der Beklagten, als dieser den Dampfer des Klägers anrannte, sich auf der für ihn falschen Nordseite des Fahrwassers befand; die „Ariadne" war vorschriftswidrig nicht nach Steuerbord ausgewichen. Die Ursache des fehlerhaften Verhaltens der „Ariadne" hat nicht aufgeklärt werden können. Möglich ist ein Verschulden des Zwangslotsen S., unter dessen Führung die „Ariadne" bei dem Zusammenstoß stand; es kann namentlich darin bestehen, daß der Lotse die erforderliche Bewegung des Schiffes nach Steuerbord zu spät eingeleitet hat. Möglich bleibt es nach der Annahme des Berufungsrichters aber auch, daß der Besatzung der „Ariadne" ein Verschulden zur Last fällt, sei es, daß der Rudermann die Befehle des Lotsen nicht ordnungsmäßig ausgeführt oder daß der Steuermann den Rudermann nicht genügend beaufsichtigt haben sollte.

Das Berufungsgericht hat geglaubt, bei diesem Sachstand zur Verurteilung der Beklagten gelangen zu müssen. Es stützt seine Entscheidung auf die Erwägung, daß gegen die „Ariadne" ein prima-facie-

Schuldbeweis erbracht sei und daß es deswegen der Beklagten obgelegen habe, nachzuweisen, die Besatzung der „Ariadne" treffe kein Verschulden, vielmehr beruhe der Zusammenstoß entweder auf einem Verschulden des Lotsen oder auf einem anderen Umstand, den der Beklagte nicht zu vertreten habe. Die gegen diese Auffassung von der Revision erhobenen Angriffe sind begründet.

Nach § 738 HGB. ist der Reeder, wenn sich das Schiff unter der Führung eines Zwangslotsen befunden hat, „von der Verantwortung für den Schaden frei, welcher durch den von dem Lotsen verschuldeten Zusammenstoß entstanden ist"; der Reeder haftet nur, soweit die zur Schiffsbesatzung gehörigen Personen ihre Pflichten nicht erfüllt haben. Wenn nun das Berufungsgericht feststellt, daß die „Ariadne" vorschriftswidrig auf die Nordseite hinübergekommen ist, so ist nicht einzusehen, wie aus dieser Feststellung hergeleitet werden kann, daß gerade die Besatzung der „Ariadne" im Gegensatz zu dem Lotsen prima facie belastet sei und deshalb der Reeder den Entschuldungsbeweis erbringen müsse. Prima facie bewiesen ist nicht mehr, als daß entweder den Lotsen oder die Besatzung ein Verschulden trifft. Kann ein solcher Beweis nicht dazu führen, den Lotsen zu verurteilen, so kann er ebensowenig die Verurteilung des Reeders rechtfertigen. Zum Entschuldungsbeweis würde der Reeder erst dann genötigt, wenn sich der prima-facie-Beweis dahin hätte erbringen lassen, daß der für den Zusammenstoß ursächliche Fehler nicht vom Lotsen, sondern von der Besatzung begangen sei.

Der Umstand, daß ein Schiff unter der Führung eines Zwangslotsen steht, verwickelt notwendig die Beweisfrage. Hätte sich die „Ariadne" in einem Fahrwasser befunden, wo kein Lotsenzwang gilt, so würde die Feststellung der bezeichneten Regelwidrigkeit ausgereicht haben, dem Reeder den Entschuldungsbeweis aufzubürden; denn dann hätte sich mit genügender Wahrscheinlichkeit ergeben, daß der zu vermutende Fehler irgendeiner Person der ganzen Besatzung — für welche der Reeder aufzukommen hat — zur Last fiele. Und soweit sonstige Umstände in Betracht zu ziehen sind, die für den Zusammenstoß ursächlich sein konnten, darf in Übereinstimmung mit der Rechtsprechung dem Reeder, der über sein eigenes Schiff am besten Auskunft geben kann, zugemutet werden, die erforderliche Aufklärung zu beschaffen (vgl. die Entscheidungen des erkennenden Senats vom 28. November 1908, Rep. I. 666/07, und vom 29. Januar 1910, Rep. I. 32/09). Anders gestaltet sich aber die Sachlage, wenn das Schiff von einem Zwangslotsen geführt wird. In diesem Fall wird der Satz unhaltbar, daß, wer auch immer auf dem Schiff den Zusammenstoß verschuldet haben möge, die Folgen dieses Verschuldens von dem Reeder getragen werden müssen. Zugleich erscheint jetzt der Lotse als eine der Personen, welche von der wirklichen Schadensursache Kenntnis haben können. Der Reeder wird jedoch öfter, namentlich dann nicht imstande sein, die Kenntnis des Lotsen für die Aufklärung des wahren Sachverhalts zu verwerten, wenn die Ermittlung der Wahrheit den Lotsen selbst belasten würde. Mit der Beweisfrage verhält es sich hier ähnlich, wie wenn im Gebiet der Binnenschiffahrt (vgl. Entsch. des RG.'s in Zivils. Bd. 65 S. 382) ein Schiff von dem im Tau eines Schleppers fahrenden Kahn angerannt worden ist und feststeht, daß auf seiten des angerannten Fahrzeugs ein Verschulden ausscheidet. Es wird sich nicht begründen lassen, daß dann schon allein auf Grund der prima-facie-Belastung, die nicht den Kahn, sondern nur den Kahn in Verbindung mit dem Schlepper, d. h. den Schlepper o d e r den Kahn trifft, der Kahneigner verurteilt werden könnte.

Die im vorstehenden dargelegte Auffassung stimmt mit der bisherigen Rechtsprechung und mit der Rechtslehre überein. Der Stand der Rechtsprechung erhellt deutlich aus den Urteilen des I. und II. Senats des Reichs-Oberhandelsgerichts vom 20. Mai und 25. Juni 1879 (Entsch. des ROberhandelsger. Bd. 25 S. 185 und 229). Der gleiche Standpunkt war schon vorher vertreten worden vom Hamburger Handelsgericht in dem Erkenntnis vom 6. Januar 1877; dort wird auch ausdrücklich hervorgehoben, das Gericht befinde sich „im Einklang mit dem bisher anerkannten Verständnis des Art. 740" (jetzt § 738) HGB. (Hamb. Handelsgerichts-Zeit. Bd. 10 S. 40). Was die Rechtslehre anlangt, so ist namentlich hinzuweisen auf

W a g n e r , Beiträge zum Seerecht, S. 89; J e b e n s in Busch Archiv Bd. 6 S. 428; L e w i s , Deutsches Seerecht Bd. 2 Anm. 2 zu Art. 740; H a c k e l in der Zeitschr. für das ges. Handelsrecht Bd. 52 S. 205.

Als verfehlt mußte der Versuch des Klägers angesehen werden, aus der Fassung des § 738 HGB. herzuleiten, daß den Reeder für die Erfüllung der Pflichten der zur Schiffsbesatzung gehörigen Personen die Beweislast treffe. Der Kläger hat den Klagegrund zu beweisen, er muß beweisen oder wenigstens zunächst prima facie dartun, daß der Unfall durch ein auf seiten der Besatzung liegendes Verschulden herbeigeführt worden ist. Dies ist bereits in dem oben angeführten Urteil des Reichs-Oberhandelsgerichts vom 25. Juni 1879 in betreff des Art. 740 a. HGB. zutreffend begründet worden. Dafür, daß dem § 738 des geltenden

Handelsgesetzbuchs, der in seinem Wortlaut dem Art. 740 völlig entspricht, ein anderer Sinn beiwohne, fehlt jeder Anhalt.

Man mag vom Standpunkt des Gesetzgebers aus — namentlich soweit die Haftung des Staates für seine Beamten nicht durchgreift — darüber streiten können, ob die Regelung, welche das Gesetz über die Verantwortung des vom Zwangslotsen verschuldeten Unfalls enthält, Billigung verdient. Auf den Willen des gegebenen Gesetzes erstrecken sich die Zweifel um so weniger, als die möglichen Folgen des Gesetzesvorschrift schon in der Kommission zur Beratung eines allgemeinen deutschen Handelsgesetzbuchs erwogen worden sind. Von den Gegnern des streitigen Artikels wurde nämlich betont, daß seine Annahme „für die Mehrzahl von Kollisionsfällen einer Aufhebung der Haftung des Schiffes und der Fracht für den durch den Zusammenstoß veranlaßten Schaden gleichkommen würde." Diesem Bedenken begegnete man auf der anderen Seite mit dem Hinweis darauf, daß „es als eine ungerechtfertigte Härte gegen den Reder erscheinen würde, wenn er für die Versehen einer Person haften sollte, deren Aufnahme oder Nichtaufnahme und deren Wahl nicht in der Willkür seines Vertreters gestanden, sondern wozu eine höhere Macht denselben gezwungen habe" (vgl. Komm.-Prot. Teil VI S. 2791/2). Zugleich wurde bemerkt, daß eine ähnliche Bestimmung in der englischen Schiffahrtsakte enthalten sei.

Was die englische Gerichtspraxis anlangt, so kann es im Hinblick auf die in sich wohl begründete deutsche Rechtsprechung nicht darauf ankommen, wie sich die englischen Gerichte zur Frage der Beweislastverteilung gestellt haben. Soviel ist indessen unzweifelhaft, daß die englische Rechtsprechung bis in die neuere Zeit geschwankt hat.

Vgl. Marsden, Collisions at Sea, 6 ed., p. 224; Maclachlan, Law of Merchant Shipping, 5 ed., p. 298.

Nach allem ist der dem Kläger obliegende Beweis nicht geführt worden, daß die zur Besatzung der „Ariadne" gehörenden Personen ihre Pflichten verletzt haben. Die von der ersten Instanz ausgesprochene Klageabweisung ist deswegen gerechtfertigt."

RGZ. 82, 417.

**Haben die auf dem Schiff zur Beförderung kommenden Postsendungen zur großen Haverei beizutragen?**

HGB. §§ 700, 718, 723.
Postgesetz § 5.

I. Zivilsenat. Urt. v. 18. Juni 1913.

I. Landgericht Bremen, Kammer für Handelssachen. — II. Oberlandesgericht Hamburg.

Die Klägerin in Hamburg hat durch die Reichspost eine Sendung Gold erhalten, welche für sie in Shanghai aufgegeben und auf dem Wasserweg in einem Schiff des Beklagten bis Genua befördert worden war. Der Dampfer hatte, bevor er Genua erreichte, Schaden gelitten, der in großer Haverei zur Vergütung kam. Zur Vergütung zog der Dispacheur in Bremen auch die Klägerin wegen obiger Sendung heran. Die Klägerin erhob gegen die Dispache Widerspruch und in Verfolgung des Widerspruchs Klage.

Die erste Instanz wies die Klage ab. In der zweiten Instanz drang die Klägerin durch. Das Reichsgericht hat die dagegen eingelegte Revision des Beklagten zurückgewiesen aus folgenden

Gründen:

„Der Klageantrag erscheint insofern ohne weiteres als begründet, als es — auch wenn die Beitragspflicht der Postsendungen in großer Haverei anzuerkennen wäre — an jeder Berechtigung dafür fehlen würde, wegen der hier in Frage kommenden Sendung gerade die Klägerin heranzuziehen. Sie hat weder mit dem Beklagten einen Frachtvertrag geschlossen, noch vor allem hat sie aus dem Dampfer Prinz Ludwig des Beklagten Güter ausgeliefert erhalten. Wie der vorliegende Vertrag des Norddeutschen Lloyd mit dem Deutschen Reich, insbesondere § 18 ergibt, ist die Reichspost diejenige, welche sich zur Ausführung der ihr obliegenden überseeischen Transporte wegen der Seestrecke des Weges des Schiffsdienstes des Beklagten versichert hat. Wie die einzelnen Beförderungen der jedesmaligen Post rechtlich zu bestimmen sind, kann unerörtert bleiben. Selbst wenn man, schlechthin oder wenigstens da, wo die Sendung nicht von Postbeamten begleitet wird, einen Frachtvertrag zu unterstellen hätte, wären deshalb Absender und Empfänger dem Schiff gegenüber nicht die Absender und Empfänger der einzelnen Briefe und Pakete, sondern es wäre die Postverwaltung, die ihrerseits die gesammelten — vermutlich nach verschiedenen Gattungen in verschlossenen Postsäcken vereinigten und daher im einzelnen auch wohl der Kenntnis des Schiffers gar nicht zugänglichen — Postsachen dem Schiff einliefert und von ihm wieder empfängt. Also nicht so sehr auf jeder einzelnen Sendung oder auf jeder einzelnen Wertsendung, als vielmehr auf der „Post" im ganzen würde die Beitragspflicht ruhen, und der nach § 726 Abs. 2 HGB. persönlich verpflichtete

Empfänger wäre die Reichspost. Der Adressat der einzelnen Sendung würde nach Auslieferung an ihn dritter Erwerber sein, demgegenüber nicht einmal das Pfandrecht nach § 725 HGB. geltend gemacht werden kann, wenn er bei Erlangung des Besitzes in gutem Glauben war. Vorliegendenfalls wird in Beziehung auf die Klägerin nichts behauptet, was gegen ihren guten Glauben spräche. Ob ihr nach Empfang der Güter Mitteilung von einem Vergütungsanspruch gemacht ist, erscheint ohne Bedeutung.

Sodann ist dem Berufungsrichter auch darin beizutreten, daß er die Beitragspflicht der Post überhaupt verneint. Die entscheidenden Gesichtspunkte, auf die noch einzugehen sein wird, sind vom Vorderrichter zutreffend hervorgehoben worden. Vorweg sei bemerkt, daß, was der Beklagte dagegen nunmehr vorbringt, nicht durchschlagend ist. Es wird nicht zu bestreiten sein, daß, wenn bei einer Bergung in Seenot gerade auch die „Post" in den Gewahrsam des Bergenden gelangt, dieser in der Lage ist, daran das Pfandrecht geltend zu machen. Aber dann liegt es auch tatsächlich so, daß die Gesichtspunkte ausgeschaltet sind, aus denen die angefochtene Entscheidung begründet wird. Das Postgeheimnis ist, durch Elementarereignisse und ihre Folgen, preisgegeben, und von einer pünktlichen Bestellung der Sendung an die Adressaten ist ohnehin nicht mehr die Rede.

Richtig ist auch, daß die Frage nicht ohne weiteres durch § 663 HGB. entschieden wird. Aber der Vorderrichter verwertet diese Norm auch gar nicht. Ebensowenig ist für die Frage, ob die Post zur Ladung gehört, aus § 663 eine Entscheidung zu gewinnen. Die Havereigemeinschaft beruht nicht auf dem Frachtvertrag, und beitragspflichtig sind auch Güter, die sich an Bord befinden, ohne daß ein Frachtvertrag geschlossen ist. Überhaupt aber läßt sich aus dem Begriff der Ladung ein selbständiger Entscheidungsgrund nicht gewinnen. Denn würde man auch aus allgemeinen Gesichtspunkten die Post der Ladung zurechnen müssen, so bliebe die Frage, ob nicht eine — wenn auch im Gesetz, wenigstens im Handelsgesetzbuch, nicht geschriebene — Ausnahme anerkannt werden muß. Und das hat die angefochtene Entscheidung mit Recht angenommen.

Zugegeben ist ohne weiteres, daß der der großen Haverei zugrunde liegende Gedanke der Gefahrgemeinschaft an und für sich erfordert, ebenso wie wie die übrigen Frachtgüter auch diejenigen im Schiff befindlichen Postsendungen, welche einen Sachwert besitzen, zur Beitragspflicht heranzuziehen. Es mutet wie eine Ungerechtigkeit an, namentlich wenn es sich, wie hier, um sehr große Werte handelt, daß diese ein Vorrecht genießen sollen und, trotzdem auch ihnen das Opfer zugute gekommen ist, zum Ausgleich nicht sollen beizutragen haben. Aber es ist auch zu beachten, daß an sich niemand der an der Gefahrgemeinschaft Beteiligten im voraus einen Anspruch in der Richtung hat, wie hoch die Werte sind, die mit den seinigen die Seegefahr zu teilen haben, daß dies immer mehr oder weniger auf Zufall beruht und einen der Umstände bildet, aus denen sich die gesamte Gefahr des Transports zusammensetzt, gegen die er sich zu mehr oder weniger festen Sätzen versichern kann. Jene Ungerechtigkeit liegt daher nicht so sehr in der Benachteiligung der übrigen, als vielmehr in der anscheinend ungerechtfertigten Bevorzugung der einen, der Reichspost. Darum handelt es sich, ob diese Bevorzugung der Postsendungen ungerechtfertigt sein würde, oder ob nicht vielmehr die Post kraft der rechtlichen Stellung, die ihr im öffentlichen Interesse und auf Grund von Normen des öffentlichen Rechts eingeräumt ist, die den Vorschriften des Handelsgesetzbuchs vorgehen, wie in manchen anderen Beziehungen so auch hier ein Vorrecht in Anspruch nehmen kann. Und da sind es die beiden vom Oberlandesgericht hervorgehobenen Gesichtspunkte, welche durchschlagen.

Zunächst das öffentliche Interesse an der glatten, pünktlichen, sicheren Bestellung der überseeischen Post. Selbst wenn zugegeben wäre, daß die Ablieferung der Post aus dem Schiff an die Postverwaltung deshalb keine Verzögerung zu erleiden brauchte, weil — die Anwendbarkeit der Einzelbestimmungen des Handelsgesetzbuches einmal vorausgesetzt — der Schiffer sich dem zahlungsfähigen Empfänger gegenüber damit genügen lassen könnte, zu erklären, daß Havereibeitrag auf der Sendung liege, so wäre das doch immer nur guter Wille des Schiffers. Die Rechtslage würde eine andere, mit den Aufgaben der Post namentlich auch dann unvereinbare sein, wenn es sich um internationalen Durchgangsverkehr handelt, der auf Staatsverträgen beruht. Aber auch im inneren Verkehr kommt es nicht nur auf diese Ablieferung aus dem Schiff, sondern vor allem auf die Bestellung der einzelnen Sendungen an die Adressaten an. Die Post müßte, will sie ihres Rückgriffs auf diese nicht verlustig gehen, den Empfängern ebenfalls Mitteilung von der Belastung der Sendungen machen und sie damit vor die Entscheidung stellen, sich durch deren Annahme Ansprüchen auszusetzen, die ihrer Höhe nach ganz dunkel sind. Das würde zu einer Art und Weise der Bestellung der überseeischen Post führen, die der heutigen Verkehrsanschauung ganz unerträglich erscheinen müßte.

Wollte man dieses Bedenken in das Gebiet der Erwägungen de lege ferenda verweisen, so fehlt es doch auch nicht an der lex lata. Es ist § 5 des Postgesetzes, der sich mit zwingender Gewalt entgegenstellt. Mit der Wahrung des Postgeheimnisses ist die Heranziehung der Postsendungen schlechthin unvereinbar. Die Vorschriften des Handelsgesetzbuchs setzen voraus, daß der Schiffer in der Lage ist, die beitragspflichtigen Gegenstände festzuhalten, und für das etwa noch Fehlende sorgt § 729 Abs. 2 HGB., der vorschreibt, daß jeder Beteiligte die Nachweise beizubringen hat, über die er verfügt. In Beziehung aber auf die Post ist der Schiffer entweder vollständig in Unkenntnis oder, wenn er etwas weiß, ist ihm kraft öffentlichen Rechts verboten, es zu offenbaren. Der ganze Sinn des Postgeheimnisses ist doch der, daß jedermann mit vollster Sicherheit darauf rechnen kann, über seine Versendungen werde nichts verlauten, noch weniger werde ihnen nachgeforscht werden. Nur ganz bestimmte Ausnahmen auf Grund ausdrücklicher Gesetzesvorschriften sind hier zugelassen. Die Postverwaltung könnte vielleicht angehalten werden, wenigstens den Gesamtbetrag aller Wertangaben mitzuteilen. Allein abgesehen davon, daß auch das unter Umständen wegen des angeführten § 5 PostG. bedenklich und unzulässig sein kann, ist doch sattsam bekannt, daß damit der wahre Stand der Dinge ganz und gar nicht kundgegeben wäre. Und der Sache weiter nachzugehen, verbietet das Gesetz. Am wenigsten aber kann das der Rechtszustand sein, daß es ganz vom Zufall abhängen soll, ob je nachdem, wie im einzelnen Falle Tatsachen durchsickern, die einzelne Sendung in zutreffender Weise herangezogen wird oder nicht. Sollte, wie berichtet wird, bisher noch niemals unternommen worden sein, die Postsendungen zur großen Haverei heranzuziehen, so würde sich darin nur das richtige Gefühl für die auf bestimmter Norm beruhende Rechtsstellung der Post bekundet haben."

RGZ. 83, 141.

**Zur Auslegung der Vorschrift in Art. 1 Seestraßenordnung vom 5. Februar 1906 (RGBl. S. 120), wonach „keine Lichter gezeigt werden dürfen, welche mit den hier vorgeschriebenen Lichtern verwechselt werden können."**

I. Zivilsenat. Urt. v. 1. Oktober 1913.

I. Landgericht Flensburg, Kammer für Handelssachen. —
II. Oberlandesgericht Kiel.

In der Nacht des 1. April 1911 gegen 2½ Uhr überholte der Dampfer Bussard, der Eigentum des preußischen Staates ist, bei Nebel die Elbe auffahrend, in der Nähe des dritten Feuerschiffs den Frachtdampfer Britannia der klagenden Firma. Es war Ebbe und ausgehender Strom. Die Britannia lag stromrecht treibend und erwartete einen Lotsen vom Feuerschiff. Zur Orientierung des Lotsenbootes hatte sie am Fallreep in der Höhe des Reeling ein weißes Licht gesetzt, was den Bussard in den Irrtum versetzte, er habe ein ankerndes Schiff vor sich. Dieser, mit halber Kraft fahrend, nahm seinen Kurz zwischen beiden Schiffen hindurch. Als er in Höhe des Hecklichts der Britannia gekommen war, sah er über Steuerbord voraus das rote Licht eines den Strom querenden Fahrzeugs. Um dem Gegensegler sein rotes Licht zu zeigen und in der Meinung, daß er frei vom vermeintlich ankernden Schiff gehe, legte er das Ruder nach Steuerbord. Die Britannia ließ die Maschine volle Kraft rückwärts schlagen, wurde aber an der Backbordseite am Bug vom Bussard angerannt. Beide Schiffe wurden beschädigt.

Die Reederei der Britannia hat Klage, der preußische Fiskus Widerklage auf Ersatz des entstandenen Schadens erhoben. In allen Instanzen ist der Bussard für den allein schuldigen Teil erklärt worden. Den der Britannia wegen ihrer Lichterführung gemachten Vorwurf hat das Reichsgericht zurückgewiesen aus folgenden

Gründen:

. . . „Das Berufungsgericht hat Bedenken getragen, die Lichterführung der Britannia für gerechtfertigt zu erklären. Indes ohne Grund. Sieht man freilich nur auf den Wortlaut des Art. 1 SeestraßenO., so scheint ein Verstoß hiergegen vorzuliegen. Die Britannia hat ein Licht gezeigt, das der Führer des Bussard ohne Verschulden für eines der Ankerlichter gehalten hat, das also mit einem in der Seestraßenordnung vorgeschriebenen Licht „verwechselt werden konnte". Aber es gibt Lagen, wo sich die Führung noch anderer Lichter als der vorgeschriebenen durchaus nicht vermeiden läßt. So ist, wie der Sachverständige gesagt hat, nicht nur allgemein üblich, sondern geradezu notwendig, daß beim Anbordkommen des Lotsen und während der Zeit, daß das Lotsenboot längsseits vom Schiff liegt, die betreffende Schiffsseite beleuchtet wird, um dadurch einem Unfall der dort beschäftigten Leute vorzubeugen. Daß sich daraus — so fügt er hinzu — für passierende Schiffe Irrtümer ergeben haben, ist auf belebten Revieren, wie der Elbe, zumal in nächster Nähe eines Feuerschiffs, wo Lotsen versetzt werden und jeder umsichtige Schiffsführer hiermit rechnet, nicht festzustellen. Es kann die Absicht des Gesetzes nicht sein, diese notwendige, gerade zwecks Vermeidung von Gefahren schlechterdings nicht zu umgehende Lichterführung zu verbieten. Was nach dem Gesetz verlangt werden muß, ist, das alles geschieht, was der Verwechslung solcher Lichter mit den vorgeschriebenen Lichtern vorbeugen kann. Die Führung des betreffenden Lichts muß so sein, daß nach menschlichem Ermessen die Verwechslung ausgeschlossen ist. Wenn dem genügt ist, dann handelt es sich nicht mehr um ein Licht, das im Sinne des Art. 1 mit einem vorgeschriebenen Licht „verwechselt werden kann", auch dann nicht, wenn im einzelnen Falle nun doch zufällig eine Verwechslung stattfindet. Zeigt daher ein Schiff außer dem Hecklicht (und den übrigen vorgeschriebenen Lichtern) am Fallreep in Bordhöhe ein weißes Licht, so ist das sicherlich nicht ein Licht, das mit einem der Ankertoplichter verwechselt werden kann." . . .

## RGZ. 85, 369.

**Unter welchen Voraussetzungen kann die Leistung von Schlepperdiensten als Hilfe in Seenot angesehen werden? Kann die Hilfe auch darin bestehen, daß der Schlepper das gefährdete Schiff nur begleitet, um bei Eintritt unmittelbarer Gefahr sofort eingreifen zu können?**

HGB. §§740 Abs. 2, 750 Nr. 1.

I. Zivilsenat. Urt. v. 24. Oktober 1914.

I. Landgericht Bremen, Kammer für Handelssachen. — II. Oberlandesgericht Hamburg.

Der Fischdampfer der Beklagten „Burhave" hatte in der Nacht zum 15. Februar 1913 vor Westermann (Island) vor Anker gelegen, hievte 9 Uhr 15 Min. vormittags den Anker und fuhr nach der anderen Seite von Heimay. Auf dieser Fahrt blieb plötzlich die Maschine infolge eines erheblichen Maschinenschadens stehen, wodurch dringende Gefahr entstand, daß der Dampfer auf die Klippen geriet. Im letzten Augenblick sprang jedoch die Maschine auf rückwärts an, so daß es gelang, von den Klippen frei zu kommen. Die „Burhave" wurde alsdann durch den hinzukommenden britischen Fischdampfer „Secoot" in den Südhafen von Heimay geschleppt, woselbst sie 11 Uhr vormittags vor Anker ging. Der Schaden wurde nun an Bord, soweit möglich, repariert und die Maschine auf vorwärts und rückwärts probiert. Am 16. Februar 8 Uhr 30 Min. vormittags dampfte die „Burhave" südöstlich nach Portland, setzte 11 Uhr 40 Min. vormittags das Netz aus und fischte. Um

1 Uhr nachmittags meldete der 1. Maschinist, daß es nicht mehr ginge und er keine Garantie wegen der Maschine übernehmen könne. Es wurde darauf die Notflagge aufgezogen und das Netz eingehievt. Auf das Notsignal fuhr der mit Fischen beschäftigte klägerische Fischdampfer „Auguste" heran. Der Schiffer der „Burhave" erklärte, er habe Maschinenschaden und müsse deshalb die Heimreise nach Aberdeen (Schottland) antreten; er bat die „Auguste", ihn zu begleiten. Die „Auguste" gab hierauf den beabsichtigten Fischfang auf und begleitete die „Burhave", um sie erforderlichenfalls gemäß vereinbarter Signale ins Schlepptau zu nehmen; dies war aber, weil das Wetter günstig blieb, nicht erforderlich, obwohl die Maschine der „Burhave" unterwegs vorübergehend versagte. Beide Schiffe trafen am 19. Februar abends in Aberdeen ein.

Die Klägerin verlangt mit der Klage den Betrag von 12 000 M nebst Zinsen als Hilfslohn wegen Rettung aus Seenot. Die Beklagte will nur eine Vergütung für geleistete Dienste bezahlen und bestreitet, daß Hilfe in Seenot geleistet worden sei. Beide Vorinstanzen haben den Anspruch auf Hilfslohn dem Grunde nach für berechtigt erklärt. Die Revision der Beklagten ist zurückgewiesen worden aus folgenden

Gründen:

„Wenn die Revision das Vorliegen der Seenot bestreitet, indem sie ausführt, die „Auguste" hätte ohne jede Gefahr nach Heimay zurückkehren und dort einen Schleppdampfer annehmen können; sie hätte auch die Reise nach Aberdeen nicht im Winter antreten müssen, sondern eine bessere Jahreszeit abwarten und sich in dem nächsten Hafen in Sicherheit bringen können, so sind das neue Behauptungen, die in dieser Instanz nicht berücksichtigt werden können. Sie stehen auch mit den Feststellungen des Berufungsgerichts und dem ganzen Tatbestand im Widerspruch. Das Berufungsgericht geht davon aus, daß die „Burhave" sich infolge ihres Maschinenschadens in Seenot auf offenem Meer in sehr gefährlicher Gegend zu einer der schlechtesten Jahreszeiten befunden hat und daß sie allein die Fahrt nach Aberdeen nicht unternehmen konnte und wollte; ohne die Begleitung der „Auguste" würde sie die Fahrt nicht unternommen haben, insofern sei sie durch deren Hilfe aus der Seenot, in der sie sich befand, gerettet worden. Der Tatbestand ergibt, daß die „Burhave" in gleicher Lage tags zuvor durch Auftreiben auf die Klippen um ein Haar völlig verloren gegangen wäre, wenn nicht im letzten Augenblick die Maschine nach rückwärts angegangen und sie alsdann durch einen in der Nähe befindlichen Fischdampfer in den Hafen geschleppt worden wäre. Welcher Art dieser Hafen (Heimay), der auf den allgemein zugänglichen Karten nicht zu ermitteln war, und ob der Dampfer mit Rücksicht auf Verproviantierung und etwa eintretendes schlechtes Wetter längere Zeit dort bleiben konnte, erhellt nicht; noch weniger, daß dort ein Schlepper zur Verfügung stand. Dagegen steht fest, daß der Schiffer erklärt hat, er müsse wegen Maschinenschadens nach Aberdeen fahren und daß er sich tags zuvor auch nicht etwa der Hilfe eines zu Schlepperdiensten bestimmten Schiffes, sondern der außerordentlichen Hilfe eines dort fischenden Fahrzeugs bedient hat.

In Ermangelung anderweiten Vorbringens in den Instanzen muß daher jetzt davon ausgegangen werden, daß die Rückkehr nach Aberdeen die einzig richtige Maßnahme und daß sie notwendig war, um das Schiff aus der bei Island drohenden Seegefahr zu retten. Ferner aber auch, daß die „Burhave" nach vernünftigem Ermessen die mehr als drei Tage währende Reise nach Aberdeen allein, ohne ständige Bereitschaft von Schlepphilfe nicht machen konnte und daß gewöhnliche Schlepperdienste ihr nicht zur Verfügung standen. Die „Auguste" aber leistete die erbetene Hilfe in außergewöhnlicher Weise, da sie nicht, um Schlepperdienste zu tun, sondern um der Seefischerei obzuliegen, zur Stelle war und auf ihre gewinnbringende Betätigung verzichtete, um die Hilfe gewähren zu können. Die Annahme einer Rettung aus Seenot wird nicht dadurch widerlegt, daß die Reise unter den obwaltenden Umständen, insbesondere unter der Gunst des Wetters, tatsächlich gelang, ohne daß eigentliche Schleppdienste erfordert wurden. Es mußte sowohl mit Eintritt von schlechtem Wetter, wie auch mit dem dauernden Versagen der Maschine gerechnet werden, so daß, wie das Berufungsgericht feststellt, die Fahrt „rationell" ohne Begleitung der „Auguste" unausführbar war. Rettung aus einer unmittelbar drohenden Gefahr wird nicht erfordert, vielmehr genügt es, daß das Schiff nach damaliger vernünftiger Beurteilung im Falle des Unterbleibens der Maßnahme der Gefahr des Untergangs oder der erheblichen Beschädigung ausgesetzt war (Entsch. des RG.'s vom 22. Oktober 1904 HansGZ. 1905 Nr. 20). Dies hat aber das Oberlandesgericht angenommen.

Umsonst bestreitet auch die Revision, daß Hilfe im Sinne des Gesetzes geleistet sei. Die Begleitung seitens der „Auguste" und ihre ständige Bereitschaft, das gefährdete Schiff im Notfall ans Tau zu nehmen, war eine mit erheblichen Opfern verbundene Leistung, welche die rettende Maßnahme allein ermöglichte. Sie erfolgte in gefährlicher Gegend, wo die „Burhave" von ordnungsmäßiger Schlepphilfe abgeschnitten war (vgl. Burchard, Bergung und Hilfeleistung in Seenot S. 29). Dies ist gerade der Fall, den § 740 HGB. im Auge hat. Wie die Sache zu beurteilen wäre, hätte die „Burhave" die Reise allein unternommen und hätte die „Auguste" sie begleitet, ohne dazu aufgefordert zu sein, ist hier nicht zu entscheiden, zumal da dann in ganz anderer Weise Zweifel bestehen müßten, ob die Begleitung notwendig war, ferner in Frage kommen würde, ob sie nicht aufgedrängt wurde (§ 750 Nr. 1 HGB.)." . . .

**RGZ. 89, 285.**

**Kann bei Stückgüterfracht der Schadensausgleich in großer Haverei hinsichtlich einzelner Güter durch eine Konnossementsklausel rechtswirksam ausgeschlossen werden, wenn die Klausel nur in das Konnossement über jene Güter aufgenommen wird?**

HGB. §§ 700, 728, 622 Abs. 1. BGB. § 328.

I. Zivilsenat. Urt. v. 3. Januar 1917.

I. Landgericht Hamburg, Kammer für Handelssachen. — II. Oberlandesgericht daselbst.

Die Beklagte ist Reederin des Dampfers Etruria, den die Deutsche Ostafrikalinie von ihr gechartert hatte. An Bord dieses Dampfers hatte die Klägerin 1100 Kisten mit Sprengstoffen zur Beförderung von Hamburg nach Beira verladen. Über die Ladung hat der Schiffer der Etruria der Klägerin ein Konnossement ausgestellt, in dem sich folgender Blaustempel-Aufdruck vorfindet:

Der Kapitän ist berechtigt, im Falle von Gefahr oder vermuteter Gefahr die Kolli über Bord zu werfen ohne Schadensersatzpflicht.

Auf der Reise erfuhr der Kapitän am 8. August 1914 in Swakopmund den Ausbruch des Krieges. Bald darauf ließ er die Sprengstoffe der Klägerin über Bord werfen, da sie seiner Ansicht nach bei der derzeitigen Lage eine ständige Gefahr für Schiff und Ladung bildeten.

Die Klägerin, die für den Verlust der Sprengstoffe von keiner Seite Ersatz erhalten hat, vertritt die Ansicht, daß die Voraussetzungen der großen Haverei begründet seien. Sie hat deshalb gegen die Beklagte als Schiffsreederin auf die Feststellung, daß die Beklagte hinsichtlich des Schadens die auf Schiff und Fracht entfallenden Havereibeiträge zu zahlen habe, und auf Verurteilung der Beklagten zur Aufmachung der Dispache Klage erhoben.

Das Landgericht erkannte nach dem Klageantrag. Auf die Berufung der Beklagten wies aber das Oberlandesgericht die Klage ab. Die Revision der Klägerin wurde zurückgewiesen.

Aus den Gründen:

... „Unstreitig ist es, daß die Sprengstoffe der Klägerin auf Geheiß des Schiffers der Etruria zum Zwecke der Errettung des Schiffes und der übrigen Ladung aus einer gemeinsamen Gefahr vorsätzlich in das Meer geworfen sind und daß daher die Tatbestandsmerkmale der großen Haverei, die von Schiff, Fracht und Ladung gemeinschaftlich zu tragen ist, an sich vorliegen (§ 700 HGB.). Es ist auch unbedenklich, daß beim Schadensausgleich nach den Grundsätzen der großen Haverei die Beklagte als Reederin mit Schiff und Fracht zu haften hätte. Denn das zwischen der Klägerin und der Deutschen Ostafrikalinie über die Beförderung der Sprengstoffe abgeschlossene Rechtsgeschäft stellt sich als Unterverfrachtung dar, und nach § 662 Abs. 1 HGB. haftet im Falle der Unterverfrachtung für die Erfüllung des Unterfrachtvertrags, soweit dessen Ausführung zu den Obliegenheiten des Schiffers gehört und von diesem, insbesondere durch Annahme der Güter und Ausstellung des Konnossements, übernommen ist, nicht der Unterverfrachter, sondern der Reeder mit Schiff und Fracht. Anderseits könnten bei der großen Haverei die Ladungsbeteiligten die beklagte Reederei auch auf Veranlassung der Dispache in Anspruch nehmen, da nach § 728 HGB. der Schiffer verpflichtet ist, die Aufmachung der Dispache ohne Verzug zu veranlassen, und bei Nichterfüllung dieser Verpflichtung der Reeder für die Unterlassung des Schiffers, seines Vertreters, einzustehen hat.

Kann hiernach zwar an der Schlüssigkeit der Klagebegründung und an der Passivlegitimation der Beklagten kein Zweifel bestehen, so muß doch trotzdem der Klageanspruch für ungerechtfertigt erachtet werden, da die Schadensausgleichung nach den Grundsätzen der großen Haverei im vorliegenden Falle durch die Konnossementsklausel ausgeschlossen wird, daß der Kapitän im Falle von Gefahr oder vermuteter Gefahr ohne Schadensersatzpflicht berechtigt sein soll, die Kolli über Bord zu werfen. Diese Klausel hat das Berufungsgericht dahin ausgelegt, daß der in ihr enthaltene Ausdruck „Schadensersatzpflicht" zugleich die Ausgleichspflicht der großen Haverei umfaßt und daß die Beteiligten dadurch nicht nur die reine Schadensersatzpflicht, sondern auch die Havereiausgleichspflicht ausgeschlossen haben. Zu dieser Auslegung ist das Berufungsgericht gelangt, indem es die gesamte Sachlage einer eingehenden Betrachtung unterzog. Besonders berücksichtigt hat es dabei, daß die Ladung der Klägerin, die aus leicht entzündlichen Sprengstoffen mit hoher Sprengwirkung bestand und als Kriegskonterbande anzusehen war, nach Menge und Fracht im Verhältnis zur übrigen Ladung nur gering war, daß sie wegen ihrer Eigenart eine besondere gemeinschaftliche Gefahr für die übrige Ladung und das Schiff bedeutete, während eine Gefahr, die der Sprengstoffladung allein drohte, ganz fernliegend war, und daß deshalb die Deutsche Ostafrikalinie und die beklagte Reederei zur Vermeidung späterer Mißhelligkeiten mit ihrer Kundschaft *ein dringendes Interesse hatten, jede Havereiausgleichspflicht beim* Überbordwerfen der Sprengstoffe für alle Beteiligten auszuschließen. Unter diesen Umständen ist das Berufungsgericht zu der Annahme gelangt, daß die Klausel nicht auf den Ausschluß der unmittelbaren Schadensersatzpflicht des Reeders bei objektiv unberechtigtem Seewurf zu beschränken, sondern auf die Havereiausgleichspflicht in vollem Umfange, also auch hinsichtlich sämtlicher Ladungsinteressenten, zu erstrecken sei.

Diese Ausführungen lassen einen Rechtsirrtum nicht erkennen. Zu Unrecht macht die Revision dagegen geltend, daß der Frachtvertrag, den der Verfrachter mit einem der Stückgutbefrachter abschließe, hinsichtlich der großen Haverei nur über die Rechte und Pflichten dieser beiden Beteiligten etwas bestimmen könne, daß aber eine solche Bestimmung, wenn sie mittels Konnossements getroffen werde und auch für die übrigen Befrachter maßgebend sein solle, in allen Einzelkonnossementen wiederholt werden müsse. Richtig ist allerdings, daß eine Klausel, durch die das Ausgleichsverfahren der großen Haverei für einen bestimmten Fall ausgeschlossen werden soll, nur wirksam ist, wenn sie gegenüber allen Havereibeteiligten maßgebend ist. In der Regel wird daher, wenn der Ausschluß der großen Haverei durch eine Konnossementsklausel erfolgt, diese Klausel in alle Konnossemente aufzunehmen sein. Unbedingtes Erfordernis ist dies jedoch nicht; es kann davon abgesehen werden, wenn die Wirksamkeit der betreffenden Abrede für alle Beteiligten in anderer Weise erreicht wird. So liegt der in Rede stehende Fall. Die Klausel findet sich zwar nur in dem Konnossement vor, das der Schiffer der beklagten Reederei unter Verwendung eines bei der Deutschen Ostafrikalinie üblichen Formulars über die Stückgutsendung der Klägerin ausgestellt und dieser ausgehändigt hat. Sie ist daher Gegenstand nur desjenigen Frachtvertrags geworden, den die Klägerin als Unterbefrachterin mit der Deutschen Ostafrikalinie als Unterverfrachterin abgeschlossen hat, und dessen Einzelheiten, wie es bei der Stückgüterfracht üblich ist, in das Konnossement — statt in eine besondere Urkunde über das Frachtgeschäft — aufgenommen sind (ROHG. Bd. 17 S. 72). Ihrer Bedeutung nach ist aber die Klausel nicht auf die rechtlichen Beziehungen zwischen der Klägerin und der Deutschen Ostafrikalinie beschränkt, sondern die Beteiligten verfolgten, wie das Berufungsgericht einwandfrei festgestellt hat, mit der Klausel den Zweck, das Ausgleichverfahren der großen Haverei beim Überbordwerfen der Sprengstoffe ebensowohl für Schiff und Fracht als für die gesamte übrige Ladung auszuschließen. Diese Bestimmung enthält ihrem Wesen nach eine Abrede zugunsten Dritter. Ohne ihrerseits zu irgendeiner Gegenleistung verpflichtet zu werden, wurde den übrigen Havereiinteressenten die Vergünstigung zugewendet, daß sie beim Verlust der klägerischen Ladung durch Seewurf zu Havereibeiträgen nicht herangezogen werden durften. Indem sich so die Klägerin der Ostafrikalinie gegenüber verpflichtete, jede Inanspruchnahme der übrigen Havereibeteiligten auf Havereibeiträge zu unterlassen, kam ein wirksamer Vertrag zugunsten Dritter zustande. Denn nach § 328 BGB. kann durch Vertrag eine Leistung an einen Dritten mit der Wirkung bedungen werden, daß der Dritte das Recht auf die Leistung, die zufolge § 241 BGB. auch in der Verpflichtung zu einem Unterlassen bestehen kann, unmittelbar erwirbt. Einen solchen unmittelbaren und sofortigen Rechtserwerb auf seiten der übrigen Havereibeteiligten stellt das Berufungsgericht als dem Willen der Klägerin und der Ostafrikalinie entsprechend fest, und deshalb muß die Klausel als rechtswirksame Freizeichnung der sämtlichen anderen Havereibeteiligten angesehen werden, auch wenn sie nur in dem über die Ladung der Klägerin ausgestellten Konnossement enthalten ist." . . .

## RGZ. 93, 111.

**Bezugnahme des Konnossements auf die Charteparti. Einfügung von Klauseln in das Konnossement durch den Schiffer.**

HGB. § 651.

I. Zivilsenat. Urt. v. 5. Juni 1918.

I. Landgericht I Berlin. — II. Kammergericht daselbst.

S. S. in Umeå hatte am 22. Mai 1916 von dem Kläger dessen Dampfer Sparta von etwa 1600 t dead weight Ladefähigkeit gechartert, um eine volle Ladung nasse Zellulose von Ursviken nach Stettin zu verbringen. Fracht war nach der Charter zum Satz von 20 Kr. per ton auf die garantierte dead weight Ladungskapazität des Dampfers zu zahlen. Nach späterer Vereinbarung der Vertragschließenden wurde an Stelle der Sparta der Dampfer Annemarie gestellt, dessen Ladefähigkeit 2550 t war. Beladen wurde der Dampfer von der Aktiengesellschaft Sk. Tr. in Ursviken mit 2297 t Zellulose. Das Konnossement enthielt die Klausel freight . . . as per charter party, all the terms and exceptions contained in which charter incl. negl. clause are herewith incorporated. Der Kapitän fügte in den Text des Konnossements ein: „Fracht ist zahlbar laut Charterpartie vom 22. Mai 1916 für 2550 t." Die Abladerin setzte daneben den Vermerk: That (folgt vorstehende Klausel) has been written on without our allowance. Die Fracht wurde von der Beklagten als Empfängerin nur auf das beförderte Quantum von 2297 t gezahlt. Der Kläger forderte mit der Klage Fracht auf restliche 253 t und einen Betrag für Unkosten.

Die beiden Vorinstanzen wiesen die Klage ab. Auf die Revision wurde das Berufungsurteil aufgehoben.

Gründe:

. . .

„Das Berufungsgericht hat die Klage abgewiesen, weil weder die Bezugnahme des Konnossements auf die Charpartie noch die vom Kapitän in das Konnossement eingefügte Klausel den klagenden Reeder berechtige, Fracht auf die volle Schwergutladefähigkeit der Annemarie zu fordern. In beiden Richtungen erweisen sich die Angriffe der Revision als begründet.

Die Chartepartie, auf welche das Konnossement Bezug nimmt, ist über den Dampfer Sparta des Klägers von 1600 t dead weight Ladungskapazität geschlossen. Nachträglich wurde an Stelle der Sparta auf Grund eines Übereinkommens der Kontrahenten die Annemarie von 2550 t dead weight Ladungskapazität gestellt. Eine neue Charter über letzteren Dampfer ist nicht ausgestellt. Das Konnossement über die mit der Annemarie verschiffte Ladung nimmt also Bezug auf die Chartepartie über die Sparta. Da nun in der Chartepartie bedungen sei, daß der Befrachter Fracht auf die vollen 1600 t, die die Sparta tragen könne, zu zahlen habe, folgert das Berufungsgericht, daß diese Abmachung auch jetzt, trotzdem die Annemarie die Frachtreise ausgeführt hat, in Kraft bleiben müsse, so daß der Kläger nicht auf die volle Ladefähigkeit der Annemarie (2550 t), sondern nur auf 1600 t, eventuell, falls ein größeres Quantum verschifft sei, auf das tatsächlich verladene Quantum Fracht zu fordern habe. Dieser Darlegung kann nicht zugestimmt werden. Wenn im Konnossement eine Charter über ein anderes Schiff als das im Konnossement benannte angezogen wird, so kann das nur bedeuten, daß zwar diejenigen Bestimmungen der Charter, die auf besondere Eigenschaften jenes anderen Schiffes Bezug haben, für die Konnossementsreise keine Gültigkeit haben sollen, daß aber alle übrigen Bestimmungen analog anzuwenden sind. Nun war in der Charter, ausgemacht, daß der Reeder Fracht auf die volle Ladungsfähigkeit des Dampfers sollte verlangen können. Der Reeder wollte sich nicht dem aussetzen, daß der Dampfer nur teilweise beladen oder daß auf irgendeine andere Weise seine Tragfähigkeit nicht voll ausgenutzt und dann Fracht nur auf das geringere tatsächlich verladene Gewicht bezahlt wurde. Deshalb wurde abgemacht, daß die Fracht auf die garantierte dead weight Ladungskapazität zu berechnen sei. Diese Regelung findet sich in Charterverträgen recht häufig. Sie war einer von den im Konnossement angezogenen „Terms" jener Charter. Mit der Anziehung der Charter war für kaufmännische Kreise vollkommen erkennbar zum Ausdruck gebracht, daß dieselbe Regelung auch für die Konnossementsreise gelten sollte. Daraus ergibt sich, daß nach dem Konnossement Fracht für die vollen 2550 t zu zahlen ist. Diese Konnossementsbestimmung ist für die Verpflichtung des Empfängers zur Frachtzahlung maßgebend. Das Berufungsgericht stützt seine gegenteilige Entscheidung hauptsächlich darauf, daß der Befrachter oder der Ablader zwar so viel Ladung gehabt habe, um die Tragfähigkeit der Sparta, nicht aber um die der Annemarie auszunutzen. Deshalb habe er wohl für die Sparta der Charterklausel zustimmen können; die Klausel sei jedoch nicht ohne weiters auf einen so viel größeren Dampfer anzuweden. Dem ist jedoch entgegenzuhalten, daß die Auslegung eines Konnossements als eines Umlaufpapiers nicht von persönlichen, unbewiesenen und jedenfalls aus dem Konnossement nicht ersichtlichen Verhältnissen des Abladers abhängig gemacht werden kann.

Auch dem zweiten vom Berufungsgericht angeführten Grund kann nicht zugestimmt werden. Der Kapitän hat dem Konnossementstext die Klausel hinzugefügt: Fracht ist zahlbar laut Chartepartie vom 22. Mai 1916 für 2550 t. Die Abladerin hat daneben geschrieben: That (folgt die vorstehende Klausel) has been written on without our allowance. Das Berufungsgericht führt aus, der Schiffer sei zur Hinzufügung der Klausel nicht berechtigt gewesen; die Klausel sei auch durch den Vermerk der Abladerin wieder aufgehoben. Beides erscheint nicht zutreffend. Ein Konnossement hat zwei Funktionen; es enthält ein

Empfangsbekenntnis des Schiffers und eine Verpflichtung, die Ware unter gewissen Bedingungen an den Empfänger auszuliefern. Die Auslieferungsverpflichtung gilt dem Empfänger gegenüber so, wie sie geschrieben steht. Läßt dieser sich die Ware ausliefern, so muß er die Fracht in Gemäßheit der Bedingungen des Konnossements zahlen. Ob der Schiffer das Konnossement so ausstellen durfte, wie er es ausgestellt hat, fällt dem Empfänger gegenüber nicht ins Gewicht; das kann nur zwischen Schiffer (oder Reederei) und Befrachter erörtert werden (gl. Wüstendörfer, Studien zur modernen Entwicklung des Seefrachtvertrags S. 394).

Es ist auch nicht zuzugeben, daß der Inhalt der vom Schiffer unterzeichneten Auslieferungsverpflichtung durch den Vermerk der Abladerin verändert werden konnte. Es würde den Rechten der Reederei erheblicher Eintrag geschehen und es würde große Rechtsunsicherheit entstehen, wenn der Konnossementstext durch einen Dritten, sei es auch der Ablader oder der Befrachter, zuungunsten der Reederei nachträglich und einseitig verändert werden könnte, so daß dann der Schiffer die Ware zu anderen Bedingungen, als unter denen er sich verpflichtet hat, ausliefern müßte. Hinzu kommt, daß der Vermerk nicht einmal von dem Kontrahenten des Frachtvertrags, dem Befrachter S. S., sondern von der Abladerin Sk. Tr. herrührt. Der Ablader hat kein Recht, in das Frachtverhältnis zwischen Befrachter und Verfrachter einzugreifen. Dessen Vermerk muß für die Verpflichtungen des Empfängers außer Betracht bleiben. Der materielle Streit kann nur zwischen Reederei und Befrachter ausgetragen werden."

**RGZ. 93, 166. +**

1. ...
2. **Zum Gefahrübergang bei überseeischen Kaufgeschäften.**
3. **Zur Bedeutung des Begriffs „Havarie".**

BGB. §§ 243, 446, 447; HGB. §§ 700, 701.

I. Zivilsenat. Urt. v. 8. Juni 1918.

I. Landgericht Mannheim, Kammer für Handelssachen. — II. Oberlandesgericht Karlsruhe.

Die Klägerin, eine deutsche Firma, hatte von der Firma W. & Cia. in Buenos Aires 2500 Tonnen Mais cif Rotterdam gekauft. Hiervon verkaufte sie einzelne Teilladungen weiter an die beklagten deutschen Firmen. Den Kaufgeschäften wurde der La Plata-Getreidevertrag, Formular 26 der London Corn Trade Association in deutscher Übersetzung, mit einzelnen Abänderungen zugrunde gelegt. Im Juli 1914 ließ die Firma W. & Cia. 2500 Tonnen Mais im Hafen von Rosario auf dem englischen Dampfer Hyades verladen, der einige Tage vor Ausbruch des Krieges zwischen Großbritannien und dem Deutschen Reich die Seereise antrat. Am 16. August 1914 wurde er im südlichen Teil des Atlantischen Ozeans von dem deutschen Kreuzer Dresden aufgebracht und mit der Ladung versenkt.

Die Klägerin nahm die Beklagten auf Bezahlung der Kaufpreise nebst Protestkosten in Anspruch. Zur Begründung behauptete sie, am 8. und 10. August 1914 von W & Cia. über die 2500 Tonnen Mais Verladeanzeigen erhalten zu haben, die sie ihrerseits vor Versenkung des Dampfers an die Beklagten weitergegeben habe. Mit Rücksicht auf den durch die Verladeanzeigen herbeigeführten Übergang der Versendungsgefahr habe sie die Dokumente von W. & Cia. aufgenommen; die Beklagten, denen sie sie habe vorlegen lassen, hätten die Aufnahme und die Begleichung der Kaufpreise verweigert.

Das Landgericht wies die Klage ab. Die Berufung wurde zurückgewiesen. Auch die Revision hatte keinen Erfolg.

Gründe:

. . .

Deutsches Recht anwendend, hat das Berufungsgericht angenommen, daß die Gefahr des zufälligen Unterganges mit der Einladung der Ware in den Dampfer Hyades und der Absendung der Verladeanzeigen seitens der Klägerin an die Beklagten auf diese als Käufer gemäß §§ 243, 446, 447 BGB. übergegangen sei, mithin der auf der Seereise eingetretene Verlust an sich die Beklagten betroffen habe. Trotzdem ist es ebenso, wie das Landgericht, zur Abweisung der Klage gelangt, da es die Einrede der Beklagten für durchgreifend erachtete, daß die Klage verspätet angebracht wäre. ... (Im folgenden wird ausgeführt, daß diese Einrede unbegründet sei).

Aus einem anderen Grunde ist aber die Entscheidung in der Sache selbst für zutreffend zu erachten.

Im Berufungsurteil wird unter Bezugnahme auf die Rechtsprechung des Reichsgerichts — RGZ. Bd. 87 S. 134, Bd. 88 S. 389 — der Übergang der Gefahr auf die Beklagten, wie folgt, begründet. Bei einem unter der Cif-Klausel geschlossenen überseeischen Abladegeschäft, wie es hier in Frage stehe, habe der Verkäufer keine Gewähr für die richtige Ankunft der Ware zu tragen, vielmehr gelte für ihn der Abladehafen als Erfüllungsort zur Übergabe der Ware, so daß mit der

Auslieferung der Ware an den Schiffer die Gefahr des zufälligen Unterganges und regelmäßig auch die der zufälligen Verschlechterung auf den Käufer übergehe. Freilich bewirke die Einladung der Ware in das Schiff, wenn diese ungesondert für mehrere Teilkäufer bestimmt sei, allein noch nicht den Gefahrübergang; es müsse dann noch die Konzentration der Warenmenge auf die einzelnen Abnehmer hinzukommen. Hierzu genüge die Zusendung einer Verladeanzeige an jeden Teilkäufer, die dadurch das Miteigentum an der ganzen Ladung zum entsprechenden Bruchteil erlangten. Im vorliegenden Falle seien die Verladeanzeigen den Beklagten vor dem 16. August 1914, dem Tage der Versenkung des Dampfers Hyades, zugegangen, so daß die gesetzlichen Voraussetzungen für die Spezialisierung des Kaufgegenstandes damals bereits erfüllt gewesen seien.

Diesen Ausführungen würde unbedenklich zuzustimmen sein, wenn die Kaufabschlüsse der Parteien sich als Cif-Abladegeschäfte der gewöhnlichen Art, ohne eigentümliche Vertragsbestimmungen, darstellen würden. In der Rechtsprechung des Reichsgerichts ist aber bereits wiederholt hervorgehoben worden, daß auch bei Cif-Abladegeschäften der Wille der Vertragschließenden in Ansehung des Erfüllungsortes und des Gefahrüberganges ein abweichender sein und eine solche vom Regelfall abweichende Willensrichtung nicht nur aus ausdrücklichen Vertragsbestimmungen, sondern auch aus anderen Umständen, insbesondere dem Zusammenhang des Vertrags, hervorgehen könne (RGZ. Bd. 90 S. 1, Warneyer 1918 Nr. 27). Dementsprechend haben die Beklagten in der Vorinstanz geltend gemacht, daß die Verträge der Parteien Bestimmungen enthielten, die mit der üblichen Auffassung von der Bedeutung der Cif-Klausel unvereinbar seien. Besonders haben sie auf die nachstehenden Bestimmungen hingewiesen:

„Pro rata: Alle lose, beschädigte Ware, Fegsel, sowie Mehr- oder Mindergewicht in der entlöschten Quantität ist unter den verschiedenen Empfängern .. pro rata zu verteilen und jeder von ihnen, welcher mehr oder weniger als seinen Pro rata-Anteil empfängt, hat mit dem anderen .. zu verrechnen."

„Mindergewicht: Jedes Mindergewicht unter Konnossementsquantität ist vom Verkäufer und jedes Mehrgewicht über Konnossementsquantität ist vom Käufer .... zu bezahlen."

„Rye Terms: Die Beschaffenheit der Ware bei Ankunft wird garantiert ... Leichte trockene Ware, durch welche die Ware nicht gelitten hat, ist nicht zu beanstanden, aber Seewasser oder andere Beschädigungen muß vom Käufer mit einer Vergütung für Verschlechterung ... empfangen werden."

„Havarie: Jegliche Havarie ist für Verkäufers Rechnung."...

Das Berufungsgericht hat diesen Vertragsbestimmungen keine ausschlaggebende Bedeutung beigemessen. Die erstgenannten beiden Klauseln erklärt es für ganz nebensächlich. Die Rye Terms-Klausel bezeichnet es als eine ersichtliche Ausnahme von dem sonst geltenden Satz, daß die Gefahr des Unterganges der Ware den Käufer treffe. Der Havarieklausel endlich versagt es die Anwendbarkeit auf den vorliegenden Fall, weil unter Havarie jeder Seeverlust, ausgenommen der Totalverlust, zu verstehen sei, letzterer also zu Lasten des Käufers gehe.

Diese Ausführungen sind nicht frei von Rechtsirrtum. Dem Berufungsgericht kann darin beigepflichtet werden, daß die Pro rata- und die Mindergewichtsklausel keine Vorschrift enthalten, die mit der gewöhnlichen Gefahrregelung bei Cif-Abladegeschäften im Widerspruch steht. Dagegen durchbricht die Rye Terms-Klausel, wie auch das Berufungsgericht nicht verkennt, sehr wesentlich den Grundsatz, daß mit der Abladung der Ware in das Schiff die Gefahr des zufälligen Unterganges und einer zufälligen Verschlechterung auf den Käufer übergehen soll. Wenn der Verkäufer für die Beschaffenheit der Ware bei ihrer Ankunft im Bestimungshafen die Gewähr übernimmt und sich zugleich verpflichtet, dem Käufer die Beschädigungen der Ware, die durch Seewasser oder auf andere Weise entstehen, Vergütung zu leisten, so gibt er damit zu erkennen, daß die Gefahr der Seereise zu einem erheblichen Teil auf ihm lasten soll (RGZ. Bd. 88 S. 73). Auffallend wäre es nun, wenn der Käufer, der gemeinhin die im überseeischen Hafen abgeladene Ware gar nicht hat besichtigen können, zwar von Tragung der Gefahr einer zufälligen Beschädigung befreit wäre, dagegen die Gefahr des gänzlichen Unterganges der Ware übernommen hätte. Hier greift jedoch die Havarieklausel ein, indem sie dem Verkäufer die Folgen einer jeden Havarie aufbürdet.

Der Ausdruck „Havarie", gleichbedeutend mit dem Ausdruck „Haverei" des Handelsgesetzbuchs, hat in diesem Gesetz keine allgemeine Begriffsbestimmung gefunden. Hier ist eingehend nur die große Haverei behandelt, worunter nach § 700 alle Schäden zu verstehen sind, die dem Schiff oder der Ladung oder beiden zum Zweck der Errettung beider aus einer gemeinsamen Gefahr von dem Schiffer oder auf dessen Geheiß zugefügt werden, sowie auch die durch solche Maßregeln ferner verursachten Schäden, ingleichen die Kosten, die zu demselben Zweck aufgewendet werden. Der großen Haverei, die von Schiff, Fracht und Ladung gemeinschaftlich zu tragen ist, wird im § 701 die von den Eigentümern des Schiffes und der Ladung für sich allein zu tragende besondere Haverei gegenübergestellt, die alle nicht zur großen Haverei gehörigen, durch einen Unfall verursachten Schäden und Kosten umfaßt, soweit die letzteren nicht nach § 621 als gewöhnliche oder ungewöhnliche Schiffahrtskosten von dem Verfrachter zu tragen sind. Aus dem Vergleich der für die große und die besondere Haverei im Gesetz gegebenen Begriffsbestimmungen folgt, daß der allgemeine Ausdruck Haverei oder Havarie, dem auch der Ausdruck „Average" des grundlegenden englischen Formulars entspricht, ohne jede Einschränkung die durch Unfälle während einer Seereise entstandenen Verluste bezeichnet, wobei unter „Unfall" jedes von außen wirkende, zufällige und ungewöhnliche Ereignis zu verstehen ist, gleichviel, ob darauf ein Verschulden dritter Personen oder der Schiffsbesatzung eingewirkt hat (Heck, Recht der großen Haverei S. 623, Ulrich, Große Haverei S. 1, Boyens, Das deutsche Seerecht 2. Aufl. S. 460). Der Unfallbegriff deckt daher auch kriegerische Maßnahmen, wie Nehmung und Versenkung, wenn durch sie das Schiff oder die Ladung oder beide zugleich betroffen werden. Mit der Bestimmung des allgemeinen Begriffs „Havarie" hat sich der erkennende Senat bereits in seinem Urteil vom 27. Februar 1905 I 115/04 beschäftigt und ausgeführt, daß die Havarie alle durch Unfälle während der Seereise entstehenden, über die regelmäßigen Kosten und Schäden der Schiffahrt hinausgehenden Verluste umfasse, mithin auch den Totalverlust in sich begreife. An dieser Auffassung ist festzuhalten, zumal die §§ 704, 705 HGB. den gänzlichen Verlust von Gegenständen zur besonderen Haverei rechnen, also bestätigen, daß der Havariebegriff auch den Totalverlust deckt.

Demgemäß ist die in den Verträgen der Parteien enthaltene Bestimmung, daß jegliche Havarie für Rechnung des Verkäufers geht, auf den gänzlichen Verlust der Ware mitzuerstrecken. Damit wird zugleich eine angemessene und dem Willen der Vertragsparteien entsprechende Ergänzung und Vervollständigung der durch die Rye Terms-Klausel für den Fall der Beschädigung der Ware getroffenen Gefahrregelung erreicht. Unerheblich ist es, daß die Havarieklausel in ihrem zweiten Teil das Dispacheverfahren betrifft und sich auf die große Haverei bezieht, für die auch hier der Verkäufer, und nicht der Käufer, als beitragspflichtig angesehen wird. Denn durch diese Bestimmung wird die Tragweite der vorhergehenden Bestimmung, daß „jegliche Havarie für Verkäufers

Rechnung ist", in keiner Weise beeinträchtigt. Demnach ergibt sich für den vorliegenden Fall aus der Havarieklausel, in Verbindung mit der Rye Terms-Klausel, daß die Vertragschließenden für die Seereise die Gefahr des zufälligen Unterganges und der zufälligen Verschlechterung in einer vom gewöhnlichen Falle des Cif-Abladegeschäftes abweichenden Weise geregelt und sie allein dem Verkäufer zugewiesen haben. Diesen trifft daher der in Rede stehende Totalverlust der Ware, der seine Ursache in den während der Seereise gegen den Dampfer Hyades ausgeführten kriegerischen Maßnahmen des Kreuzers Dresden hat. Nach Untergang der Ware konnte die Klägerin von den Beklagten, für die eine Gefahrhaftung bis dahin nicht begründet war, die Aufnahme der Dokumente und demgemäß auch die Entrichtung des Kaufpreises nicht mehr verlangen. Ihr auf Zahlung des Kaufpreises nebst Protestkosten gerichteter Anspruch ist daher mit Recht abgewiesen worden."...

**RGZ. 93, 171.**

**Anwendungsgebiet der Kaufvertragsklausel „glückliche Ankunft vorbehalten".**

HGB. § 346.

II. Zivilsenat. Urt. 14. Juni 1918.

I. Landgericht I Berlin, Kammer für Handelssachen. —
II. Kammergericht daselbst.

Die Klägerin behauptete, im Januar 1915 vom Beklagten 100 Tierces amerikanisches Schmalz Purelard, Marke Morris & Co., gekauft zu haben. Da die Lieferung bestimmt verweigert wurde, klagte sie auf Schadensersatz wegen Nichterfüllung. Der Beklagte berief sich u. a. auf die Vertragsklausel „glückliche Ankunft vorbehalten", indem er geltend machte, daß er das Schmalz nie erhalten habe. Über diesen Einwand bemerkte das Reichsgericht in den

Gründen:

... „Der Tragweite der Klausel „glückliche Ankunft vorbehalten", mit der sich dieser Senat bereits mehrfach — vgl. die Urteile II. 38/17, II. 427/17, II. 465/17 — beschäftigt hat, wird weder das Berufungsurteil noch die Revision gerecht.

Durch die Klausel wird der Kaufvertrag auflösend bedingt: wenn die Ware nicht „glücklich ankommt", soll der Vertrag aufgehoben sein. Um ermessen zu können, ob die Ware glücklich angekommen ist, muß ihre Identität, d. h. ihre Bestimmung zum Gegenstand der Vertragserfüllung feststehen. Hierzu genügt nicht eine interne Bestimmung seitens des Verkäufers, der beabsichtigt, die betreffende Ware zur Erfüllung des Vertrags zu verwenden, denn hierdurch wird er zu dieser Verwendung nicht verpflichtet. Die Ware ist nur dann objektiv Gegenstand der Vertragserfüllung, wenn entweder von vornherein ein Spezieskauf vorliegt oder im Falle des Gattungskaufs eine Spezialisierung des Kaufgegenstandes gemäß § 243 Abs. 2 BGB. erfolgt ist. Auf diese beiden Fälle beschränkt sich daher rein logisch das Anwendungsgebiet der Klausel.

Das verkennt die Revision. Das Berufungsgericht empfindet, daß die Klausel ihrem Wortlaut nach auf einen reinen Gattungskauf, wie er hier gegeben ist, keine Anwendung finden kann; es sucht ihr deshalb eine Deutung zu geben, die es ermöglichen soll, sie mit dem Vertrag in Einklang zu bringen.[1]) Diese Deutung ist willkürlich, aber auch unnötig. Denn auch nach ihrem natürlichen Wortlaut wird die Klausel in Fällen wie dem vorliegenden dann — aber auch nur dann — praktisch. sobald die Spezialisierung der Gattungsware erfolgt ist.

Diese hat der Beklagte nicht vorgenommen. Er hat der Klägerin weder ein gehörig indossiertes Konnossement zugehen lassen noch — vgl. RGZ. Bd. 88 S. 392 — eine gehörige Verladungsanzeige erstattet."...

## RGZ. 95, 246.

**Bedeutung der Kaufvertragsklausel „glückliche Ankunft vorbehalten".**

HGB. § 346.

II. Zivilsenat. Urt. v. 8. April 1919.

I. Landgericht III Berlin, Kammer für Handelssachen. — II. Kammergericht daselbst.

Die Klägerin forderte Schadensersatz wegen Nichterfüllung eines am 28. Februar 1916 mit der Beklagten geschlossenen Kaufvertrags über 50 Barrel animalische Fettsäure. Die Beklagte entgegnete, sie habe sich nur mit dem Vorbehalt glücklicher Ankunft der Ware in Lübeck zur Lieferung verpflichtet, die Ware sei aber infolge eines Ausfuhrverbots in Dänemark zurückgehalten worden. Das Landgericht wies die Klage ab. Dagegen machte das Kammergericht die Entscheidung

[1]) Im Berufungsurteil war gesagt, die Klausel könne nur bedeuten, daß der Verkäufer frei werden solle, wenn es unmöglich sei, Ware der bedungenen Art auf dem Seewege einzuführen.

von einem dem Inhaber der Beklagten über den behaupteten Vorbehalt auferlegten Eid abhängig. Es führte aus: Sei der Vorbehalt erfolgt, so sei unzweifelhaft eine ganz bestimmte, konkretisierte Ware verkauft, und da nach dem Ergebnis der Beweisaufnahme die Lieferung dieser Ware der Beklagten ohne Verschulden unmöglich geworden sei, so sei die Beklagte von ihrer Lieferungspflicht befreit und der Schadensersatzanspruch der Klägerin hinfällig. Sei jedoch der Vorbehalt von der Beklagten nicht gemacht worden, so habe sie sich schlechthin verpflichtet, 50 Barrel animalische Fettsäure zu liefern. Da eine objektive Unmöglichkeit, die Ware zu beschaffen, zur Zeit, als sie die Lieferung versprach, nicht vorgelegen habe, so sei sie nach den für den Gattungskauf geltenden Grundsätzen zur Lieferung verpflichtet gewesen. Die Klägerin könne daher, da die Voraussetzungen des § 326 BGB. vorlägen, Schadensersatz verlangen.

Auf die Revision der Klägerin wurde das Urteil des Kammergerichts aufgehoben und die Sache in die Berufungsinstanz zurückverwiesen.

Aus den Gründen:

...„Das Berufungsgericht scheint allerdings anzunehmen, daß die Klausel „glückliche (gute) Ankunft vorbehalten" mit einem reinen Gattungskauf unvereinbar sei, während sie auch bei einem solchen Kauf wirksam werden kann, sobald sich die Lieferpflicht des Verkäufers auf eine bestimmte Sache beschränkt hat (vgl. RGZ. Bd. 93 S. 171). Allein nach der ganzen Sachlage handelt es sich hier nicht um einen reinen Gattungskauf. Es muß vielmehr als feststehend gelten, daß die Beklagte sich von vornherein nur zur Lieferung aus einer bestimmten, und zwar aus der ihr nach den Aussagen der Zeugen C. und L. kurz vorher von der Aktiengesellschaft Vereinigte Chemische Werke in Ch. verkauften größeren Partie Ware verpflichten wollte, und daß sie diesen ihren Willen, wenn auch unter Verschweigung des Namens ihres Lieferanten, beim Abschluß des Vertrags erkennbar zum Ausdruck gebracht hat. Bei einem beschränkten Gattungskauf hat aber die Klausel „glückliche Ankunft vorbehalten" sogleich, wie bei einem Spezieskauf, die Kraft einer auflösenden Bedingung.

Dagegen kann dem ferneren Revisionsangriff die Berechtigung nicht abgesprochen werden. Die Beklagte hat im Prozeß selbst angegeben, daß die Ware, die aus Dänemark habe kommen sollen, beim Vertragschluß tatsächlich noch nicht nach Lübeck unterwegs gewesen, sondern von den dänischen Behörden auf Grund eines Ausfuhrverbots zurückgehalten und auch später nicht freigegeben worden sei. Hätte sie daher, wie sie behauptet, die Ware von Anfang an als „angeblich" auf Lübeck schwimmend bezeichnet, so würde sie auf Grund der Klausel „glückliche Ankunft vorbehalten" von der Lieferungspflicht freigeworden sein. Anders läge die Sache aber möglicherweise dann, wenn sie der Klägerin, wie diese behauptet und der Zeuge La. bestätigt hat, beim Vertragschluß erklärt haben sollte, „die Ware sei nach Lübeck unterwegs und ihr Eintreffen werde dort stündlich oder in den allernächsten Tagen erwartet". Denn damit würde sie möglicherweise die Gewähr dafür übernommen haben, daß der Ankunft der Ware in Lübeck ein Ausfuhrverbot nicht entgegenstehe, und sie würde sich alsdann auf jene Klausel wohl nicht berufen können. Nach dieser Richtung hin läßt das Berufungsurteil die erforderliche Prüfung vermissen (vgl. § 346 HGB., § 157 BGB.)."...

**RGZ. 96, 164.**

**1. Zur Schadensersatzpflicht, wenn bei einem Schiffszusammenstoß mehr als zwei Schiffe beteiligt sind.**

**2. Zur Haftung des Reichs für seine Beamten. Kann die Entscheidung der Frage, ob der Geschädigte von einem Dritten Ersatz des Schadens zu erlangen vermag, nur in einem besonderen Rechtsstreit zwischen dem Geschädigten und dem Dritten herbeigeführt werden?**

Gesetz über den Zusammenstoß von Schiffen vom 7. Januar 1913 (RGBl. S. 90) Art. 1, 5; Intern. Übereink. zur einheitlichen Feststellung von Regeln über den Zusammenstoß von Schiffen vom 23. September 1910 (RGBl. 1913 S. 491[1]) Art. 3, 4, 5, 12, 13 und Zusatzartikel[2]), RBHaftG. vom 22. Mai 1910 (RGBl. S. 798) § 1; BGB. § 839.

I. Zivilsenat. Urt. v. 28. Juni 1919.

I. Landgericht Kiel. — II. Oberlandesgericht daselbst.

Am 10. März 1913 fand im Kaiser-Wilhelm-Kanal ein Zusammenstoß zwischen einem Schleppzug, der aus Fahrzeugen der Klägerin bestand, und dem Dampfer Imperial statt. Der Schleppzug, der von dem Kanallotsen E. als Zwangslotsen geführt wurde, kam von der Ostsee, der Dampfer Imperial von der Elbe; dieser stand unter der Führung

---

[1]) Vgl. dazu Nr. 22 des Art. 282 des Vers.-Vertrages — RGBl. 1919 S. 687 (1089).

[2]) Vgl. auch das RG. über das Intern. Übereinkommen zum Schutze des menschlichen Lebens auf See (Schiffsicherheitsvertrag, London 1929) vom 10. 4. 31 — RGBl. II S. 235 — Art. 40, 60 und Anh. II.

des Lotsen R. als Zwangslotsen. In der Nähe der Unfallstelle befand sich ein Bagger der Nebenintervenientin, der das Fahrwasser beengt haben soll. Die Fahrzeuge der Klägerin wurden beschädigt. In einem Vorprozeß nahm sie zunächst den Lotsen R. auf Schadensersatz in Anspruch. Die Klage wurde abgewiesen, weil nur fahrlässiges Verschulden des Lotsen R. vorläge und letzterer hierfür nach dem Reichsgesetz vom 22. Mai 1910 nicht in Anspruch genommen werden könnte. Nunmehr erhob die Klägerin Klage gegen den Reichsfiskus, der nach dem genannten Gesetz für das Verschulden der beiden Lotsen eintreten müßte.

Das Landgericht wies die Klage ab, soweit Ersatz der Kosten des Vorprozesses verlangt wurde; im übrigen erklärte es den Klageanspruch zu $^2/_3$ dem Grunde nach für berechtigt. Beide Parteien legten Berufung ein. Das Oberlandesgericht wies die Berufung der Klägerin zurück und wies auf die Berufung des Beklagten die Klage gänzlich ab. Die Eigentümerin des Baggers trat in der Berufungsinstanz der Klägerin als Nebenintervenientin bei.

Gründe:

Die Revision der Klägerin führte zur Aufhebung des Berufungsurteils.

„Das Gesetz vom 7. Januar 1913 über den Zusammenstoß von Schiffen bestimmt in seinem Art. 5, daß es gleichzeitig mit den beiden internationalen Übereinkommen vom 23. September 1910 über den Zusammenstoß von Schiffen und über Bergung und Hilfeleistung in Kraft treten soll. Diese beiden Übereinkommen — und also auch das bezeichnete deutsche Gesetz — sind, da die Ratifikationsurkunden am 1. Februar 1913 hinterlegt worden sind (RGBl. 1913 S. 89), nach Art. 16 bzw. 18 der Übereinkommen (RGBl. 1913 S. 62, 80) einen Monat später, also am 1. März 1913, in Kraft getreten.

Der vorliegende Zusammenstoß hat am 10. März 1913 stattgefunden, ist mithin nach dem neuen Gesetz oder dem internationalen Übereinkommen zu entscheiden.

An dem Zusammenstoß waren drei Fahrzeuge teils unmittelbar, teils mittelbar beteiligt.

Der Schleppzug der Klägerin, bestehend aus dem Dampfer Karl Kiehn und drei Leichtern, fuhr im Kaiser-Wilhelm-Kanal von Holtenau nach der Elbe. Er wurde von dem Lotsen E. als Zwangslotsen geführt. Ihm entgegen kam der Dampfer Imperial, der gleichfalls von einem Zwangslotsen, dem Kanallotsen R., geführt wurde. Der Dampfer Imperial ist mit zweien der drei Leichter des klägerischen Schleppzuges zusammengestoßen. Unmittelbar bei der Unfallstelle lag der holländische Bagger Laboremus, der dort die Fahrrinne ausbaggerte. Die Klägerin nimmt den Reichsfiskus für den ihr entstandenen Schaden in Anspruch, da der Schaden auf fahrlässiges Verschulden beider Lotsen zurückzuführen sei, für das der Fiskus einzustehen habe.

Das Berufungsgericht hat ausgeführt: Weil hier lediglich Fahrlässigkeit des Lotsen, kein Vorsatz in Frage komme, hafte der Reichsfiskus nach dem Gesetz vom 22. Mai 1910 in Verbindung mit § 839 BGB. nur dann, wenn die Klägerin nicht auf andere Weise Ersatz zu erlangen vermöge. Treffe nun den Baggermeister ein ursächliches Verschulden, so könne die Klägerin sich an die Reederei des Baggers, die Nebenintervenientin, halten, denn es komme § 737 (nicht § 736) HGB. in der neuen Fassung zur Anwendung. Die Nebenintervenientin hafte aufs Ganze und könne sich nicht auf die Mitschuld anderer, nämlich der Zwangslotsen, berufen. Ob die Klägerin von der Nebenintervenientin Ersatz zu erlangen vermöge, könne nicht in dem zur Entscheidung stehenden, sondern nur in einem gegen die Nebenintervenientin anzustellenden Rechtsstreit erörtert werden.

Diesen von der Revision angegriffenen Ausführungen kann nicht in allen Teilen zugestimmt werden.

Nach § 839 BGB. in Verbindung mit dem Gesetz vom 22. Mai 1910 kann der Reichsfiskus wegen fahrlässigen Verschuldens eines Reichsbeamten — als solcher hat ein Kanallotse zu gelten — nur dann in Anspruch genommen werden, wenn der Verletzte nicht auf andere Weise Ersatz zu erlangen vermag. Es fragt sich also, ob die holländische Gesellschaft der Klägerin überhaupt haftet und ob die Haftung sich aufs Ganze erstreckt. Auch letzteres muß erörtert werden; denn wenn die holländische Gesellschaft nur auf einen Teil haftet, so würde von vornherein feststehen, daß die Klägerin jedenfalls teilweise keinen Ersatz anderweitig zu erlangen vermag. Beide Fragen sind zu bejahen, und zwar sowohl nach dem deutschen Gesetz als auch nach dem internationalen Übereinkommen.

Das Übereinkommen, ebenso wie die Bestimmungen des deutschen HGB. §§ 734 flg., regeln nicht nur den Fall, daß zwei Schiffe, sondern auch den Fall, daß mehrere Schiffe an einem Zusammenstoß beteiligt sind. Das ist zwar im Schrifttum bestritten worden, weil die Bestimmungen dem belgischen HGB. Art. 251 nachgebildet seien, der nur auf den Zusammenstoß zweier Schiffe Anwendung finde. Allein eine solche Beschränkung liegt dem Übereinkommen und dem deutschen HGB.

fern, wie sich aus den Anführungen von Mittelstein, Hanseat. Rechtszeitschr. Bd. 1 S. 56 deutlich ergibt. Bei den Verhandlungen der Brüsseler Konferenz ist der Fall der Beteiligung eines dritten Schiffs ausdrücklich erörtert und als unter die Bestimmungen des Übereinkommens fallend bezeichnet worden, vgl. Sitzungsprotokolle der internationalen Konferenz, Sitzungen vom 28. September bis 8. Oktober 1909, S. 40 unten (Äußerung des Präsidenten), S. 41, (Berlingieri usw.). Nun umfaßt der Ausdruck „beteiligte Schiffe", nicht nur diejenigen Schiffe, die körperlich zusammengestoßen sind sowie auch die mittelbar beteiligten, d. h. diejenigen, deren Verschulden zu dem Zusammenstoß ursächlich mitgewirkt hat, ohne daß sie eines der anderen Schiffe berührt haben, vgl. Art. 13 und § 738. An dem zur Entscheidung stehenden Zusammenstoß sind also beteiligt der Schleppzug der Klägerin, der Dampfer Imperial und der holländische Bagger Laboremus, wenn einstweilen mit dem Landgericht angenommen wird, daß auch dem Bagger ein Verschulden zur Last fällt. Unter dieser Annahme ist also eine Haftung der holländischen Gesellschaft nach § 735 HGB. wie nach Art. 3 des Übereinkommens gegeben.

Sonach fragt es sich weiter, ob die Reederei des Baggers solchenfalls der Klägerin für den ganzen Schaden haftet, und zwar gesamtschuldnerisch mit dem Reichsfiskus, sofern dieser nach dem Gesetz vom 22. Mai 1910 für den Zwangslotsen des entgegenkommenden Dampfers Imperial einzustehen hat. Nach deutschem Recht ist die Frage zu bejahen. Denn nach § 737 HGB. kann einerseits der Klägerin ein Verschulden ihres eigenen Zwangslotsen nicht entgegengehalten werden, so daß sie nicht etwa einen Teil ihres Schadens selbst zu tragen hat, und anderseits tritt gesamtschuldnerische Haftung aufs Ganze ein, wenn der Schaden durch ursächliches Verschulden mehrerer Personen entstanden ist. Nun könnte freilich in Frage kommen, ob nicht wegen der Beteiligung des holländischen Baggers das Übereinkommen nach dessen Art. 12 Abs. 1 zur Anwendung zu gelangen hätte. Diese Frage bedarf jedoch keiner Entscheidung. Denn auch nach dem Übereinkommen müßte man in beiden angegebenen Richtungen zu demselben Ergebnis gelangen. Das Übereinkommen will zwar nach Art. 5 die Reederei für das Verschulden ihres eigenen Zwangslotsen haftbar machen; solchenfalls würde also die Klägerin nur einen Teil ihres Schadens ersetzt verlangen können. Aber dieser Art. 5 ist nach dem am Schluß des Übereinkommens befindlichen Zusatzartikel noch nicht in Kraft getreten. Das Übereinkommen läßt also die Bestimmung des deutschen

Rechts, daß der Klägerin ein Verschulden ihres eigenen Zwangslotsen nicht entgegengehalten werden kann, in Gültigkeit. Weiter ist nun zwar im Schrifttum hin und wieder die Behauptung aufgestellt worden, daß nach dem Übereinkommen mehrere schuldige Schiffe dem beschädigten Schiff, auch wenn diese schuldlos ist, nicht gesamtschuldnerisch aufs Ganze, sondern nur verhältnismäßig haften, vgl. Sienknecht, das Brüsseler Übereinkommen von 1910, § 16 S. 61 flg. und Hans. OLG. in Hanseat. Rechtszeitschr. Bd. 1 S. 343. Aber dieser Meinung ist nicht zuzustimmen. Sie hat im Übereinkommen keinerlei erkennbaren Ausdruck gefunden. Daß verhältnismäßige Haftung nach Art. 4 eintritt, wenn das beschädigte Schiff selbst mitschuldig ist, läßt keinen Schluß darauf zu, daß die gleiche Regelung bei Schuldlosigkeit des beschädigten Schiffes einzutreten hat, vgl. Mittelstein a. a. O. S. 60 und Grisebach, Hanseat. Rechtszeitschr. Bd. 1 S. 343.

Danach ergibt sich, daß die Klägerin, einerlei ob ihren eigenen Zwangslotsen ein Verschulden trifft oder nicht, einen Anspruch auf Ersatz ihres vollen Schadens gegen die Nebenintervenientin hat, falls deren Baggermeister ein Verschulden nachzuweisen ist. Insoweit muß also dem angegriffenen Urteil beigestimmt werden.

Nun bestimmt § 839 BGB. in Verbindung mit dem Gesetz vom 22. Mai 1910, daß der Reichsfiskus wegen fahrlässigen Verschuldens eines Reichsbeamten nur dann in Anspruch genommen werden kann, wenn der Verletzte nicht auf andere Weise Ersatz zu erlangen vermag. Es fragt sich also, ob die Klägerin ein Verschulden des Baggermeisters nachweisen kann und daraufhin von der holländischen Gesellschaft Ersatz zu erlangen vermag; ist das der Fall, dann kann der Reichsfiskus nicht in Anspruch genommen werden. Das Berufungsgericht hat ausgeführt, die Entscheidung dieser Frage könne nicht in diesem Rechtsstreit, sondern müsse auf eine gegen die holländische Gesellschaft zu erhebende Klage erfolgen. Dem vermag das Reichsgericht nicht beizustimmen. Bedenken grundsätzlicher Art, die Entscheidung in diesem Rechtsstreit zu treffen, sind nicht zu erheben. Es ist nichts Seltenes, daß über das Verschulden und die Schadensersatzpflicht eines Dritten in einem Rechtsstreit entschieden wird, an dem er nicht selbst als Partei beteiligt ist. Der Bestimmung des § 839 BGB. ist keinerlei Anhalt dafür zu entnehmen, daß es dem Prozeßgericht freistehen soll, sich der Entscheidung zu entziehen, ob die Klägerin nicht auf andere Weise Ersatz zu erlangen vermag. Gewiß sind Fälle denkbar, in denen ein Kläger aus eigenem wohlverstandenem Interesse zunächst den Dritten, dessen Ersatzpflicht in Frage steht, in Anspruch nehmen wird; er hat dann für seine Klage gegen den Fiskus eine gesicherte Grundlage. Aber eine Verpflichtung, so zu verfahren, besteht für den Kläger nicht. Er hat ein Recht darauf, daß die Feststellung, ob die Voraussetzungen des § 839 gegeben sind, in dem Rechtsstreit gegen den Fiskus getroffen wird. Er muß dann allerdings — wie er es im vorliegenden Falle nach seinen Erklärungen in der Revisionsinstanz mit Bewußtsein getan hat — die Gefahr auf sich nehmen, daß die Haftung des Dritten im Rechtsstreit gegen den Fiskus und im Rechtsstreit gegen den Dritten verschieden beurteilt wird und beide Klagen unter Umständen zur Abweisung gelangen können. Diese Möglichkeit kann aber nicht dahin führen, das geschilderte Recht des Klägers zu beeinträchtigen. Auch die vom Berufungsgericht angeführten Urteile des Reichsgerichts führen zu keiner anderen Anschauung. In der Entscheidung Bd. 81 S. 428 flg. wird die Prüfung, ob ein Schadensersatzanspruch gegen einen Dritten besteht, nicht abgelehnt, sondern ausdrücklich vorgenommen; die Klage ist abgewiesen worden, weil die Prüfung das Ergebnis hatte, daß nach dem beigebrachten Material ein solcher Anspruch bestehe. In der Entscheidung Bd. 91 S. 232 wird nur dargelegt, daß, wenn der Kläger zunächst den Dritten, dessen Ersatzpflicht in Frage kommt, verklagt, die Kosten dieses Vorprozesses vom Fiskus zu erstatten sind. Danach erscheint es rechtsirrtümlich, wenn das Berufungsgericht den Klageanspruch abgewiesen hat, weil zunächst die Reederei des Baggers verklagt werden müsse."

RGZ. 96, 316.

**1. Haben die Kaskoversicherer dem Versicherten den Beitrag des Schiffes zur großen Haverei auch insoweit zu erstatten, als er die Versicherungssumme überschreitet?**

**2. Liegt eine vom „Schiffer oder auf dessen Geheiß" erfolgte Maßregel im Sinne des § 700 HGB. auch dann vor, wenn nur unter „Mitwirkung" des Kapitäns gehandelt worden ist?**

HGB. §§ 834, 840, 819, 841, 700; Allg. SVB. von 1867 §§ 84, 92, 66, 93, 69.

I. Zivilsenat. Urt. v. 11. Oktober 1919.

I. Landgericht Hamburg, Kammer für Handelssachen. — II. Oberlandesgericht daselbst.

Die Klägerin hat ihren Dampfer „Altona" bei einer Reihe von Versicherern unter Anwendung der Allg. SVB. von 1867 zu einer bestimmten Gesamtversicherungssumme auf Zeit versichert, und zwar „nur für Seegefahr". Der mit Ladung fahrende Dampfer strandete auf einer unter die Versicherung fallenden Reise und wurde erst nach Werfen eines Teiles der Ladung mit Hilfe eines Bergungsdampfers flott. In der Kaskodispache wurde der Schaden des Kasko auf einen die Gesamtversicherungssumme übersteigenden Betrag festgesetzt, wovon ein erheblicher Teil auf den Beitrag des Schiffs zur großen Haverei entfällt. Die Versicherer bezahlten die Versicherungssumme und noch etwas darüber hinaus. Sie weigerten sich, den Beitrag des Schiffs zur großen Haverei zu bezahlen, soweit dadurch die Versicherungssumme überschritten wird. Die Klägerin verlangt diese Zahlung unter Berufung auf § 92 Abs. 2 Allg. SVB.

Die Vorinstanzen wiesen die Klage ab. Die Revision hatte keinen Erfolg.

Gründe:

„Der § 834 HGB. unterscheidet ausdrücklich zwischen den in Nr. 1 und 2 aufgeführten Beiträgen zur großen Haverei bzw. den ihnen gleichgestellten Aufwendungen und den in Nr. 3 bezeichneten „sonstigen", d. h. nicht in Nr. 1 und 2 erwähnten, zur Rettung sowie zur Abwendung größerer Nachteile notwendig und zweckmäßig aufgewendeten Kosten nebst den in Nr. 4 behandelten, zur Ermittlung und Feststellung des dem Versicherer zur Last fallenden Schadens erforderlichen Kosten. Wenn dann in § 840 Abs. 2 HGB. die Haftung des Versicherers über die Versicherungssumme hinaus ausdrücklich nur für die in § 834 Nr. 3 und 4 erwähnten Kosten vorgeschrieben ist, so zeigt dies klar, daß nur insoweit eine Ausnahme von dem das Versicherungsrecht beherrschenden und im § 840 Abs. 1 ausgesprochenen Grundsatz, daß der Versicherer für einen Schaden nur bis zur Höhe der Versicherungssumme haftet, gemacht werden soll, und daß diese streng auszulegende Ausnahmevorschrift nicht auf die in § 834 Nr. 1 und 2 behandelten Fälle ausgedehnt werden darf.

Nicht anders aber verhält es sich mit den entsprechenden Vorschriften der §§ 84 und 92 der hier maßgeblichen Allg. SVB., welche zwar nicht wörtlich, aber doch im wesentlichen mit den genannten Bestimmungen im Handelsgesetzbuch übereinstimmen. Insbesondere zeigt die ausdrückliche Verweisung in § 92 Abs. 2 Allg. SVB. auf die §§ 84 Ziff. 3 und 69 a. E. ebenda, daß auch hier die oben dargelegte Beschränkung der erwähnten Ausnahmen vorgeschrieben und ihre Ausdehnung auf die Beiträge zur großen Haverei abgelehnt ist. Daran ändert nichts die in § 84 Nr. 3 Allg. SVB. (§ 834 Nr. 3 HGB.) erfolgte Bezugnahme auf den § 66 Allg. SVB. (§ 819 HGB.). Der § 66 behandelt nur die dem Versicherten als solchem dem Versicherer gegenüber hinsichtlich des einzelnen versicherten Gegenstandes obliegende Rettungspflicht, die erst nach Eintritt des Unfalls und nachdem der Versicherte davon Kenntnis erlangt hat einsetzt. Es ist daher zum mindesten zweifelhaft, ob der genannte Paragraph auch auf solche Aufwendungen Bezug hat, die unter die große Haverei fallen, d. h. vom Schiffer oder auf dessen Geheiß zum Zweck der Errettung von Schiff und Ladung aus einer gemeinsamen Gefahr und ohne Rücksicht auf das Versicherungsverhältnis gemäß § 700 HGB. gemacht sind. Die etwaige Nichtanwendbarkeit des § 66 Allg. SVB. (§ 819 HGB.) auf Fälle der großen Haverei würde ein weiteres Anzeichen dafür sein, daß der § 92 Abs. 2 Allg. SVB. (§ 840 Abs. 2 HGB.) im Hinblick auf seine eben erwähnte Bezugnahme auf § 84 Ziff. 3 und § 66 Allg. SVB. (§§ 834 Ziff. 3, 819 HGB.) für die in § 84 Nr. 1 und 2 Allg. SVB. (§ 834 Nr. 1 und 2 HGB.) angeführten Beiträge zur großen Haverei nicht in Betracht kommt. Es kann dies aber dahingestellt bleiben. Denn jedenfalls behandelt der § 66 rechtsgrundsätzlich nur die Verpflichtung des Versicherten, zur Abwendung und Verringerung des Schadens das Seinige beizutragen, und entscheidet nichts darüber, in welchem Umfang für die daraus entstehenden Aufwendungen der Versicherer dem Versicherten aufzukommen hat. Vielmehr ist auch der Hinweis in § 84 Nr. 3 Allg. SVB. auf den § 66 immer nur in dem mehrerwähnten, durch den Wortlaut der Vorschrift begrenzten Umfang zu verstehen. Daß die in § 92 Abs. 2 Allg. SVB. (§ 840 Abs. 2 HGB.) erörterten Kosten die Beiträge zur großen Haverei nicht umfassen, zeigt auch die Vorschrift in § 92 Abs. 3 Allg. SVB. (§ 840 Abs. 3 HGB.), wo neben den ebenda in Abs. 2 aufgeführten Kosten (siehe: „solche" Kosten in Abs. 3) die Beiträge zur großen Haverei besonders erwähnt werden. Im übrigen betrifft der Abs. 3 des § 92 Allg. SVB. (§ 840 HGB.) den ganz eigenartigen Fall, daß die anläßlich eines Unfalls von dem Versicherten gemachten Aufwendungen usw. durch einen neuen Unfall hinfällig gemacht werden. Es können daher aus der dort gegebenen Vorschrift, daß der Versicherer neben seiner Haftung für den neuen Schaden bis zur Höhe der ganzen Versicherungssumme u. a. auch etwaige Beiträge zur großen Haverei zu erstatten hat, keine Rückschlüsse für die hier streitige Auslegung des § 92 Abs. 2 gezogen werden. Ebenso wird in § 93 Allg. SVB. (§ 841 HGB.) ein hier nicht vorliegender Fall behandelt, daß nämlich der Versicherer durch Zahlung der vollen Versicherungssumme grundsätzlich Befreiung von allen weiteren Verbindlichkeiten aus dem Versicherungsvertrag, insbesondere auch von der Haftung für zu erwartende künftige Aufwendungen, erlangt (Versicherer-Abandon). Auch diese Sondervorschrift berechtigt nicht zu besonderen Rückschlüssen für die Auslegung von § 92 Abs. 2 Allg. SVB. (§ 840 Abs. 2 HGB.), so daß es keiner Prüfung der vom Berufungsgericht bejahten Frage bedarf, ob der Passus in § 93 Allg. SVB. (§ 841 HGB.), betr. die zur „Erhaltung und oder Wiederherstellung" der versicherten Sachen erforderlichen oder verwendeten Kosten lediglich auf den besonderen Fall des § 92 Abs. 3 Allg. SVB. (§ 840 Abs. 2 HGB.) Bezug hat.

Die somit dem Wortlaut von § 92 Abs. 2 Allg. SVB. (§ 840 Abs. 2 HGB.) entsprechend zu treffende Unterscheidung zwischen den Beiträgen zur großen Haverei und den in § 84 Nr. 3 Allg. SVB. (§ 834 Nr. 3 HGB.) aufgeführten „sonstigen" Kosten ist keineswegs, wie von der Klägerin geltend gemacht wird, unbillig und widersinnig. Vielmehr entspricht sie durchaus dem in den Allgemeinen Seeversicherungsbedingungen (sowie im Handelsgesetzbuch) im übrigen zum Ausdruck gekommenen Rechtsstandpunkt. Danach mögen die im § 84 Nr. 1 Allg. SVB. (§ 834 Nr. 1 HGB.) erwähnten Beiträge zur großen Haverei im weiteren Sinne auch als „Rettungsaufwendungen" angesehen werden können, bilden aber in dem Kreis der hierunter fallenden Aufwendungen eine besondere Kategorie. Die genannten Beiträge sind nicht direkt zur Rettung der versicherten Gegenstände aufgewendet, sondern sie sind nur das Resultat solcher Aufwendungen. Nach § 700 HGB. sind große Haverei alle Schäden, die dem Schiff oder der Ladung oder beiden zum Zweck der Errettung beider aus einer gemeinsamen Gefahr von dem Schiffer oder auf dessen Geheiß vorsätzlich zugefügt werden, sowie auch die durch solche Maßregeln ferner verursachten Schäden und Kosten, die zu demselben Zweck aufgewendet werden. Die große Haverei wird von Schiff, Fracht und Ladung gemeinsam getragen, und zwar auf Grund eines besonders geregelten Feststellungs- und Verteilungsverfahrens, welches nur eintritt, wenn sowohl das Schiff als auch die Ladung, und zwar jeder dieser Gegenstände, entweder ganz oder teilweise wirklich gerettet worden sind (§ 703 flg. HGB.). Es kann also sein und stimmt mit dem Grundgedanken der Havarie-Grosse-Verteilung überein, daß zum Zweck der Rettung dem versicherten Gegenstand in ganz anderem Umfang Schäden zugefügt sind oder daß der Versicherte in ganz anderem Maße Kosten aufgewendet hat, als dem entspricht, was die auf den Versicherten entfallenden Beiträge zur großen Haverei ausmachen. Der Versicherte selbst ist selten in der Lage, auch nur mittelbar einen Einfluß auf Art und Umfang der in Havarie-Grosse fallenden Aufwendungen zu üben. Vielmehr liegt die Entscheidung hierüber ausschließlich beim Kapitän des Schiffes, der nach bestem Ermessen, und zwar nicht gerade zugunsten der einzelnen versicherten Sache oder im Interesse ihres Versicherers, sondern im gemeinsamen Interesse von Schiff, Fracht und Ladung zu handeln hat, ohne dabei regelmäßig ein eigenes unmittelbares Interesse an dem einen oder anderen Versicherungsgegenstand zu haben. Dementsprechend hat auch der Havarie-Grosse-Beitrag insofern dinglichen Charakter, als eine persönliche Verpflichtung zur Entrichtung des betr. Beitrags durch den Havereifall an sich nicht begründet wird (§ 726 HGB.). Dagegen ist der Versicherte dem Versicherer gegenüber in Gemäßheit des § 66 Allg. SVB. (§ 819 HGB., siehe auch § 254 BGB.) persönlich verpflichtet, für die Rettung der versicherten Sachen und die Abwendung größerer Nachteile zu sorgen. Auch wenn die dafür aufgewendeten Kosten unter große Haverei fallen können — was nach obigem zum mindesten zweifelhaft ist —, erfolgt die Erstattung dieser Kosten an den Versicherten auf ganz verschiedenen Wegen, je nachdem sie zur großen Haverei gehören oder nicht. Denn im ersteren Falle werden sie anteilmäßig auf Schiff, Fracht und Ladung verteilt und nur der so berechnete Beitrag ist dem Versicherten vom Versicherer zu erstatten, während im anderen Falle der Versicherte sich allein und unmittelbar an den Versicherer, und zwar wegen seiner wirklichen Aufwendungen, halten muß. Es liegt auf der Hand, daß an und für sich der Versicherer die nicht gehörige Erfüllung der in seinem Interesse nach § 66 Allg. SVB. (§ 819 HGB.) dem Versicherten obliegenden Pflichten weniger zu besorgen braucht, wenn es sich um unter Havarie-Grosse gehörige Aufwendungen handelt — zumal wenn bei einer Kaskoversicherung der Wert des Schiffs erheblich geringer ist als der Wert seiner Ladung, wie dies bei der früheren Schiffahrt mit verhältnismäßig kleinen Schiffen oft vorkam — als wenn dies nicht der Fall ist und solches schon zur Zeit des Unfalls sicher oder doch, z. B. wegen der Zweifelhaftigkeit des Erfolgs der betr. Maßnahmen, zu befürchten war. Es ist daher wohl verständlich, wenn — anders wie bei den Havarie-Grosse-Beiträgen usw. — hinsichtlich der gemäß § 66 Allg. SVB. (§ 819 HGB.) aufzuwendenden Kosten, soweit sie von der Havarie-Grosse-Verteilung nicht berührt werden, dem Versicherten die Vorschrift zur Seite steht, daß diese Kosten vom Versicherer auch dann vollständig zu erstatten sind, wenn die hiernach im ganzen zu zahlende Vergütung die Versicherungssumme übersteigt. Anderseits ist für die Möglichkeit der Überschreitung der Versicherungssumme durch die von dem Versicherer nach § 84 Nr. 1 und 2 Allg. SVB. zu erstattenden Beiträge zur großen Haverei in den §§ 86, 88 Allg. SVB. (§§ 835, 837 HGB.) eine besondere Regelung getroffen. Nach alledem erscheint die verschiedene Behandlung der beiden erörterten Fälle nach § 92 Abs. 2, § 84 Nr. 3 und § 69 a. E. Allg. SVB. (§ 840 Abs. 2, 834 Nr. 3, 4 HGB.) gerechtfertigt und jedenfalls nicht so abwegig, daß um deswillen eine vom klaren Wortlaut der genannten Vorschriften abweichende Auslegung eintreten müßte (siehe auch RGZ. Bd. 89 S. 51, 52, betr. die Unterscheidung zwischen den Havarie-Grosse-Beiträgen einerseits und den Havarie-Grosse-Forderungen bzw. den in Havarie-Grosse zu liquidierenden Kosten anderseits; ferner Urt. des Hanseat. OLG. vom 12. Februar 1919 VII 200/18).

Das Berufungsgericht hat zutreffend ausgeführt, daß der von ihm vertretenen und hier gebilligten Auslegung des § 92 Abs. 2 Allg. SVB. (§ 840 Abs. 2 HGB.) weder die Vorarbeiten zum Handelsgesetzbuch noch die auf Umgestaltung der Allg. SVB. abzielenden Verhandlungen noch etwa aus dem englischen Recht zu ziehende Schlußfolgerungen entgegenstehen. Es hat ferner in rechtlich nicht zu beanstandender Weise das Bestehen einer abweichenden Usance verneint sowie auch die Behauptung der Klägerin betreffend die wiederholt erfolgte Vergütung des sog. Havarie-Grosse-Exzedenten in den Kreis seiner Erwägungen gezogen. Die von der Revision angerufenen Ausführungen von B o y e n s in der Zeitschrift für Versicherungsrecht und Wissenschaft von Eugen Baumgartner 1889 S. 229 flg., bes. S. 240 Anm. 3 (vgl. auch P a u l y „zu §§ 92, 93 Allg. SVB. von 1867" in der Hans. Rechtszeitschr. 1918 Nr. 8 S. 394 flg. und dagegen K n i t t e l das. 1919 Nr. 1 S. 10 flg.), stehen mit dem Wortlaut der §§ 840 Abs. 2, 834 Nr. 3 HGB. (844 Abs. 2, 838 Nr. 3 HGB. alte Fassung) in einem durch jene Darlegungen nicht hinreichend erklärten Widersprüche. Der von der Revision aus der „ratio legis" hergeleitete Unterschied zwischen den unter Havarie-Grosse fallenden Kosten einerseits und den gleichfalls daruntеer fallendn Schäden an Schiff und Ladung anderseits findet weder im Gesetz noch in den Allg. SVB. eine Stütze.

Die weiter von der Revision zur Begründung einer Prozeßrüge nach § 286 ZPO. gemachte Angabe, es sei in der Klagebeantwortung behauptet, daß der Vertreter des Beklagten selbst den Vertrag mit den

Bergern geschlossen habe, nachdem gemäß § 66 Allg. SVB. die beklagten Versicherer von dem Unfall benachrichtigt waren, ist irrig. Wohl aber hat die Klägerin laut ihrem nach dem Tatbestand des Berufungsurteils in der zweiten Instanz vorgetragenen Schriftsatz vom 22. Oktober 1917 behauptet, die Reederei habe sich in Anlaß des Unfalls gemäß § 66 Allg. SVB. mit den Versicherern in Verbindung gesetzt und deren Expert habe zusammen mit dem Kapitän alle Maßregeln getroffen, die zur Rettung und Erhaltung des Schiffs notwendig gewesen seien, in*sonderheit auch die Bergung gutgeheißen und den Hilfslohn mit* Zustimmung der Assekuradeure mit den Bergern abgemacht. Es kann dahingestellt bleiben, ob die unter Verweisung auf die Klagebeantwortung aus § 286 ZPO. hergeleitete Prozeßrüge der Revision auch auf den eben erwähnten Schriftsatz der Klägerin vom 22. Oktober 1917 bezogen werden kann (§ 554 Nr. 2 b, 559 ZPO.) und ob sie solchenfalls formell zutrifft. Denn jedenfalls würde die angebliche Prozeßverletzung der Übergehung der betr. Parteibehauptung im Berufungsurteil materiellrechtlich ohne Bedeutung sein. Nach der in dem genannten Schriftsatz enthaltenen Angabe sind die betr. Maßregeln unter Mitwirkung des Kapitäns — der als solcher nicht etwa in Vertretung eines einzelnen Versicherten, speziell des Kaskoversicherten, nach § 66 Allg. SVB., sondern im Gesamtinteresse von Schiff, Fracht und Ladung gemäß § 700 HGB. tätig gewesen ist und somit nach außen hin, insbesondere auch den Bergern gegenüber, als der maßgebende Faktor zu gelten hat — bei jeder einzelnen Maßregel vorgenommen worden, d. h. also „von dem Schiffer oder auf dessen Geheiß" im Sinne von § 700 HGB. (siehe auch Schaps Seerecht § 700 Anm. 20). Demgemäß fallen die dadurch verursachten Aufwendungen auch nach der Darstellung der Klägerin unter Havarie-Grosse." . . .

**RGZ. 97, 13.**

**Verteilung der Beweislast bei einem Verstoß gegen Art. 27, 29 der Seestraßenordnung vom 5. Februar 1906 (RGBl. S. 120).**

I. Zivilsenat. Urt. v. 25. Oktober 1919.

I. Landgericht Hamburg, Kammer für Handelssachen. —
II. Oberlandesgericht daselbst.

In der Nacht vom 18. auf den 19. Januar 1913 fand unweit Bornholm ein Zusammenstoß statt zwischen dem Dampfer Minos und dem Dampfer Haparanda. Der Dampfer Minos ist mit seiner Ladung gesunken.

Die Klägerinnen sind Ladungsinteressenten, Ladungsversicherer und Zessionare solcher Versicherer der Minos und beanspruchen von dem Beklagten als dem Korrespondentreeder der Haparanda den Ersatz des sie betreffenden Ladungsschadens der Minos. Die Klägerinnen behaupten, daß das alleinige Verschulden am Zusammenstoß auf seiten der Haparandaführung gelegen habe. Die Beklagte hat den Klageanspruch nach Grund und Höhe bestritten. Das Landgericht hat auf Klageabweisung erkannt; das Berufungsgericht hat die Klageansprüche *im wesentlichen dem Grunde nach für berechtigt erklärt. Die hiergegen* eingelegte Revision hat zur Aufhebung des Berufungsurteils und Zurückverweisung der Sache an die Vorinstanz geführt aus folgenden

Gründen:

„Das Berufungsgericht hat ausgeführt: es erblicke mit dem Seeamt ein Verschulden des zu der maßgeblichen Zeit den Dampfer Haparanda führenden ersten Steuermanns H. darin, daß dieser auf das erste Zwei-Töne-Signal der Minos noch weiter beobachtet und nicht sofort die Maschine der Haparanda auf volle Kraft rückwärts beordert habe. Damit sei ein Verstoß des H. gegen die nautische Vorsicht erwiesen. Es könne jedoch nicht mit Sicherheit beantwortet werden, mit welcher Stärke, in welchem Winkel und an welcher Stelle die Haparanda die Minos bei rechtzeitigem Rückwärtskommando getroffen hätte, und es könne daher auch nicht festgestellt werden, daß die Kollision auch ohne den erwähnten Verstoß des H. das Sinken der Minos und den Verlust ihrer Ladung zur Folge gehabt hätte. Angesichts des vorliegenden schuldhaften Verhaltens des genannten Führers der Haparanda, das für den genannten Schaden ursächlich gewesen sein könne, hätte es aber dem Beklagten obgelegen, den Beweis zu erbringen, daß der Schaden auch entstanden wäre, wenn H. rechtzeitig rückwärts beordert hätte. Da dieser Beweis nicht geführt sei, sei ein für den Kollisionsschaden kausales Mitverschulden auf seiten der Haparandaführung anzunehmen.

Die gegen diese Ausführungen von der Revision erhobene Rüge der Verletzung des materiellen Rechts ist begründet.

Das Berufungsgericht hat eine positive Feststellung, daß das für erwiesen erachtete Verschulden des H. für den Schaden kausal gewesen sei, abgelehnt. Es hat ferner das betreffende Verschulden des H. nur dahin charakterisiert, daß es sich um einen Verstoß gegen die nautische Vorsicht handle. Zwar hat sich das Berufungsgericht dabei auch auf die Entscheidung des Seeamtes Hamburg bezogen, in welcher das Verschulden des H. als eine Verletzung des Art. 23 SStrO. erachtet ist.

Diese Bezugnahme ist aber nur ganz nebenbei und in einer Weise erfolgt, daß daraus, zumal im Beihalt der sonstigen betreffenden Ausführungen des Berufungsgerichts, nicht entnommen werden kann, daß auch von ihm ein Versoß gegen Art. 19, 23 SStrO. angenommen ist. Vielmehr hat ersichtlich das Berufungsgericht nur an eine Verletzung von Art. 29, 27 gedacht. Dies erhellt u. a. auch daraus, daß es ein Eingehen auf die für die Anwendung von Art. 19, 23 bedeutungsvolle Frage unterlassen hat, ob die Haparanda, als auf ihr das erste Zwei-Töne-Signal der Minos gehört und das grüne Licht derselben gesichtet wurde, oder in einem späteren Zeitpunkt bis zur Kollision die Minos an ihrer (der Haparanda) Steuerbordseite gehabt hat und somit nach Art. 19 im Prinzip ausweichpflichtig gewesen ist, während solchenfalls die Minos an sich nach Art. 21 Kurs und Geschwindigkeit hätte beibehalten müssen.

Ist danach nur die Feststellung eines nautischen Verschuldens auf seiten der Haparandaführung im Sinne von Art. 27, 29 getroffen, so reichen die Erwägungen des Berufungsgerichts nicht aus, um die von ihm erlassene Entscheidung zu tragen.

Wer aus einer Schiffskollision der hier fraglichen Art Ansprüche auf Schadensersatz herleitet, hat in der Regel nicht nur ein Verschulden auf seiten der Besatzung des in Anspruch genommenen Schiffes, sondern auch die Kausalität des Verschuldens für den betreffenden Schaden zu beweisen, da das Verschulden für sich allein eine Vermutung für den betreffenden Kausalzusammenhang nicht begründet (vgl. auch RG. Urt. v. 2. Oktober 1898 in Hans. GZtg. Hbl. 1898 Nr. 127 S. 311; Schaps, Seerecht § 734 Anm. 31 S. 656). Von dieser Regel ist durch die Praxis verschiedentlich insofern eine Ausnahme gemacht, als ausgesprochen ist: wenn zum Schutze gewisser Interessen denjenigen, welche nicht in die Lage kommen können, dieselben zu schädigen, ein bestimmtes Verhalten durch Gesetz (oder auch durch anderweitige Regelung) zur Pflicht gemacht sei, so sei beim Zuwiderhandeln gegen jene Vorschrift zu vermuten, daß derjenige Schaden, welchem diese Vorschrift vorbeugen wolle, durch deren Übertretung entstanden sei, falls dadurch dieser Schaden nach den obliegenden Umständen verursacht sein könne (vgl. RGZ. Bd. 21 S. 109, Bd. 31 S. 64; ROHG. Bd. 18 S. 292 flg., Bd. 23 S. 187; Schaps, Seerecht § 734 Anm. 32 S. 656; vgl. aber auch Schaps, Seerecht § 734 Anm. 34 u. 38 Abs. 2; Hans. OLG. in Hans. GZtg. 1893 Hbl. S. 32; 1895 Hbl. S. 139; 1898 Hbl. S. 311). Es ist aber hinsichtlich dieses Grundsatzes zu beachten, daß es sich um eine Ausnahme von den normalen Regeln über die Beweislast handelt, welche eine ausdehnende Anwendung nicht verträgt. Demgemäß ist es schon fraglich, ob der erwähnte Grundsatz auch dann Anwendung finden darf, wenn, wie das hier nach den Feststellungen des Berufungsgerichts der Fall ist, auf der Gegenseite zweifellos ein schuldhafter und für den Schaden kausaler Verstoß gegen ein derartiges Schutzgesetz, nämlich gegen Art. 21, 19 SStrO., begangen ist (vgl. auch Schaps, Seerecht § 734 Anm. 38 Abs. 2). Es kann dies aber hier dahingestellt bleiben. Denn jedenfalls darf der fragliche Grundsatz nicht ohne weiteres auf die Übertretung jeder einen derartigen Interessenschutz bezweckenden Vorschrift im weitesten Sinne angewendet werden, sondern seinem Sinn und Zweck entsprechend nur da, wo es sich um die Verletzung einer solchen Vorschrift handelt, die ein bestimmtes Verhalten (Tun oder Unterlassen) ausdrücklich vorschreibt und im einzelnen regelt (vgl. z. B. ROHG. Bd. 23 S. 187 u. RGZ. Bd. 21 S. 109: „ein bestimmtes Verhalten zur Pflicht gemacht worden ist"; Bd. 18 S. 293: „Sind . . . gewisse Vorschriften gesetzlich erteilt worden" usw.). Solche Vorschriften finden sich u. a. in Art. 17 bis 26 SStrO. Dagegen stellen die Bestimmungen in Art. 27, 29 SStrO. nur eine allgemeine, die eben erwähnten Spezialvorschriften durchbrechende Regel auf, die sich an die allgemein geltenden Grundsätze von der Sorgfalt im Verkehr anlehnt. Welche Maßnahmen auf Grund dieser in Art. 27, 29 SStrO. aufgestellten Regel im einzelnen zu treffen sind, ist aus den betreffenden Gesetzesvorschriften selbst nicht zu ersehen, sondern hängt ganz von den subjektiven und objektiven Verhältnissen des Einzelfalls ab. Während bei einer Verletzung der in Art. 17 bis 26 SStrO. enthaltenen Vorschriften ein Verschulden auf seiten des Übertretenden — vorausgesetzt, daß die äußeren Umstände dem Handelnden die Möglichkeit gewähren, eine Lage zu erkennen, für welche ihm ein bestimmtes Verhalten vorgeschrieben war, RGZ. Bd. 31 S. 64 — prima facie vermutet wird (RG. Bd. 69 S. 434; Schaps, Seerecht § 734 Anm. 34, 38; RG. 28. Nov. 1908 I 666/07; 29. Februar 1904 I 450/03; 14. Mai 1902 I 33/02; 19. Juni 1901 I 62/01; 27. Juni 1900 I 142/00 u. a. m.), bedarf dieses Verschulden eines besonderen, nach den normalen Beweisregeln zu führenden Beweises, wenn es sich um eine Verletzung von Art. 27, 29 SStrO. handelt (vgl. auch RG. Urt. v. 29. Oktobeer 1898 in Hans. GZtg. 1898 Hbl. S. 311). Dasselb gilt aber auch für die Frage, ob zwischen einer schuldhaften Verletzung der letzterwähnten Vorschriften und dem eingetretenen Schaden ein Kausalzusammenhang besteht. Auch hier genügt es für die Annahme eines solchen Kausalzusammenhanges nicht, daß die betreffende Verletzung der nautischen Vorsicht für den entstandenen Schaden ursächlich gewesen sein kann und ein Gegenbeweis gegen diese Vermutung nicht geführt ist, sondern es muß der wirkliche Beweis einer solchen Verursachung erbracht werden, wobei allerdings dem Gericht gemäß § 287 ZPO. ein besonders freier Spielraum in der Beweiswürdigung eingeräumt ist." . . .

**RGZ. 98, 115.**

**Zum Begriff der in großer Haverei zu verteilenden außerordentlichen Aufwendungen.**

HGB. §§ 700 flg.

I. Zivilsenat. Urt. v. 31. Januar 1920.

I. Landgericht Hamburg, Kammer für Handelssachen. — II. Oberlandesgericht daselbst.

Ein der Klägerin gehöriger Dampfer befand sich auf der Reise von Luleå nach Emden am 3. August 1917 in der Nähe der Emsmündung. Es setzte stürmisches Wetter mit Regenböen ein. Bei 14 m Wassertiefe wurde die Maschine auf volle Kraft rückwärts gestellt und der Steuerbordanker mit etwa 12 Faden Kette geworfen. Als der Dampfer vor dem Winde herumschwoite, stieß er hinten auf Grund. Der Anker wurde wieder hochgenommen; das Schiff war jedoch trotz aller Maschinenbewegungen nicht vom Grund abzubringen. Um zu verhindern, daß es bei einsetzender Flut höher auf den Sand geriet, wurde der Backbordanker geworfen. Der Anker hielt jedoch nicht, worauf auch der Steuerbordanker geworfen wurde. Der Westwind war inzwischen zum Sturm angewachsen. Bald darauf brachen gleichzeitig beide Ankertrossen. Die Anker und ein Teil der Trossen gingen verloren. Der Dampfer ist nach Leichterung später wieder abgekommen.

Über den Unfall wurde eine Dispache aufgemacht; danach sind Anker und Ketten in großer Haverei zu ersetzen. Die Beklagte bestritt die Berechtigung dieser Annahme und kürzte die Versicherungssumme um den Betrag von 4943,92 M, den die Klägerin mit der Klage von ihr fordert.

Das Landgericht wies die Klage ab, das Oberlandesgericht gab ihr statt. Die Revision der Beklagten hatte keinen Erfolg.

Gründe:

„Das Berufungsgericht hat ausgeführt, an sich möge das Ausbringen von Ankern, auch wenn das Schiff festgeraten sei, nichts anderes als der bestimmungsgemäße Gebrauch einer gewöhnlichen Hilfskraft des Schiffs sein, so daß, wenn Anker und Trosse verloren gingen, eine Verteilung in großer Haverei nicht in Frage komme. Aber unter besonderen Umständen könne das Ausbringen der Anker doch die Merkmale der Außerordentlichkeit annehmen. Solche Umstände seien hier gegeben; das Schiff sei auf Grund gestoßen; es habe ein heftiger Wind geweht, der sich nach und nach zum Weststurm entwickelt habe; dadurch sei der Dampfer in schwere Gefahr geraten; es sei nicht sehr wahrscheinlich gewesen, daß die Ankertrossen halten würden; das Ausbringen der Anker habe sich also als ein Versuch der Rettung des Dampfers dargestellt, bei dem mit dem möglichen, ja wahrscheinlichen Verlust der Anker von vornherein gerechnet worden sei.

Die Revision sucht darzulegen, daß es sich trotz der geschilderten Tatumstände doch nur um eine bestimmungsmäßige Verwendung des Ankergeschirrs gehandelt habe. Ihr ist darin nicht beizustimmen. Es ist kein Streit, daß die Dispache nach den York Antwerp Rules von 1890 aufzumachen ist. Sowohl nach diesen wie nach dem Handelsgesetzbuch können nur solche Schäden in großer Haverei vergütet werden, die durch eine außerordentliche Maßregel zur Rettung aus der gemeinsamen Gefahr herbeigeführt wird. Die York Antwerp Rules setzen nun in Regel 1 bis 12 fest, welche einzelnen Maßregeln als derartige außerordentliche anzusehen sind. Über das Aufopfern von Ankern und Trossen finden sich keine Bestimmungen. Nach Regel 18 ist solchenfalls auf das Landesrecht zurückzugreifen. Das hindert aber selbstverständlich nicht, daß diejenigen Grundsätze allgemeinerer Art, die in den Regeln ihren Ausdruck gefunden haben, zu berücksichtigen sind. Nun bestimmt die Regel 6, daß, wenn ein Schiff auf Grund geraten ist und Segel setzt, um loszukommen, der Verlust von Segeln und Rundhölzern einen Fall der großen Haverei darstellt. Desgleichen bestimmt Regel 7, daß Schaden an der Maschine oder den Kesseln, der dadurch entstanden ist, daß man auf die Gefahr eines solchen Schadens hin einen Abbringungsversuch mit eigener Maschinenkraft unternommen hat, in großer Haverei vergütet werden soll. Der Sinn beider Bestimmungen ist, daß in solchen Fällen, wie sie die Regeln 6 und 7 umfassen, nicht ein bestimmungsmäßiger, sondern ein besonders gefährlicher Gebrauch von den Segeln und der Maschine gemacht wird (so RG. in Hans. Ger.-Ztg. 1885, Hauptbl. Nr. 72; vgl. auch L o w n d e s, general average. 3. Aufl. §§ 23 und 34; B o y e n s, Seerecht Bd. 2 S. 476); die Segel drohen zu brechen, weil das festsitzende Schiff dem Winddruck nicht nachgeben kann, die Maschine ist in Gefahr, durch eindringenden Sand beschädigt zu werden u. dgl. Beide Bestimmungen finden aber nach ausdrücklicher Vorschrift nur dann Anwendung, wenn das Schiff auf Grund sitzt; ist das Schiff flott, so handelt es sich um einen bestimmungsmäßigen Gebrauch der Segel oder der Maschine, gleichgültig, ob sie überanstrengt werden oder nicht. Diese Grundsätze sind auch auf den vorliegenden Fall des Verlustes von Anker und Trossen anzuwenden. Ist das Schiff flott, so stellt das Werfen der Anker einen bestimmungsmäßigen Gebrauch derselben dar — auch wenn das Schiff sich im Eis befindet und herantreibende schwere Eisfelder die Ankertrossen zu sprengen drohen (vgl. Hans. Ger.-Ztg. 1913, Hauptbl. Nr. 117). Ob die Sachlage jedesmal hinsichtlich des Ankerausbringens eine andere ist, wenn das Schiff festsitzt, mag dahingestellt bleiben. Es lassen sich Fälle denken, wo eine außerordentliche Gefahr für das Ankergeschirr nicht droht, trotzdem das Schiff den Grund berührt. Im vorliegenden Falle war aber die Sachlage nach der Verklarung und den unangreifbaren tatsächlichen Feststellungen des Berufungsgerichts eine andere. Man mußte von vornherein damit rechnen, daß die Trossen die heftigen Stöße des auf Grund sitzenden schweren und beladenen Dampfers nicht aushalten würden, und der Schiffer hat damit gerechnet, wie das Berufungsgericht ausdrücklich ausspricht. Das ist erklärlich; ist ein ankerndes Schiff flott, so hängt die Kette in einem mehr oder weniger großen Bogen im Wasser und bietet dadurch den Stößen einen elastischen Widerstand. Daran fehlte es im vorliegenden Falle und deshalb wurden die Trossen in unvergleichlich höherem Maße beansprucht. Mithin liegt nicht eine bestimmungsmäßige Verwendung der Anker vor. Wenn die Revision meint, Maßregeln, durch die eine Strandung erst verhütet werden solle, stellten überhaupt keinen Fall der großen Haverei dar, so ist dem entgegenzuhalten, daß der Dampfer sowohl bei Ausbringung des Backbord- als auch des Steuerbordankers bereits festsaß.

Freilich findet sich nun, worauf die Revision hinweist, in dem angefochtenen Urteil die Äußerung, es werde unterstellt, daß zunächst das Ausbringen des Backbordankers nach den Umständen, unter denen es erfolgte, noch keine außerordentliche Maßregel dargestellt habe. Die Revision führt aus, es könne dann der Wert jedenfalls dieses Ankers nicht in großer Haverei verteilt werden. Allein einmal ist das Revisionsgericht an die Beurteilung des Berufungsgerichts, ob eine Maßregel nach den Havereigrundsätzen der großen Haverei eine außerordentliche ist, nicht gebunden. Und sodann liegt ganz offensichtlich nur ein Vergreifen im Ausdruck vor. Das Berufungsgericht will sagen: zu der Zeit, als der Backbordanker ausgebracht worden sei, habe noch keine außerordentliche Gefahr bestanden, weil der Wind damals noch nicht zum Sturm herangewachsen sei. Nur dieser Sinn paßt in den Zusammenhang. Immerhin aber nahm der Wind stetig an Stärke zu. Man mußte ernstlich damit rechnen, daß er zum Sturm anwachsen konnte. Wenn unter solchen Umständen im Hinblick auf die herannahende große Gefahr ein Anker ausgebracht wird, so kann das sehr wohl als eine außerordentliche Maßregel aufgefaßt werden, die den Tatbestand der großen Haverei erfüllt. Es handelt sich in solchem Falle eben nicht um eine unbestimmte zukünftige, sondern um eine nach aller Wahrscheinlichkeit unmittelbar bevorstehende Gefahr."

**RGZ. 98, 164.**

**1. Ist der Verkäufer, der dem Käufer nur eines von mehreren an Order lautenden Konnossementsexemplaren übergibt, verpflichtet, eine mißbräuchliche Verwendung der anderen Exemplare zu verhüten?**

**2. Kann der Käufer, dem mittels eines anderen Konnossementsexemplars die Ware wieder entzogen wird, vom Verkäufer Schadensersatz verlangen?**

BGB. § 433; HGB. §§ 645, 647, 648.

III. Zivilsenat. Urt. v. 20. Februar 1920.

I. Landgericht Frankfurt a. M. — II. Oberlandesgericht daselbst.

Die Klägerin kaufte im Juni 1914 von der Beklagten 20 Ballen Büffelhäute, schwimmend mit dem Bestimmungshafen Antwerpen, Kaufpreis zahlbar durch Sechsmonatsakzept der Klägerin gegen Auslieferungsschein oder Dokumente. Die Beklagte, die die Ware ihrerseits von der Firma J. S. B. in F. gekauft hatte, übergab der Klägerin ein ihr von der genannten Firma übergebenes, von dem französischen Schiffer am 18. Juli 1914 ausgestelltes, von dem Ablader, der Firma B. & C. in Le Havre, in blanko indossiertes Orderkonnossement und erhielt dafür das vereinbarte, von der Klägerin später eingelöste Akzept über den Kaufpreis. Auf dem Konnossement war vermerkt, daß dieses in vier Exemplaren ausgestellt worden war, wovon zwei der Ablader erhalten hatte. Das Konnossement, das die Klägerin erhielt, war eines von diesen zwei Exemplaren. Die Klägerin behauptete: das französische Schiff habe Le Havre am 18. Juli 1914 verlassen und sei am 20. Juli 1914 in Antwerpen angekommen, wo der Schiffer die Ware eingelagert habe. Die

Firma B. & C. habe, da sie den Kaufpreis von ihrem Käufer, der Firma J. S. B., nicht erhielt, nach Kriegsausbruch nach dem Verbleib der Ware geforscht und später mittels des in ihrer Hand gebliebenen Konnossementsexemplars über die Ware verfügt. Als die Klägerin nach dem Fall Antwerpens im Oktober 1914 sich erkundigte, habe sich herausgestellt, daß die Ware auf Grund des fraglichen Konnossementsexemplars Dritten ausgeliefert und nach England gebracht worden sei. Die Klägerin verlangte nun als Schadenersatz wegen Nichterfüllung den Ersatz der *Wechselsumme, einer Versicherungsprämie und des entgangenen* Gewinns. Für die beiden ersteren Forderungen machte sie auch den Gesichtspunkt der ungerechtfertigten Bereicherung geltend.

Die Klage wurde in erster Instanz abgewiesen. Das Berufungsgericht bestätigte durch Teilurteil die Abweisung des in Höhe von 23 000 M erhobenen Schadenersatzanspruchs wegen entgangenen Gewinns und erklärte zugleich durch Zwischenurteil die weitere Klageforderung, soweit sie unter dem Gesichtspunkt des Schadensersatzes geltend gemacht wurde, für unbegründet, während es die Entscheidung über die Frage der ungerechtfertigten Bereicherung vorbehielt. Die von der Klägerin gegen das Teilurteil eingelegte Revision wurde zurückgewiesen.

Gründe:

„Durch den Kaufvertrag wird der Verkäufer einer Sache verpflichtet, dem Käufer die Sache zu übergeben und das Eigentum daran zu verschaffen (§ 433 Abs. 1 Satz 1 BGB.). Wird eine Ware auf Grund eines Frachtvertrags zur See befördert, so wird sie durch das Konnossement vertreten. Der Schiffer ist verpflichtet, im Löschungshafen das Frachtgut dem legitimierten Inhaber eines Konnossementsexemplars auszuliefern, d. h. demjenigen, an den das Gut nach dem Konnossement abgeliefert werden soll oder auf den das Konnossement, wenn es an Order lautet, durch Indossament übertragen ist (§ 645 HGB.). Die Übergabe des Konnossements an den hiernach legitimierten Empfänger hat, sobald das Gut von dem Schiffer zur Beförderung übernommen ist, für den Erwerb von Rechten an dem Gut dieselben Wirkungen wie seine Übergabe (§ 647 HGB.). Die Übergabe des Konnossements vermittelt daher auch den Übergang des Eigentums.

Sind aber, wie hier, mehrere Exemplare eines an Order lautenden Konnossements ausgestellt, so können von dem Inhaber des einen Exemplars die bezeichneten Wirkungen des Konnossements zum Nachteil desjenigen nicht geltend gemacht werden, der auf Grund eines andern Exemplars berechtigterweise die Auslieferung von dem Schiffer erlangt hat, bevor der Anspruch auf Auslieferung von dem Inhaber des ersteren Exemplars erhoben worden ist (§ 648 HGB.). Für den Empfänger nur eines Exemplars besteht danach die Gefahr, daß mittels anderer Exemplare des Konnossements die Wirkungen der Übergabe wieder hinfällig gemacht werden. Zu den Pflichten des Verkäufers, der dem Käufer nur eines von mehreren Konnossementsexemplaren übergibt, gehört es daher, daß er den Käufer gegen diese Gefahr schützt. Das geschieht am sichersten dadurch, daß der Verkäufer dem Käufer auch die übrigen Exemplare verschafft. Dem entspricht ein in den Entscheidungen des Oberlandesgerichts Hamburg anerkannter Handelsgebrauch, der dahin geht, daß der Käufer, der mit der Bestimmung „Kasse gegen Dokumente" gekauft hat, auf sämtliche Konnossementsexemplare Anspruch hat und sich nicht mit einem von ihnen zu begnügen braucht. Der II. Zivilsenat des Oberlandesgerichts Hamburg stellt dies in seinem Urteil vom 15. Juni 1912 (Hans. Ger.-Ztg. 1912 Hauptbl. S. 265) auf Grund der übereinstimmenden Gutachten von Sachverständigen als die Auffassung des Handelsverkehrs fest und führt dazu u. a. aus: Wenn in einzelnen Fällen, vielleicht auf Grund persönlichen Vertrauens oder aus geschäftlichem Entgegenkommen oder aus mangelnder Rechtskenntnis, nicht auf Auslieferung aller Exemplare bestanden werde, so stehe dem nicht entgegen, daß es mangels entgegenstehender Abreden als Rechtspflicht des Verkäufers angesehen werde, den vollen Satz der Konnossemente zu liefern. Daß die Übergabe nur eines Exemplars genügen könne, um mittelbaren Besitz und Eigentum an der Ware zu übertragen, entscheide nicht, da der Verkehr mit der Möglichkeit rechne, daß der Besitzer eines anderen Konnossementsexemplars dem Käufer mit der Meldung zum Empfang der Ware zuvorkomme. Die Bestimmung „Kasse gegen Dokumente" enthalte eine Abweichung von der Regel, daß der Käufer sich auf eine Ersatzübergabe nicht einzulassen brauche. Die Abweichung gehe aber nicht dahin, daß in solchem Falle jede Art der Ersatzübergabe oder doch die Übergabe eines an sich zur Erlangung von Besitz und Eigentum an der Ware geeigneten Papiers schlechthin genüge. Es bleibe vielmehr von der Auffassung des Handelsverkehrs abhängig, ob neben der Übergabe eines solchen Papiers noch weitere Papiere anzudienen seien, und diese Auffassung gehe hier dahin, daß nicht die Übergabe des einen Konnossementsexemplars genüge, sondern der volle Satz gefordert werden könne. In einem Urteil vom 17. März 1914 (Hans. Ger.-Ztg. 1914 Hauptbl. S. 177) tritt der VI. Zivilsenat des Oberlandesgerichts Hamburg der Feststellung des II. Zivilsenats bei und fügt dessen Ausführungen hinzu: Sinn und Zweck des fraglichen Handelsgebrauchs sei der unbedingte Schutz des Käufers, der, ohne die gekaufte Ware zu sehen, gegen die ihm angedienten Papiere den Kaufpreis zu zahlen habe. Dieser Schutz erstrebe nicht nur die Sicherheit der Auslieferung der Ware, sondern auch die Verschonung mit Ansprüchen anderer Konnossementsinhaber (§§ 648, 649 HGB.). Dem Käufer seien daher solche Konnossemente anzubieten, die ihrer Beschaffenheit nach Zweifel darüber ausschlössen, daß alle Konnossementsexemplare angedient seien.

Aus diesem Handelsgebrauch, den auch das Berufungsgericht anerkennt, folgt aber zunächst nur, daß die Beklagte, indem sie der Klägerin nur e i n Konnossementsexemplar übergab, ihre Verpflichtung aus dem Kaufvertrag noch nicht erfüllt hatte. Die Klägerin, die aus dem Inhalt des Konnossements ebenso wie die Beklagte sehen mußte, daß das Konnossement in vier Exemplaren ausgestellt war, hätte also die Annahme ablehnen und die Hingabe ihres Akzeptes verweigern können. Sie ist auch, wenn, wie sie geltend macht, die Ware ihr auf Grund eines anderen Konnossementsexemplars wieder entzogen worden ist, berechtigt, ihre Leistungen nach den Grundsätzen der ungerechtfertigten Bereicherung zurückzufordern. Ein darüber hinausgehender Anspruch auf Schadensersatz aber — und darum handelt es sich für die Beurteilung der Revision — würde voraussetzen, daß die Nichterfüllung ihrer Vertragspflicht auf ein Verschulden der Beklagten zurückzuführen wäre. Ein solches Verschulden wird aber vom Berufungsgericht ohne Rechtsirrtum verneint. Da, wie das Berufungsgericht in anderem Zusammenhang einwandfrei festgestellt hat, der Ausbruch des Krieges der Beklagten die Beschaffung der Ware oder auch nur der fehlenden Konnossementsexemplare unmöglich machte, könnte nur ein Verschulden in Betracht kommen, das vor dem Kriegsausbruch liegt. Verzug der Beklagten kommt nicht in Frage, da ein Lieferungstermin nicht bestimmt war und eine Mahnung oder Aufforderung zur Lieferung der fehlenden Konnossementsexemplare oder zur Verhütung der aus ihnen drohenden Nachteile nicht stattgefunden hatte. Die Klägerin findet nur ein Verschulden der Beklagten darin, daß sie nicht schon vor der Übergabe des Konnossements an die Klägerin ihren Vormann, die Firma J. S. B. in F., befriedigt und auch sonst nicht Schritte unternommen habe, um die anderen Konnossementsexemplare, insbesondere das in der Hand des Abladers gebliebene, unschädlich zu machen. Das Berufungsgericht weist aber darauf hin, daß es ordnungsmäßig und üblich gewesen sei, wenn die Beklagte zur Bezahlung ihres Vormanns das von der Klägerin empfangene Akzept verwendet habe, und hebt mit Recht hervor, daß, da die Klägerin das eine Konnossementsexemplar ohne Widerspruch angenommen habe, die Beklagte nicht verpflichtet gewesen sei, aus freien Stücken Schritte wegen der fehlenden Exemplare zu tun. Ein Rechtsirrtum ist darin nicht zu finden. Insbesondere kann ein Verschulden der Beklagten noch nicht darin erblickt werden, daß die Beklagte das von der Firma J. S. B. empfangene Exemplar an die Klägerin weitergab, *ohne zuvor die Firma J. S. B. zu befriedigen. Daran ändert auch der von* der Revision hervorgehobene Umstand nichts, daß, wie im zweiten Urteil des Oberlandesgerichts Hamburg ausgeführt wird, Sinn und Zweck des fraglichen Handelsgebrauchs der unbedingte Schutz des Käufers, insbesondere auch gegen Ansprüche anderer Konnossementsinhaber sei. Ein über den Inhalt des Handelsgebrauchs hinausgehendes unbedingtes Einstehen für den Erfolg mit der Folge einer Schadensersatzpflicht des Verkäufers auch ohne Verschulden ist daraus nicht abzuleiten. Die Frage des Verschuldens aber ist vom Berufungsgericht einwandfrei geprüft und verneint worden. Die Revision ist daher unbegründet."

## RGZ. 98, 171.

### Zur Bedeutung der Worte „von dem Schiffer oder auf dessen Geheiß" in § 700 HGB.

I. Zivilsenat. Urt. v. 21. Februar 1920.

I. Landgericht Hamburg, Kammer für Handelssachen. —
II. Oberlandesgericht daselbst.

Die Beklagte ist an einer Versicherung beteiligt, welche die Klägerin für ihren Dampfer „Merkur" auf Grund der Allgemeinen Seeversicherungsbedingungen von 1867 gegen Seegefahr genommen hat. Auf einer unter diese Versicherung fallenden Reise von Luleå nach Brake geriet der Dampfer am 13. Oktober 1916 mit einer Ladung Eisenerz bei Sandhamm auf Grund und wurde erst mit Hilfe von Bergungsdampfern abgebracht. Die Klägerin verlangt von den Versicherern, darunter von der Beklagten die Erstattung der Rettungskosten, auch soweit sie mit den übrigen durch den Unfall verursachten Kosten und Schäden die Versicherungssumme übersteigen. Die Beklagte weigert sich dessen, da die Rettungskosten zur großen Haverei gehörten und daher über die Höhe der von den Versicherern bezahlten Versicherungssumme hinaus nicht erstattungsfähig seien.

Die Vorinstanzen haben die Klage abgewiesen. Die Revision hatte keinen Erfolg.

Aus den G r ü n d e n :

„Wie in der Entscheidung vom 11. Oktober 1919 I 53/19 (RGZ. Bd. 96 S. 316) eingehend dargelegt ist, haftet bei einer nach den Allgemeinen Seeversicherungsbedingungen von 1867 abgeschlossenen Versicherung der Versicherer für solche Rettungskosten, die in großer Haverei zu verteilen oder entsprechend zu behandeln sind (§ 84 Nr. 1, und 2) nicht über den Betrag der Versicherungssumme hinaus (§ 92 Abs. 1 und 2). Es fragt sich daher nur, ob die Angriffe der Revision gegen die Annahme des Berufungsgerichts, daß hier ein Fall von § 84 Nr. 1 bzw. 2 Allg. SVB. vorliege, begründet sind. Dies ist nicht der Fall.

In dem Tatbestand des Berufungsurteils heißt es u. a.:

„Die Klägerin hat den Bergern (richtiger: den Rettern, da unbestritten keine Bergung, sondern nur Hilfeleistung vorliegt, vgl. § 740 HGB.) mit Zustimmung der Beklagten zunächst eine Bankgarantie von 176 000 Kronen als Sicherheit für den Hilfslohn gestellt. Später ist der Hilfslohn durch Vergleich mit den Bergern auf 95 000 Kronen . . . festgesetzt worden . . . Die Klägerin hat sich auf das Zeugnis des Kapitäns v. K. und des Inspektors P. zum Beweis dafür bezogen, daß der Hilfslohn von den Versicherern mit der Bergungsgesellschaft Neptun vereinbart worden sei und daß die Klägerin nur ihre Zustimmung gegeben habe." Auf Grund dieses Sach- und Streitverhälnisses hat das Berufungsgericht ausgeführt, daß, auch wenn der Abbringungsvertrag mit den schwedischen Bergern nicht von der Klägerin, sondern mit ihrer Zustimmung von den Versicherern abgeschlossen sei, doch die Beklagte wegen der fraglichen Abbringungskosten (anteilmäßig) nur bis zum Betrag der Versicherungssumme von der Klägerin in Anspruch genommen werden könne.

Es ist richtig, daß die in § 700 HGB. erwähnten „Kosten" trotz der in dieser Beziehung nicht ganz klaren Fassung des genannten Paragraphen, nur dann zur großen Haverei gehören, wenn sie „von dem Schiffer oder auf dessen Geheiß vorsätzlich" aufgewendet sind. Dazu genügt aber auch eine vom Versicherer im Einverständnis des Schiffers oder seines Vertreters bzw. des Reeders angeordnete Vornahme einer Maßregel oder Aufwendung von Kosten, da die Vorschrift sich nur gegen ein eigenmächtiges Eingreifen Unbefugter, insbesondere der Schiffsmannschaft, oder von Passagieren oder nicht legitimierten Interessenten wendet (S c h a p s, Seerecht § 700 Anm. 20, 25; U l r i c h,

Große Haverei Band I S. 32, 34; Heck, Recht der großen Haverei S. 125 unter III). Nun sind, wie unbestritten ist und auch die zum Gegenstand der Verhandlung in der Berufungsinstanz gemachten Dispachen nebst der dort angezogenen Verklarung ergeben, die Rettungsmaßnahmen selbst im Einverständnis des Schiffers vorgenommen, der zu jener Zeit an Bord des Schiffes war und es führte. Wenn dann die Vereinbarung mit den Rettern über den diese Rettungsmaßnahmen betreffenden Hilfslohn (wie dies nach dem Tatbestand des Berufungsurteils die Klägerin behauptet hat) oder „der Abbringungsvertrag" (wie das Berufungsgericht unterstellt) von den Versicherern — die erst auf eine Anzeige des Kapitäns von dem Unfall in Tätigkeit zu treten pflegen und hier tätig geworden sind — abgeschlossen wurde, und zwar mit Zustimmung der als Reeder das Schiff vertretenden Klägerin, die vorher bereits für den Hilfslohn den Rettern eine Sicherheit gestellt hatte, so sind die so entstandenen Kosten auf Geheiß des Schiffers im Sinne von § 700, d. h. mit seinem den speziellen Fall betreffenden Einverständnis, aufgewendet worden. Abgesehen hiervon sind derartige Rettungskosten, auch wenn sie genau genommen nicht zu großen Haverei gehören sollten, doch als darunter fallend in entsprechender Anwendung von § 700 jedenfalls dann zu behandeln, wenn sie, wie hier, nicht auf reiner Eigenmacht der Versicherer (oder eines anderen an sich nicht Befugten), sondern auf Maßnahmen und Abreden beruhen, die Schiffer und Reeder gebilligt haben. Dies ist vom Reichsgericht (Urteil vom 28. Oktober 1896, I 177/96 bei Bolze, Praxis des Reichsgerichts Bd. 23 Nr. 542) sogar für reine Bergungskosten, betreffend ein von der Mannschaft verlassenes Schiff, angenommen worden und wird in Rechtsprechung und Schrifttum auch für sog. stellvertretende Kosten, durch deren Aufwendung andere, unter große Haverei fallende Kosten erspart werden, für zulässig erachtet (Ulrich, a. a. O. S. 35; Hans. Ger.-Ztg. 1881 Hauptbl. S. 225). Allerdings kann durch besondere Vereinbarung zwischen dem Versicherer und Versicherten die Havarie-Grosse-Verteilung hinsichtlich eines an sich darunter fallenden Aufwands usw. ausgeschlossen werden (Schaps § 700 Anm. 33; Heck S. 523; RGZ. Bd. 89 S. 286). Das ist jedoch ein seltener und eigenartiger Fall, der dahingehende klare und bestimmte Abmachungen erfordert. Wenn aber, wie hier, der Versicherte nach §§ 65 flg. AllgSVB. den Versicherer aus Anlaß des Unfalls zu den Rettungsmaßnahmen hinzugezogen hat, so wird der nunmehr eingreifende Versicherer in erster Linie im eigenen Interesse tätig, und es müssen schon ganz besondere Umstände vorliegen, um die Annahme zu rechtfertigen, daß dieser Versicherer den Schiffer und Reeder auszuschalten, die gewöhnlich zur Havarie-Grosse gehörigen Rettungsaufwendungen ihres ihm als Kaskoversicherer vorteilhaften Charakters entkleiden und dafür über den Betrag der Versicherungssumme hinaus haftbar werden will." . . .

RGZ. 98, 186.

**Wer haftet aus einem Konnossement, das der Schiffer eines gecharterten Schiffes auf Konnossementsformularen des Charterers ausgestellt hat?**

HGB. §§ 510, 605, 642, 651, 662.

I. Zivilsenat. Urt. v. 23. Februar 1920.

I. Landgericht Hamburg, Kammer für Handelssachen. — II. Oberlandesgericht daselbst.

Die Klägerin ist Inhaberin der beiden an Order lautenden und von der Abladerin, der Firma D. & Co., in blanko indossierten Konnossemente über eine Verschiffung von 42 Fässern flüssigem Eigelb und von 32 Kisten Trockeneiweiß von Hankow über Shanghai nach Hamburg. Die Güter sollen ausweislich der Konnossemente in Shanghai von dem „deutschen" Dampfschiff „Feliciana", Kapitän Coffin, übernommen werden, nachdem sie von Hankow nach Shanghai mit einem anderen Schiff befördert waren. Die Konnossemente weisen das bei der Beklagten übliche Formular auf, enthalten den Schlußsatz: „Urkundlich dessen hat der Kapitän oder sein Vertreter zwei gleichlautende Konnossemente gezeichnet" . . . und sind von der Firma D. & Co., welche damals als ständige Agentin der Beklagten in Hankow tätig war, unterm 29. Juni 1914 in Hankow unterschrieben unter Bezeichnung der gen. Firma in Formulardruck „als Agenten". Der Dampfer „Feliciana", welcher auf Grund dieser Konnossemente in Shanghai die Güter übernommen hat und derzeit von dem Kapitän Coffin geführt wurde, war kein deutsches, sondern ein englisches Schiff, welches die Beklagte gechartert hatte und zur Beförderung der Güter in Unterfracht benutzte. Er ist auf der Reise nach Kriegsausbruch Ende August 1914 in London eingelaufen und hat dort die Güter gelöscht, worauf sie von den englischen Behörden beschlagnahmt und späterhin eingezogen worden sind. Die Klägerin verlangt als Inhaberin der Konnossemente von der Beklagten Ersatz des Wertes der Güter, insbesondere auch aus dem Gesichtspunkt der Gewährhaftung der Beklagten dafür, daß der Dampfer „Feliciana" in den Konnossementen als ein deutsches Schiff bezeichnet worden sei. Die Beklagte bestreitet jede Haftung aus den Konnossementen, da die Firma D. & Co. zwar ihre Agentin in Hankow sei, die Konnossemente aber nicht in dieser Eigenschaft, sondern in Vertretung des Kapitäns des Schiffs „Feliciana" gezeichnet habe.

Die Vorinstanzen wiesen die Klage ab. Die Revision hatte keinen Erfolg.

Gründe:

Die Firma D. & Co. ist in der Angelegenheit auf verschiedene Weise tätig gewesen. So wird sie nicht nur in den Konnossementen als Abladerin der Waren bezeichnet, sondern sie hat diese Waren anscheinend auch an die Klägerin verkauft (vgl. RGZ. Bd. 89 S. 68) und als Befrachterin den Frachtvertrag mit der Beklagten (als der Verfrachterin) geschlossen, wobei sie für die Beklagte als deren Agentin mit sich im eigenen Namen abschloß, wie dies nach allgemein anerkannter Geschäftsauffassung in derartigen Fällen zulässig ist (§ 181 BGB.). Dieser Vertrag stellt sich als ein Unterfrachtvertrag dar. Denn die Beklagte hat die Beförderung nicht mit einem eigenen, sondern mit einem fremden Schiff ausgeführt, welches sie gechartert, d. h. mit seiner vom Reeder eingesetzten Führung übernommen und nicht etwa im Sinne von § 510 HGB. „ausgerüstet" hatte (Schaps, Seerecht § 510 Anm. 2, 4. Abschnitt, Vorbemerkung Anm. 14 S. 294). Für den Unterfrachtvertrag (siehe auch § 605 HGB.) sind, wie das im Stückgutverkehr üblich ist, mangels besonderer entgegenstehender Umstände, die an sich anderen Zwecken dienenden Konnossemente als die maßgeblichen Vertragsurkunden anzusehen (vgl. auch Schaps § 642 Anm. 8). Wenn daher in den Konnossementsurkunden der Unterschrift der Firma D. & Co. die gedruckten Worte „als Agenten" beigefügt sind, so ist dies wahrscheinlich nur irtümlich (infolge der Benutzung eines Formulars der Beklagten) geschehen und hat höchstens insofern einen Sinn, als die genannte Firma für die Beklagte den Frachtvertrag abgeschlossen hat, für den nach obigem die Konnossemente als die üblichen Urkunden gelten. Denn daß die Firma D. & Co. als Agentin der Reederei desjenigen Schiffs, für welches die Konnossemente als solche gezeichnet sind, in Frage käme, ist von keiner Seite behauptet und nach Lage der Sache ausgeschlossen. Insbesondere war die Beklagte Reederin weder des englischen Schiffs ‚Feliciana", Kapitän Coffin, für welches die Konnossemente ausgestellt werden sollten und welches die Ware tatsächlich an Bord genommen hat und in den Konnossementen irrtümlich als „deutsches" Schiff bezeichnet worden ist, noch eines deutschen Schiffs gleichen Namens, geschweige denn eines solchen, das von einem Kapitän Coffin geführt wurde.

Soweit nun die genannten Konnossemente als Urkunden über den Frachtvertrag zu gelten haben, kann die Klägerin darauf keine Rechte stützen, da sie insofern außerhalb des Vertragsverhältnisses steht. Die Klägerin will denn auch ihren Klageanspruch ausschließlich aus den Konnossementen als solchen herleiten, indem sie sich darauf beruft, die legitimierte Inhaberin dieser Konnossementsurkunden zu sein. Nun ist aber das Konnossement als solches eine Urkunde, die der Schiffer (oder an seiner Stelle ein anderer legitimierter Vertreter des Reeders oder auch der Reeder selbst) desjenigen Schiffs ausstellt, welches nach diesem Konnossement die Güter zur Beförderung übernommen hat, sei es, daß die Güter bei Ausstellung des Konnossements schon in das Schiff abgeladen waren (shipped) oder erst, wie hier, vom Schiff übernommen werden sollten (received for shipment) — vgl. die Konnossemente sowie Schaps § 642 Anm. 15, 2; Hans. Rechtszeitschr. 1918 Beiheft 3; Brodmann, Grundlagen der Haftung aus dem Konnossement, S. 129 flg.; Mittelstein, Konnossement und Ladeschein, S. 136 flg. Und zwar erfolgt diese Ausstellung des Konnossements für das betreffende Schiff, d. h. normalerweise zu Lasten seines Reeders. Ob und inwieweit hieran in dem Falle etwas geändert wird, und wo das Schiff für die Beförderung im Ausrüstungsverhältnis gemäß § 510 HGB. benutzt wird, kann dahingestellt bleiben, da hier, wie erwähnt, das Schiff von der Beklagten gechartert worden ist und die Güter auf Grund eines Unterfrachtvertrags an Bord genommen hat. Bei einem Unterfrachtvertrag ist aber nicht etwa der Unterverfrachter (hier die Beklagte) oder ein Vertreter desselben, sondern der Schiffer des den Unterfrachtvertrag ausführenden Schiffes oder sein Vertreter (bzw. der Hauptverfrachter, Reeder) zur Ausstellung des Konnossements legitimiert. So lautet denn auch der der Unterschrift der Firma D. & Co. unmittelbar voranstehende Schlußsatz der Konnossemente: „Urkundlich dessen hat der Kapitän oder sein Vertreter zwei gleichlautende Konnossemente gezeichnet.“ Es hat also die genannte Firma ausdrücklich den gesetzlichen Vorschriften entsprechend die Konnossemente als solche nur in Vertretung des Kapitäns des darin benannten Schiffs unterschrieben, nicht aber für die Beklagte, welche mit der Reederei dieses Schiffs nichts zu tun hatte und für welche die normale Konnossementshaftung mit Schiff und Fracht ausgeschlossen war. Sind aber die Konnossemente als solche überhaupt nicht für die Beklagte gezeichnet, so kann daraus die Klägerin auch nicht in ihrer Eigenschaft als Inhaberin dieser Konnossemente Ansprüche gegen die Beklagte herleiten. Allerdings heißt es in § 651 HGB., daß das Konnossement für das Rechtsverhältnis zwischen dem „Verfrachter" und dem Empfänger der Güter maßgebend sei. Hiermit ist aber dem Wesen und Zweck des Konnossements entsprechend nur der Regelfall gemeint, wo der Verfrachter mit dem Reeder des Schiffes identisch ist, wie denn auch Schaps (§ 651 Anm. 1) mit Recht darauf hinweist, daß es zutreffender gewesen wäre, wenn das Gesetz statt des Worts „Verfrachter" den Ausdruck „Reeder" gebraucht hätte. Daß der Unterverfrachter aus einem Konnossement als solchem nicht in Anspruch genommen werden kann, zeigt auch der § 662 HGB., obgleich die dort behandelte Haftung für Erfüllung des Unterfrachtvertrags, die in erster Linie das Rechtsverhältnis zwischen Unterbefrachter und Unterverfrachter im Auge hat, nicht ohne weiteres identisch ist mit der hier allein in Betracht kommenden Haftung aus dem Konnossement (vgl. auch die nur auf die Reederhaftung zugeschnittenen Konnossementsbedingungen). Nach alledem kann die Klägerin gegen die Beklagte Ansprüche aus den Konnossementen als solchen, d. h. in Gemäßheit der typischen Konnossementshaftung des Reeders gegenüber dem Inhaber der Konnossementsurkunde, nicht erheben.

Die Frage, ob eine Reederei, die trotz Ausführung eines mit ihr geschlossenen Frachtvertrags durch ein von ihr gechartertes Schiff die Verwendung ihrer eigenen Konnossementsformulare seitens des gecharterten Schiffs gestattet oder veranlaßt, um deswillen als Quasi-Reeder oder sonstwie vertraglich oder außervertraglich von dem Konnossementsinhaber haftbar gemacht werden kann, ist von dem Berufungsgericht mit zutreffender Begründung unter Hinweis auf die Ausführungen in der Hans. Ger.-Ztg. Hauptbl. 1916 Nr. 73 S. 135 flg. verneint worden. Hieran wird durch den Umstand, daß die „Feliciana" in den Konnossementen als „deutsches" Schiff bezeichnet ist und daß die Unterzeichnerin der Konnossemente, die Firma D. & Co., derzeit die ständige Agentin der Beklagten war, nichts geändert. Denn die genannte Firma hat nicht nur, wie erwähnt, ihre Unterschrift ausdrücklich als Vertreterin des im Konnossement mit Namen aufgeführten Kapitäns des dort benannten Schiffs geleistet, sondern sie konnte überhaupt nur in einer derartigen Eigenschaft eine rechtswirksame Unterzeichnung der Konnossemente als solcher vornehmen, so daß sie auch im übrigen mit dieser Unterschrift konnossementsurkundliche Erklärungen für die Beklagte nicht abgegeben hat. Die in der Hans. Ger.-Ztg. 1916, Hauptbl.

S. 137, erörterte Frage, ob die Reederei zu einer gehörigen und rechtzeitigen Aufklärung des Inhabers der Konnossemente darüber, daß es sich um ein gechartertes Schiff handelt, verpflichtet ist, kann hier dahingestellt bleiben, da nach dieser Richtung keinerlei Ansprüche geltend gemacht worden sind. Die im Schrifttum (vgl. z. B. Pappenheim, Handbuch des Seerechts, Bd. 3 S. 96 flg.; Wüstendorfer im Arch. f. zivil. Praxis, Bd. 110 S. 261, 266—271, 281, und in Neumanns Jahrbuch d. deutsch. Rechts, 12. Jahrg. S. 579; Gütschow, ebenda) wiederholt unternommenen Versuche, in Fällen der fraglichen Art, insbesondere wenn für das von einer Linienreederei gecharterte, auf Stückgut gelegte Schiff Konnossementsformulare des Charterers benutzt sind, in entsprechender Anwendung von § 510 HGB. den Charterer wie einen Ausrüster zu behandeln, setzen sich mit dem klaren Wortlaut des Gesetzes in Widerspruch. Sie können auch nicht auf ein entsprechendes Verkehrsbedürfnis gestützt werden, da der gewöhnliche Verkehr — wie schon vom Berufungsrichter angedeutet worden ist — das Verlangen nach einer solchen Regelung nicht gezeigt hat und sich erforderlichenfalls auf andere Weise ohne besondere Schwierigkeit helfen könnte. Nach den im Berufungsurteil getroffenen Feststellungen wurde zu der maßgeblichen Zeit (die Konnossemente datieren vom 29. Juni 1914) in den beteiligten Verkehrskreisen von vornherein damit gerechnet, daß Linienreedereien wie die Beklagte neben ihren eigenen Schiffen fremde, und zwar auch ausländische und besonders englische, Schiffe in ihrer regelmäßigen Fahrt mit verwendeten, und es wurde allgemein in solchen Fällen der Benutzung der Konnossementsformulare der betreffenden Linienreedereien oder auch dem Stehenbleiben des unrichtigen Vordrucks, daß es sich um ein deutsches Schiff handle, keine Bedeutung beigemessen, vielmehr sollte auch solchenfalls nach der Verkehrsauffassung die Haftung der betreffenden Linienreederei keine andere als die des Unterverfrachters sein. Damit entfallen aber alle Schlußfolgerungen, welche im Schrifttum (vgl. z. B. Schütze in der Hans. Rechtszeitschr. 1919 Nr. 12 S. 568 flg.) aus der im Einverständnis einer Linienreederei erfolgten Benutzung eines Konnossementsformulars dieser Reederei für ein von ihr gechartertes und auf Stückgüter gelegtes Schiff dahin gezogen sind, daß in diesem Falle der Kapitän jenes fremden, von der Linienreederei gecharterten Schiffs (oder sein Vertreter) nach außen hin nicht im Namen seines Reeders, sondern im Namen der Linienreederei das Konnossement ausgestellt habe und daß nicht der Reeder des von ihm geführten Schiffs, sondern die Linienreederei, die ihn zur Benutzung ihres Konnossementsformulars ermächtigt habe, aus dem Konnossement als solchem verpflichtet sei, und zwar unter Beschränkung auf Schiff und Fracht eben dieses (dem danach Verpflichteten nicht gehörigen) Schiffs."

## RGZ. 98, 335.

**Werden die Ansprüche des Inhabers eines Konnossements durch das Verfolgungsrecht (right of stoppage in transitu) beeinflußt?**

HGB. §§ 632, 635, 642, 645, 651, 659; KO. § 44.

I. Zivilsenat. Urt. v. 14. April 1920.

I. Landgericht Bremen, Kammer für Handelssachen. — II. Oberlandesgericht Hamburg.

Die Klägerin ist Inhaberin von Konnossementen, welche im Juli 1914 für den damals in Galveston liegenden Dampfer „Neckar" der Beklagten ausgestellt worden sind. Sie bezeichnen für die darin aufgeführten Waren Bremen als den Bestimmungshafen, lauten an die Order der Abladerin, der Firma J. R. G. & Co., und sind mit deren Blankoindossament versehen. Der Dampfer hat die Beförderung der Waren nach Deutschland nicht ausgeführt, sondern ist nach Antritt der Reise mit Rücksicht auf den inzwischen ausgebrochenen Krieg nach Baltimore gefahren. Dort hat die Schiffsführung die Waren entlöscht und an die Abladerin auf deren Verlangen ausgeliefert, obgleich diese nicht im Besitz der Konnossemente war. Die Klägerin behauptet, die Abladerin habe die Waren verkauft und den Erlös für sich behalten. Sie verlangt als Konnossementsinhaberin Schadensersatz von der Beklagten.

Die Vorinstanzen erklärten die Klage dem Grunde nach für berechtigt. Die Revision hatte keinen Erfolg.

Gründe:

„Die Klägerin ist die Inhaberin der fraglichen Konnossemente, welche an die Order der Abladerin lauten, mit deren Blankoindossament versehen sind und Bremen als den Bestimmungshafen der Ware bezeichnen. Das Schiff, für welches die Konnossemente gezeichnet sind, fuhr unter deutscher Flagge und die Reederei dieses Schiffes, die beklagte Firma, hatte und hat ihren Sitz in Deutschland. Somit ist für die Verpflichtungen der Beklagten aus den fraglichen Konnossementen gegenüber der Klägerin als deren Inhaberin das deutsche Recht maßgebend (Schaps, Seerecht § 642 Anm. 35). Demgemäß ist die Beklagte der Klägerin aus den Konnossementen nach §§ 645 flg. HGB. verpflichtet und durfte den Anweisungen der Abladerin wegen Rückgabe und Auslieferung der Güter nur dann Folge leisten, wenn ihr die sämtlichen Konnossemente zurückgegeben wurden (§ 659 HGB.). Soweit die Beklagte diesen Vorschriften zuwidergehandelt hat, ist sie der Klägerin als der rechtmäßigen Konnossementsinhaberin nach § 659 Abs. 3 schadensersatzpflichtig.

Die gegen diese eindeutige Rechtslage von der Revision erhobenen Einwendungen sind unzutreffend.

1. Sollten die Güter nicht mehr im Besitz des Schiffers oder eines sonstigen Vertreters der beklagten Reederei gewesen sein, als die Klägerin in den Besitz der Konnossemente gelangte, so würde dies die im § 647 HGB. angeführten Wirkungen der Konnossementsübergabe, nicht aber die sonstigen Rechte der Klägerin aus dem Konnossement berühren (Schaps § 647 Anm. 2 flg.).

2. Zutreffend haben die Vorinstanzen ausgeführt, daß die einmalige Weigerung der Klägerin, die Tratten einzulösen und die Konnossemente abzunehmen, ihr Recht zur nachträglichen Aufnahme der Dokumente nicht ohne weiteres beseitigte. Ebensowenig wurde der von der Abladerin an die Filiale der Dresdener Bank in Bremen gegebene Auftrag der Klägerin die Konnossemente gegen Einlösung der Tratten zu übergeben, durch jene Weigerung der Klägerin, die Protestierung der Wechsel und die Mitteilung hiervon seitens der Bank an die Abladerin schlechthin hinfällig. Vielmehr durfte die Klägerin an sich auch bei Kenntnis dieser Vorgänge davon ausgehen, daß sie ihren Verzug hinsichtlich der Aufnahme der Dokumente heilen könne und die Bank nach wie vor befugt sei, ihr die Konnossemente entsprechend dem ursprünglichen Auftrag der Abladerin zu übergeben. Sollte die anfängliche Weigerung der Klägerin, die Dokumente aufzunehmen, der Abladerin, die nach der Behauptung der Beklagten auch die fragliche Ware an die Klägerin verkauft hat, das Recht zum sofortigen Rücktritt vom Kaufvertrag der Klägerin gegenüber gegeben haben, so ist doch nach dem Tatbestand des Berufungsurteils nicht behauptet oder sonst ersichtlich, daß ein solcher Rücktritt vor Aufnahme der Dokumente durch die Klägerin erfolgt und daß dieser Rücktritt oder ein Widerruf oder ein sonstiges Wegfallen des der Bank von der Abladerin gewordenen Auftrags der Klägerin bei Empfang der Konnossemente bekannt gewesen ist. Daß aber die Bank auch ohne einen solchen Widerruf des von der Abladerin ihr gewordenen Auftrags wegen inzwischen eingetretener wesentlicher Veränderung der Verhältnisse im offensichtlichen Interesse

ihrer Auftraggeberin dem klägerischen Verlangen auf Hergabe der Konnossemente gegen Einlösung der Tratten nicht Folge leisten durfte und daß dies damals auch für die Klägerin erkennbar war, ist von der Beklagten nicht oder doch nicht mit genügender Klarheit in den Vorinstanzen geltend gemacht worden. Durfte danach die Klägerin bei Aufnahme der Dokumente davon ausgehen, daß die Bank nach wie vor zu deren Übergabe an sie befugt sei, so kann von einer fehlerhaften Erlangung des Besitzes an den fraglichen Urkunden seitens der Klägerin keine Rede sein. *Vielmehr hat sie als legitimierte Inhaberin der Konnossemente zu gelten.*

3. Die Vorinstanzen haben zutreffend dargelegt, daß die angebliche Bedrohung der Ladung durch Wurmfraß der Beklagten im Verhältnis zur Klägerin kein Recht gab, ohne deren Zustimmung die Ware an die Abladerin zurückzugeben. Dasselbe gilt von der angeblichen Bedrohung mit hohen, durch den Aufenthalt des Schiffes im Nothafen entstehenden Beiträgen zur großen Haverei (§ 635 HGB.).

4. Das sogenannte Verfolgungsrecht (right of stoppage in transitu), welches von der bisweilen zulässigen Gegenorder des Absenders (§§ 433, 447 Abs. 3 HGB., § 33 der Postordnung vom 20. März 1900 sowie u. a. auch § 659 HGB.) zu unterscheiden ist, steht nicht dem Ablader einer Schiffsladung als solchem zu, setzt vielmehr ein bestimmtes Vertragsverhältnis des Berechtigten zu dem Käufer der Ware voraus. Es kann nach deutschem Recht gemäß § 44 KO. unter Umständen von einem Verkäufer gegenüber seinem Käufer ausgeübt werden, wenn über dessen Vermögen das Konkursverfahren eröffnet ist, während nach verschiedenen ausländischen Rechten schon die bloße Zahlungsunfähigkeit, Zahlungseinstellung des betr. Käufers genügt (vgl. hinsichtlich des Rechts der Vereinigten Staaten von Nordamerika: Boyens, Seerecht Bd. 2 S. 332 Anm. 10; Borchardt-Kohler, Handelsgesetze des Erdballs Bd. 1 Abt. 1 VIII S. 50 flg., 77 flg., 79). Die Behauptung der Revision, daß nach dem Recht der Vereinigten Staaten der Verkäufer (Ablader), wenn der Käufer den auf ihn wegen des Kaufpreises gezogenen Wechsel protestieren läßt, nicht nur wegen der wirklichen Zahlungseinstellung des Käufers, sondern auch schon wegen des bloßen Verdachts einer solchen — und zwar selbst wenn dieser Verdacht unbegründet ist — berechtigt sei, „die Ladung gegen Sicherheitsleistung zu stoppen", ist an sich wenig wahrscheinlich. Sie ist in dieser Form vom Beklagten erst in der Revisionsinstanz aufgestellt worden, während er in der Verhandlung vor dem Berufungsgericht ausweislich des Tat-

bestands des Berufungsurteils nur für den Ablader als solchen gegen das Schiff Rechte behauptet hat, wie sie mit dem eigentlichen Verfolgungsrecht nicht übereinstimmen. Es kann dies aber auf sich beruhen bleiben. Denn eine Verletzung der Vorschriften des internationalen Privatrechts über das anzuwendende örtliche Recht, worauf formell die Revision gestützt werden könnte (Gruchot, Beitr. Bd. 28 S. 890), liegt nicht vor. Es ist schon oben ausgeführt worden, daß an sich die Ansprüche der Klägerin gegen die Beklagte aus den Konnossementen, die Bremen als *Bestimmungshafen bezeichnen und für eine deutsche* Reederei und ein deutsches Schiff ausgestellt sind, nach deutschem Recht beurteilt werden müssen (RGZ. Bd. 20 S. 56). Die somit hier maßgeblichen, nach §§ 645 flg. HGB. der Klägerin zustehenden Ansprüche sind durchaus selbständig und von dem Verhältnis des Schiffers und des Reeders zum Ablader unabhängig (RGZ. Bd. 14 S. 7). Dementsprechend ist durchweg anerkannt, daß nach Ausstellung von Orderkonnossementen ein Ablader, auch wenn er nach § 44 KO. verfolgungsberechtigt ist, gemäß § 659 Abs. 1 HGB. von dem Schiffer nur dann die Auslieferung der noch nicht am Bestimmungsort angelangten Güter an sich verlangen kann, wenn dem Schiffer die sämtlichen Konnossementsexemplare zurückgegeben werden (Schaps § 647 Anm. 15, 16; Boyens Bd. 2 § 647 Nr. 6 am Ende, S. 333). Handelt der Schiffer diesen Vorschriften entgegen, so bleibt er gemäß § 659 Abs. 3 HGB. dem rechtmäßigen Konnossementsinhaber verpflichtet. Nicht anders liegt für den Konnossementsinhaber die Sache, wenn den dem deutschen Recht unterstehenden Ansprüchen des Konnossementsinhabers ein Verfolgungsrecht des Verkäufers oder ein etwaiges besonderes Recht des Abladers auf Rückforderung der Ladung aus dem Schiff gegenüberstehen sollte, das nach dem Recht des Orts beurteilt werden müßte, wo zur Zeit der Ausübung jener Rückforderungsrechte das Schiff mit der Ware lag. Denn solche aus ausländischem Recht hergeleiteten Befugnisse würden doch immer nur im Verhältnis des Verkäufers zum Käufer oder des Abladers zum Reeder von Bedeutung sein. Dagegen würde hierdurch das allein dem deutschen Recht unterstehenden Rechtsverhältnis der Klägerin als legitimierten Konnossementsinhaberin gegenüber der Beklagten als Reederin des fraglichen Schiffes bei der eigenartigen und selbständigen Natur eben dieses Rechtsverhältnisses nicht berührt werden (Schaps § 647 Anm. 16, RGZ. Bd. 20 S. 56). Wollte man das mehrerwähnte Recht des legitimierten Konnossementsinhabers gegenüber dem Reeder hinsichtlich der Einwirkungen des Verfolgungsrechts des

Verkäufers oder eines etwaigen besonderen Rückforderungsrechts des Abladers abhängig machen von dem Recht des Orts, wo sich zur Zeit der Ausübung der Rechte das Schiff mit der zurückverlangten Ware befindet, so würden die Rechte des Konnossementsinhabers aus dem Konnossement wechseln mit dem wechselnden Recht des jeweils in Betracht kommenden Hafens, ohne daß der Inhaber oder Erwerber des Konnossements davon Kenntnis hätte oder zu haben brauchte. Es bedarf keiner näheren Darlegung, daß dadurch die Verkehrssicherheit in einer *Weise gefährdet würde, die mit dem Rechtscharakter des Konnossements* als eines negoitablen Wert- und Traditionspapiers nicht zu vereinigen ist. Sollten wirklich, obwohl auf Deutschland lautende Orderkonnossemente ausgestellt sind, dem Ablader gegenüber dem in einem auswärtigen Hafen mit der Ware liegenden Schiff nach dem betreffenden auswärtigen Recht unter Umständen Befugnisse zustehen, die mit den nach deutschem Recht begründeten Ansprüchen des legitimierten Konnossementsinhabers nicht zu vereinbaren sind, so würde sich der Schiffer oder der Reeder wegen der Konnossementshaftung entsprechend sichern müssen. So hat denn auch die Revision behauptet, daß im vorliegenden Falle der Ablader nach nordamerikanischem Recht nur gegen Sicherheitsleistung zur Ausübung des Verfolgungsrechts befugt gewesen sei und eine solche Sicherheit tatsächlich geleistet habe. Das etwaige Erfordernis dieser Sicherheitsleistung würde aber darauf hinweisen, daß durch jene Ausantwortung der Ware an den Ablader die Haftung des Reeders gegenüber dem legitimierten Konnossementsinhaber auch nach dem nordamerikanischen Recht nicht beseitigt wird."

## RGZ. 101, 273.

**Zur Ausweichepflicht von Schiffen nach Art. 24, 19, 21 der Seestraßenordnung.**

I. Zivilsenat. Urt. v. 29. Januar 1921.

I. Landgericht Hamburg, Kammer für Handelssachen. —
II. Oberlandesgericht daselbst.

Am 17. August 1913 gegen 10½ Uhr abends stießen der Dampfer Kronprinz der Klägerin und der Dampfer Killing der Beklagten im englischen Kanal zusammen. Sie lagen, nach Westen fahrend, auf ungefähr parallelen Kursen, der Dampfer Kronprinz südlich vom Dampfer Killing. Dampfer Kronprinz wollte nach Southampton und änderte zu diesem Zwecke seinen Kurs durch Steuerbordruder. Im Verfolg ihrer weiteren Manöver gerieten beide Schiffe aneinander und erlitten dadurch Beschädigungen. Beide Parteien verlangen mit Klage und Widerklage Bezahlung des Schadens.

Das Landgericht erklärte die Klage und die Widerklage je zur Hälfte dem Grunde nach für gerechtfertigt. Das Oberlandesgericht erachtete die Klage zu $^2/_3$ und die Widerklage zu $^1/_3$ für berechtigt. Auf die Revision der Beklagten wurde das landgerichtliche Urteil wiederhergestellt.

Aus den Gründen:

Das Berufungsgericht hat ausgeführt: Zu der maßgeblichen Zeit sei die Lage des Dampfers Kronprinz und Killing zueinander so gewesen, daß der Dampfer Killing als „überholendes" Schiff im Sinne des Art. 24 SeestrO. anzusehen war, solange beide Schiffe ihren Kurs beibehielten. Durch die Steuerbordwendung des Kronprinz (um zunächst 4 Strich) sei eine völlig neue Lage entstanden. Jetzt habe von einem Überholen im Sinne von Art. 24 nicht mehr die Rede sein können, vielmehr hätten die beiden Dampfer erkennbar auf sich kreuzenden Kursen gelegen. Damit sei die Vorschrift des Art. 19 in Kraft getreten: der Dampfer Kronprinz, der den Dampfer Killing an Steuerbordseite gehabt habe, sei das ausweichepflichtige Schiff geworden, während der Dampfer Killing nach der Vorschrift von Art. 21 Kurs und Geschwindigkeit hätte beibehalten müssen. Es habe nichts vorgelegen, was aus den in der Anm. zu Art. 21 angegebenen Gründen (vgl. auch Art. 27, 29) zum Abweichen von jener Regel hätte veranlassen müssen.

Die Angriffe der Revision gegen diese mit dem Gutachten des Sachverständigen M. und dem landgerichtlichen Urteil übereinstimmende Auffassung sind nicht zutreffend. Die fragliche Vorschrift des Art. 24 besagt nur, daß ein überholendes Schiff, d. h. ein Fahrzeug, das sich einem anderen Fahrzeug aus einer Richtung her nähert, die mehr als zwei Strich hinter der Richtung quer ab liegt (2 Strich achterlicher als dwars), diese Eigenschaft nicht schon in dem Augenblick verliert, wo es infolge weiteren Auflaufens oder der Vergrößerung der seitlichen Entfernung der Schiffe voneinander, Gierens, Ausscherens oder dergleichen, aus dem sog. dunklen Winkel des vorfahrenden Schiffs heraustritt und so die Peilung der beiden Fahrzeuge geändert wird. Vielmehr soll solchenfalls die Ausweichepflicht des überholenden Schiffs bestehen bleiben, bis es das andere Fahrzeug „klar passiert" hat, d. h. das Achterende des überholenden soweit über den Vordersteven des überholten Schiffs hinausgekommen ist, daß auch ungewöhnliche Umstände (Gieren, Sog, Ausscheren, Strom- und Fahrtverlust infolge

Ruderlegens usw.) einen Zusammenstoß nicht mehr herbeiführen können (Schaps-Mittelstein, Seerecht, 2. Aufl. S. 834 flg., Anm. 10 und 9 zu Art. 24 der SeestrO.). Etwas anderes aber ist es, wenn während des Überholens das vorfahrende Schiff durch eine eigene größere Kursänderung das bisher in seinem dunklen Winkel fahrende Schiff auf seine eigene, d. h. des vorfahrenden Schiffs, Steuerbordseite gebracht hat. Denn damit wurde eine ganz neue Sachlage geschaffen, indem nunmehr beide Schiffe klar erkennbar auf sich kreuzenden Kursen lagen, so daß ihre Ausweichepflicht sich nach Art. 19, 21 SeestrO. bestimmte. Der Ansicht der Revision, daß ein solcher Wechsel in der Pflicht des Ausweichens und Kurshaltens eine gefährliche und die Absichten der SeestrO. durchkreuzende Unsicherheit der Navigation zur Folge haben würde, kann nicht zugestimmt werden. Vielmehr würde gerade die Beibehaltung der für das Überholen gegebenen Ausweichevorschriften auch für den Fall einer neu geschaffenen Lage der fraglichen Art erhebliche Unzuträglichkeiten und Gefahren mit sich bringen. Dabei kann es dahingestellt bleiben, ob die Überholung im Sinne von Art. 24 erst dann, wenn der Vordersteven des nachfahrenden Schiffs querab von der Hecklinie des anderen liegt (Schaps-Mittelstein S. 834, Anm. 9 zu Art. 24 der SeestrO.), oder schon früher beginnt.

Somit hatte der Dampfer Killing, nachdem vom Dampfer Kronprinz die erwähnte und von der Führung des erstgenannten Schiffs klar erkannte Kursänderung nach Steuerbord vorgenommen worden war, seinerseits Kurs und Geschwindigkeit beizubehalten, und zwar auch dann, wenn das Vorgehen der Führung des Dampfers Kronprinz unverständlich und unsachgemäß war oder wenn die Leitung des Dampfers Killing annehmen durfte, der Kronprinz wollte vor dem Bug des Killing kreuzen. Denn das Berufungsgericht hat ohne erkennbaren Rechtsirrtum festgestellt, daß nichts vorgelegen habe, was die Killing-Führung hätte veranlassen müssen, aus den in der Anm. zum Art. 21 angeführten Gründen von der Regel des Art. 21 abzuweichen, und es ist ferner weder behauptet noch sonst hervorgetreten, daß etwa eine solche Abweichung nach Art. 27, 29 geboten gewesen wäre. ...

**RGZ. 103, 214.**

**Wie ist der Schaden zu verteilen, wenn ein Zusammenstoß von Schiffen durch beiderseitiges Verschulden verursacht worden ist?**

I. Zivilsenat. Urt. v. 26. November 1921.

I. Landgericht Hamburg, Kammer für Handelssachen. — II. Oberlandesgericht daselbst.

In der Nacht zum 16. November 1910 fand in der Nordsee ein Zusammenstoß statt zwischen dem vom Kläger geführten und ihm gehörigen Schoner „Ino" und dem der Beklagten gehörigen Leichter „Ostseezeitung", welch letzterer von dem gleichfalls der Beklagten gehörigen Dampfer „Thor" geschleppt wurde. Durch den Zusammenstoß wurde Ino erheblich, der Leichter unerheblich beschädigt. Jede Partei verlangte, die eine im Wege der Klage, die andere im Wege der Widerklage, die Erstattung des ihr durch den Zusammenstoß erwachsenen Schadens. Auf beiden Seiten ist die Voraussetzung für eine persönliche Haftung der Schiffseigentümer nach § 774 HGB. gegeben.

Das Landgericht wies die Klage ab und erklärte die Widerklage dem Grunde nach für berechtigt. Das Oberlandesgericht bestätigte die Abweisung der Klage und wies auch die Widerklage ab. Auf die Revision des Klägers erklärte das Reichsgericht den Klageanspruch dem Grunde nach zur Hälfte für berechtigt.

Aus den Gründen:

...Das Berufungsgericht hat ohne erkennbaren Rechtsirrtum festgestellt, daß das für den Zusammenstoß ursächliche Verschulden auf seiten der Führung des Seglers „Ino" ebenso groß gewesen sei, wie auf seiten der für den geschleppten Leichter verantwortlichen Führung des Schleppers „Thor". Es meint aber, daß auf keiner Seite eine Verpflichtung zur Erstattung des durch den Zusammenstoß verursachten Schadens eingetreten sei, weil nicht festgestellt werden könne, daß der Zusammenstoß überwiegend von Personen der einen oder der anderen Besatzung verursacht worden sei, wie es nach § 735 HGB. in seiner hier geltenden älteren Fassung die Voraussetzung der Ersatzpflicht sei.

Mit Recht wendet sich die Revision gegen diese Rechtsauffassung. Im Art. 737 AllgDHGB. war bestimmt, daß, wenn der Zusammenstoß von Schiffen „durch beiderseitiges Verschulden" herbeigeführt worden ist, ein Anspruch auf Ersatz des dem einen oder anderen oder beiden Schiffen zugefügten Schadens nicht stattfindet. Von dieser Vorschrift ist aber das Handelsgesetzbuch vom 10. Mai 1897 ausdrücklich abgewichen, indem es im § 735 Abs. 2 in seiner hier maßgeblichen Fassung vorschreibt:

„Ist der Zusammenstoß durch beiderseitiges Verschulden herbeigeführt, so hängt die Verpflichtung zum Ersatz sowie der Umfang des zu leistenden Ersatzes von den Umständen, insbesondere davon ab, inwieweit der Zusammenstoß vorwiegend von Personen der einen oder der anderen Besatzung verursacht worden ist."

Diese Vorschrift lehnt sich bewußt an die wörtlich nahezu gleichlautende und auf denselben Grundsätzen beruhende Bestimmung in § 254 Abs. 1 BGB. an, wenngleich die Rechtsfolgen beiderseitigen Verschuldens bei einem Zusammenstoß von Schiffen in dem genannten § 735 Abs. 2 HGB., soweit diese Vorschrift reicht, erschöpfend geregelt sind (RGZ. Bd. 78 S. 179, Bd. 54 S. 14; vgl. aber auch RGZ. Bd. 85 S. 372, Schaps Seerecht 2. Aufl. § 736 Anm. 7). Danach hängt bei einem für den Zusammenstoß ursächlichen beiderseitigen Verschulden die Verteilung des Schadens von den nach freiem richterlichen Ermessen zu beurteilenden Umständen ab. Wenn dabei vom Gesetz der Umstand, inwieweit der Zusammenstoß vorwiegend von Personen der einen oder anderen Schiffsbesatzung verursacht und verschuldet ist, ausdrücklich hervorgehoben ist, so ist dies nur im Hinblick auf die besondere Wichtigkeit und Häufigkeit gerade dieses Umstandes geschehen und nicht etwa, um den selteneren, aber auch möglichen Umstand, daß beide Teile den Zusammenstoß in gleichem Maße verursacht und verschuldet haben, als Verteilungsfaktor völlig auszuschließen. Vielmehr hat in dem letzteren Falle jeder Teil die Hälfte des dem anderen Teil erwachsenen Schadens zu ersetzen und die Hälfte des eigenen Schadens selbst zu tragen (RGZ. Bd. 54 S. 13 flg., RG. v. 29. Januar 1921 I 145/20; Schaps, 1. Aufl. § 735 Anm. 5; Komm. v. RGR. z. BGB. § 254 Anm. 1 letzter Abs.), wie solches auch in § 736 Abs. 1 Satz 2 HGB in der Fassung vom 7. Januar 1913 ausdrücklich betont ist, ohne daß etwa dabei zu diesem Punkt das bisherige Recht geändert werden sollte. Eine Aufrechnung des beiderseitigen Verschuldens würde in einem derartigen Falle regelmäßig zu einem ganz unbilligen Ergebnis führen, da meistens der Schaden auf beiden Seiten verschieden ist und alsdann durch eine solche Aufrechnung trotz gleichen Maßes von Ursache und Schuld auf beiden Seiten der eine Teil schwerer geschädigt bliebe wie der andere. Auch würde es widersinnig sein — was besonders bei nur einseitigem Schaden hervortritt —, wenn der Geschädigte bei vorwiegendem ursächlichem Verschulden auf seiner Seite immerhin noch einen (wenn auch nur geringen) Teil seines Schadens nach § 735 Abs. 2 (alte Fassung) ersetzt erhalten könnte, während er bei gleichgroßem ursächlichem Verschulden auf seiten des Schädigers und Beschädigten leer ausgehen müßte. ...

**RGZ. 103, 257.**

**Kann der Verfrachter unter Rücktritt vom Chartervertrag Fautfracht fordern, wenn der Befrachter nur einen so geringen Teil der**

**bedungenen Ladung liefert, daß die Frachtforderung nicht dinglich gesichert ist?**

I. Zivilsenat. Urt. v. 7. Dezember 1921.

I. Landgericht Flensburg. — II. Oberlandesgericht Kiel.

Die Klägerin verfrachtete am 21. Juni 1919 dem Beklagten einen Leichter von etwa 500 Tonnen. Es sollte eine volle und bequeme Raum- und Decksladung Kluftholz und Stämme geladen werden. Der Beklagte lieferte nur einen Waggon Stämme, etwa 20 cbm. Am 26. Juli schrieb die Klägerin dem Beklagten, die Liegezeit sei abgelaufen, weitere Zufuhren seien nicht in Aussicht, sie mache ihn für Nichtverladung verantwortlich und fordere die halbe Fracht; die Baumstämme habe sie auf Lager genommen. Da der Beklagte nichts von sich hören ließ, schrieb sie am 4. August einen Brief mit ähnlichem Inhalt und drohte an, daß sie die „eingenommene" Ladung für Rechnung, wen es angeht, versteigern lassen würde. Nunmehr antwortete der Beklagte am 9. August, daß der Leichter nicht auf seine Veranlassung gechartert sei und er jede Entschädigung ablehne. Die Klägerin ließ die Stämme in der Tat versteigern. Sie fordert mit der Klage Fautfracht, weil der Beklagte so gut wie keine Ladung geliefert und sich überdies mit seinem Schreiben vom 9. August unberechtigterweise vom Vertrag losgesagt habe.

Das Landgericht gab der Klage statt. Das Oberlandesgericht wies die Klage ab. Die Revision der Klägerin blieb ohne Erfolg.

Gründe:

Das Handelsgesetzbuch regelt die Frage, wann der Reeder befugt ist, bei Nichtausführung eines Seefrachtvertrags Fautfracht zu fordern, in §§ 580 und 585. Nach § 580 kann der Befrachter vor dem Antritt der Reise von dem Vertrag unter der Verpflichtung zurücktreten, die Hälfte der bedungenen Fracht als Fautfracht zu zahlen. § 585 bestimmt, daß der Verfrachter sich von dem Vertrag lossagen und Fautfracht fordern kann, wenn der Befrachter bis zum Ablauf der Wartezeit keine Ladung geliefert hat. § 580 regelt also ein Recht des Befrachters, § 585 ein Recht des Verfrachters.

Das Berufungsgericht hat im vorliegenden Falle angenommen, der Verfrachter habe das Recht, sich von dem Vertrag loszusagen und Fautfracht zu fordern, nach § 585 nur dann, wenn ihm gar keine Ladung geliefert werde. Sei ein, wenn auch geringer, Teil der Ladung geliefert, so versage der § 585. Da nun der Beklagte einen Eisenbahnwaggon Holz geliefert habe, könne die Klägerin Fautfracht nicht fordern. Ein Rücktritt des Befrachters (des Beklagten) nach § 580 sei in seinem Schreiben vom 9. August 1919 nicht zu erblicken, da vielmehr die Klägerin ihrerseits bereits in ihren Schreiben vom 26. Juli und 4. August 1919 erklärt habe, die Frachtreise nicht ausführen zu wollen; die Wartefrist sei damals noch nicht abgelaufen gewesen. Die Klage vermöge sich also weder auf § 580, noch auf § 585 HGB. zu stützen.

Die Revision wendet rechtsgrundsätzlich ein, daß der Verfrachter bei solcher Auslegung rechtlos sein würde, wenn ein zahlungsunfähiger Befrachter nur so wenig Ladung liefere, daß dadurch die Frachtsumme nicht gedeckt sei. Zurücktreten dürfte der Verfrachter nach der gewählten Auslegung des Gesetzes nicht; er müsse also die Reise ausführen, habe aber keinerlei Sicherheit, daß er die bedungene Frachtsumme erhalten werde.

Diesen Ausführungen kann jedoch nicht vollen Umfangs beigestimmt werden.

Wäre der Verfrachter bei Lieferung eines nur geringen Teils der Ladung in der von der Revision geschilderten mißlichen Lage, so würde allerdings zu erwägen sein, wie die berechtigten Interessen des Verfrachters angemessen geschützt werden könnten, ob etwa durch entsprechende Anwendung des § 585 oder auf andere Weise. Aber es kann doch nicht anerkannt werden, daß der Verfrachter in solchem Maße schutzlos ist. Er hat vielmehr die Rechte aus § 326 BGB. Es liegt zutage und ist allgemein anerkannt, daß der Befrachter verpflichtet ist, die im Chartervertrag bedungene Ladung zu liefern. Das entsprechende Recht des Verfrachters ist ein sog. Hauptanspruch im Sinne des § 326. Das ergibt sich daraus, daß die Ladung ihm als dingliche Sicherheit zu dienen hat, und daß seine Maßnahmen, z. B. hinsichtlich des einzunehmenden Ballastes, von der Menge der gelieferten Ladung abhängig sind (Schaps, Seerecht § 578 Anm. 1). Liegt somit ein sog. Hauptanspruch vor, so kann der Verfrachter nach § 326 verfahren: er kann eine angemessene Frist zur Lieferung der nötigen Ladungsmenge setzen und kann, wenn die Frist ungenützt verstreicht, vom Chartervertrag zurücktreten und Schadensersatz verlangen (Schaps § 579 Anm. 6). Dasselbe Recht hat er auch dann, wenn der Befrachter Ausführung der Reise nach § 578 HGB. fordert. Denn in solchem Falle hat der Verfrachter, wenn ihm durch die Unvollständigkeit der Ladung die Sicherheit für die Fracht entgeht, Anspruch auf Bestellung anderweiter Sicherheit. Stellt der Befrachter diese nicht, so ist gleichfalls das Verfahren nach § 326 BGB. gegeben. Der Verfrachter ist also bei Lieferung eines nur geringen Teils der Ladung keineswegs schutzlos. Allerdings kann er nicht, wie im Falle des § 585 (Lieferung gar keiner Ladung) Fautfracht fordern. Er steht also insofern schlechter, als er seinen Schaden nachweisen muß, und als er nicht einen Betrag fordern kann, der seinen Schaden unter Umständen übersteigt. Aber dieser Umstand nötigt und berechtigt nicht, den § 585 auf einen Tatbestand anzuwenden, für den er nach seinem klaren Wortlaut nicht bestimmt ist. Nun hat im vorliegenden Falle der Verfrachter (die Klägerin) die Förmlichkeiten des § 326 BGB. nicht eingehalten, und deshalb kann, wie keine Fautfracht, so auch kein Schadensersatz verlangt werden.

Vorbehalten bleibt der Fall, daß die gelieferte Warenmenge überhaupt nicht als Ladung angesehen werden kann, so z. B. wenn in einen großen Kahn wenige Sack geliefert werden. Vorliegendenfalls war immerhin eine volle Eisenbahnwaggonladung geliefert.

Die Revision sucht die Klage weiter auf § 570 HGB zu stützen. Die Klägerin habe Ende Juli nach dieser Bestimmung nicht weiter auf Ladung zu warten brauchen. Die Ladefrist, die nach der Aussage des Zeugen L. vierzehn Tage bis drei Wochen betrug, sei Ende Juli längst abgelaufen gewesen, und der im § 570 HGB vorgeschriebenen Erklärung, nicht länger warten zu wollen, habe es nicht bedurft, da der Leichter die Ladung von einem Dritten, dem Holzhändler R., habe erhalten sollen; für solchen Fall sei die Erklärung nach der Entscheidung des Reichsgerichts Bd. 55 S. 182 nicht erforderlich. Dem steht entgegen, daß die erwähnte Entscheidung sich nur auf einen Fall bezieht, wo ein vom Befrachter verschiedener Dritter, also ein Ablader, von dem der Schiffer die Ladung zu empfangen hat, vorhanden ist. Das ist hier nicht der Fall. Die Lage war vielmehr nur so, daß der Beklagte seinerseits Holz, das er von R. gekauft hatte, verladen wollte, daß aber nicht etwa R. Ablader war. Das ergibt nicht den Tatbestand des § 577. Die Erklärung nach § 570, nicht länger warten zu wollen, war also nötig. Erst drei Tage nach ihrer Abgabe lief die Ladefrist ab. Da sie überhaupt nicht abgegeben ist, war der Rücktritt vom Vertrag unberechtigt, weil die Ladefrist noch nicht abgelaufen war. Hinzuzufügen ist, daß das Verlangen von Fautfracht sich überhaupt nicht auf § 570, sondern nur auf den besonderen Tatbestand des § 585 — abgesehen von § 580 — stützen läßt. …

RGZ. 103, 280.

**Zum Begriff des Ausrüsterverhältnisses im Sinne des § 510 HGB.**

I. Zivilsenat. Urt. v. 10. Dezember 1921.

I. Landgericht Bremen, Kammer für Handelssachen. — II. Oberlandesgericht Hamburg.

Die Beklagte erwirkte beim Amtsgericht Bremen gegen „die American Line als Reederei des Dampfers West Chatala" wegen eines Schadensersatzanspruchs einen dinglichen Arrest und ließ den Dampfer „West Chatala", der damals in Bremen lag, pfänden. Gegen diese Pfändung erhoben die Kläger als Eigentümer des gepfändeten Schiffs die Widerspruchsklage nach § 771 ZPO und beantragten, die Pfändung für unzulässig zu erklären.

Die Vorinstanzen wiesen die Klage ab. Die Revision hatte Erfolg.

Gründe:

Die Beklagte kann nach dem von ihr in der Berufungsinstanz vertretenen Standpunkt, dem sich das Berufungsgericht angeschlossen hat, der von dem Reeder der „West Chatala" gemäß § 771 ZPO. erhobenen Klage jedenfalls dann nicht wirksam begegnen, wenn die Firma „American Line" als eine „Ausrüsterin" des genannten Dampfers im Sinne von § 510 HGB. nicht anzusehen ist. Die von der Beklagten in der Revisionsinstanz neu herangezogenen Gesichtspunkte sind unbeachtlich. Der Einwand, daß die Kläger ihre Reedereieigenschaft arglistig verdeckt hätten, um die im regulären Betrieb entstehende dingliche Belastung ihrer Schiffe durch Schiffsschulden abzuwenden, findet in den tatsächlichen Feststellungen des Berufungsrichters keine Stütze. Die Behauptung, daß die American Line auch ohne das Vorliegen eines Ausrüsterverhältnisses die „West Chatala" dinglich hätte belasten können und belastet habe, ist hier ohne Bedeutung, wo es sich nur um die Frage der Zulässigkeit eines von der Beklagten, nicht etwa gegen die Schiffsreeder, sondern gegen die American Line, und zwar trotz ihres Nichteigentums hinsichtlich des Schiffs als selbständige Unternehmerin ausgebrachten Arrestes handelt.

Die danach für die Entscheidung des Rechtsstreits bedeutsame Annahme des Berufungsgerichts, daß ein deutschrechtliches Ausrüsterverhältnis vorliegt, beruht auf der Auslegung eines sog. Agenturvertrags. Den Ausführungen des Berufungsgerichts ist die Feststellung zu entnehmen, daß der hier maßgebliche Vertrag zwischen den Klägern, handelnd durch das United States Shipping Board, welches seinerseits durch die United States Shipping Board Emergency Fleet Corporation vertreten wird, einerseits, und der als „agent" bezeichneten „American Line" anderseits abgeschlossen ist, und daß gleichartige Verträge auch mit anderen als „agents" bezeichneten Firmen vereinbart sind. Es handelt sich also um eine sog. typische Urkunde. Die Auslegung des in ihr verbrieften Vertrags seitens des Berufungsgerichts ist nicht frei von hier beachtlichem Rechtsirrtum.

Nach § 510 HGB. ist „Ausrüster", wer ein ihm nicht gehöriges Schiff zum Erwerb durch die Seefahrt „für seine Rechnung verwendet und ... die Führung einem Schiffer anvertraut". Das Berufungsgericht meint, es liege eine Verwendung des Schiffs „West Chatala" für eigene Rechnung der American Line vor, da diese Firma nach dem Agenturvertrag (Abschnitt 11 betr. „Compensation") prozentweise an den Einnahmen des Schiffs an Frachtgeldern, aus der Personenbeförderung usw. beteiligt und danach sehr erheblich an dem mit dem Dampfer betriebenen Reedereigeschäft interessiert sei. Mit Recht weist demgegenüber die Revision darauf hin, daß eine derartige prozentweise Beteiligung eines Dritten an dem Gewinn eines ihm nicht gehörigen Kauffahrteischiffs nicht etwas dem Ausrüsterverhältnis Eigentümliches sei, vielmehr sehr häufig für Schiffsmakler oder Agenten usw., die zugunsten des Reeders tätig sind, ausbedungen werde. Aber auch sonst zeigt der Agenturvertrag nach Wortlaut, Sinn und Zweck unzweifelhaft, daß von einem Ausrüsterverhältnis in dem hier maßgeblichen Sinne keine Rede sein kann. ... (Folgt eine eingehende Wiedergabe der einzelnen Vertragsbestimmungen.)

Es kann dahingestellt bleiben, ob durch diesen Vertrag zwischen den Klägern oder den für sie handelnden Organen und der American Line ein Agenturverhältnis im deutschrechtlichen Sinne zustande gekommen ist (§§ 84 flg. HGB.). Denn jedenfalls zeigt der Vertrag zur Genüge, daß die „American Line" den Klägern und ihren Organen als ein an deren Weisungen gebundener Bevollmächtigter und Beauftragter und nicht — wie das zu den Merkmalen des Ausrüsterverhältnisses gehört (vgl. Mittelstein in Ehrenbergs Handbuch des Handelsrechts Bd. 7 Abt. 1 S. 36) — als ein selbständiger, mit dem Schiff für eigene Rechnung Geschäfte treibender Unternehmer gegenübersteht. Dementsprechend sind auch die der American Line vertraglich zustehenden Vergütungen, die ja nur einen geringen Teil der jeweils mit dem Schiff erzielten Gesamteinnahme ausmachen, nichts anderes als Provisionen für die von ihr als Bevollmächtigten und

Beauftragten der Kläger geleisteten Dienste. Diese Vergütungen (compensations) ändern nichts daran, daß das Schiff zum Erwerb durch die Seefahrt ausschließlich für Rechnung seiner Reeder, d. h. der Kläger, verwendet wurde, die sich nach zahlreichen Richtungen hin die Aufsicht und Kontrolle über die das Schiff betreffende Tätigkeit der American Line und die Möglichkeit jederzeitigen entscheidenden Eingriffs in diese Tätigkeit vorbehalten haben.

Des weiteren kann dem Berufungsgericht auch darin nicht zugestimmt werden, daß die American Line ihrerseits die Führung des Schiffs einem Schiffer im Sinne von § 510 HGB. „anvertraut" hätte derart, daß dieser Schiffer ausschließlich ihren und nicht der Reeder Weisungen Folge zu leisten hatte. Allerdings hat nach dem Vertrag die American Line u. a. die Bemannung des Schiffs und somit auch die Anstellung des Schiffers zu besorgen, aber auch hier nicht als selbständige Unternehmerin des Schiffahrtsbetriebs, sondern auf Anweisung und nach den Vorschriften sowie für Rechnung der Kläger, welche jederzeit der American Line wegen der Anstellung, Beschäftigung, Bezahlung und Entlassung des Schiffers Anweisungen geben oder auch direkt in das Dienstverhältnis des Kapitäns durch Aufkündigung des Agenturvertrags oder auf andere Weise eingreifen konnten. Daß dies auch genügend gegenüber dem Kapitän W., welcher zu der maßgeblichen Zeit die „West Chatala" führte, zum Ausdruck gekommen ist, ergibt dessen vom Berufungsgericht angeführte Aussage. Somit fehlt es an einem weiteren für das Ausrüsterverhältnis des § 510 HGB. wesentlichen Merkmal, nämlich, daß die American Line durch einen allein von ihr abhängigen Schiffer die tatsächliche Verfügungsgewalt über das Schiff in einer Weise hatte, die es ihr ermöglichte, sich seiner auch gegen den Willen der Reeder zu bedienen (RGZ. Bd. 25 S. 113; Schaps, Seerecht 2. Aufl. § 510 Anm. 4). Der danach vorliegenden Sach- und Rechtslage hat denn auch nach den Feststellungen des Berufungsgerichts eine andere, in der gleichen Weise wie die American Line für die Kläger tätige Firma, die „Cosmopolitan Line", dadurch Rechnung getragen, daß sie den Willen, nur als Agentin der Kläger oder des U. S. Shipping Board tätig zu sein, in den von ihr benutzten Konnossementen durch den Zusatz „Agents for the U. S. Shipping Board" klar erkennbar gemacht hat.

Diesen Erwägungen gegenüber kommt nicht in Betracht, daß die „West Chatala" derzeit die Kontorflagge der American Line führt, daß die betr. Konnossemente am Kopf die Worte „American Line" tragen und daß den Unterschriften in den Konnossementen die Worte vorgedruckt sind „for the American Line, as agents", und zwar selbst dann nicht, wenn damit — wie das Berufungsgericht annimmt — die Unterzeichner jener Konnossemente nach außen als Agenten der American Line aufgetreten sein sollten. Allerdings wird in Schrifttum und Rechtsprechung bisweilen die Ansicht vertreten, daß für das Vorliegen eines Ausrüsterverhältnisses die äußere Erscheinungsform von wesentlicher Bedeutung sei. So wird z. B. mehrfach die auch vom Berufungsgericht gebilligte Behauptung, daß die Worte in § 510 Abs. 1 HGB. „für seine Rechnung" ein ungenauer Ausdruck des Gesetzes seien und nichts anderes als „in seinem Namen" bedeuteten, damit zu begründen versucht, daß das Handeln für fremde oder eigene Rechnung ein innerer, die Außenwelt nichts angehender Vorgang sei (Schaps 2. Aufl. § 510 Anm. 3, 1, Cosack, Lehrbuch des Handelsrechts 7. Aufl. § 33 I 3, Pappenheim, Handbuch des Seerechts Bd. 2 S. 83 Anm. 4, Bd. 4 S. 97 Anm. 1; anders Wüstendörfer, Studien zur modernen Entwicklung des Seefrachtrechts Bd. 1 S. 105). Demgegenüber ist aber folgendes zu beachten. In § 496 HGB. wird als Reeder der „Eigentümer eines ihm zum Erwerb durch die Seefahrt dienenden Schiffs" bezeichnet, der also das Schiff zum Erwerb durch die Seefahrt „für seine Rechnung" verwendet. Der Ausrüster soll nach § 510 HGB., wie Wortlaut, Sinn und Zweck dieses Paragraphen erkennen lassen vgl. auch die Protokolle der Kommission zur Beratung eines allgemeinen Deutschen HGB. IV. Teil S. 1658; Cosack § 33 I 2), sich nur darin von dem Reeder unterscheiden, daß er nicht der Eigentümer des Schiffs ist, das ihm zum Erwerb durch die Seefahrt dient, also zu diesem Erwerb „für seine Rechnung" verwendet wird. Mit anderen Worten: Dem Reeder als Eigentümer des ihm (dem Reeder) zum Erwerb durch die Seefahrt dienenden Schiffs wird gegenübergestellt der Ausrüster als Nichteigentümer des ihm (dem Ausrüster) zum Erwerb durch die Seefahrt dienenden Schiffs. Es würde daher eine Verschiebung des im Gesetz festgelegten und gewollten Wesens des Ausrüsterverhältnisses bedeuten, wenn man das Erfordernis der Verwendung des Schiffs „für Rechnung" des Ausrüsters durch das äußere Merkmal der Verwendung „im Namen" desselben ersetzen wollte. Ein derartiger Eingriff kann nicht durch den bloßen Hinweis darauf gerechtfertigt werden, daß die Frage, ob das Schiff für Rechnung des Reeders oder eines anderen zum Erwerb durch Seefahrt verwandt werde, ein inneres und für die Außenwelt nicht erkennbares Verhältnis betreffe. Denn dies gilt in gleicher Weise für die

Frage, ob das Schiff durch einen vom Reeder oder von einem Dritten angestellten oder seinen Befehlen tatsächlich unterstellten Kapitän geführt wird (Schaps § 510 Anm. 13). Daß aber das im Handelsgesetzbuch unzweideutig für das Ausrüsterverhältnis angegebene Erfordernis der Unterstellung des Kapitäns unter die alleinige Befehlsgewalt des Ausrüsters nicht zwingend sei, kann trotz auch hier im Schrifttum hervorgetretener gegenteiliger Ansicht nicht anerkannt werden. Ob und wieweit die weiterhin im Schrifttum und bisweilen auch in der Rechtsprechung *befürwortete entsprechende* Ausdehnung des § 510 HGB. mit dieser, einen eng umgrenzten Fall betreffenden, gesetzlichen Ausnahmevorschrift zu vereinen ist (vgl. übrigens RGZ. Bd. 98 S. 186 flg., Brodmann, Krit. Vierteljahresschrift für Gesetzgebung und Rechtswissenschaft Bd. 48 S. 88 flg.), kann hier dahingestellt bleiben. Denn jedenfalls wird auch von den Anhängern dieser ausdehnenden Anwendung des genannten Paragraphen durchweg vorausgesetzt, daß eine Charterung (Chartermiete) des Schiffs vorliegt, wovon hier nach obigem keine Rede sein kann. ...

**RGZ. 106, 212.**

**Bedeutung der Fob-Klausel für den Übergang der Gefahr des Transports.**

II. Zivilsenat. Urt. v. 19. Januar 1923.

Die Entscheidung ist abgedruckt unter „Handelsrecht, Handelsgesetzbuch 1".

**RGZ. 107, 229.**

**Zulässigkeit von Übernahmekonnossementen. Umfang der Prüfungspflicht einer Bank, die beauftragt worden ist, die Verschiffungsurkunden gegen Zahlung des Kaufpreises aufzunehmen.**

I. Zivilsenat. Urt. v. 2. Mai 1923.

I. Landgericht Hamburg, Kammer für Handelssachen. — II. Oberlandesgericht daselbst.

Die Firma Richard H. in Hamburg hatte von der Firma P. S. & Co. in Santos eine Partie Reis gekauft und mit der Abwicklung des Geschäfts die Beklagte beauftragt. Diese ersuchte die Klägerin durch deren Zweigniederlassung in Santos, eine Sichttratte der Firma P. S. & Co. in Santos auf die Beklagte über 1 290 000 M einzulösen gegen Übergabe von Konnossementen und Beschaffenheitszeugnissen über 1000 Sack

Reis, Abladung März/April. Die Klägerin nahm den Auftrag an und löste durch ihre Zweigniederlassung in Santos eine am 28. April 1920 ausgestellte Tratte auf die Beklagte über 1 290 000 M auf 3 Tage Sicht ein. Übergeben wurden ihr hierbei die Faktura, ein voller Satz der Konnossemente für den norwegischen Dampfer „Louise Nilsen" über verschiffte oder zur Verschiffung übernommene 1000 Sack Reis mit Datum vom 9. März 1920 und Beschaffenheitszeugnisse über die Ware. Unter Andienung dieser Urkunden legte die Klägerin die Tratte der Beklagten in Hamburg zur Annahme und späterhin zur Zahlung vor. Die Beklagte verweigerte jedoch Annahme und Zahlung. Die Klägerin erhob daher gegen sie Klage auf Erstattung ihrer Aufwendungen.

Das Landgericht gab der Klage statt. Das Berufungsgericht wies sie ab. Die Revision der Klägerin hatte Erfolg.

Gründe:

Das Konnossement vom 9. März 1920 enthält den Vermerk: „shipped or received for shipment" und besagt, daß die Güter verschifft werden sollen mit dem Dampfer „Louise Nilsen" oder „any other steamship substituted or following or loading for Hamburg". Es liegt also ein sogenanntes Übernahmekonnossement mit Substitutionsklausel hinsichtlich des Schiffes vor. Daß derartige Konnossemente nach deutschem Recht zulässig sind und zu der maßgeblichen Zeit auch dann zulässig waren, wenn, wie hier, eine auf bestimmte Monate (März/April 1920) beschränkte Verschiffung (Abladung, shipment) in Frage kommt, ist in der Revisionsinstanz nicht beanstandet und nach der Entwicklung, welche der Verkehr genommen hat, kaum noch zu bezweifeln (Schaps, Seerecht, 2. Aufl., Vorbem. z. Abschn. IV, Anm. 13 S. 303; § 565 Anm. 1 und 9, § 642 Anm. 2, 2a; Hans. Gerichtsz. 1920 Hauptbl. S. 158 flg., 162, 266; Gutschow in Hans. Rechtszeitschr. 1920 S. 537 flg.; ferner ebenda S. 458). Außerdem hat das Landgericht in rechtlich einwandfreier und vom Berufungsgericht gebilligter Weise festgestellt, daß derartige Konnossemente im Handel mit Brasilien üblich und nach den in den betreffenden Handelskreisen herrschenden Anschauungen in Fällen der fraglichen Art vom Käufer der Ladung nicht zu beanstanden sind. Es ist daher die Frage, ob für die in Santos ausgestellten Konnossemente deutsches Recht anwendbar ist, von keiner entscheidenden Bedeutung.

Zutreffend hat das Berufungsgericht unter Bezugnahme auf die Darlegungen des landgerichtlichen Urteils angenommen, daß die Klägerin oder ihre damalige Zweigniederlassung in Santos bei Aufnahme der Konnossemente die nach Sachlage erforderliche Sorgfalt nicht verletzt habe. Die von der Beklagten erwähnte Prüfung der damaligen Maßnahmen des Dampfers „Louise Nilsen" scheidet schon um deswillen aus, weil im Hinblick auf die erwähnte Substitutionsklausel sehr wohl auch ein anderer Dampfer für die Beförderung in Frage kommen konnte. Des weiteren hat das Berufungsgericht zutreffend angenommen, daß die Klägerin auch das Beschaffenheitszeugnis prüfen und mit den Konnossementen und dem Inhalt ihres Remboursauftrags vergleichen mußte, daß sich aber auch diese Prüfung nur auf die äußere Ordnungsmäßigkeit der Urkunden zu erstrecken hatte. Nur in diesem Sinne war der der Klägerin erteilte Auftrag betr. die Aufnahme von „ordnungsmäßigen" Urkunden zu verstehen, wie denn auch in dem von der Beklagten entworfenen und mit ihrer Billigung der Filiale der Klägerin übermittelten Auftragstelegramm schlechthin von „Bill of Lading" und „certifikate of quality" ohne besondere Betonung ihrer Ordnungsmäßigkeit die Rede ist.

Nach den Ausführungen des Berufungsgerichts ist davon auszugehen, daß die Datierung der Konnossemente auf den 9. März auf einem Schreibfehler beruht und die Ausstellung der Urkunden erst am 9. April 1920 erfolgt ist. Das Berufungsgericht meint, daß der Unterschied zwischen dem danach für die Konnossementszeichnung einzusetzenden Datum und dem für die Ausstellung des Beschaffenheitszeugnisses angegebenen Datum vom 14. April 1920 die Klägerin hätte bedenklich machen und zu einer genaueren Prüfung des Zeugnisses veranlassen müssen, wobei sie erkannt haben würde, daß zur Zeit der Konnossementszeichnung die Waren noch in Santos im Hause Rua General Camara 356 lagerten. Dies war in der Tat auch ohne besondere Mühe und Bedenklichkeit für die ortsansässige Zweigstelle der Klägerin aus dem Zeugnis zu entnehmen. (Wird näher ausgeführt.) Dagegen reichen die Feststellungen des Berufungsgerichts nicht aus, um die Annahme zu rechtfertigen, daß eine Ladung der Güter in der Rua General Camara 356 zur Zeit der Konnossementszeichnung die Zweigstelle der Klägerin im Rahmen des Vertragsverhältnisses der Parteien stutzig machen und von einer vorbehaltlosen Aufnahme der Urkunden für Rechnung der Beklagten abhalten mußte (RGZ. Bd. 96 S. 250, Bd. 97, S. 147). Allerdings bedeutete, wie das Berufungsgericht zutreffend ausführt, die Beschränkung der Verpflichtung auf eine Prüfung der äußeren Ordnungsmäßigkeit der Urkunden nicht, daß eine rein formale Erledigung des der Klägerin und ihrer Zweigstelle gewordenen Auftrags genügt. Vielmehr muß der betreffende Bankier die ihm innewohnenden oder zuzumutenden Kenntnisse im Interesse seines Auftraggebers mit der Sorgfalt eines ordentlichen Kaufmanns verwerten. Weiß er z. B. oder muß er bei gehöriger Sorgfalt wissen, daß die im Konnossement aufgeführten Güter zur Zeit der Unterzeichnung der Konnossemente sich nicht in der rechtlichen und tatsächlichen Verfügungsgewalt des Schiffsvertreters befinden und daß daher die Konnossementsbescheinigung, die Güter seien „received for shipment", der *derzeitigen Sachlage nicht mehr entspricht, so darf er die Urkunden* nicht ohne weiteres aufnehmen. Eine derartige Feststellung ist aber vom Berufungsgericht nicht getroffen. Insbesondere läßt es das Berufungsgericht ausdrücklich dahingestellt, ob die Klägerin oder ihre Zweigniederlassung darüber im klaren war, was rechtlich zur Übernahme der Ware zur Verschiffung im Sinne eines derartigen Übernahmekonnossements gehört. Die Feststellungen des Berufungsgerichts gehen nur dahin, daß die Rua General Camara außerhalb der Hafen- und Dockanlagen von diesen durch einige Häuserblocks getrennt gelegen ist und daß dies der Zweigstelle der Klägerin bekannt sein mußte. Dies genügt aber nicht, um die Annahme des Berufungsgerichts zu begründen, daß um deswillen die Zweigstelle der Klägerin über die Ordnungsmäßigkeit der Konnossemente hätte Bedenken hegen und von der Aufnahme der Urkunden absehen müssen. Insbesondere schließt die Lagerung der Ware auf einem nicht zu den eigentlichen Hafenanlagen gehörigen Lagerplatz keineswegs aus, daß die Vertretung des Schiffes sowohl die rechtliche als auch die tatsächliche Verfügung über das Gut zum Zweck seiner Verschiffung erlangt hatte, wie solches in den Konnossementen von dem zuständigen Schiffsagenten bescheinigt ist. Bei dieser Bescheinigung konnte sich die Klägerin auch in Kenntnis der örtlichen Verhältnisse des Lagerplatzes um so mehr beruhigen, als sie aus dem Zeugnis entnehmen durfte, daß auf eben diesem Lagerplatz die der Ausfuhr der Ware grundsätzlich unmittelbar vorhergehende amtliche Probeziehung stattgefunden hatte. Diese amtliche Probeziehung hatte nach den Feststellungen des Berufungsgerichts laut Art. 15 der Verordnung der Brasilianischen Regierung vom 24. April 1918 und der dazu gehörigen Ausführungsverordnung in den Hafenmagazinen zu erfolgen, von wo aus die Waren an Bord befördert werden sollen. Danach konnte die Vertretung der Klägerin ohne Verletzung ihrer Pflichten annehmen, daß der in der Nähe des Hafens befindliche Lagerplatz, auch wenn er nicht zu den eigentlichen Hafen- und Dockanlagen gehörte, doch ein Magazin war, von welchem aus die Ware an Bord befördert werden sollte. Nach alledem ergeben die tatsächlichen Feststellungen des Berufungsgerichts keinen Anhalt dafür, daß die Zweigstelle, die, wie erwähnt, grundsätzlich nur die äußere Ordnungsmäßigkeit der Urkunden zu prüfen hatte, bei deren Aufnahme ein von der Klägerin zu vertretendes Versehen begangen hat. Demgemäß ist die Annahme des Landgerichts berechtigt, daß die Beklagte verpflichtet war, die ihr von der Klägerin unter Andienung der Urkunden vorgelegte Tratte anzunehmen und zu bezahlen.

**RGZ. 107, 305.**

**1. Kann die Unzulässigkeit des Rechtsweges im Laufe des Rechtsstreits geheilt werden?**

**2. Kann eine beschränkt persönliche Haftung des Schiffseigners nach § 114 des Binnenschiffahrtsgesetzes für einen späteren Erwerber des Schiffes entstehen?**

I. Zivilsenat. Urt. v. 12. Dezember 1923.

I. Landgericht Hamburg, Kammer für Handelssachen. —
II. Oberlandesgericht daselbst.

Die Klägerin verlangt von der Beklagten Schadensersatz aus einem Schiffszusammenstoß, welcher sich am 26. Mai 1913 im Hamburger Hafen ereignete und bei welchem der der Klägerin gehörende Dampfer „New Londoner" beschädigt wurde. Die Beklagte ist Eigentümerin des Schleppdampfers „Walther", welcher zur Zeit des Zusammenstoßes der Firma Gebr. K., einer offenen Handelsgesellschaft, gehörte. Nach der Behauptung der Klägerin hat dieser Schlepper den Zusammenstoß schuldhaft verursacht. Die Beklagte wird als Eigentümerin des Schleppers sowohl dinglich als auch beschränkt persönlich gemäß §§ 3, 4 Nr. 3, 102, 103, 114 BinnSchG. in Anspruch genommen. Sie erhebt den Einwand der Unzulässigkeit des Rechtsweges, weil den Vorschriften in Abschnitt III Art. 296 Anl. § 25 des Versailler Vertrages nicht genügt sei.

Die Vorinstanzen erklärten den Klageanspruch dem Grunde nach für berechtigt. Die Revision hatte keinen Erfolg.

Aus den Gründen:

... Dem Berufungsgericht ist darin zuzustimmen, daß in Fällen der fraglichen Art der ordentliche Rechtsweg für zulässig zu erachten ist, wenn nur die nach § 25 der Anlage zu Abschnitt III Artikel 296 des Versailler Vertrages erforderliche Bescheinigung des Gläubigeramtes vor Schluß der maßgeblichen mündlichen Verhandlung vor dem Prozeßgericht vorliegt. Denn damit ist allem Genüge getan, was dem Sinn und Zweck der genannten Vorschrift entspricht. Anderseits zwingt der Umstand, daß nach der Zivilprozeßordnung die Zulässigkeit des Rechtsweges die begriffsnotwendige und von Amts wegen zu prüfende Voraussetzung für ein Tätigwerden der Gerichte überhaupt ist, keineswegs zu der Annahme, daß das Fehlen dieser Voraussetzung zur Zeit der *Klageerhebung unter keinen Umständen im Laufe des Rechtsstreits* geheilt werden könnte. Denn der Zeitpunkt der Klageerhebung ist von keiner unbedingt entscheidenden Bedeutung für die Frage, ob der Rechtsweg zulässig ist oder nicht. Dies ergibt sich schon daraus, daß eine im Laufe des Rechtsstreits eintretende, und zur Zeit der Schlußverhandlung noch bestehende Unzulässigkeit des Rechtsweges auch dann zu beachten ist, wenn zur Zeit der Klageerhebung der Rechtsweg statthaft war. Die Zulässigkeit des Rechtsweges ist eine rein prozessuale Voraussetzung, welche das Wesen des Klageanspruchs als solchen, wie er mit der Klageerhebung rechtshängig wird, nicht berührt. Liegt diese prozessuale Voraussetzung am Schluß der maßgeblichen mündlichen Verhandlung vor, so ist es unerheblich, ob sie zeitweise während des Rechtsstreits, sei es nach der Klageerhebung oder schon bei der Klageerhebung, nicht vorhanden gewesen ist. Dafür spricht auch der Umstand, daß die Mängel einer an der Unzulässigkeit des Rechtsweges gescheiterten Klage selbst nach der wegen dieser Unzulässigkeit erfolgten Klageabweisung noch geheilt werden können. Denn nach § 212 BGB. gilt die Unterbrechung der Verjährung durch Klageerhebung auch dann als erfolgt, wenn diese Klage wegen Unzulässigkeit des Rechtsweges rechtskräftig abgewiesen ist, falls nur binnen 6 Monaten nach dieser Klageabweisung eine zulässige Klage erhoben wird. Nach alledem ist die nach der Klageerhebung ausgestellte Bescheinigung des englischen Gläubigeramtes vom 20. Februar 1920 für sich allein als genügend zu erachten.

Die Klage richtet sich 1. auf Verurteilung der Beklagten persönlich gemäß § 114 BinnSchG. zur Zahlung des Schadensbetrages, 2. auf Verurteilung der Beklagten als Eigentümerin des Schleppers gemäß §§ 103, 102 Nr. 5 BinnSchG. zur Duldung der Zwangsvollstreckung in dieses Schiff. Beide Klageansprüche sind von den Vorinstanzen dem Grunde nach für berechtigt erklärt worden. Das Berufungsgericht erörtert, daß die Firma Gebr. K., d. h. die frühere Eigentümerin des Schleppers, diesen nach dem Zusammenstoß auf neue Reisen geschickt habe. Hierauf kommt es aber für den gegenwärtigen Rechtsstreit nicht an, da die Klägerin die beschränkt persönliche Haftung der Beklagten ausschließlich darauf stützt, daß diese selbst den Schlepper mit Kenntnis der klägerischen Schiffsgläubigerforderung zu neuen Reisen ausgesandt habe, welch letzteres vom Berufungsgericht festgestellt worden ist. Die Frage, ob im Falle der Veräußerung des mit einem Schiffsgläubigerrecht belasteten Schiffes für den Erwerber, der in Kenntnis dieser Schiffsschuld das Schiff *im Sinne von § 114 BinnSchG. zu einer neuen Reise ausgesandt hat*, eine beschränkt persönliche Verpflichtung gemäß jener Vorschrift entstehen kann, ist zu bejahen und zwar auch dann, wenn für den früheren Schiffseigner bereits in gleicher Weise eine beschränkt persönliche Verbindlichkeit entstanden ist (Mittelstein Binnenschiffahrtsrecht I § 114 Anm. 2d; Mittelstein in Ehrenbergs Handbuch des Handelsrechts Bd. 7, Abteilung 1 S. 60 § 11 Nr. 8; Schaps Seerecht, 2. Aufl. § 774 Anm. 2, 8, 11 Fußnote 1; a. M. Pappenheim, Handb. des Seerechts II § 24 S. 279 Anm. 1; Oberlandesgericht Hamburg in Hans. GZ. 1903 S. 293 Nr. 128). Denn die beschränkt persönliche Haftung des Schiffseigners nach § 114 gründet sich auf die mit dem Handeln des Schiffseigners verbundene Gefährdung des diesem Schiffseigner bekannten Schiffsgläubigerrechts, und diese Gefährdung entsteht, auch wenn sie schon bei dem früheren Schiffseigner eingetreten war, aufs neue und unter Umständen — bei inzwischen eingetretener Veränderung des Schiffswertes, der Zahl der Schiffsgläubiger usw. — in anderem Umfang bei dem seinerseits das Schiff in Kenntnis des Schiffspfandrechts auf neue Reisen sendenden späteren Schiffseigner.

Im landgerichtlichen Urteil ist auf den Einwand der Beklagten, daß den übrigen für den Schlepper in Betracht kommenden Schiffsgläubigern der volle Wert des Schiffes bezahlt sei, nicht weiter eingegangen, weil die Beklagte diesen Einwand gemäß § 114 Abs. 2 im Verfahren über die Höhe des Klageanspruchs beweisen müßte. Dieses Verhalten der Vorinstanz würde nicht für zulässig erachtet werden können, wenn den zweitinstanzlichen Ausführungen der Beklagten die Behauptung zu entnehmen wäre: Der Wert, den der Schlepper hatte, als die Beklagte ihn in Kenntnis der Klageforderung auf eine neue Reise im Sinne von § 114 schickte, sei derart gewesen, daß bei einer Verteilung dieses Wertes unter die Schiffsgläubiger nach der gesetzlichen Rangordnung für die Klägerin nichts übrig geblieben wäre. Denn solchenfalls würde vor Klarstellung der Unbegründetheit dieses Einwandes trotz der Vorschrift in § 114 Abs. 2 für eine Zuerkennung des beschränkt persönlichen Klageanspruchs dem Grunde nach kein Raum sein. Die einschlägigen Angaben der Beklagten besagen aber nur, daß vor der hier maßgeblichen Zeit die Rechtsvorgängerin der Beklagten, die Firma Gebr. K., den damaligen Wert des Schleppers erschöpfende Zahlungen an andere Schiffsgläubiger geleistet habe. Damit ist aber eine genügende Unterlage für eine Behauptung der hier in Betracht kommenden Art nicht gegeben. Daß die angebliche Bezahlung der übrigen Schiffsgläubiger den Anspruch der Klägerin auf Duldung der Zwangsvollstreckung in das Schiff an sich nicht berührt, hat das Berufungsgericht zutreffend angenommen, und das ist von der Revision nicht beanstandet worden.

## RGZ. 108, 304.

**Welche Rechte erwirbt der Reeder an einer Sicherheit, die von einem Ladungsbeteiligten für seine Beiträge zur großen Haverei geleistet worden ist? Nach welchen Grundsätzen ist die Auszahlung des nicht verbrauchten Teils der Sicherheit zu bemessen, wenn diese in ausländischem Geld gestellt worden ist?**

I. Zivilsenat. Urt. v. 4. Juni 1924.

I. Landgericht Hamburg, Kammer für Handelssachen. —
II. Oberlandesgericht daselbst.

Die Klägerin verschiffte im Jahre 1921 mit einem Dampfer der Beklagten 2 Kisten Tabaksdosen. Der Dampfer geriet bei Jaffa auf Grund und die Beklagte verlangte von dem Ladungsbeteiligten Sicherstellung der Havereibeiträge. Die Klägerin zahlte auf Verlangen 3.11.— £ als Einschuß. Die Dispache ergab, daß der Klägerin nur 299,41 M zur Last fielen. Die Beklagte will nur den Betrag zurückzahlen, der sich ergibt, wenn die 3.11.— £ nach dem zur Zeit der Einzahlung maßgebenden Kurs in Mark umgerechnet und davon 299,41 M abgezogen werden. Diesen Betrag von 2480,24 M hat sie gezahlt. Sie behauptet, daß sie den £-Betrag derzeit in Mark umgewechselt habe. Die Klägerin steht auf dem Standpunkt, daß sie 299,41 M zu zahlen und dagegen den £-Betrag zurückzuverlangen habe.

Das Landgericht wies die Klage ab. Auf die Berufung der Klägerin verurteilte das Oberlandesgericht die Beklagte, der Klägerin 3.11.— £ Zug um Zug gegen 2480,24 M zu zahlen.

Die Revision der Beklagten hatte teilweise Erfolg.

Gründe:

Die Revision erweist sich nur hinsichtlich der Höhe des der Klägerin zugesprochenen Betrages als begründet.

Das Berufungsgericht hat ausgeführt: es sei nicht richtig, daß die Reederei das Recht habe, alles, was sie an Einschüssen auf ihre Anforderung erhalte, sofort in ihrem Betrieb arbeiten zu lassen und zu dem Zweck in Mark umzuwechseln. Die Reederei habe bei großer Haverei sich aus dem Unfall ergebenden Kosten zunächst aus eigenen Mitteln zu decken. Um ihr Betriebskapital nicht allzusehr zu schwächen, lasse sie sich vorschußweise gewisse Beträge einzahlen. Diese stellten ein Depot dar, das je nach dem Verlauf der Angelegenheit verbraucht werde oder zurückzuzahlen sei. Die Sachlage sei aber nicht so, daß aus der Einschußsumme, die zwar in gewissem Umfang der Reederei verhaftet sei, wirtschaftlich ein Kapital der Reederei werden dürfe. Das sei auch im vorliegenden Falle dadurch zum Ausdruck gebracht, daß der Einschuß als deposit on account of general average bezeichnet sei. Der nicht verbrauchte Teil des Depots müsse also so zurückgezahlt werden, wie er geleistet sei, nämlich in englischer Währung.

Die Revision wendet ein: Nach dem Konnossement sei die Dispache – wie auch geschehen – in Hamburg aufzumachen gewesen. Deshalb sei der Wert der beitragspflichtigen Gegenstände in Mark zu berechnen, ebenso die aufgewendeten Kosten und die einzelnen Beiträge. Die Einschüsse, die in einem Prozentsatz des Werts der Güter beständen, seien dementsprechend ebenfalls in Mark zu leisten gewesen. Wenn der beitragspflichtige Empfänger nicht in Mark gezahlt habe, so sei die Reederei berechtigt gewesen, die Umrechnung und Umwechslung des fremden Geldes sofort vorzunehmen. Des weiteren sei es rechtsirrig, daß die Reederei die Einschüsse nicht habe verwenden dürfen. Das Ergebnis der Dispache sei nicht vorauszusehen gewesen. Deshalb dürfe nicht gesagt werden, daß die Reederei die Einschüsse nur in der Höhe, auf welche später in der Dispache die Beitragspflicht festgestellt werde, verwenden dürfe. Jedenfalls habe der Beweisantretung, daß das Verfahren der Beklagten einem allgemein anerkannten Handelsbrauch entspreche, stattgegeben werden müssen.

Diese Ausführungen der Revision vermögen das angegriffene Urteil nicht zu erschüttern. Im § 731 HGB. ist bestimmt, daß der Schiffer Güter, auf denen Havereibeiträge haften, vor deren Berichtigung oder Sicherstellung nicht ausliefern darf. Würde der Streitfall nur nach dieser Bestimmung zu beurteilen sein, so wäre klar, daß es sich nur um ein despositum irregulare handelte und daß also das Depot in derselben Währung, in der es hingegeben ist, zurückzuzahlen wäre. Nun ist allerdings der Beklagten einzuräumen, daß die Depotstellung im Falle der großen Haverei eine Weiterbildung erfahren hat. Es wird in der Regel ein sog. „Havariegrosse-bond" ausgestellt, das ist eine Urkunde, in welcher der Empfänger (oder der Ladungsbeteiligte) sich verpflichtet, die durch die Dispache festzustellenden Beiträge zu bezahlen, und es werden weiter, wenn der Schiffer sich mit der Ausstellung jenes Scheins nicht zufrieden gibt, sondern Depotstellung fordert, die Beiträge, nachdem sie durch die Dispache festgestellt sind, aus dem Depot entnommen. Keineswegs aber hat sich, wie die Beklagte anscheinend behaupten will, ein internationaler Brauch entwickelt, daß die Reederei mit dem gestellten Depot nach ihrem Gutdünken verfahren und es z. B. in eine andere Währung umwechseln kann. In der revue internationale du droit maritime, 1922, Bd. 34 S. 1159, ist eine Übersicht gegeben, wie in den verschiedenen Ländern teils nach Handelsbrauch, teils nach Gesetz bei Leistung von Havereieinschüssen verfahren wird. Die Übersicht zeigt, daß entweder eine Bankgarantie geleistet oder ein Bareinschuß auf gemeinsamen Namen hinterlegt oder dem Dispacheur eingehändigt wird. So insbesondere auch nach englischem Recht (vgl. Lowndes, On general average, 5. Aufl., S. 387 flg.). Der behauptete internationale Handelsbrauch besteht also nicht. Ein derartiger Brauch hat sich auch in Deutschland nicht entwickelt. Er ist weder im Schrifttum, noch in gerichtlichen Urteilen bezeugt. Es mag sein, daß auch andere Reedereien so verfahren, wie die Beklagte verfahren ist. Aber daß dies Verfahren von der Überzeugung der Rechtsgültigkeit auch auf seiten der Ladungsbeteiligten getragen wird, dafür fehlt es an jedem Anhalt und prozessual vor allem an der erforderlichen bestimmten Darlegung, die um so nötiger gewesen wäre, als die infolge der Markentwertung zutage getretenen Fragen doch erst seit verhältnismäßig nicht langer Zeit brennend geworden sind. Auch die Klausel XVI des Konnossements gibt der Beklagten keine weitergehenden Rechte; denn sie bestimmt nur, daß ein Bareinschuß zu leisten sei — mit welchen rechtlichen Folgen, ist nicht gesagt.

In zweiter Linie hat sich die Revision darauf berufen, daß die Dispache in Mark aufgemacht sei und deshalb die fremden Geldbeträge in Mark umgerechnet und umgewechselt werden müßten. Dieser Schlußfolgerung ist jedoch ebenfalls nicht zuzustimmen. Es ist nicht einzusehen, weshalb die Beklagte die Einschüsse nicht in der Währung, in der sie geleistet waren, belassen und nach Fertigstellung der Dispache aus ihnen so viel entnehmen konnte, als dem in Mark berechneten Havereibeitrag entsprach.

Zu einem anderen Ergebnis führt endlich auch nicht die Erwägung, daß die Beklagte berechtigt sein sollte, ihre Auslagen schon vor Fertigstellung der Dispache aus den Einschüssen zu decken. Selbst wenn man dies Recht — entgegen dem dargelegten internationalen Brauch — anerkennen wollte, so würde die Beklagte doch noch immer nicht berechtigt sein, wenn sie erheblich zu hohe Einschüsse eingefordert hat, mit den die Beitragspflicht übersteigenden Beträgen zu ihrem Nutzen, aber zum Schaden der Ladungsbeteiligten zu verfahren.

Muß somit dem Berufungsurteil dem Grunde nach zugestimmt werden, so ergeben sich hinsichtlich der Höhe der zugesprochenen Beträge Bedenken. Die Klägerin soll den ganzen Einschuß zurückerhalten und nur den Betrag zurückvergüten, den die Beklagte ihr überwiesen hatte. Dann würde also die Beklagte überhaupt keinen Beitrag erhalten, soweit wenigstens aus dem beigebrachten Material ersichtlich ist. Der Sachlage wird es entsprechen, wenn der als Beitrag geschuldete Markbetrag gemäß dem Kurs, nach dem die Umrechnung in der Dispache vorgenommen ist, in £ umgerechnet und von dem in £ geleisteten Einschuß abgezogen wird.

## RGZ. 110, 224.

**1. Zur Haftpflicht des Reeders für die Seetüchtigkeit des Schiffes, insbesondere nach Beginn der Reise.**

HGB. §§ 614, 645, 651, 652, 606, 513, 559, 485.

I. Zivilsenat. Urt. v. 21. Februar 1925.

I. Landgericht Hamburg, Kammer für Handelssachen. —
II. Oberlandesgericht daselbst.

Die Klägerin ist auf Grund des von der Beklagten ausgestellten Konnossements vom 15. Juni 1922 Empfängerin einer Partie Leinsaat, welche die Beklagte mit ihrem Dampfer „Hindenburg" von Santa Fé nach Hamburg befördert hat. Ein Teil dieser Ladung war bei Ankunft des Dampfers in Hamburg durch Wasser beschädigt. Die Klägerin verlangt deshalb Schadensersatz von der Beklagten. Die Beklagte beruft sich auf die Freizeichnungsklauseln des Konnossements.

Die Vorinstanzen haben den Klageanspruch dem Grunde nach für gerechtfertigt erklärt. Die Revision der Beklagten hatte keinen Erfolg.

Gründe:

Das Berufungsgericht hat folgendes ausgeführt:

Die streitige Ladung Leinsaat sei von dem Dampfer „Hindenburg" in Santa Fé eingenommen und von dort über Buenos Aires nach Hamburg befördert. Die Ware sei unbeschädigt in Santa Fé an Bord gekommen und auf der Reise von Buenos Aires nach Hamburg durch Eindringen von Wasser in den Laderaum beschädigt worden. Dies sei darauf zurückzuführen, daß man in Buenos Aires über die Peilrohre Viehställe gebaut habe in einer Weise, die es unmöglich gemacht habe, an die Peilrohre heranzukommen. Dadurch sei die Schiffsleitung verhindert worden, während der Reise das Steigen des Wassers im Schiffsraum zu bemerken und zu kontrollieren und demgemäß den hier fraglichen Laderaum und die darin befindliche wasserempfindliche Leinsaatladung vor Wasserbeschädigung zu schützen. Durch das Zubauen der Peilrohre sei das Schiff in einen Zustand versetzt, der es zur Beförderung der erwähnten Ladung untauglich und somit relativ seeuntüchtig gemacht habe. Diese relative Seeuntüchtigkeit sei durch eigene Maßnahmen der Beklagten in dem Zwischenhafen Buenos Aires herbeigeführt, indem der dort angestellte Schiffsinspektor der Beklagten, als ihr am Lande befindlicher Aufsichtsbeamter, fahrlässigerweise die Gefährdung des Schiffes durch Zubauen der Peilrohre zugelassen habe. Dies Verhalten habe die Beklagte zu vertreten, da es durch die Freizeichnungsklauseln des dem Frachtvertrag zugrunde liegenden Konnossements nicht gedeckt werde.

Läßt man nun zunächst die erwähnten Freizeichnungsklauseln außer Betracht, so hat die Beklagte der Klägerin als der legitimierten Empfängerin der Ladung und Konnossementsinhaberin in entsprechender Anwendung der allgemeinen Frachtgrundsätze für den streitigen Schaden aufzukommen, sofern die Beklagte nicht beweist, daß die Beschädigung auf Umständen beruht, die durch die Sorgfalt eines ordentlichen Verfrachters nicht abgewendet werden konnten (§§ 614 Abs. 2, 645, 651, 652, 606 HGB.; Schaps, Seerecht 2. Aufl. § 651 Anm. 5, 6 a. E., § 606 Anm. 5, Vorbem. vor § 556 Anm. 12). Demgemäß hatte die Beklagte an sich für die Seetüchtigkeit des Schiffes zunächst bei Beginn der Frachtreise in Santa Fé (§§ 513, 559, 485 HGB.), dann aber auch insofern während dieser Reise einzustehen, als es zu den gesetzlichen Obliegenheiten der Beklagten und der sie vertretenden Personen, insbesondere des Schiffers gehört, darüber zu wachen, daß die Seetüchtigkeit während der Reise erhalten bleibt und, falls gemindert, nach Möglichkeit wieder hergestellt wird (Schaps § 513 Anm. 9, §§ 527, 485 HGB.). Des weiteren ist bei Auslegung der maßgeblichen Freizeichnungsklauseln des Konnossements zu beachten, daß alle Unklarheiten dieser Klauseln zu Lasten der Beklagten gehen, die das Konnossement ausgestellt hat und sich auf darin enthaltene Sonderabreden beruft, durch welche ihre gesetzlichen Verpflichtungen eingeschränkt sein sollen. Und zwar gilt das um so mehr, als Freizeichnungen hinsichtlich der Seetüchtigkeit des Schiffes wenig üblich und unter Umständen sittenwidrig sind.

Nun lauten die fraglichen Konnossementsbedingungen, deren wenig stilgerechte Fassung bereits das Berufungsgericht hervorgehoben hat, an den hier maßgeblichen Stellen folgendermaßen:

„Daß der Kapitän, die Eigentümer oder Agenten des Schiffes oder die zur Schiffsbesatzung gehörigen Personen nicht verantwortlich sind ... für irgendwelchen Verlust oder Beschädigung, welche aus Gefahren oder Unfällen auf Meeren, Flüssen . . . entstehen . . ., sei es, daß die oben erwähnten Gefahren oder Ursachen oder der dadurch entstandene Verlust oder Beschädigung bei oder nach Beginn der Reise verursacht werde, durch irgendeinen Akt der Unterlassung, Nachlässigkeit, Versäumnis . . . des . . . Kapitäns, Mannschaft . . . oder anderer Personen im Dienst der Reederei, die an Bord des besagten oder irgendeines anderen Schiffes, das ihnen gehört oder von ihnen gemietet wurde, sich befinden oder durch Seeuntauglichkeit des Schiffes, vorausgesetzt, daß alle nötigen Maßregeln getroffen wurden, um solcher Untauglichkeit vorzubeugen."

Sieht man von dem nach obigem unrichtigen Gesichtspunkt des Berufungsgerichts ab, daß der Reeder und Verfrachter gesetzlich nur für die Seetüchtigkeit des Schiffs bei Beginn der Reise hafte, so scheidet der im Berufungsurteil verwertete Umstand aus, daß nicht anzunehmen sei, die Reederei habe mit jener Konnossementsklausel ihre Haftung über ihre gesetzlichen Verpflichtungen hinaus erweitern wollen. Dann ergibt sich aber als das Nächstliegende die Annahme, daß die Worte der Klausel „bei oder nach Beginn der Reise" auf die unmittelbar vorher erwähnte „Seeuntauglichkeit des Schiffes" zu beziehen sind. Danach würde die Beklagte von ihrer oben dargelegten gesetzlichen Haftung für die Seeuntauglichkeit des Schiffes (bei oder nach Beginn der Reise) nur dann befreit sein, wenn „alle nötigen Maßregeln getroffen wurden, um solcher Untauglichkeit vorzubeugen". Und weiterhin ist aus der Sonderstellung, welche in der Konnossementsklausel der Seeuntauglichkeit des Schiffes eingeräumt ist, zu entnehmen, daß insoweit eine Ausnahme gemacht werden soll von der vorhergehenden allgemeinen Freizeichnung von Nachlässigkeiten der Kapitäns, der Mannschaft usw. Denn der Nachsatz „vorausgesetzt, daß alle nötigen Maßregeln getroffen wurden, um solcher Untauglichkeit vorzubeugen", hätte keinen Sinn, wenn die danach von dem Schiffer und der Schiffsmannschaft zu gewährleistende Pflicht, für die Seetauglichkeit des Schiffes — besonders während der Reise — zu sorgen, auf dem Umweg der allgemeinen Freizeichnung von Nachlässigkeit der Schiffsbesatzung usw. ihrer Wirksamkeit entkleidet werden könnte. Demgemäß haftet die Beklagte für Nachlässigkeiten dieser Personen, durch welche während der Reise die Seeuntüchtigkeit des Schiffes verursacht oder ihre rechtzeitige und gehörige Beseitigung verhindert ist, da alsdann nicht „alle nötigen Maßregeln getroffen wurden, um solcher Untauglichkeit vorzubeugen". Die Beklagte haftet aber in derselben Weise für diese Seeuntüchtigkeit nach allgemeiner Rechtsvorschrift auch dann, wenn sie durch Personen verursacht ist, die in den Freizeichnungsklauseln nicht aufgeführt sind, aber zu den Erfüllungsgehilfen der Beklagten hinsichtlich ihrer erwähnten, die Frachtreise umfassenden Sorgfaltspflicht eines ordentlichen Verfrachters gehören. Es ist daher unerheblich, ob — wie die Beklagte behauptet — der Einbau der Viehställe mit der Wirkung des Zubauens der Peilrohre von dem Schiffer und den Schiffsoffizieren geleitet ist oder ob dabei der angeblich in Buenos Aires ansässige Schiffsinspektor der Beklagten tätig oder schuldhafterweise untätig gewesen ist, und ob dieser Schiffsinspektor an sich oder im vorliegenden Streitfall zu den in den Freizeichnungsklauseln aufgeführten Personen gehört. Denn jedenfalls ist dieser Schiffsinspektor ebenso wie der Schiffer und jeder Schiffsoffizier Erfüllungsgehilfe der Beklagten hinsichtlich der mehrerwähnten Sorgfaltspflicht eines ordentlichen Verfrachters. Somit kann es dahingestellt bleiben, ob etwa auch anzunehmen ist, daß ein etwaiges Unterlassen der gehörigen Verschraubung des einen Peilrohres seitens der Schiffsbesatzung eine Seeuntüchtigkeit des Schiffes herbeigeführt haben würde, welche nicht von den Konnossementsfreizeichnungen umfaßt wird, da auch solchenfalls nicht alle nötigen Maßregeln getroffen wären, um der Seeuntauglichkeit vorzubeugen.

Das Berufungsgericht hat ohne erkennbaren Rechtsirrtum festgestellt, daß das Schiff infolge des Verbauens der Peilrohre relativ seeuntüchtig, d. h. nicht geeignet gewesen sei, die betreffende Ladung gegen die gewöhnlichen Seegefahren der Frachtreise zu schützen. Es kann keinem begründeten Zweifel unterliegen, daß diese relative Seeuntüchtigkeit von der in der Konnossementsklausel erwähnten Seeuntauglichkeit nicht umfaßt wird. Ebensowenig ist zu bezweifeln, daß, soweit grundsätzlich nur eine Haftung der Beklagten mit Schiff und Fracht in Frage kommen sollte, die Voraussetzungen für eine persönliche Haftung derselben nach § 774 HGB. gegeben sind. Nach beiden Richtungen sind weder in der Revisionsinstanz, noch vorher von den Parteien Einwendungen erhoben.

**RGZ. 110, 349.**

**Unter welchen Voraussetzungen werden die Lotsen des Kaiser-Wilhelm-Kanals auch außerhalb des eigentlichen Kanalbezirks als Zwangslotsen tätig?**

Betriebsordnung für den Kaiser-Wilhelm-Kanal vom 23. Februar 1911. HGB. § 737.

I. Zivilsenat. Urt. v. 25. März 1925.

I. Landgericht Kiel. — II. Oberlandesgericht daselbst.

In der Nacht vom 14. zum 15. August 1917 ist auf der Elbe vor der Brunsbütteler Schleuse des Kaiser-Wilhelm-Kanals der Dampfer der Klägerin „Dione" mit dem Dampfer der Hamburger Firma A. K. „Hermia" zusammengestoßen. Dabei sind beide Schiffe beschädigt worden. Nach dem Spruch des Deutschen Seeschiedsgerichts hat die Klägerin der Firma A. K. den Schaden zu ersetzen. Sie hat nun behauptet, daß sie auf Grund des Spruchs am 17. Mai 1918 der Firma A. K. 129 800,40 M gezahlt und außerdem einen eigenen Schaden von 109 118 M erlitten habe. Ihren Gesamtschaden von 238 918,40 M nebst Zinsen verlangt sie vom Beklagten erstattet. Sie vertritt die Ansicht, daß der Beklagte ihr für den Gesamtschaden aufzukommen habe, weil dieser durch den auf dem klägerischen Dampfer „Dione" als Zwangslotse tätigen Kanallotsen S. verschuldet sei. Der Klageanspruch ist durch rechtskräftiges Urteil dem Grunde nach für gerechtfertigt erklärt worden. Im Verfahren über den Betrag hat die Klägerin auch den Geldentwertungsschaden beansprucht und die ursprüngliche Forderung in 154 140 Goldmark umgerechnet. Der Beklagte hat ausgeführt, daß der Klageanspruch nur für die Papiermarkforderung von 238 918,40 M dem Grunde nach rechtskräftig festgestellt sei. Im übrigen bestreitet er nach wie vor die Berechtigung des Klageanspruchs. In den Vorinstanzen ist er durch Teilurteil zur Zahlung von 5000 Goldmark nebst Zinsen verurteilt worden. Seine Revision hatte keinen Erfolg.

### Gründe:

Die Revision wendet sich nur insoweit gegen das Berufungsurteil, als dort angenommen ist, daß der den Dampfer der Klägerin „Dione" führende Kanallotse S. zur Zeit des Unfalls als Zwangslotse tätig gewesen sei. In der Tat ist dies insofern von entscheidender Bedeutung, als der von der Klägerin erhobene und in den Vorinstanzen zum Teil zuerkannte Anspruch dem Beklagten gegenüber nur dann gerechtfertigt ist, wenn der Dampfer „Dione" sich zu der maßgeblichen Zeit unter Führung eines Zwangslotsen befunden hat (§ 737 HGB., § 1 Reichshaftungsges. v. 22. Mai 1910, RGBl. S. 798).

Der von der Verwaltung des Kaiser-Wilhelm-Kanals, einer Reichsbehörde, angestellte Kanallotse ist Reichsbeamter. Er handelt in Ausübung der ihm anvertrauten öffentlichen Gewalt, soweit er als Zwangslotse tätig ist. Denn die Anordnung des Lotsenzwanges ist eine polizeiliche Maßregel und als solche Ausfluß eines Hoheitsrechts, mag dabei ein Hoheitsrecht des Landes Preußen oder des Reichs in Frage kommen. Demgemäß hat der Beklagte nach § 1 des Gesetzes vom 22. Mai 1910 für ein Verschulden einzustehen, das der Kanallotse S. begangen hat, wenn dieser dabei als Zwangslotse, also in Ausübung der ihm anvertrauten öffentlichen Gewalt, tätig gewesen ist (RGZ. Bd. 87 S. 348, Bd. 93 S. 36, Bd. 96 S. 166, Bd. 105 S. 100; ferner RG. v. 19. Dezember 1924 III 481/24).

Das Berufungsgericht hat in dem jetzt angefochtenen Urteil ausdrücklich auf sein zwischen denselben Parteien ergangenes Urteil vom 8. Dezember 1923 Bezug genommen. Dort ist ausgeführt: der Machtbereich der Verwaltung des Kaiser-Wilhelm-Kanals erstrecke sich abgesehen von dem Kanal selbst bei Brunsbüttel nur auf die dortige Reede (Kanalreede) und der Zusammenstoß der fraglichen Schiffe habe sich außerhalb dieser Reede zugetragen. Dabei ist auf die, im übrigen auch in dem Urteil vom 8. Dezember 1923 angeführte, Aussage des Zeugen Regierungsrats M. nicht weiter eingegangen, daß außerhalb des genannten Reedebezirks noch für einen Teil des an die Reede angrenzenden Elbfahrwassers dem Kanalamt die Wasserpolizeigewalt übertragen sei. Es war dies aber auch insofern nicht erforderlich, als der genannte Zeuge ausdrücklich bekundet hat, daß die von ihm erwähnte Ausdehnung der Polizeigewalt des Kanalamts über den Reedebezirk hinaus nur zu technischen Polizeizwecken erfolgt sei und keine unmittelbare Bedeutung habe für das dem Kanalamt übertragene Polizeiverordnungsrecht und die Abgrenzung des örtlichen Geltungsbereichs der zur Zeit des Schiffszusammenstoßes geltenden Betriebsordnung für den Kaiser-Wilhelm-Kanal vom 23. Februar 1911 (RZentrBl. S. 265, Beilage zu Nr. 33). Danach ist davon auszugehen, daß im Sinne der Betriebsordnung für den Kaiser-Wilhelm-Kanal die hier maßgeblichen Grenzen der Kanalreede und des Kanalpolizeibezirks sich decken und daß der Zusammenstoß außerhalb des Kanalpolizeibezirks erfolgt ist.

Nun besagen die einschlägigen Vorschriften der Betriebsordnung für den Kaiser-Wilhelm-Kanal vom 23. Februar 1911 folgendes:

§ 8. „Alle den Kanal befahrenden Schiffe . . . sind dem Lotsenzwang unterworfen."

§ 10 Abs. 2. „Die Kanallotsen kommen in der Regel an Bord:
1. Bei Brunsbüttel auf der Elbe außerhalb der Kanalreede."

§ 14. „Der Kanallotse übernimmt mit Antritt seines Dienstes an Bord die verantwortliche Führung des Schiffes durch den Kanal." . . .

§ 21. „Lotspflichtige Dampfer . . . dürfen nur unter Leitung von Kanallotsen in den Kanalpolizeibezirk einlaufen."

Diese Vorschriften können nur dahin verstanden werden, daß der Kanallotse — in der Regel — bei Brunsbüttel außerhalb der Kanalreede und des Kanalpolizeibezirks an Bord des durch den Kanal zu lotsenden Schiffes kommt, daß er gleich mit Antritt seines Dienstes an Bord die verantwortliche Führung des Schiffes übernimmt, um das Schiff an der von ihm für geeignet gehaltenen Stelle in den Kanalpolizeibezirk hinein und dann über die Kanalreede in den Kanal zu führen, und zwar während dieser ganzen Zeit als Zwangslotse. Es liegt auf der Hand, daß diese Regelung jedenfalls dann, wenn der Kanallotse grundsätzlich als Zwangslotse tätig sein und während seines Dienstes an Bord des zu lotsenden Schiffes die verantwortliche Führung desselben haben soll, durchaus vernünftig und zweckdienlich ist. Eine gehörige und sachgemäße Führung des Schiffes über die Kanalreede nach der Kanalmündung setzt voraus, daß das Schiff an der von dem Lotsen für geeignet gehaltenen Stelle in die Kanalreede einläuft und daß dementsprechend grundsätzlich er allein unter eigener Verantwortung und auch für den Kapitän des Schiffes verbindlich diese Stelle zu bestimmen hat. Und weiterhin kann das Schiff unter Umständen gezwungen sein, nach Anbordkommen des Kanallotsen eine Zeitlang in der Nähe der Grenze der Kanalreede zu fahren und sich dabei bald innerhalb bald außerhalb dieser Grenze zu bewegen. Es wäre unzweckmäßig und einer ordnungsmäßigen Führung des Schiffes nicht dienlich, wenn dabei je nach dem Standort des Schiffes innerhalb oder außerhalb der Kanalreede die

Kommandogewalt wiederholt wechseln und der Kanallotse bald als Zwangslotse der entscheidende Führer des Schiffes, bald als einfacher Lotse unter dem Kapitän als dem eigentlichen Schiffsführer tätig sein würde.

Es fragt sich aber, ob diese in der Betriebsordnung getroffene Regelung (vgl. aber auch die Betriebsordnung vom 31. März 1922) mit den Befugnissen des Kanalamts vereinbar ist, das die Betriebsordnung für den Kaiser-Wilhelm-Kanal erlassen hat. In dieser Beziehung kommt folgendes in Betracht.

Der Schiffszusammenstoß hat sich im August 1917 ereignet. Es finden also die Artikel 97 und 171 der Reichsverfassung vom 11. August 1919 (vgl. auch das Wasserstraßengesetz vom 29. Juli 1921 RGBl. S. 961) keine Anwendung. Vielmehr beruhte die derzeit dem Kanalamt zustehende Polizeigewalt ausschließlich auf einer Übertragung der entsprechenden Hoheitsrechte seitens Preußens auf das Reich. Nach den vom Berufungsgericht getroffenen und insoweit von keiner Seite beanstandeten Feststellungen reichte die danach dem Kanalamt zustehende Polizeigewalt grundsätzlich nicht über die Grenzen der Brunsbütteler Reede (Kanalpolizeibezirk) hinaus. Dies hindert aber nicht, daß gewisse polizeiliche Befugnisse des Kanalamts über den Kanalpolizeibezirk mit rechtlicher Wirksamkeit hinausgreifen konnten. Solches ist unter anderem dann anzunehmen, wenn ein derartiges Hinausgreifen für eine ordnungsmäßige Ausübung der Polizeihoheit innerhalb des Kanalpolizeibezirks erforderlich war. Denn alsdann enthielt die Übertragung der Polizeigewalt innerhalb der genannten Grenzen als selbstverständliche und notwendige Folge die Berechtigung zu einer Überschreitung dieser Grenzen in dem angegebenen Umfang. Dies um so mehr, wenn — wie hier — längere Zeit hindurch in Gemäßheit der maßgeblichen Betriebsordnung des Kaiser-Wilhelm-Kanals eine solche Grenzüberschreitung hinsichtlich des unter Lotsenzwang stehenden Reviers in aller Öffentlichkeit stattgefunden hat und von dem Staat Preußen, welcher die Polizeigewalt für den Kanalbezirk auf das Kanalamt übertragen, außerhalb dieses Bezirks aber grundsätzlich die Polizeihoheit behalten hat, ohne irgendwelchen Widerspruch geduldet ist. Dabei ist zu beachten, daß auch die Preußische Polizeiverordnung für die Brunsbütteler Reede vom 14. Juni 1901 — wie von dem Berufungsgericht festgestellt und von den Parteien nicht bestritten ist — ganz im Sinne der erwähnten Vorschriften der Kanalbetriebsordnung gehalten ist, indem in § 2 Abs. 2 jener Preußischen Polizeiverordnung ausdrücklich vorgeschrieben ist, daß die Schiffe, welche in den Kanal von der Elbe aus einlaufen wollen, den Kanallotsen außerhalb der Grenzen der Brunsbütteler Reede abwarten müssen (vgl. auch die Polizeiverordnung für die Brunsbütteler Reede vom 1. April 1922).

Wie vorstehend dargelegt ist, hatte das Kanalamt in Gemäßheit der Betriebsordnung vom 23. Februar 1911 ein begründetes und zum Ausdruck gebrachtes Interesse daran, daß die Schiffe, welche in den Bezirk der Brunsbütteler Reede behufs Benutzung des Kaiser-Wilhelm-Kanals *einliefen*, *schon* kurz vor der Grenze des Kanalbezirks und in dem dieser Grenze unmittelbar benachbarten Außenbezirk unter der verantwortlichen Führung eines Zwanglotsen standen. Der Bezirk, welcher demgemäß außerhalb der Brunsbütteler Reede von dem Kanalamt rechtswirksam unter Lotsenzwang gestellt werden konnte und durch die genannte Kanalbetriebsordnung gestellt worden ist, reichte so weit, als dies erforderlich war, um dem Kanallotsen eine sachgemäße Führung des Schiffes in die Kanalreede hinein, sowie in der Nähe der Außengrenze derselben zu gewährleisten. Die Feststellungen des Berufungsgerichts geben einen genügenden Anhalt für die Annahme, daß der Schiffszusammenstoß nicht allzuweit entfernt von der Kanalreede erfolgt ist, also an einer Stelle, für welche das Kanalamt damals rechtswirksam einen Lotsenzwang in der dargelegten Weise angeordnet hatte. Somit hat sich der Dampfer „Dione" zur Zeit des Unfalls unter der Führung eines Zwangslotsen befunden, für dessen Verschulden in Ausübung seines Dienstes der Beklagte einzustehen hat. Die von den Vorinstanzen bejahte Frage, ob ein solches für den Schaden ursächliches Verschulden vorliegt, braucht hier nicht nachgeprüft zu werden.

## RGZ. 111, 37.

**1. Zur Anwendung des § 254 BGB. im Hinblick auf § 485 HGB.**

**2. Gehören die Kanalsteurer auf den den Kaiser-Wilhelm-Kanal befahrenden Schiffen zur Schiffsbesatzung? Befinden sie sich bei eigenmächtigem Ruderlegen noch in Ausführung ihrer Dienstvorrichtungen?**

HGB. § 485. BGB. § 254. Betriebsordnung für den Kaiser-Wilhelm-Kanal.

III. Zivilsenat. Urt. v. 22. Mai 1925.

I. Landgericht Kiel. — II. Oberlandesgericht daselbst.

Am 22. August 1919 fuhr der der Klägerin gehörige Dampfer „Annie Hugo Stinnes 6" unter Führung des Zwangslotsen Sch. durch den Kaiser-Wilhelm-Kanal in der Richtung nach Brunsbüttel. Hierbei stieß er mit dem ihm entgegenkommenden Dampfer „Olga" zusammen, wobei beide Schiffe schwer beschädigt wurden. Nach dem Spruch des Seeamts Flensburg, der insoweit von keiner Seite beanstandet wird, ist die Ursache des Zusammenstoßes darin zu suchen, daß der Stinnesdampfer vor dem Zusammenstoß der nördlichen Böschung zu nahe kam, absetzte, nach Backbord abdrehte und dadurch der „Olga" vor den Bug lief. Von der Klägerin wird behauptet, daß die Schuld an diesem Verlauf der Ereignisse den Zwangslotsen treffe, der die Fahrt des Stinnesdampfers zu spät verlangsamt und dem vom Kapitän angenommenen Kanalsteurer R. zu viel freie Hand gelassen, namentlich nicht verhindert habe, daß R. den Kurs zu nahe an der Nordböschung des Kanals genommen habe. Die Klägerin macht das Reich für die angebliche Amtspflichtverletzung des Lotsen verantwortlich. Sie fordert Ersatz des ihr durch den Zusammenstoß erwachsenen Schadens. Das Landgericht hat den Klageanspruch dem Grunde nach für gerechtfertigt erklärt. Das Oberlandesgericht hat in teilweiser Beachtung der die Klageabweisung erstrebenden Berufung des Beklagten den Klageanspruch zu drei Vierteilen dem Grunde nach für berechtigt anerkannt. Die Revision der Klägerin wurde zurückgewiesen.

Aus den Gründen:

Das Berufungsgericht stellt fest, der Zwanglotse Sch. habe insofern gegen die ihm der Klägerin gegenüber obliegenden Pflichten verstoßen, als er die Fahrgeschwindigkeit des Stinnesdampfers zu spät und in zu geringer Entfernung von der „Olga" vermindert habe. Auch habe er unbeachtet gelassen und nicht verhindert, daß der Kanalsteurer R., dem er zu viel freie Hand eingeräumt habe, den Kurs zu nahe an der Nordböschung des Kanals genommen habe; er sei auch nicht durch eigene Ruderkommandos der eigenmächtigen Ruderlegung des Kanalsteurers entgegengetreten, die die letzte unmittelbare Ursache des Zusammenstoßes bilde. Hätte der Lotse in diesen Richtungen seine Amtspflicht erfüllt, so wäre der Zusammenstoß vermieden worden. Indessen treffe auch den Kanalsteurer R. ein nicht geringer Vorwurf. Er habe das Ruder nicht ohne den für ihn maßgebenden Befehl des Lotsen. so stark, wie geschehen, nach Steuerbord legen und das Schiff dadurch der Nordböschung zu nahe bringen dürfen. Denn dadurch sei der Dampfer, wie er sich bei pflichtmäßiger Überlegung habe sagen müssen, der Gefahr des Ausscherens und damit des Zusammenstoßes mit der schon nahe herangekommenen „Olga" ausgesetzt worden. Dieses Verschulden des Kanalsteurers, den das Berufungsgericht zur Schiffsmannschaft zählt, rechnet es gemäß § 485 HGB. der Klägerin zu, und legt ihr infolgedessen auf Grund von § 254 BGB. einen Teil des Schadens auf.

Die Revision bekämpft diesen Standpunkt und vertritt die Ansicht, daß die bezeichneten Vorschriften die Schadensteilung nicht rechtfertigen. Ihren Angriffen konnte jedoch keine Folge gegeben werden. Der Vorderrichter hat ohne Rechtsverstoß ausgeführt, daß R. fahrlässig gehandelt und durch sein Verhalten den Zusammenstoß der beiden Schiffe mitverursacht hat. Wie ein solches schuldhaftes Handeln einer Person der Schiffsbesatzung gemäß § 485 HGB. die Haftung des Reeders gegenüber Dritten begründen würde, so begründet es im Rahmen des § 254 BGB. auch die Verantwortung des Reeders gegen sich selbst. Das fremde Verschulden ist ihm dort wie hier als eigenes anzurechnen. Nur die entsprechende Anwendung des § 486 Abs. 1 Nr. 3 HGB. und damit die Begrenzung des von der Klägerin zu tragenden Schadens durch den Wert von Schiff und Fracht sind hier, wo es sich nicht um eine Haftung des Reeders Dritten gegenüber, sondern um das Maß seiner Ersatzberechtigung handelt, ausgeschlossen (vgl. das Urteil des erkennenden Senats vom 19. Dezember 1924 III 481/24 und RGZ. Bd. 85 S. 372).

Daß der Kanalsteurer zur Besatzung des Dampfers der Klägerin gehörte, zieht die Revision mit Unrecht in Zweifel. Aus den Feststellungen des Berufungsgerichts erhellt, daß die den Kaiser-Wilhelm-Kanal befahrenden Schiffe in bezug auf die Annahme eines solchen Steurers nicht – wie hinsichtlich des Lotsen (vgl. § 8 der Betriebsordnung für den Kanal) – einem Zwang unterworfen sind, daß vielmehr der Kapitän des Schiffes dem Steurer auf Grund freier Entschließung die ihm obliegende Bedienung des Ruders gegen eine Vergütung überträgt. Insoweit decken sich übrigens die Ausführungen im Berufungsurteil mit dem, was der Revisionsbeklagte über die Rechtsstellung des Kanalsteurers dargelegt hat, und die Revisionsklägerin hat in diesen Richtungen ebenfalls nichts Abweichendes vortragen lassen. Der Steurer wird also zur Vornahme von Dienstverrichtungen auf dem Schiff, wenn auch nur vorübergehend, angestellt und erfüllt damit in seiner Person die Voraussetzungen, welche nach dem maßgebenden § 481 HGB. die Zugehörigkeit zur Schiffsbesatzung bedingen. Eine dauernde Anstellung wird vom Gesetz nicht erfordert und ist namentlich auch nicht Vorbedingung für die Anwendung des § 485. Der Gesetzgeber hat im Interesse der Verkehrssicherheit die Haftung des Reeders für die schadenstiftenden Handlungen der Schiffsbesatzung mit Rücksicht auf die starke Abhängigkeit des Schiffahrtsbetriebs von dem Verhalten der auf den Seeschiffen tätigen Personen angeordnet. Die folgerichtige Durchführung dieses Rechtsgedankens macht es notwendig, davon abzusehen, ob der Schädiger auf längere oder kürzere Zeit für die ihm übertragenen Dienste angenommen war (vgl. RGZ. Bd. 13 S. 91; Seuff. Arch. Bd. 44 Nr. 39).

Auch dem weiteren Erfordernis des § 485 ist genügt, daß der Schadenstifter bei seiner schuldhaften Handlungsweise sich in Ausführung seiner Dienstverrichtungen befunden haben muß. Der Kanalsteurer durfte allerdings nur nach den Anweisungen des Zwangslotsen handeln und der ihm vom Kapitän des Schiffes erteilte Auftrag zur Bedienung des Ruders war deshalb mit der Beschränkung zu verstehen, daß er hierbei nicht ohne die Anordnungen des Lotsen zu Werke gehen dürfe. Allein trotz der Überschreitung der Grenzen des Auftrags, deren er sich hiernach durch das eigenmächtige Ruderlegen schuldig machte, blieb — und dies allein ist entscheidend — der innere Zusammenhang zwischen jenem Vorgehen und der ihm übertragenen Tätigkeit gewahrt. Seine pflichtwidrigen Maßnahmen fielen nach ihrer objektiven Beschaffenheit noch in den Kreis der zur Ausführung seiner Verrichtungen gehörenden Handlungen. . . .

## RGZ. 112, 133.

**Wie gestaltet sich das Rechtsverhältnis zwischen Verkäufer und Spediteur, wenn fob verkaufte Ware an Bord des Dampfers mit einem Schiffszettel geliefert wird, in welchem der Spediteur des Käufers als Anlieferer bezeichnet ist?**

HGB. §§ 410, 366. BGB. § 986.

I. Zivilsenat. Urt. v. 21. November 1925.

I. Landgericht Hamburg, Kammer für Handelssachen. — II. Oberlandesgericht daselbst.

Die Klägerin verkaufte Ende März 1924 an die Firma J. in Lübeck 4000 kg Eisessig fob, Kassa gegen Dokumente. J. veräußerte die Ware weiter an die Firma K. & Co. in Lübeck. Als die Ware lieferbereit war, wandte sich die Klägerin an J. und bat um sogenannte Fob-Instruktion, das heißt um Angabe, in welchem Dampfer Fracht für die Ware belegt und an welchen Dampfer demgemäß die Ware zu liefern sei. J. verwies die Klägerin an die Beklagte, eine Speditionsfirma. Darauf bat die Klägerin die Beklagte am 26. März und 1. April um Übersendung von Schiffszetteln, damit sie die Ware durch ihre eigenen Spediteure an Bord liefern könne. Der Beklagte übersandte die Schiffszettel, in welchen sie selbst als Abladerin aufgeführt war. Darauf lieferte die Klägerin die Ware durch ihren Spediteur mittels Ewerführer längsseits des Seedampfers. Am 7. Mai wurde die Ware in den Dampfer geladen und dem Anbringer die Empfangsbescheinigung ausgehändigt; die Bescheinigung wurde der Klägerin übergeben. Diese übersandte am 9. Mai der Beklagten die Bescheinigung und bat gleichzeitig, gegen die Bescheinigung sich die Konnossemente geben zu lassen und diese ihr, der Klägerin, einzusenden. Die Beklagte erhielt die Konnossemente. Sie verweigert aber deren Herausgabe und will sie wegen Forderungen gegen ihre Auftraggeberin K. & Co., die inzwischen unter Geschäftsaufsicht gestellt war, zurückhalten. Sie macht ferner ein Pfandrecht an den Konnossementen geltend, behauptet auch, sie bereits weitergegeben zu haben.

Die Klägerin hält den Standpunkt der Beklagten für unberechtigt und beantragt, sie zur Zahlung von 215,8,5 £ nebst Zinsen zu verurteilen.

Das Landgericht wies die Klage ab. Die Berufung der Klägerin blieb erfolglos. Auf die Revision der Klägerin wurde das Berufungsurteil aufgehoben.

Gründe:

Zur Entscheidung seht die Frage, wie sich die Rechtslage gestaltet, wenn ein Fob-Verkäufer die Ware an Bord liefert und zwar mit einem Schiffszettel, in dem der Spediteur des Käufers (oder der Spediteur von dessen weiterem Abkäufer) als Anlieferer bezeichnet ist.

Das Landgericht hat angenommen, der Verkäufer habe mit einer solchen Anlieferung das Eigentum an seiner Ware verloren, wenngleich er selbst nicht den Willen gehabt haben möge, Eigentum zu übertragen. Dem ist nicht zuzustimmen. Es fragt sich, auf wen das Eigentum übergegangen sein sollte. Auf den Spediteur sicherlich nicht, denn er war bei der Angelegenheit nur als Beauftragter des Käufers tätig. Deshalb kann nur in Frage kommen, ob der Käufer J. oder dessen Abkäufer K. & Co. Eigentümer geworden ist. Das ist im vorliegenden Falle zu verneinen. Denn beide hatten Kassa gegen Dokumente gekauft, wußten also, daß ihnen die die Ware vertretenden Dokumente nur gegen Zahlung überlassen werden würden und konnten deshalb nicht annehmen, daß der Verkäufer ihnen schon mit der Anlieferung ans Schiff Eigentum übertragen wollte.

Das Berufungsgericht hat sich denn auch diesen Grund des Landgerichts nicht zu eigen gemacht. Es nimmt vielmehr im Kernpunkt seiner Urteilsbegründung folgendes an: Das Schiff habe den Besitz an der Ware durch die Anlieferung erlangt und übe ihn für denjenigen aus, der im Schiffszettel als Versender bezeichnet sei (vorliegenden Falles also für den verklagten Spediteur). Diese Besitzübergabe erfolge mit dem Willen des Verkäufers. Nun habe der Spediteur seinen mittelbaren Besitz zwar für den Käufer erlangt, aber zugleich auch im eigenen Interesse, nämlich zur Wahrnehmung der ihm selbst an dem Gute zustehenden Rechte, seines gesetzlichen Pfandrechts und seines Zurückbehaltungsrechts. *Diese Tatsache sei in kaufmännischen Kreisen allgemein bekannt;* wer einem Spediteur für einen Dritten Güter übergebe, wisse, daß eigene Rechte des Spediteurs an den Gütern entstehen könnten. Deshalb könne er (vorliegenden Falles der Kläger) Rückübertragung des Besitzes durch Herausgabe der erst nach Anlieferung der Güter auszustellenden Konnossemente nicht verlangen, und zwar weder auf Grund eines Vertrags, da ein solcher nicht bestehe, noch auf Grund seines Eigentums, da der Spediteur zum Besitz berechtigt sei (§ 986 BGB.). Ob die Sache nun anders liegen möge, wenn der Spediteur wisse, daß Kassa gegen Dokumente verkauft sei, könne dahingestellt bleiben, denn der beklagte Spediteur habe es nicht gewußt. Der Kläger habe somit die Konnossemente vom Beklagten nicht verlangen können; deshalb sei ein Schadensersatzanspruch hinfällig.

Auch diesen Ausführungen kann nicht zugestimmt werden. Bei dem zur Entscheidung stehenden Fall ist zweierlei zu bemerken. Die Klägerin behauptet einmal, sie habe nichts davon gewußt, daß J. die Ware an K. & Co. weiter verkauft habe, und habe ebensowenig gewußt, daß die Beklagte im unmittelbaren oder mittelbaren Auftrag von K. & Co. tätig war. Gegenteiliges ist nicht festgestellt. Der Briefwechsel, soweit er beigebracht ist, spricht für die Wahrheit der Behauptung. Andererseits hat die Beklagte erklärt, sie beanspruche ihrerseits kein Pfandrecht an der Ware, wohl aber stehe ihrer unmittelbaren Auftraggeberin, C. & A. in Lübeck, ein solches zu. Wenn man auf einen so gelagerten Tatbestand die vom Berufungsgericht entwickelten Regeln anwendet, so würde sich ergeben, daß durch die bloße Tatsache der Anlieferung der Waren mittels eines Schiffszettels, in dem die Beklagte als Anlieferin bezeichnet war, die Klägerin mit diesen ihren Waren für Forderungen eines dritten Spediteurs gegen einen vierten Exporteur zu haften habe, von deren beider Vorhandensein und gar Verknüpfung mit der streitigen Angelegenheit die Klägerin nichts wußte und nichts wissen konnte. Das wäre eine einseitige Berücksichtigung der Interessen der Spediteure; es würde die Sicherheit des Verkehrs nicht fördern, vielmehr den Verkehr verwirren und gefährden. Es zeigt sich denn auch, daß die Ausführungen des Berufungsgerichts rechtlichen Bedenken unterliegen. Der Ausgangspunkt des Berufungsurteils ist, daß das Schiff den Besitz für die Beklagte ausgeübt habe. Es können schon Zweifel entstehen, ob das Schiff in der Tat für den anliefernden Spediteur und nicht vielmehr für den Eigentümer der Ware oder für den Verfügungsberechtigten besitzt, solange noch keine Konnossemente gezeichnet sind. Doch braucht diese Frage nicht entschieden zu werden, weil folgendes in Betracht kommt. Die Klägerin hatte der Beklagten geschrieben, die Firma J. habe bei ihr zur raschmöglichsten Lieferung 4000 kg Eisessig bestellt und ihr mitgeteilt, daß die Beklagte ihr Fob-Instruktion erteilen würde. Die Beklagte konnte daraufhin den Standpunkt einnehmen, daß sie nur die Instruktion zu erteilen und die Schiffszettel zu übersenden habe, daß die Angelegenheit sie aber im übrigen nichts angehe. Dann mußte sie diesen Standpunkt folgestreng beibehalten und also, wenn sie in der Weiterentwicklung formelle Verfügungsberechtigung über die Ware erlangte, diese Verfügung nach Anweisung der Klägerin ausüben. Was sie aber nicht durfte, war das, was die Klägerin geschrieben hatte, unberücksichtigt lassen und ihre, wie zu unterstellen, eingetretene formelle Verfügungsberechtigung zu ihren eigenen Gunsten oder zugunsten dritter Personen ausnützen. Sie sah aus dem Schreiben der Klägerin klar, daß diese nur mit J. zu tun hatte und also annehmen mußte, daß die Beklagte im Auftrag von J. tätig werde. Wollte die Beklagte aus der von ihr vorauszusehenden Weiterentwicklung der Angelegenheit Rechte für sich gegen dritte Personen, nämlich ihren eigenen mittelbaren Auftraggeber K. & Co. herleiten, dann mußte sie gegenüber dem Schreiben der Klägerin erklären, daß sie im Auftrag von K. & Co. tätig sei, und damit der Klägerin Gelegenheit zur Überlegung geben, ob sie ihre Ware in die ihr unbekannten Rechtsverhältnisse der Beklagten zu K. & Co., verwickeln lassen wollte. Das erforderte Treu und Glauben. Da die Beklagte das nicht getan hat, hat sie sich schadensersatzpflichtig gemacht. Noch weitere rechtliche Bedenken erheben sich, von denen eins zu betonen ist. Das Berufungsgericht nimmt an, daß die Beklagte ein Recht zum Besitz habe, das sie der Eigentumsklage nach § 986 BGB. entgegenstellen könne. Ein Recht zum Besitz hat sie aber nur dann, wenn ihr irgendein dingliches oder obligatorisches Recht an der Ware oder auf die Ware zusteht. Daran fehlt es vorliegenden Falles. Denn nach dem Parteivorbringen soll das Pfandrecht, das in Anspruch genommen wird, nicht der Beklagten, sondern der Firma C. & A. in Lübeck zustehen. Auf die Worte des § 986, daß der Besitzer die Herausgabe der Sache auch dann verweigern kann, wenn der mittelbare Besitzer, von dem jener sein Recht zum Besitz ableitet, dem Eigentümer gegenüber zum Besitz berechtigt ist, vermag sich die Beklagte nicht zu berufen, da bisher weder dafür etwas vorliegt, daß C. & A. mittelbare Besitzer waren, noch dafür, daß die Beklagte ihr Besitzrecht von letzteren ableitet, da sie ja den Besitz durch Anlieferung der Ware auf ihren (der Beklagten) Namen erlangt haben soll. Wenn nicht der Tatbestand durch weiteres Vorbringen ein anderes Ansehen gewinnt, lassen die beiden vorstehenden Erwägungen den Standpunkt der Beklagten unberechtigt erscheinen. Nur hilfsweise sei deshalb darauf hingewiesen, daß noch weitere Umstände ungeklärt geblieben sind. Es ist nicht festgestellt, ob das beanspruchte Pfandrecht das gesetzliche Pfandrecht des § 410 HGB. ist. Sollte ein vertragliches Pfandrecht, etwa auf Grund von Spediteurbedingungen, gemeint sein, so würde, da es sich um einen Rechtserwerb vom Nichteigentümer handeln würde, zu erörtern sein, ob C. & A. oder die Beklagte nach § 366 HGB. gutgläubig die Befugnis von K. & Co. voraussetzen konnten, die Ware mit einem ihren vollen Wert verzehrenden Pfandrecht zu belasten.

# Sachregister

(Die Ziffern bedeuten die Seitenzahlen dieses Bandes)

## T



## U



## V

FSC
www.fsc.org
MIX
Papier | Fördert
gute Waldnutzung
FSC® C083411

Kolibri 360 GmbH
Ferdinand-Jühlke-Straße 7
99095 Erfurt, Deutschland
produktsicherheit@kolibri360.de